21世纪高职高专系列教材

应用化学基础

叶孝兆 主编

黄钟奇 主审

华南理工大学出版社

·广州·

图书在版编目(CIP)数据

应用化学基础/叶孝兆主编. —广州：华南理工大学出版社，2011.8（2022.8 重印）
（21 世纪高职高专系列教材）
ISBN 978－7－5623－3516－0

Ⅰ.①应…　Ⅱ.①叶…　Ⅲ.①应用化学　Ⅳ.①O69

中国版本图书馆 CIP 数据核字（2011）第 172558 号

Yingyong Huaxue Jichu
应用化学基础
叶孝兆　主编

出 版 人：柯　宁
出版发行：华南理工大学出版社
（广州五山华南理工大学 17 号楼　邮编：510640）
http://hg.cb.scut.edu.cn　E-mail: scutc13@scut.edu.cn
营销部电话：020－87113487　87110964　87111048（传真）
责任编辑：吴兆强
责任编辑：袁桂香
印 刷 者：广州小明数码快印有限公司
开　　本：787mm×1092mm　1/16　印张：18　字数：438 千
版　　次：2011 年 8 月第 1 版　2022 年 8 月第 3 次印刷
定　　价：28.00 元

前　言

本教材是根据高等专科学校和高等职业技术学院轻工、化工类专业教学大纲的要求编写的。教材浓缩了传统教育的无机化学和物理化学的基本内容,并结合实际应用,对有关内容展开了必要的讨论,以便使学生的实践应用能力得到进一步的加强,从而丰富了教学内容。

随着科学技术的发展,在教育和教学改革中,为了适应社会的需要,各个专业在教学安排上往往需要增加许多新的课程,如加强电脑、管理等课程的教学。那么,相应的基础课程教学就不能像以往那样的常规教学。即在不增加总课时的情况下,就要缩短无机化学和物理化学等课程的课时。本教材正是为了适应当前教学改革的需要而编写的。它不仅能体现物理化学和无机化学这两门课的基本内容,而且还增加了许多实际应用内容,使学生既能学到化学的基本理论知识,又能增强学生的应用操作能力。

本教材适用于高等专科学校及高等职业技术学院轻工、化工类专业的学生使用,同时也适合于农、林、副业等专业的基础化学的教学。

本书的第二、五章由叶孝兆老师编写,第六、七章由何雁云老师编写,第一、八章由林新花老师编写,第四、九章由陈剑波老师编写,第三、十章由邓秀霞老师编写,实验部分由李忠军老师编写。全书由中山大学黄钟奇教授主审,并提出了许多宝贵的修改意见,在此表示衷心的感谢。

由于时间有限,编写过程存在错误及不妥之处在所难免,望读者谅解,并批评指正。

编　者

2011 年 8 月

目　录

第一章 气 体

物质的聚集状态主要可分为三类：气态、液态和固态。气体(g)是物质的一种聚集状态。气体的体积对温度和压力的变化非常敏感，给气体增加压力，气体的体积可以变小，这个性质称气体压缩性。在保持恒定压力下加热气体时，气体必定要膨胀到更大的体积，这个性质称气体膨胀性。在空气静止的一间房子里，某部位放入少量的有刺激性气体，过一段时间后，在房内的其他地方就可以觉察到此气体的味道，这是气体扩散性的表现。将两种气体导入同一容器内时，它们会通过扩散而很快地混合，这是一种气体对另一气体发生了渗透作用。因此，气体还具有渗透性。

气体的基本特征就是它的无限膨胀性。不管容器的形状、大小如何，即使极少量的气体也能够均匀地充满整个容器。气体又具有无限掺混性，不论多少种气体，都可以依照任何比例混合成均匀的混溶体。

不同高度的空气有不同的密度，接近海面的空气密度为 $1.293\ g \cdot L^{-1}$；海拔 8848 m 的喜玛拉雅山峰顶的空气密度却为 $0.473\ g \cdot L^{-1}$。但是扩散作用阻止了气体的互相分离，也就是说，空气的相对组成不会随高度而改变。这两处空气主要成分的体积分数都为氮气 78.08%，氧气 20.95%，氩气 0.934%，二氧化碳 0.033%。气体的混合物是均匀的，不会由于密度的差别而有分层的倾向。

第一节 理想气体状态方程式

化工生产中的许多反应是气相反应，即反应物和生成物都是气体。例如：

合成氨 $3H_2(g) + N_2(g) \rightleftharpoons 2NH_3(g)$

合成甲醇 $CO(g) + 2H_2(g) \rightleftharpoons CH_3OH(g)$

合成 SO_3 制硫酸 $SO_2(g) + \frac{1}{2}O_2(g) \rightleftharpoons SO_3(g)$

为了研究和控制最适宜的反应条件，需要对气体的压力、温度、体积和气体物质的量等进行计算。因此，要找出有关这 4 个物理量之间的定量关系。

理想气体是一种假想的气体，其分子本身不占空间，分子间没有作用力。对于一定物质的量的理想气体，其温度、压力和体积之间关系为

$$pV = nRT$$

式中 p——气体压力，Pa；

V——气体体积，m^3；

n——气体物质的量，mol；

T——气体温度，K；

R——气体常数($8.31 Pa \cdot m^3 \cdot mol^{-1} \cdot K^{-1}$ 或 $8.31 kPa \cdot dm^3 \cdot mol^{-1} \cdot K^{-1}$)。

这个方程式普遍适用于高温低压下的“理想”气体，所以称之为理想气体的状态方程式。在不同的特定条件下，理想气体状态方程式有不同的表达形式，各种形式有不同的应用：

(1) n 一定时，p,V,T 改变，则有：$\dfrac{p_1V_1}{T_1}=\dfrac{p_2V_2}{T_2}$

(2) n,T 一定时，即为波义耳定律：$p_1V_1=p_2V_2$

(3) n,p 一定时，即为查理定律：$\dfrac{V_1}{T_1}=\dfrac{V_2}{T_2}$

(4) T,p 一定时，即为阿佛伽德罗定律：$\dfrac{n_1}{n_2}=\dfrac{V_1}{V_2}$

用理想气体状态方程式进行计算时，温度 T 与 t 的关系式为

$$T=t+273.15$$

那么273.15是怎样确定的呢？可根据实验数据用外延法求出。任选几种不同起始状态的理想气体A,B,C,在恒压下测定不同温度 t 的体积 V，以 V 对 t 作图得直线(见图1-1)，外延到与横坐标相交处，交点的 $V=0$，$t=-273.15℃$，各种气体各种起始状态的 V-t 延长线都交于此。在这个温度下，理想气体的体积似应等于零，这个温度也叫绝对零度，水的凝固点0℃称相对零摄氏度。

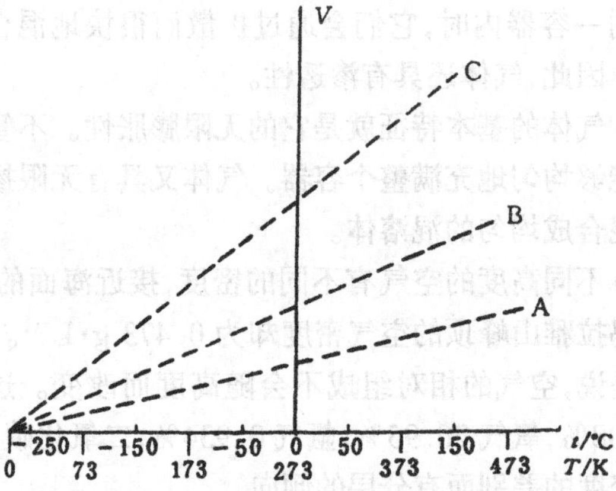

图1-1 恒压下气体体积与温度的关系

温度愈低，气体体积越小，当温度降到−273.15℃时，难道气体的体积真等于零吗？实际上这是不可能的，气体冷却到一定程度就凝聚为液体了，再冷就凝为固体。沸点最低的气体是氦(He)，它的沸点是4.2 K，凝固点是0.9 K。迄今在实验室用液氦制冷特殊技术可达最低温度0.0001K，所以绝对零度是一个理想的极限概念。

【例1-1】 一个体积为40.0 dm^3 的氮气钢瓶，在22.5℃时，压力为 1.26×10^7Pa，求钢瓶中有多少千克氮气？

解 已知 $p=1.26\times10^7$ Pa，$V=40.0\times10^{-3}=0.040(m^3)$，$T=273+22.5=295.5$ (K)，$R=8.31Pa\cdot m^3\cdot mol^{-1}\cdot K^{-1}$，故

$$n=\frac{pV}{RT}=\frac{1.26\times10^7\times0.040}{8.31\times295.5}=205.2(mol)$$

氮气摩尔质量 $M=28g\cdot mol^{-1}$，故氮气的质量为：

$$205.2mol\times28g\cdot mol^{-1}=5745.6\ g=5.7kg$$

【例1-2】 在101.3kPa、28℃条件下，250g乙醇(C_2H_5OH)完全燃烧，需消耗纯氧多少立方米？产生二氧化碳多少立方米？

解 $$C_2H_5OH(l)+3O_2(g)=\!=\!=2CO_2(g)+3H_2O(l)$$

方程表明，1mol乙醇燃烧需3mol O_2，放出2mol CO_2，所以250g乙醇燃烧时需 O_2 量为

$$n(O_2)=3\times\frac{250g}{46.0g\cdot mol^{-1}}=16.30(mol)$$

$$V(O_2)=\frac{nRT}{p}=\frac{16.30\times8.31\times(273+28)}{101.3\times10^3}=0.402(m^3)$$

250g 乙醇燃烧时放出 CO_2 量：

$$n(CO_2)=2\times\frac{250g}{46.0g\cdot mol^{-1}}=10.87(mol)$$

$$V(CO_2)=\frac{nRT}{p}=\frac{10.87\times8.31\times(273+28)}{101.3\times10^3}=0.268(m^3)$$

第二节　气体分压定律

在生产和科研中遇到的气体往往是多组分的气体混合物。如空气就是 N_2, O_2, Ar 等多种气体的混合物。当空气处于标准大气压(101kPa)时，其中各组分气体的分压力各是多少？实验结果表明，在恒定的温度下，当压力不是很高时，混合气体的总压力 $p_总$ 等于各组分气体单独占有与混合气体同样体积(V)时的各分压力的总和：

$$p_总=p_A+p_B+p_C$$

这就是气体的分压定律，又称道尔顿分压定律。式中，$p_总$ 表示混合气体的总压力；p_A, p_B, p_C 分别表示气体组分 A,B,C 的分压力。

根据理想气体状态方程式有：

$$p_A=\frac{n_ART}{V},\quad p_B=\frac{n_BRT}{V},\quad p_C=\frac{n_CRT}{V}$$

在相同温度、相同体积下，组分气体 A 的分压 p_A 与混合气体总压力 $p_总$ 之比，等于其相应的物质的量之比，即

$$\frac{p_A}{p_总}=\frac{n_A}{n_总}\qquad 或\qquad p_A=\frac{n_A}{n_总}\times p_总$$

式中，$n_A/n_总$ 称为气体组分 A 物质的量分数(简称摩尔分数)，常用 x_A 表示。因此，n_A 为组分 A 的物质的量，$n_总$ 为混合气体的总物质的量。

$$x_A+x_B+x_C=1$$

$$p_A=x_Ap_总,\quad p_B=x_Bp_总,\quad p_C=x_Cp_总$$

【例 1-3】 将 2mol CH_4 和 3mol H_2 气体混合，混合后气体总压力为 80.0kPa，求 CH_4 和 H_2 的分压力各是多少？

解

$$x(CH_4)=\frac{n(CH_4)}{n_总}=\frac{2}{2+3}=0.4$$

$$x(H_2)=1-0.4=0.6$$

$$p(CH_4)=x(CH_4)p_总=0.4\times80.0=32(kPa)$$

$$p(H_2)=x(H_2)p_总=0.6\times80.0=48(kPa)$$

【例 1-4】 用金属 Zn 与盐酸反应制氢气，在 26℃时，用排水集气法收集 H_2，总压力为 109.6kPa，问生成 2.50dm^3 湿的氢气，需多少克锌？(已知 26℃时 $p(H_2O)=3.4kPa$)。

解 $$p(H_2)=p_{总}-p(H_2O)=109.6-3.4=106.2(kPa)$$

$$n(H_2)=\frac{p(H_2)V(H_2)}{RT}=\frac{106.2\times10^3\times2.50\times10^{-3}}{8.31\times(273+26)}=0.11(mol)$$

$$Zn+2HCl=\!=\!=ZnCl_2+H_2(g)$$

根据上述方程可得出： $$n(Zn)=n(H_2)=0.11(mol)$$

$$m(Zn)=n(Zn)M(Zn)=0.11\times65.4=7.19(g)$$

【例 1-5】 现有一个 $10dm^3$、200kPa 的氧气贮罐和另一个 $20dm^3$、60kPa 的氮气贮罐。两个贮罐由活塞连接，打开活塞待两种气体混合均匀后(设混合前后温度不变)，求此时氧气分压力和氮气分压力。

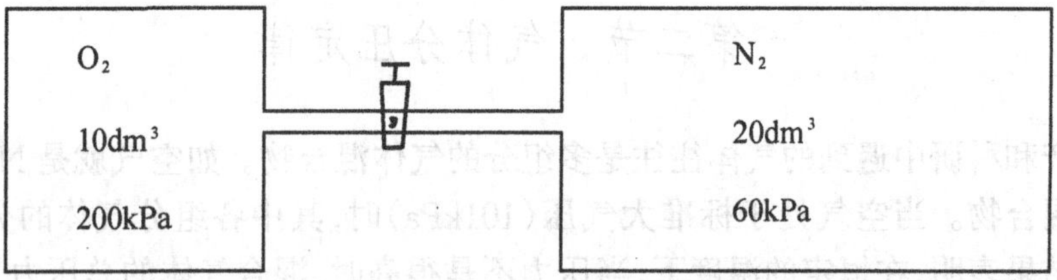

解 混合前有 $p(O_2)V(O_2)=n(O_2)RT$， $p(N_2)V(N_2)=n(N_2)RT$

混合后有 $$V_{总}=10+20=30(dm^3)$$

$$p_{总}=\frac{n_{总}RT}{V_{总}}$$

混合后 O_2 分压力 $$p(O_2)=x(O_2)p_{总}=\frac{n(O_2)}{n_{总}}\times\frac{n_{总}RT}{V_{总}}=\frac{n(O_2)RT}{V_{总}}=\frac{p(O_2)V(O_2)}{V_{总}}$$

$$=\frac{10dm^3}{30dm^3}\times200kPa=66.7kPa$$

混合后 N_2 分压力 $$p(N_2)=\frac{V(N_2)}{V_{总}}\times p(N_2)$$

$$=\frac{20dm^3}{30dm^3}\times60kPa=40kPa$$

第三节 实际气体

对于密度很小的近似理想的真实气体(也叫实际气体)，在恒温下逐渐增加气体压力，气体体积逐渐缩小，单位体积中分子数目增加，分子间的平均距离因而缩小，致使分子间的相互作用力和分子自身的体积这两种因素不能被忽略。这时，气体进入了“真实气体”的范围。实际气体的行为与理想气体的行为之间就发生了很大的偏差(实际气体一般不服从理想气体状态方程)。

下面以二氧化碳为例，讨论在加压和降温后，实际气体的行为与理想气体的行为之间的偏差。某容器装有一定量的 CO_2，该容器放在恒温箱内进行恒温下压缩或膨胀。由压力表读出气体的压力，由容器的容积数值可在 p-V 坐标系绘出恒温下的许多实际点，连接各点构成该温度下的一条等温线，即如图 1-2 所示的实线。

从图看出，当温度比较高时(如 333K、373K)，二氧化碳的等温线与理想气体的等温线相近，即气体的压力与其体积成反比。但当温度比较低时，两者就显著不同。例如，283K 时的等温线，在低压时，二氧化碳气体的体积随气体压力的增大而减小，此时还粗略地符合压力与体积成反比的规律；但是当压力增大到 4.6×10^6Pa 时（A 点），二氧化碳气体开始液化；尔后，气缸上的活塞如继续压缩，导致气体体积减小而压力却保持不变。这表明有更多的二氧化碳气体转化为液态，直到气缸内的二氧化碳全部变成液体为止（B 点）。水平线段 AB 表示二氧化碳的气相和液相共存，气体压力不变。当达到 B 点时，表示液化终止，如再继续加压，体积的缩小已很微弱，这是因为液体的压缩性很小，所以 B 点以后的曲线几乎成直线上升。

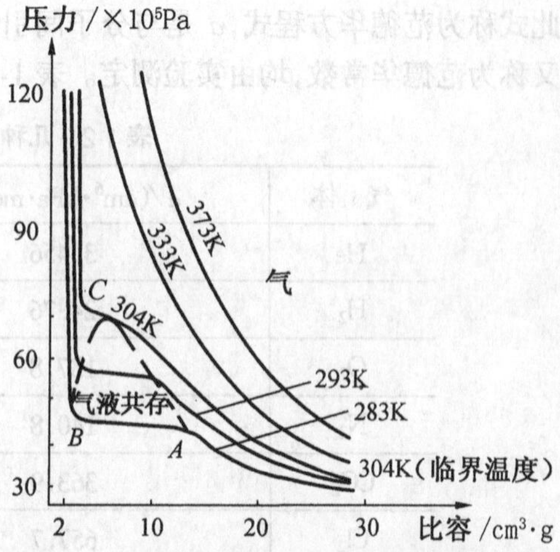

图 1-2　实验测定的二氧化碳等温曲线

当温度升高，例如 293K 的等温线，其曲线形状与 283K 的相似，只是二氧化碳开始液化和液化终止的压力比较高，而气液两相共存的水平线段缩短了；如果温度再进一步升高，开始液化和液化终止的压力就更高，而水平线段更短；当温度达到 304K 时，线段缩成一个点（C 点）。

图中 C 点称为临界点。实验表明，当温度低于 304K 时，加压可使二氧化碳气体液化；当温度高于 304K 时，无论外界加多大压力，也不能使二氧化碳气体液化。因此，304K 称为二氧化碳的临界温度（T_C）或液化温度；C 点的压力称为临界压力（p_C），即在临界温度时使气体液化所需的最低压力。

各种气体都有形状相似的实验曲线。不过，不同气体的临界点数据各不相同，其中最主要的是临界温度，它的大小表示出各种气体液化的难易程度。表 1-1 列出几种气体的临界数据。

表 1-1　几种气体的临界数据

物质	T_C/K	p_C/kPa	物质	T_C/K	p_C/kPa	物质	T_C/K	p_C/kPa
O_2	154.8	5079	N_2	126.3	3398	CO_2	304.2	7379
H_2	33.0	1294	He	5.2	229	CH_4	190.6	4604
Cl_2	417.2	7710	NH_3	405.6	11270	C_3H_8	369.8	4249

任何气体在降温或加压后都可以液化这一实验事实，证实了实际气体与理想气体之间存在偏差。

1873 年，荷兰科学家范德华（Van der Walls）研究了许多实际气体之后，针对引起实际气体与理想气体发生偏差的两个主要原因，即不能忽视分子自身体积和分子间作用力，提出一个修正的气态方程：

$$\left(p+\frac{n^2a}{V^2}\right)(V-nb)=nRT$$

此式称为范德华方程式，a 是与分子间引力有关的常数；b 是与分子体积有关的常数；a，b 又称为范德华常数，均由实验测定。表 1-2 列出了一些气体的范德华常数。

表 1-2　几种常见气体的范德华常数

气　体	$a/(dm^6 \cdot kPa \cdot mol^{-2})$	$b/(dm^3 \cdot mol^{-1})$
He	3.456	0.02370
H_2	24.76	0.02661
O_2	137.8	0.03183
N_2	140.8	0.03913
CO_2	363.9	0.04267
Cl_2	657.7	0.05622

经过修正的气态方程即范德华方程式比理想气体状态方程式能够在更广阔的温度和压力范围内应用。计算结果比较接近于实际情况。

【例 1-6】　在 27℃时，40dm^3 气罐中的 2mol 氧气压力为多少？

解　(1)根据理想气体状态方程式计算：

$$n = 2\text{mol},\quad R = 8.31\text{Pa}\cdot\text{m}^3\cdot\text{mol}^{-1}\cdot\text{K}^{-1},$$

$$T = 27 + 273 = 300(\text{K}),\quad V = 40\times10^{-3} = 0.040(\text{m}^3)$$

$$p(O_2) = \frac{nRT}{V} = \frac{2\times8.31\times300}{0.040} = 124.7(\text{kPa})$$

(2)根据范德华方程式计算：

$$a = 137.8\ \text{dm}^6\cdot\text{kPa}\cdot\text{mol}^{-2},\quad b = 0.03183\ \text{dm}^3\cdot\text{mol}^{-1}$$

由　$n = 2\text{mol},\quad R = 8.31\text{kPa}\cdot\text{dm}^3\cdot\text{mol}^{-1}\cdot\text{K}^{-1},\quad T = 27 + 273 = 300(\text{K}),\quad V = 40\text{dm}^3$

及
$$\left(p + \frac{n^2a}{V^2}\right)(V - nb) = nRT$$

得
$$\left(p + \frac{2^2\times137.8}{40^2}\right)(40 - 2\times0.03183) = 2\times8.31\times300$$

$$p = 124.6(\text{kPa})$$

两种计算方法的结果相对误差为：

$$\frac{124.7 - 124.6}{124.6}\times100\% = 0.08\%$$

相对误差很小，说明常温常压下的实际气体可用理想气体状态方程式计算，显得简单容易。

思　考　题

1. 气体有哪些特性？
2. 分压定律的内容是什么？请解释摩尔分数。
3. 实际气体与理想气体有何区别？
4. 什么是临界温度？什么是临界压力？
5. 何谓范德华方程式？式中各项分别表示什么意义？

6.一个密闭容器中含有 2mol O_2 和 3mol N_2，哪种气体的分压力大？

习　题

1.在25℃时，若电视机用显像管的真空度为 3.0×10^{-7}Pa，体积为 1.8dm^3，试求管中气体的分子数。

2.容器内装有温度为40℃、压力为 1.50×10^7Pa 的氧气 1kg，由于容器漏气，经过若干时间后，压力降为原来的一半，温度降为25℃。计算：

(1)容器体积为多少？

(2)漏出氧气多少千克？

3.辛烷(C_8H_{18})是汽油的主要成分，燃烧 1000g 辛烷需要多少立方米的氧气(25.0℃，101kPa)？

4.在25℃、101kPa下，2.0m^3 CO_2 气体通过炽热的碳层后，完全转变为 CO 气体。这时温度为900℃，压力为200kPa，求 CO 的体积。

5.氮气、氧气和二氧化碳等的混合气体中，氮气的摩尔分数为 0.78，氧气的摩尔分数为 0.21，二氧化碳的摩尔分数为 3.3×10^{-4}。混合气体的总压力为 101300Pa，求氮气、氧气和二氧化碳的分压各是多少？

6.在26℃时，用排水集气法要收集 2.0dm^3 湿的氧气，总压力为 101kPa，问至少要取多少克 $KClO_3$(用 MnO_2 做催化剂)进行热分解？(已知26℃时，$p(H_2O)=3.4$kPa)。

7.在250℃时，PCl_5 全部气化并能部分解离为 PCl_3(g)和 Cl_2(g)。将 2.085g PCl_5 置于 1.00dm^3容器中，在全部气化之后，测定其总压力为 100kPa，那么其中含有哪些气体？它们的分压力各是多少？

第二章　化学热力学

“摩擦取火”——人类对自然的第一个伟大胜利是将机械运动转化为热的过程。

在18世纪末，手工业逐渐向机械工业过渡，促进了人们对机械的研究。19世纪初蒸汽机的发明和使用促进人们研究如何用同量的燃料——煤，产生更多的机械力(功)，热力学就是研究热和功转换的规律，其遵守能量守恒，它有三条基本定律，把这些定律应用于化学领域就产生了化学热力学，它可以解决化学反应中能量是如何转换的，在指定条件下化学反应能朝着什么方向进行以及反应的限度是多少。

热力学的理论基础主要建立在两个经验定律的基础上。热力学第一定律指出各种形式的能量在物理、化学过程中相互转化的关系，即能量守恒定律；热力学第二定律则指出过程进行的可能性、方向和限度。本章主要介绍热力学第一定律、热力学第二定律及其在化学中的应用。

第一节　基 本 概 念

一、体系和环境

在热力学中将作为研究对象的物质和空间称为体系。体系以外与体系相连的其余部分称为环境。例如一钢瓶气体，当我们只研究其中的气体时就把气体当作体系，而把钢瓶和钢瓶以外的物质当作环境。体系与环境之间不一定要有明显的物理分界面，有时可以由想像的边界分开。例如，水与含饱和水蒸气的空气共存时，若只讨论水与水蒸气有关的问题，那就可以把空气当作环境的一个部分。体系的选择是否恰当往往是解决问题难易的关键。

体系与环境之间会有物质和能量交换，按照这种交换的不同情况，可以把体系分为以下三类：

(1)敞开体系：体系与环境之间既有物质交换，也有能量交换。

(2)封闭体系：体系与环境之间只有能量交换，而没有物质交换。

(3)隔离体系：体系与环境之间既没有物质交换，也没有能量交换。

例如，广口瓶内盛有一定量热水，以瓶内热水作体系，因它既有水分子逸出，又和周围空气(环境)交换热量，故此体系为敞开体系；如果广口瓶改为保温瓶，则热水可以近似看作是隔离体系。事实上，自然界中一切事物总是相互联系、相互影响的，隔离体系是一种假想的体系，它只能在有限的时间和空间内使用。

二、状态与状态函数

当体系确定后，该体系就有一定的性质，例如它有一定的温度、压力、体积、质量、密度、粘度、热容、折光率、电阻等。体系的性质通常分为两大类：一类是广度性质(或容量性质)如体积、质量等，在一定条件下具有加和性，即整个体系的广度性质，是体系中各部分该性质的总和，如体系的质量是体系中各部分质量之和。另一类是强度性质，此类性质与体系物质量无关，即不具有加和性，其数值取决于体系自身的特性，如温度、压力、密度等。

如果体系中物质的化学成分、数量均已知道，并且体系的温度、压力、体积等都有确定值，就称这体系处在一定的状态，因此，所谓体系的状态就是体系的物理性质和化学性质的综合表现，而描写这个状态的温度、压力、体积等性质的函数就称为状态函数。

实际上体系的各种性质并不是相互独立无关的，而是有一定的关系式存在，因此只需要确定其中几个性质的数值，其余的性质就随之而定，体系的状态也就确定了。例如，对于理想气体，$V=f(n,T,p)=\frac{nRT}{p}$，这表明只要体系的物质的量 n、温度 T 和压力 p 确定后，体系的体积也随之确定。这里 n,T,p 是独立变数，我们把 n,T,p 这类变数称为状态变数，把 V 这类依赖于其它状态变数的状态性质称为状态函数。同样，我们也可以选 $p=f(n,T,V)$ 关系来描述状态性质，这里 V 是状态变数，而 p 是状态函数。由此可见，状态变数和状态函数并非是绝对的，它们的选择取决于研究目的和处理问题的方法。

例如，1mol 理想气体，在 273K（T_1）和 101.325kPa（p_1）下，其体积一定是 0.0224m^3（V_1），若将该状态（p_1，V_1，T_1）变化到 298K（T_2）和 10.1325Pa（p_2），其体积一定是 0.2445m^3（V_2），其 $\Delta V=V_2-V_1=0.2221\text{m}^3$。由此可见，体系的状态函数具有如下特征：①当体系有确定状态时，则状态函数就有一定值，其数值由目前所处的状态决定，而与体系过去的历史无关。②体系的状态改变时，状态函数的变化值仅取决于体系的始终态，而与变化过程无关。③体系从某一状态出发，经过一系列变化后，恢复到原来状态，其状态函数也恢复到原来的数值，则循环一周的变化值为零。④任何状态函数都是其它状态函数的函数。在同一状态下，状态函数的任意组合或运算仍为体系的状态函数。例如，理想气体的体积 $V=\frac{nRT}{p}$，密度 $\rho=\frac{pM}{TR}$ 等。但必须注意，在不同状态下状态函数的组合就不能表示为新的状态函数。例如，$\Delta T=T_2-T_1$，ΔT 就不是新的状态函数。

三、过程

体系状态发生变化的经过历程称为过程。根据变化时的条件，常见的过程有：

(1)恒温过程：体系的温度保持不变，$T_1=T_2=T_{外}$；

(2)恒压过程：体系的压力保持不变，$p_1=p_2=p_{外}$；

(3)恒容过程：体系的体积保持不变，$V_1=V_2=V_{过}$；

(4)绝热过程：体系与环境之间没有热量交换，$Q=0$。

第二节　热力学第一定律

热力学第一定律就是能量守恒定律用于热量转化过程所得到的一种形式。19 世纪中叶，卡诺、焦耳等科学家用大量精确的实验证明：能量可以从一种形式转换为另一种形式，在转换过程中总能量不变，既不能无中生有，也不能自行消灭。其中关键是肯定了热功转换，热量是能量的一种形式，这个发现对热力学第一定律的建立和整个自然科学的发展都有重要意义。

一、热

由于体系和环境之间存在温差而引起能量传递的形式称为“热”。例如，一杯热水置于空气中，体系会把热量向环境释放，直至水温与室温相同。在这过程中，热量通过空气分子以无序运动的方式而传递能量，热总是与体系所进行的过程相联系着。体系的状态不发生变化就没有热，因此热不是状态函数，它与过程有关。

热量用符号 Q 表示，并规定体系吸热时 Q 为正值(即 $Q>0$)；体系放热时 Q 为负值(即 $Q<0$)。

【例 2-1】 在 101.3kPa、0℃下，冰的融化热为 $6\text{kJ}\cdot\text{mol}^{-1}$，问 0℃时将 2mol 水凝结为冰的热效应 Q 为多少?

解 因为水凝结为冰是放热，所以

$$Q=-2\times6=-12(\text{kJ})$$

答：0℃时将 2mol 水凝结为冰放出 12kJ 热量。

二、功

功是除热以外，体系与环境能量交换的所有形式，不过它是以有序的形式进行交换。常见的功有体积功(即体系膨胀和压缩所做的功)和非体积功(包括电功、摩擦功、表面功等等)。以公式 $W=-\int_{V_1}^{V_2}p_{外}\,\mathrm{d}V$ 计算体积功。

功是能量的一种传递形式，同热一样，它总是与体系所进行的过程联系着的，体系的状态不发生变化，就无功可言。因此，功也不是状态函数，而与过程有关。

功以符号 W 表示，并规定体系对环境作功为负值(即 $W<0$)；反之，环境对体系做功为正值(即 $W>0$)。

【例 2-2】 2mol N_2(理想气体)在 2×10^4Pa 下从 0.2m^3 膨胀到 4m^3，求过程所做的功 W。

解 $W=-\int_{V_1}^{V_2}p_{外}\,\mathrm{d}V=-p_{外}(V_2-V_1)=-2\times10^4\times(4-0.2)=-7.6\times10^4(\text{J})$

答：过程作 -7.6×10^4J 的功。

【例 2-3】 在 100℃、101.3Pa 下，将 2mol 水汽化为水蒸气，求体系所做的功 W。(水蒸气可看作理想气体)

解 因 $p_{外}=101.3\text{kPa}$，所以

$$W=\int_{V_1}^{V_2}p_{外}\,\mathrm{d}V=-p_{外}(V_2-V_1)=-p_{外}(V_g-V_1)\approx-p_{外}V_g$$

$$=-p_2V_2=-nRT_2=-2\times8.314\times373=-6202.2(\text{J})$$

答：体系做 -6202.2J 的功。

三、内能

内能就是指体系的总能量。用符号“U”表示内能，它包括各物质结构微粒的动能、微粒

间位能、微粒转动能、微粒振功能、电子运动能、核能等等。

内能即是体系能量的总和，它的值只取决于状态，在一定状态下应有一定的内能值。因此可以说，内能是状态函数，任何过程的内能变化值：$\Delta U = U_2 - U_1$（为终、始态内能之差）。

四、热力学第一定律的能量守恒

热力学第一定律是能量守恒定律，人们可用实验证实能量在转化过程中保持数量不变，即不论如何千变万化，能量总值始终守恒。根据内能、热和功的涵义，就可得到热力学第一定律的数学表达式。设有一封闭体系发生了某一过程，体系从环境吸收热量 Q 和环境对体系做功 W，使体系的内能从 U_1 变到 U_2，根据能量守恒和转化定律得到：

$$\Delta U = U_2 - U_1 = Q + W$$

这就是热力学第一定律的数学表达式。即过程中内能的增量等于体系所吸入的热量与环境对体系所做的功之和。当体系状态变化一定时，实现这一状态变化的不同过程中 Q 和 W 可有不相同的数值，但内能的增量却是一定的。例如，在 25℃、101.3kPa 下完成反应：

$$2H_2(g) + O_2(g) \longrightarrow 2H_2O(l)$$

可采用燃烧反应或电池反应两种不同的过程：

$$\boxed{\begin{array}{c}25℃, 101.3\text{kPa}\\ 2H_2(g)+O_2(g)\end{array}} \begin{array}{c}\xrightarrow{(1)\text{燃烧反应}}\\ \xrightarrow{(2)\text{电池反应}}\end{array} \boxed{\begin{array}{c}25℃, 101.3\text{kPa}\\ 2H_2O(l)\end{array}}$$

其功、热和内能增量的数据如下：

类目 反应方式	热量 Q /kJ	功 W/kJ		内能增量 ΔU/kJ
		体积功	电功	$\Delta U = Q + W$
燃烧反应	−571.5	7.4	0	−564.1
电池反应	−97.2	7.4	−474.3	−564.1

这一实验再次表明内能是体系的状态函数，两个不同过程其变化值相等。而热和功不是状态函数，与具体的变化过程有关。

【例 2-4】 在 100℃、101.3kPa 下，将 2mol 的水蒸气液化为水，求过程的 $W, Q, \Delta U$（已知水在正常沸点下的汽化热为 40.7kJ·mol⁻¹）。

解 $W = -\int_{V_1}^{V_2} p_{外}\, dV = -p_{外}(V_2 - V_1) = -p_{外}(V_l - V_g) = p_{外} V_g = nRT$

$= 2 \times 8.314 \times 373 = 6202.2(\text{J})$

$Q = -2 \times 40.7 = -81.4(\text{kJ})$ （放热）

$\Delta U = Q + W = -81.4 \times 10^3 + 6202.2 = -7519.78(\text{J})$

第三节　恒容热、恒压热与焓

化工生产常遇到的特定条件往往是恒容或恒压过程。如在密封的反应器中进行的过程一般属于恒容过程；在敞口反应器中进行的液相反应又属于恒压过程。在这种条件下，热可通过我们将要引入的新函数焓的变化值来确定。

一、恒容热

以符号 Q_V 表示恒容热，我们知道体系的功实际上是体积功与非体积功之和，若体系不做非体积功，$W_{非}=0$，则 $W=W_{体}+W_{非}=W_{体}=-\int_{V_1}^{V_2}p_{外}\mathrm{d}V$，$p_{外}$ 为外界压力，V_1，V_2 分别为体系始、终态体积，又因为恒容过程体积不变，$\Delta V=0$，$\mathrm{d}V=0$，所以

$$W=-\int_{V_1}^{V_2}p_{外}\mathrm{d}V=0,\quad Q_V=\Delta U$$

纯物质恒容变温过程：$$Q_V=\int_{T_1}^{T_2}nC_{V\mathrm{m}}\mathrm{d}t$$

其中，$C_{V\mathrm{m}}$是物质的摩尔定容热容，是指将 1mol 物质升高温度 1℃所吸收的热量。理想气体的 $C_{V\mathrm{m}}$为：

$$C_{V\mathrm{m}}=\frac{3}{2}R\quad（单原子分子理想气体）$$

$$C_{V\mathrm{m}}=\frac{5}{2}R\quad（双原子分子理想气体）$$

二、恒压热与焓

以符号 Q_p 表示恒压热，对于 $W_{非}=0$ 的恒压过程有

$$Q_p=\Delta U-W=\Delta U+\int_{V_1}^{V_2}p_{外}\mathrm{d}V$$

因为恒压：$p_1=p_2=p_{外}=p$，所以

$$Q_p=\Delta U+p(V_2-V_1)=U_2-U_1+p_2V_2-p_1V_1$$
$$=(U_2+p_2V_2)-(U_1+p_1V_1)$$

令 $H=U+pV$，由于 U,p,V 是状态函数，其简单代数运算后的新函数“焓”也应该是状态函数。纯物质的恒压变温过程：

$$Q_p=\Delta H=nC_{p\mathrm{m}}(T_2-T_1)$$

其中，$C_{p\mathrm{m}}$是物质的摩尔定压热容，是指将 1mol 物质在恒压下，升温 1℃吸收的热量，单位为 $\mathrm{J\cdot K^{-1}\cdot mol^{-1}}$，理想气体的 $C_{p\mathrm{m}}=C_{V\mathrm{m}}+R$。因为 $H=U+pV$，所以

$$\Delta H=\Delta U+\Delta(pV)=\Delta U+(p_2V_2-p_1V_1)$$

【例 2-5】 在 25℃、101325Pa 下，2mol H_2(g)分别经过下列过程升温到 125℃，求下面各过程的 $W,Q,\Delta U,\Delta H$。(1)恒压升温；(2)恒容升温。

解 H_2(g)近似看作双原子理想气体：$C_{V\mathrm{m}}=\frac{5}{2}R$，$C_{p\mathrm{m}}=\frac{7}{2}R$。

(1)恒压过程：$Q_p=\Delta H=nC_{p\mathrm{m}}(T_2-T_1)=2\times\frac{7}{2}\times8.314\times(398-298)=5819.8(\mathrm{J})$

$$W=-\int_{V_1}^{V_2}p_{外}\mathrm{d}V=-p(V_2-V_1)=-(pV_2-pV_1)=-(nRT_2-nRT_1)$$

$$=-nR(T_2-T_1)=-2\times8.314\times(398-298)=-1662.8(\mathrm{J})$$

$$\Delta U=nC_{V\mathrm{m}}(T_2-T_1)=2\times\frac{5}{2}\times8.314\times(398-298)=4157(\mathrm{J})$$

(2)恒容过程：　　$\Delta V=0$，　$W=0$

$$Q_V=\Delta U=nC_{V\mathrm{m}}(T_2-T_1)=2\times\frac{5}{2}\times 8.314\times(398-298)=4157(\mathrm{J})$$

$$\Delta H=nC_{p\mathrm{m}}(T_2-T_1)=2\times\frac{7}{2}\times 8.314\times(398-298)=5819.8(\mathrm{J})$$

【例 2-6】 在 25℃、101.3kPa 下，2mol H_2 和 1mol O_2 反应，生成 2mol 水，放出热量 517.68kJ，求生成 1mol 水的 ΔH 和 ΔU。

解 由于反应：$2H_2(g)+O_2(g)=\!=\!=\!=2H_2O(l)$是在恒压下进行，因此

$$\Delta H=Q_p=-\frac{571.68}{2}=-285.84(\mathrm{kJ})$$

又设 $H_2(g)$、$O_2(g)$均为理想气体，$H_2O(l)$是液体，其体积可以忽略不计：

$$\begin{aligned}\Delta U&=\Delta H-\Delta(pV)=\Delta H-\{pV(H_2O)-[pV(H_2)+pV(O_2)]\}\\&=\Delta H+n(H_2)RT+n(O_2)RT=\Delta H+RT[n(H_2)+n(O_2)]\\&=-285.84\times10^3+8.314\times298\times(2+1)=-21151.28(\mathrm{J})\end{aligned}$$

或用 $\Delta U=\Delta H-RT\Delta n_g$ 的公式来计算，其中 $\Delta n_g=n_{产}-n_{反}$（只包括气体部分，对液体或固体的物质 n 均以 0 计）。

应该指出，热量 Q 不是状态函数，反应热效应与途径有关。但若条件一经确定，恒容或恒压过程，其热效应 Q_V 和Q_p 在数值上分别和 ΔU 或 ΔH 相等，即 Q_V 和Q_p 可用状态函数的变化来衡量，只取决于反应的始态和终态，而后不管途径怎样。这样，热效应的测量只归结于体系焓变的计算，大大简化了实验过程。

第四节　化学反应热效应

在化学反应中，常伴随着吸热或放热的现象，这是因为不同物质有着不同的内能或焓，反应产物的总内能或总焓通常与反应物的总内能或总焓是不相同的缘故。通常把研究化学反应热效应的科学称为热化学。在热化学形成之前，热化学在实验的基础上已获得了不少的经验规则与定律。现在讨论的热化学是在热力学基础上进行的，实际上是热力学第一定律在化学反应中的应用。

一、反应热效应

许多实验表明，同一反应在不同条件下吸收或释放的热量是不同的。例如合成氨反应，如果保持反应在 25℃时进行，则可以释放 92.38kJ 的热量，而保持反应在 500℃时进行，则所释放的热量便是 101.7kJ。由此可见，若不指明反应条件来谈某一反应的热效应，那是没有意义的。另外，要把不同化学反应的热效应进行比较，也必须规定反应在同一条件下进行。为此，在热化学中作了一个统一的规定，给化学反应热效应下了一个严格的定义，某一化学反应，假定反应物和生成物保持温度相同，而在反应过程中只做体积功，不做其它功，这时化学反应所吸收或释放的热量称为该反应的热效应（亦称为反应热）。热效应的符号与前面讲的规定相同：体系放热为负值，吸热为正值。

在化工生产中，由于化学反应常常在恒容或恒压条件下进行，因此热效应又可按过程进

行的条件分为恒压热效应和恒容热效应。

恒容热效应等于反应在恒容条件下进行时体系内能的变化值，即 $Q_V=\Delta U$；恒压热效应等于反应在恒压条件下进行时体系焓的变化值，即 $Q_p=\Delta H$。

由于量热计测得的热效应是恒容热效应，而化工生产过程大多是在恒压下进行，所用的热效应是恒压热效应，因此，必须首先知道恒容热效应与恒压热效应之间的关系才能从恒容热效应推算出恒压热效应。

设某一化学反应分别按恒温恒压过程和按恒温恒容过程进行，如图 2-1 所示。虽然始态相同，但终态不同。为了推导 ΔH 与 ΔU 之间的关系，需增添一个第Ⅲ过程把两个终态联系起来。根据焓的定义式 $H=U+pV$，对于恒压过程：

$$\Delta H_p=\Delta U_p+p_1(V_2-V_1)$$

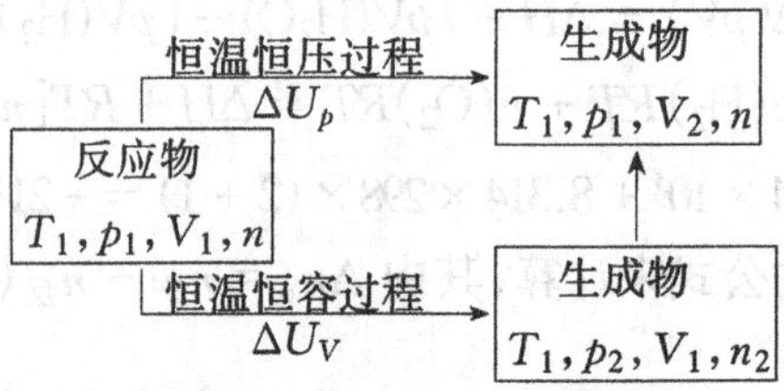

图 2-1 ΔH 与 ΔU 关系

而根据状态函数的特性 $\Delta U_p=\Delta U_V+\Delta U_T$，于是恒容热效应 ΔU_V 和恒压热效应 ΔU_p 之间的一般关系为：

$$\Delta H_p=\Delta U_V+\Delta U_T+p_1(V_2-V_1)$$

对于气体参加的反应体系，如果可以把给定的气体看作理想气体，则引用理想气体状态方程式 $V_2=\dfrac{n_2RT}{p_2}$，$V_1=\dfrac{n_1RT}{p_1}$，且 $\Delta U_T=0$(理想气体内能只是温度的函数)，故上式可写成：

$$\Delta H_p=\Delta U_p+(n_2-n_1)RT=\Delta H_p+\Delta nRT$$

略去下标得：

$$\Delta H=\Delta U+\Delta nRT$$

式中，Δn 为生成物的气体摩尔总数 n_2 与反应物的气体摩尔总数 n_1 之差，它表示反应前后气体摩尔总数(不包括液体或固体的摩尔数)的变化。

对于既有气体，又有固体、液体参加的反应体系，因为固体、液体相对于气体来说，反应前后体积变化甚少，可以忽略不计，计算 Δn 时将固体、液体的摩尔数当作零，即 Δn 只包括气体部分。

【例 2-7】 25℃时，将 1g 尿素放入弹式量热计中完全燃烧生成氮气、二氧化碳气体及液态水，所放出的热量为 10.5kJ，求尿素的摩尔恒容热效应和摩尔恒压热效应。

解 尿素的燃烧反应为：

$$(NH_2)_2CO(s)+\frac{3}{2}O_2(g)=\!=\!=CO_2(g)+2H_2O(l)+N_2(g)$$

因为尿素的摩尔质量为 60.06g，所以恒容热效应为：

$$\Delta U=-10.54\times60.06=-633.0(kJ)$$

又因为该反应的 $\Delta n=\left(1+1-\frac{3}{2}\right)=\frac{1}{2}$，所以恒压热效应为：

$$\Delta H=\Delta U+\Delta nRT=-633.0+\frac{1}{2}\times 8.314\times 298\times 10^{-3}=-631.8(\text{kJ})$$

二、热化学方程式

热化学方程式是表示化学反应与热效应的关系式，例如：

$$2Fe(s)+1.5O_2(g)\longrightarrow Fe_2O_3(s),\qquad \Delta_r H_m^{\ominus}=-824\text{kJ}\cdot\text{mol}^{-1}$$

该式表明 2mol 固体铁和 1.5mol 氧气在 101.3kPa、298K 下完全反应生成 1mol 固体的三氧化二铁时，放热 824kJ。热化学方程式上的表达，按以下规范进行。

(1)写出化学反应式，并配平。

(2)注明各物质的相态。以(g)、(l)、(s)分别表示气体、液体和固体，若固体中有不同的晶型还要标明其晶型，如：C(石墨)、C(金刚石)、S(斜方)、S(单斜)等。

(3)反应热效应写在化学反应式的右边，恒压热用 ΔH 表示，恒容热用 ΔU 表示。

(4)要注明反应的温度和压力。若不注明，则表示该反应是在标准状态(101.3kPa 和规定的温度 298K)下进行。

【例 2-8】 2mol $H_2(g)$与 1mol $O_2(g)$反应生成 2mol 水，在 25℃恒压下放热 571.68kJ，分别写出该反应在恒容和恒压下的热化学方程式。

解 根据书写规范，恒压方程式为：

$$2H_2(g)+O_2(g)\longrightarrow 2H_2O(l),\qquad \Delta H=-571.68\text{kJ}$$

因 $\qquad \Delta U=\Delta H-RT\Delta n_g,\qquad \Delta n_g=0-2-1=-3$

$$\Delta U=-571.68\times 10^3-8.314\times 298\times(-3)=-564247.284(\text{J})$$

所以恒容方程式为：

$$2H_2(g)+O_2(g)\longrightarrow 2H_2O(l),\qquad \Delta U=-564247.284(\text{J})$$

此外必须注意，热化学方程式中反应热效应指的是反应物完全生成产物时的反应热效应。但不一定说明该反应一定能够进行到底。

三、盖斯定律

1840 年盖斯在总结了大量实验结果的基础上提出：“不管化学反应是一步完成或分几步完成，其热效应总是相同的。”这就称为盖斯定律。

盖斯定律是热力学第一定律的必然结果，因为焓(或内能)是状态函数，只要化学反应有确定的始、终态，并在等温等压(或恒温恒容)只作体积功的条件下，其 $\Delta H=Q_p$ 或 $\Delta U=Q_V$，就是定值，与经过怎样的具体步骤来完成该反应是无关的。

【例 2-9】 计算碳燃烧生成一氧化碳的反应热 $\Delta_r H_m^{\ominus}$。

解 将 C(石墨)在氧气中燃烧，同时发生下列(1)、(2)两个反应：

(1)$C(石)+O_2(g)=\!=\!=CO_2(g),\quad \Delta_r H_{m,1}^{\ominus}=-393.51\text{kJ}\cdot\text{mol}^{-1}$

(2)$C(石)+\frac{1}{2}O_2(g)=\!=\!=CO(g),\quad \Delta_r H_{m,2}^{\ominus}$(未知)

(3)$CO(g)+\frac{1}{2}O_2(g)=\!=\!=CO_2(g),\quad \Delta_r H_{m,3}^{\ominus}=-282.99\text{kJ}\cdot\text{mol}^{-1}$

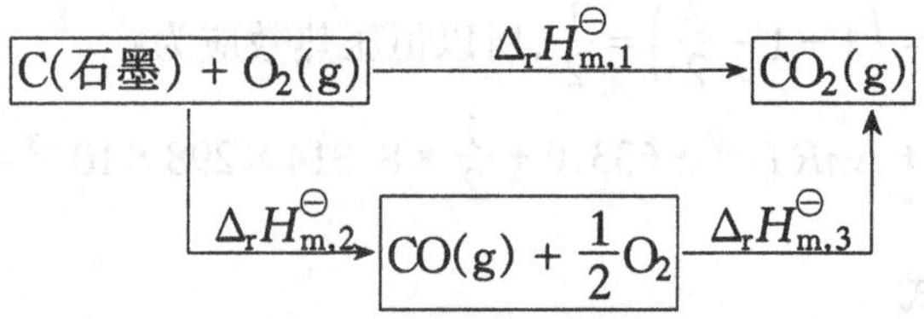

按题意求反应(2)的反应热，但实际上若有足够氧气，反应很难控制停留在只生成 CO 阶段，往往会生成 CO_2，因此无法直接测定生成 CO 的热效应，但根据盖斯定律，确定了反应的始态$\left(C+\frac{1}{2}O_2\right)$和终态($CO_2$)，就可以设计过程来计算生成 CO 的热效应。

根据盖斯定律： $\Delta_r H^\ominus_{m,1}=\Delta_r H^\ominus_{m,2}+\Delta_r H^\ominus_{m,3}$

已知：(1) $C(石)+O_2(g)═══CO_2(g)$， $\Delta_r H^\ominus_{m,1}=-393.51kJ\cdot mol^{-1}$

(3) $CO(g)+\frac{1}{2}O_2(g)═══CO_2(g)$， $\Delta_r H^\ominus_{m,3}=-282.99kJ\cdot mol^{-1}$

则 $\Delta_r H^\ominus_{m,2}=\Delta_r H^\ominus_{m,1}-\Delta_r H^\ominus_{m,3}=-393.51-(-282.99)=-110.52(kJ\cdot mol^{-1})$

盖斯定律的发现奠定了整个热化学的基础，它的重要意义在于能使热化学方程式像普通代数方程式那样进行运算，从而可以根据已经准确测定了的反应热，计算出未知的反应热。但自然界的反应成千上万，能否利用少量的反应热数据，计算出其余反应的反应热呢？生成热和燃烧热的概念正是为了满足这种需要而逐渐建立起来的有效方法。

四、生成热、燃烧热和化学反应热计算

1. 生成热

在标准状态(101.3kPa)和指定的温度(298K)下，由稳定的单质生成 1mol 物质的反应热称为该物质的标准生成热，用 $\Delta_f H^\ominus_m$表示：根据生成热定义，可知所有稳定单质的标准生成热均为零。例如反应：

$$C(石墨)+O_2(g)\rightarrow CO_2(g),\qquad \Delta_r H^\ominus_m(CO_2,g)=-393.51kJ\cdot mol^{-1}$$

则 $CO_2(g)$的标准生成热 $\Delta_r H^\ominus_m(CO_2,g)=-393.51kJ\cdot mol^{-1}$。

对于任一个化学反应：$aA+bB\xrightarrow{\Delta_f H^\ominus_m(298K)}gG+hH$，其反应热效应可以利用各物质的标准生成热来计算，根据盖斯定律推导得出：

$$\Delta_r H^\ominus_m=(g\Delta_f H^\ominus_{m,G}+h\Delta_f H^\ominus_{m,H})-(a\Delta_f H^\ominus_{m,A}+b\Delta_f H^\ominus_{m,B})$$

或表示为：

$$\Delta_r H^\ominus_m=\sum_j(n_j\Delta_f H^\ominus_{m,j})_{产物}-\sum_i(n_i\Delta_f H^\ominus_{m,i})_{反应物}$$

【例 2-10】 计算过氧化钠与水反应的反应热 $\Delta_r H^\ominus_m$。

解 反应： $2Na_2O_2(s)+2H_2O(l)═══4NaOH(l)+O_2(g)$

查表得：	$Na_2O_2(s)$	$H_2O(l)$	$NaOH(l)$	$O_2(g)$
$\Delta_f H^\ominus_m(kJ\cdot mol^{-1})$：	-510.9	-285.84	-426.77	0

$$\Delta_r H^\ominus_m(反应)=4\Delta_f H^\ominus_{m,NaOH}+\Delta_f H^\ominus_{m,O_2}-2\Delta_f H^\ominus_{m,Na_2O_2}-2\Delta_f H^\ominus_{m,H_2O}$$

$$=4\times(-426.77)+0-2\times(-510.9)-2\times(-285.84)=-113.6(kJ\cdot mol^{-1})$$

对于相对分子质量较大、结构较复杂的有机化合物，其标准生成热有些很难测定，即在

化学手册上查不到它的生成热，但这些物质很容易燃烧，其标准燃烧热很容易测定，我们也可以利用它来计算化学反应热。

2. 燃烧热

在标准状态(101325Pa)和指定的温度(298K)下，将1mol物质完全燃烧的热效应称为该物质的标准燃烧热，用“$\Delta_c H_m^\ominus$”表示。所谓完全燃烧是指该物质中的C变为$CO_2(g)$，H变为$H_2O(l)$，N变为$N_2(g)$，Cl变为$HCl(g)$，S变为$SO_2(g)$等。

例如：$CH_4(g)+2O_2(g) \longrightarrow CO_2(g)+2H_2O(l)$，　$\Delta_r H_m^\ominus(298K)=-890.31kJ\cdot mol^{-1}$

$C_2N_2(g)+2O_2(g) \longrightarrow 2CO_2(g)+N_2(g)$，　$\Delta_r H_m^\ominus(298K)=-1087.8kJ\cdot mol^{-1}$

则甲烷和氰的标准燃烧热分别为：

$\Delta_c H_m^\ominus[CH_4(g)]=-890.31kJ\cdot mol^{-1}$，　$\Delta_c H_m^\ominus[C_2N_2(g)]=-1087.8kJ\cdot mol^{-1}$

对于任一化学反应：

$$aA+bB \xrightarrow{\Delta_r H_m^\ominus(298K)} gG+hH$$

同理，可由盖斯定律推导得：

$$\Delta_r H_m^\ominus=(a\Delta_c H_{m,A}^\ominus+b\Delta_c H_{m,B}^\ominus)-(g\Delta_c H_{m,G}^\ominus+h\Delta_c H_{m,H}^\ominus)$$

或表示为：

$$\Delta_r H_m^\ominus=\sum_i(n_i\Delta_c H_{m,i}^\ominus)_{反应物}-\sum_j(n_j\Delta_c H_{m,j}^\ominus)_{产物}$$

【例2-11】 由标准燃烧热计算298.12K时丙烷裂解反应的热效应$\Delta_r H_m^\ominus(298K)$：

$$C_3H_8(g) \rightarrow CH_4(g)+C_2H_4(g)$$

解 查表得$\Delta_c H_m^\ominus(C_3H_8)=-2219.07kJ\cdot mol^{-1}$，　$\Delta_c H_m^\ominus(CH_4)=-890.31kJ\cdot mol^{-1}$

$$\Delta_c H_m^\ominus(C_2H_4)=-1410.97kJ\cdot mol^{-1}$$

所以

$$\Delta_r H_m^\ominus(298K)=[\Delta_c H_m^\ominus(C_3H_8)]-[\Delta_c H_m^\ominus(CH_4)+\Delta_c H_m^\ominus(C_2H_4)]$$

$$=-2219.07-(-890.31)-(-1410.97)=82.21(kJ\cdot mol^{-1})$$

对于任一化学反应热效应，既可以用标准燃烧热计算，也可以用标准生成热计算。

【例2-12】 已知25℃时丙烯腈、C(石墨)和$H_2(g)$的标准燃烧热分别为$-1794.1kJ\cdot mol^{-1}$、$393.5kJ\cdot mol^{-1}$和$285.8kJ\cdot mol^{-1}$，HCN(g)和$C_2H_2(g)$的标准生成热分别为$129.58kJ\cdot mol^{-1}$和$226.73kJ\cdot mol^{-1}$，求反应$HCN(g)+C_2H_2(g) \longrightarrow CH_2=CNCH(g)$在25℃时标准热效应。

解 此题有两种解法。

(1)若用标准生成热法求反应热效应，则缺少$CH_2=CNCH(g)$的标准生成热数据，因此先求$CH_2=CNCH(g)$的标准生成热，$CH_2=CNCH(g)$的生成反应为：

$$3C(石)+\frac{3}{2}H_2(g)+\frac{1}{2}N_2(g) \xrightarrow{\Delta_r H_{m,1}^\ominus} CH_2=CNCH(g)$$

$$\Delta_r H_m^\ominus(CH_2=CNCH)=\Delta_c H_m^\ominus$$

$$=3\Delta_c H_m^\ominus(C)+\frac{3}{2}\Delta_c H_m^\ominus(H_2)+\frac{1}{2}\Delta_c H_m^\ominus(N_2)-\Delta_c H_m^\ominus(CH_2=CNCH)$$

$$=3\times(-393.5)+\frac{3}{2}\times(-285.8)+\frac{1}{2}\times 0-(-1794.1)$$

$$=184.9(kJ\cdot mol^{-1})$$

则反应：$HCN(g)+C_2H_2(g)\xrightarrow{\Delta_r H_{m,2}^{\ominus}}CH_2=CNCH(g)$的热效应为：

$$\Delta_r H_m^{\ominus}(298K)=\Delta_f H_m^{\ominus}(CH_2=CNCH)-\Delta_f H_m^{\ominus}(HCN)-\Delta_f H_m^{\ominus}(C_2H_2)$$
$$=184.9-129.58-226.73=171.41(kJ\cdot mol^{-1})$$

(2)若用标准燃烧热法求反应热效应，则缺少 $HCN(g)$和 $C_2H_2(g)$的标准燃烧热数据，因此先求 $HCN(g)$和 $C_2H_2(g)$的标准燃烧热，$HCN(g)$完全燃烧的反应为：

$$HCN(g)+\frac{5}{4}O_2(g)\xrightarrow{\Delta_r H_m^{\ominus}}\frac{1}{2}H_2O(l)+CO_2(g)+\frac{1}{2}N_2(g)$$
$$\Delta_c H_m^{\ominus}(HCN)=\Delta_r H_m^{\ominus}$$
$$=\frac{1}{2}\Delta_f H_m^{\ominus}(H_2O)+\Delta_f H_m^{\ominus}(CO_2)+\frac{1}{2}\Delta_f H_m^{\ominus}(N_2)-\Delta_f H_m^{\ominus}(HCN)$$

因为：$H_2(g)+\frac{1}{2}O_2(g)\longrightarrow H_2O(l)$，$C(石墨)+O_2(g)\longrightarrow CO_2(g)$，所以 $H_2O(l)$的生成热就是 $H_2(g)$的燃烧热，$CO_2(g)$的生成热就是 C(石墨)的燃烧热。即：

$$\Delta_c H_m^{\ominus}(HCN)=\frac{1}{2}\Delta_c H_m^{\ominus}(H_2)+\Delta_c H_m^{\ominus}[C(石墨)]+\frac{1}{2}\Delta_f H_m^{\ominus}(N_2)$$
$$=\frac{1}{2}\times(-285.8)+(-393.5)-129.58=-665.98(kJ\cdot mol^{-1})$$

同理 $C_2H_2(g)$完全燃烧反应为：

$$C_2H_2(g)+\frac{5}{2}O_2(g)\longrightarrow 2CO_2(g)+H_2O(l)$$
$$\Delta_c H_m^{\ominus}(C_2H_2)=2\Delta_f H_m^{\ominus}(CO_2)+\Delta_f H_m^{\ominus}(H_2O)-\Delta_f H_m^{\ominus}(C_2H_2)$$
$$=2\times(-393.5)+(-285.8)-226.73=-1299.53(kJ\cdot mol^{-1})$$

反应：$HCN(g)+C_2H_2(g)\longrightarrow CH_2=CNCH(g)$的热效应为：

$$\Delta_r H_m^{\ominus}(298K)=\Delta_c H_m^{\ominus}(HCN)+\Delta_c H_m^{\ominus}(C_2H_2)-\Delta_c H_m^{\ominus}(CH_2=CHCN)$$
$$=-665.98-1299.53-(-1794.1)=171.41(kJ\cdot mol^{-1})$$

上述计算告诉我们，标准燃烧热和标准生成热数据可以相互补充和换算，根据所给的条件尽量采用简捷方法计算反应热效应。

第五节　热力学第二定律

自然界中一切过程都服从热力学第一定律，但并不是说任何不违背热力学第一定律的过程都能实现。例如反应：

$$H_2(g)+\frac{1}{2}O_2(g)\longrightarrow H_2O(l),\qquad \Delta_r H_m^{\ominus}(298K)=-258.83kJ\cdot mol^{-1}$$

$$H_2O(l)\longrightarrow H_2(g)+\frac{1}{2}O_2(g),\qquad \Delta_r H_m^{\ominus}(298K)=285.83kJ\cdot mol^{-1}$$

在25℃、101.3kPa 下，氢和氧燃烧生成 1mol 水，并放热 285.83kJ，但把水 1mol 加热到25℃，使其吸热 285.83kJ 却不能变成氢气和氧气。这说明过程能否发生不仅取决于能量守恒，而且取决于本身的自发方向。热力学第二定律正是要解决在一定条件下，如何判断过程的方向和限度。

一、自发过程

不需要外力帮助应能自动进行的过程称为自发过程。在适当条件下，自发过程具有对外做功的能力。如果要借助外力的帮助才能发生的过程，则称为非自发过程。在自然界的千变万化中都涉及变化的过程和方向，有许多变化是自发过程。例如：

(1)灼热的铁块置于空气中，它能自动地将热量传递给空气而逐渐冷却直至达到室温为止，而一室温铁块不会自动从空气中吸热成为灼热的铁块。

(2)气体会自动地由高压向低压膨胀(扩散)，相反的过程不会进行。

(3)山上的水会自动地流向山下，而山下的水就不会自动地流向山上。

诸如此类，不胜枚举。上面数例，虽然表现形式不同，但它们都具有共同的特点，根据人们长期的经验总结，概括出一切自发过程都有如下共同特点：

(1)自发过程具有不可逆性，伴随着过程的进行都有对外做功的本领。体系内部存在着某种性质的差别，如温差、压力差、水位差、电位差等，是推动过程自发进行的动力。例如，水位差的存在使水由高处向低处流，同时水流可使发电机发电，向环境做功；若要水由低处向高处流，恢复到体系的始态，则需借助于水泵对其做功，也就是环境发生了变化，一切自发过程都是不可逆过程，这就是热力学第二定律的一种表述。

(2)自发过程有一定的限度。上述自发过程在一定条件下都会自动地趋向于平衡状态，只要条件不变，体系将会长久地处于这种动态平衡状态。上述数例中的温度差、压力差、水位差等于零时就是平衡状态。由此可见，自发过程就是体系由不平衡状态向平衡状态的变化过程。

(3)客观存在着判断过程方向和限度的物理量。在水流过程中，水位差可作为过程方向的判据，其它如温差、电位差能分别对热传导、电流流动等过程的方向和限度作判断。对于化学反应来说，其方向和限度的判据就不像上述那样直观和简单，但我们可以引进新的热力学函数(熵和吉氏函数)来判断。

二、热力学第二定律的自发过程

热力学第二定律是人类经验的总结，其实质是解决自发过程的方向和限度的问题。同热力学第一定律一样，热力学第二定律也有各种不同的说法，而多种说法都有着内在联系，违背任何一种说法必然会违背另一种说法，在这里仅介绍其中3种说法：

(1)“第二类永动机”，即只从单一热源吸热而完全转变为功的机器，是不可能实现的。

(2)热量不能自动地从低温物体传递到高温物体，而不引起其它变化。

(3)在“隔离体系”中，自发过程总是向着熵增大的方向进行。

以上3种说法都是等价的，我们暂不作说明，用第3种说法判断自发过程的方向和限度，其优点在于熵是状态函数，它的变化值能够定量计算。因此，我们将对熵作进一步讨论。

第六节　熵

孤立体系任何自发进行的过程，是体系的有序性减少而无序性增加的过程，即体系的混乱度增加。举个形象的例子，两手托着两个盒子，分别装着黑白围棋子，一翻转，两盒棋子就自发地从高处落地，变为零乱状态，此过程是从有序变为无序，混乱度增加，能自发地进行，而其逆过程却需要做功，才能使无序变有序。当体系处于不平衡状态时，分子的运动是比较有序的，而处于平衡状态时分子的运动是无序的、杂乱无章的(图 2-2)。体系的混乱度或无序性的度量，可用热力学函数——熵来表示，即熵就是体系内部微观粒子运动混乱程度的量度，以 S 表示，熵由波尔兹曼首先于 1896 年提出，指出体系的混乱度愈大，熵也愈大。

$$S = k\ln\Omega$$

式中，k 为波尔兹曼常数，Ω 为热力几率($\Omega>1$)。

图 2-2　熵变

一、熵变的定义与熵的数学表达式

体系在温度 T 时，进行一无限小的可逆过程，吸收(或放出)微热 δQ_r，体系无限小的熵变 dS 可写成微分形式，即：

$$dS = \frac{\delta Q_r}{T}$$

这就是熵变的定义式。下标 r 表示可逆过程，$\frac{\delta Q_r}{T}$称为可逆过程的热温熵。因此，可逆过程的熵变就等于热温熵。由于熵是状态函数，若体系由状态 A 经某一过程变化到状态 B，体系熵变可写成：

$$\Delta S = S_B - S_A$$

或体系是恒温可逆过程：

$$\Delta S = S_B - S_A = \int_A^B \frac{\delta Q_r}{T} = \frac{Q_r}{T}$$

则恒温可逆过程，其熵变等于可逆过程的热除以温度。

根据热力学第二定律的三种说法，对于隔离体系，可以用熵作为判据，确定过程进行的方向。若体系初始的熵 S_A 变化到终态的熵 S_B，该过程自发进行的条件是 $S_B > S_A$，即 $S_B - S_A > 0$，在隔离体系中，一个自发过程总是沿着熵增大的方向进行，当增大到极大值时，熵不再发生变化，即 $\Delta S = 0$，说明已达到平衡，这称为熵增大原理。利用这一原理得到如下结论：

$$当\ \Delta S\begin{cases}>0,为自发过程;\\=0,为平衡或可逆;\\<0,不可能发生。\end{cases}$$

利用熵变化判断过程的方向和限度仅适用于隔离体系。一般化学反应都不是在隔离体系内进行,但由于体系总是与环境密切联系的,因此可以把体系和环境包括在一起,看成一个大隔离体系,则总的熵变为:

$$\Delta S_{大隔离}=\Delta S_{总}=\Delta S_{体}+\Delta S_{环}$$

式中,$\Delta S_{体}$ 为体系的熵变;$\Delta S_{环}$ 为环境的熵变。由于环境是根据过程进行的要求而指定的,它可以看作无限大,作为一个热源同体系进行热交换,可看作可逆过程,那好比在大海里提取一壶水并不降低海平面的高度一样,因此:

$$\Delta S_{环}=\int_A^B\frac{\delta Q}{T_{环}}=\frac{Q_{环}}{T_{环}}=\frac{-Q_{体}}{T_{体}}$$

即

$$\Delta S_{总}=\Delta S_{体}+\Delta S_{环}=\Delta S_{体}+\frac{-Q_{体}}{T_{体}}\begin{cases}>0,自发过程\\=0,平衡或可逆\\<0,不可能发生\end{cases}$$

【例 2-13】 在 0℃时,1mol 水结成冰,放热 6020J,求 $\Delta S_{体}$ 和 $\Delta S_{总}$。

解 0℃的水变成冰是可逆相变过程,因此:

$$\Delta S_{体}=\frac{Q}{T}=\frac{\Delta H_{相变}}{T}=\frac{-6020}{273}=-22(\mathrm{J\cdot K^{-1}})$$

$$\Delta S_{环}=\frac{-Q_{环}}{T}=\frac{-(-6020)}{273}=22(\mathrm{J\cdot K^{-1}})$$

$$\Delta S_{总}=\Delta S_{体}+\Delta S_{环}=-22+22=0$$

$\Delta S_{总}=0$ 说明为可逆过程。

二、化学反应过程的熵变

通常化学反应都是在不可逆条件下进行,因此化学反应的热效应并不是 Q_r。计算化学反应的熵变就必须把反应设计成可逆过程,若将所有的反应都作此变换,困难甚大。因此有必要引入体系绝对熵的概念,以便于计算化学反应的熵变。

熵是状态函数,体系在一定的状态下,它就有一定的熵值,我们可以测得物质熵的绝对值。其依据是:绝对零度时,任何纯物质完整晶型,其排列只有一种形式,都固定在晶格结点上($\Omega=1$),所以此时的绝对熵值为零,$S_0^\ominus=0$,这就是热力学第三定律的基本内容。据此可求得 1mol 物质在温度为 T 时标准状态下的熵值,称为该物质的标准熵,用符号 $S_m^\ominus$ 表示,单位是 $\mathrm{J\cdot mol^{-1}\cdot K^{-1}}$。标准熵 $S_m^\ominus$ 实际上是在标准状态下 1mol 物质从 0K 升高到 T 时的熵变 $\Delta S^\ominus$:

$$\Delta S^\ominus=S_m^\ominus-S_0^\ominus=S_m^\ominus$$

一般以 298K 为指定的温度,热力学手册上均能查得纯物质的标准熵值。从一些物质的标准熵值,可分析熵值的影响因素。

(1)在标准状态下,纯物质的标准绝对熵 $S_m^\ominus\neq0$。

(2)熵与物质的聚集状态有关。对同一物质来说：$\Delta S_g^{\ominus} > \Delta S_l^{\ominus} > \Delta S_s^{\ominus}$，即体系混乱度愈大，其熵值也愈大。如 Na 的气、液、固状态的标准熵值($J \cdot mol^{-1} \cdot K^{-1}$)分别为 153.59，57.86，51.46。

(3)熵与温度、压力有关。同一聚集态的熵随温度升高而增大；对于气体物质，压力降低(或体系增大)，熵分子运动的混乱度增大，熵值也增加，而对于液体或固体来说，压力对其熵值影响较小。

熵是状态函数，过程的变化值只与始终态有关，而与途径无关。在标准状态下，化学反应的熵变等于生成物的标准熵总和减去反应物的标准熵总和，即：

$$S_m^{\ominus} = \sum_j (n_j \Delta S_j^{\ominus})_{生成物} - \sum_i (n_i \Delta S_i^{\ominus})_{反应物}$$

尽管物质的熵是随着温度升高而增大，但反应的焓变与温度关系不大，这点与熵变相似，因此在粗略的计算中化学反应的 ΔS、ΔH 随温度的变化可忽略不计。

最后，需再次强调的是熵变作为判断自发过程方向的标准一定是指孤立体系，在实际应用中，孤立体系就相当于封闭体系与环境之和。即：

$$\Delta S_{孤立} = \Delta S_{体系} + \Delta S_{环境}$$

而

$$\Delta S_{环境} = \frac{Q_{环}}{T_{环}} = \frac{-Q_{体}}{T} = \frac{-\Delta H^{\ominus}}{T}$$

则

$$\Delta S_{孤立} = \Delta S_{总} = \Delta S_{体系} + \Delta S_{环境} = \Delta S_{体系} + \frac{-\Delta H^{\ominus}}{T}$$

根据熵增原理：$\Delta S_{总}^{\ominus} > 0$　自发过程(反应向正方向进行)

$\Delta S_{总}^{\ominus} = 0$　可逆过程(反应达到平衡)

$\Delta S_{总}^{\ominus} < 0$　不可能进行

以 $\Delta S_{总}^{\ominus}$ 的值判断化学反应方向。

【例 2-14】 反应 $2SO_2(g) + O_2(g) \xlongequal{\quad} 2SO_3(g)$ 的有关热力学数据如下：

	$SO_2(g)$	$O_2(g)$	$SO_3(g)$
$\Delta_f H_m^{\ominus}(kJ \cdot mol^{-1} \cdot K^{-1})$	−296.9	0	−395.18
$S_m^{\ominus}(J \cdot mol^{-1} \cdot K^{-1})$	248.53	205.03	256.23

求：(1)在标准状态下反应的 $\Delta_r H_m^{\ominus}$，$\Delta U_m^{\ominus}$，$\Delta S_m^{\ominus}$，$\Delta S_{总}^{\ominus}$；

(2)判断在标准状态下该反应的反应方向。

解　(1) $\Delta_r H_m^{\ominus} = 2\Delta_f H_{m,SO_3}^{\ominus} - \Delta_f H_{m,SO_2}^{\ominus}$

$$= 2 \times (-395.18) - 2 \times (-296.9) - 0 = -196.56(kJ)$$

$$\Delta U_m^{\ominus} = \Delta_r H_m^{\ominus} - RT\Delta n_g$$

$$= -196.56 - 8.314 \times 298 \times (2-2-1) \times 10^{-3} = 199.04(kJ)$$

$$\Delta S_m^{\ominus} = 2\Delta S_{m,SO_3}^{\ominus} - 2\Delta S_{m,SO_2}^{\ominus} - S_{m,O_2}^{\ominus}$$

$$= 2 \times 256.23 - 2 \times 248.53 - 205.03 = -189.63(J \cdot K^{-1})$$

$$\Delta S_{总}^{\ominus} = \Delta S_m^{\ominus} + \Delta S_{环}^{\ominus} = \Delta S_m^{\ominus} + \frac{-\Delta_r H_m^{\ominus}}{T}$$

$$= -189.63 + \frac{-(-196.56) \times 10^3}{298} = 496.96(J \cdot K^{-1})$$

(2)因 $\Delta S^{\ominus}_{总}>0$,所以在标准状态下,反应向正方向是自发进行。

我们虽然可用孤立体系的熵变 $\Delta S_{孤立}$(或总的熵变 $\Delta S_{总}$)来判断化学反应的方向,但在实际使用中尚有诸多不便,有些热力学过程计算熵变较困难,尤其是环境熵变的计算更为困难,仅有体系的熵变就无法判断过程的自发与否。此外,许多反应是在等温等压下进行的,人们希望有一个特定条件下的判据,它只涉及体系的状态函数变化,这就是以下要讨论的吉布斯自由焓函数,简称为吉氏函数。

第七节　吉氏函数与反应方向的判断

自发过程是综合考虑体系的能量变化和混乱度变化,最理想的是体系的能量趋于最低势能状态,而体系的混乱度增大。例如,上节举过两盒黑白围棋子从高处跌落下来,它总是使这些棋子处于最低的势能状态,而跌落的棋子是无序的,热力学综合表征了上述两个因素,引进一个新的状态函数——吉氏函数(G),定义 $G=H-TS$。在等温条件下:

$$\Delta G=\Delta H-T\Delta S$$

对于体系是放热($\Delta H<0$)和熵增($\Delta S>0$)的任何过程(恒温恒压)来说,肯定是能自发进行($\Delta G<0$)的。该式在等温等压过程(只做体积功的体系)中,可以用吉氏函数的变化值 ΔG 来判断过程的方向。

$\Delta G<0$　自发过程(反应向正方向进行)

$\Delta G=0$　可逆过程(反应达到平衡状态)

$\Delta G>0$　反自发过程(反应向逆方向进行)

一、标准状态吉氏函数的计算

根据式 $G=H-TS$,因焓的绝对值无法确定,吉氏函数 G 的绝对值也无法确定。与焓变相似,在标准状态下,由稳定单质生成 1mol 物质的吉氏函数变化值,称为该物质的标准生成吉氏函数,用 $\Delta_f G^{\ominus}_m$ 表示,可以从手册中查到(见附录),这样便可以计算化学反应的 $\Delta_r G^{\ominus}_m$。

$$\Delta_r G^{\ominus}_m=\sum_j(n_j\Delta_f G^{\ominus}_{m,j})_{产物}-\sum_i(n_i\Delta_f G^{\ominus}_{m,i})_{反应物}$$

当然,也可以用前面讲过的公式计算:

$$\Delta_r G^{\ominus}_m=\Delta_r H^{\ominus}_m-T\Delta S^{\ominus}_m$$

【例 2-15】 甲烷的燃烧反应:$CH_4(g)+2O_2(g)$ ══ $CO_2(g)+2H_2O(l)$ 有关热力学数据如下:

	$CH_4(g)$	$O_2(g)$	$CO_2(g)$	$H_2O(l)$
$\Delta_f H^{\ominus}_m(kJ\cdot mol^{-1})$	-74.85	0	-393.51	-258.84
$S^{\ominus}_m(J\cdot mol^{-1}\cdot K^{-1})$	186.19	205.03	213.65	69.94
$\Delta_f G^{\ominus}_m(kJ\cdot mol^{-1})$	-50.79	0	-394.38	-237.19

求:在标准状态下的 $\Delta_r H^{\ominus}_m$,$\Delta S^{\ominus}_m$,$\Delta_r G^{\ominus}_m$,并判断反应方向。

解　$\Delta_r H^{\ominus}_m=2\Delta_f H^{\ominus}_{m,H_2O}+\Delta_f H^{\ominus}_{m,CO_2}-\Delta_f H^{\ominus}_{m,CH_4}-2\Delta_f H^{\ominus}_{m,O_2}$

$$=2\times(-258.84)+(-393.51)-(-74.85)-2\times0=-890.34(\text{kJ})$$

$$\Delta S_m^{\ominus}=2S_{m,H_2O}^{\ominus}+S_{m,CO_2}^{\ominus}-S_{m,CH_4}^{\ominus}-2S_{m,O_2}^{\ominus}$$

$$=2\times69.94+213.65-186.19-2\times205.03=-243.32(\text{J}\cdot\text{K}^{-1})$$

$$\Delta_r G_m^{\ominus}=2\Delta_f G_{m,H_2O}^{\ominus}+\Delta_f G_{m,CO_2}^{\ominus}-\Delta_f G_{m,CH_4}^{\ominus}-2\Delta_f G_{m,O_2}^{\ominus}$$

$$=2\times(-237.19)+(-394.38)-(-50.79)-2\times0=-817.97(\text{kJ})$$

或 $$\Delta_r G_m^{\ominus}=\Delta_r H_m^{\ominus}-T\Delta S_m^{\ominus}=-890.34-298\times(-242.72)\times10^{-3}=-818.0(\text{kJ})$$

需要指出的是，$\Delta G<0$，即反应能自发进行的过程，其反应速率不一定很大，例如反应：

$$H_2(g)+\frac{1}{2}O_2(g)=\!=\!=H_2O(l),\qquad \Delta_r G_m^{\ominus}=-237.19\text{kJ}\cdot\text{mol}^{-1}$$

标准状态下应是自发进行，但是，将纯的 H_2 和 O_2 混合，欲生成0.15%的 H_2O，需1090亿年，反应之慢是惊人的，而当有铂石棉存在时，反应即可立刻发生。此外，对于 $\Delta G>0$ 过程的反应，表明反应不能自发地向正方向进行，例如 $H_2O(l)$ 的分解反应：

$$H_2O(l)=\!=\!=H_2(g)+\frac{1}{2}O_2(g),\qquad \Delta_r G_m^{\ominus}=237.19\text{kJ}\cdot\text{mol}^{-1}$$

表示在标准状态下，水是不会自行分解的，但将其放入电解池中，借助电力，消耗电功，使其电解：

$$H_2O(l)=\!=\!=H_2(g)+\frac{1}{2}O_2(g)$$

这里用 $\Delta_r G_m^{\ominus}$ 判断反应方向，指反应物与产物均在标准状态下，否则，要用 ΔG 作判据。

二、ΔG 与温度的关系

根据定义 $G=H-TS$，在恒温恒压只做体积功的条件下：

$$\Delta G=\Delta H-T\Delta S\approx\Delta_r H_m^{\ominus}-T\Delta S_m^{\ominus}\qquad(\text{温度对}\ \Delta H、\Delta S\ \text{影响很小})$$

这表明，在恒温恒压下，过程或反应的方向和限度由 ΔH 和 $T\Delta S$ 两项来决定，即焓变和熵变及温度对反应的方向和限度均会产生影响，ΔH 和 $T\Delta S$ 大于零或小于零，对吉氏函数 ΔG 大于零或小于零的影响，归纳为四种情况，据此可分析判断在恒压下，温度对反应方向的影响。

表 2-1　恒压下温度对反应自发性的影响

ΔH	ΔS	ΔG	自发性判断	例　子
<0(−)	>0(+)	<0	任何温度下均自发	$2H_2O_2(l)=\!=\!=2H_2O(l)+O_2(g)$
>0(+)	<0(−)	>0	任何温度下均反自发	$CO(g)=\!=\!=C(s)+\frac{1}{2}O_2(g)$
>0(+)	>0(+)	低温>0	低温下反自发	$CaCO_3(s)=\!=\!=CO_2(g)+CaO(s)$
		高温<0	高温下自发	
<0(−)	<0(−)	低温<0	低温下自发	$NH_3(g)+HCl(g)=\!=\!=NH_4Cl(s)$
		高温>0	高温下反自发	

由表2-1可见，恒压下，体系温度升高时，反应自发性是否改变全取决于 ΔH 和 ΔS 的

符号。当反应的 ΔH 和 ΔS 具有相同符号，焓变与熵变对反应方向 ΔG 的影响相反，温度升高时会改变反应的方向，低温时，ΔG 与 ΔH 的符号相同，当温度升高到 $T\Delta S > \Delta H$ 时，则 ΔG 改变符号。以此，可求出使反应方向倒转的最低温度或控制反应方向不变的最高温度。

【例 2-16】 求反应 $CaCO_3(s) \xlongequal{\quad} CO_2(g) + CaO(s)$ 在标准状态下自发进行的最低温度。

解 由附录有关物质的 $\Delta_r G_m^\ominus$，$\Delta_r H_m^\ominus$，$\Delta S_m^\ominus$，计算得该反应为：

$$\Delta_r G_m^\ominus = 130.8\text{kJ}, \quad \Delta_r H_m^\ominus = 179\text{kJ}, \quad \Delta S_m^\ominus = 161\ \text{J}\cdot\text{K}^{-1}$$

因 $\Delta_r G_m^\ominus > 0$，所以在标准状态下该反应是非自发的。欲使反应自发进行，必须使 $\Delta G < 0$，即

$$\Delta G = \Delta H - T\Delta S = \Delta_r H_m^\ominus - T\Delta S_m^\ominus < 0$$

$$T\Delta S_m^\ominus > \Delta_r H_m^\ominus$$

$$T > \frac{\Delta_r H_m^\ominus}{\Delta S_m^\ominus} = \frac{179\times10^3}{161} = 1110(\text{K})$$

即该反应自发进行的最低温度为 1110K。

习　题

1. 在一绝热容器(B)中装有水，按下电键(S)，可由蓄电池(A)供给电流(见下图)，当选择不同的体系和环境时，问 Q，W，ΔU 是大于零、小于零还是等于零？填入下表。

体系	电池	电池+电阻丝	电阻丝	水	水+电阻丝
环境	水+电阻丝	水	水+电池	电池+电阻丝	电池
Q	$=0$				
W	<0				
ΔU	<0				

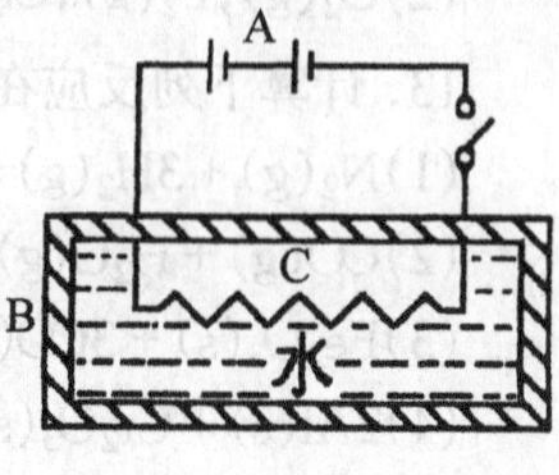

2. 5mol H_2(理想气体)，体积为 2m^3，在 2×10^6Pa 压力下，恒压压缩到 1m^3，求过程的功 W。

3. 5mol 单原子理想气体初态为 27℃、5×101.3kPa。(1)恒温下反抗 101.3kPa 膨胀至平衡，求 W_1，Q_1，ΔU_1；(2)再用 100℃ 热源加热破坏上述平衡态，使之在 101.3kPa 下继续膨胀到新的平衡态，求 W_2，Q_2，ΔU_2。

4. 将初态为 101.3kPa、100℃、2mol 的氮气(可视为理想气体)，在 3×101.3kPa 的压力下恒温压缩到 0.02m^3，求 W，Q，ΔU，ΔH。

5. 0.1kg 液态苯在沸点 80.2℃、101.3kPa 下蒸发，汽化热为 $30.7\text{kJ}\cdot\text{mol}^{-1}$。试计算 Q，W，ΔU，ΔH(苯蒸气可视为理想气体)。

6. 2mol 0℃的水在 101.3kPa 下凝固为冰，求过程的 W，Q，ΔU，ΔH。(已知冰的融化热为 $6\text{kJ}\cdot\text{mol}^{-1}$)

7. 2mol 0℃的冰在 101.3kPa 下，逐级加热变为 100℃水汽，求过程的 W，Q，ΔU，ΔH

（已知 $C_{p_{水}}=75.3kJ\cdot mol^{-1}$，水的汽化热为 $40.7kJ\cdot mol^{-1}$，冰的融化热为 $6kJ\cdot mol^{-1}$）。

8. 试用附录中标准生成热数据计算下列反应在25℃时的反应热效应 $\Delta_r H_m^\ominus$ 和 $\Delta U_m^\ominus$。

(1) $CH_4(g)+2O_2(g) \longrightarrow CO_2(g)+2H_2O(l)$

(2) $C_2H_4(g)+H_2O(g) \longrightarrow C_2H_5OH(l)$

(3) $3C_2H_2(g) \longrightarrow C_6H_6(l)$

9. 试用附录中标准燃烧热数据计算下列反应在25℃时的反应热效应 $\Delta_r H_m^\ominus$。

(1) $C_2H_2(g)+H_2O(g) \longrightarrow CH_3CHO(g)$

(2) $3C_2H_2(g) \longrightarrow C_6H_6(l)$

(3) $C_2H_4(g)+H_2(g) \longrightarrow C_2H_6(g)$

10. 在18℃、101.3kPa时，燃烧1mol $C_6H_{12}O_6$（葡萄糖）及 C_2H_5OH 的 ΔH 分别为 $-2820kJ$ 及 $-1366.7kJ$，问在18℃、101.3kPa时，当葡萄糖生成1mol C_2H_5OH 时放热多少。葡萄糖发酵的反应式为：$C_6H_{12}O_6(s) \longrightarrow 2C_2H_5OH(l)+2CO_2(g)$

11. 判断下列反应中，哪些是熵增过程，并说明理由。

(1) $H_2O(l) \longrightarrow H_2O(g)$

(2) $N_2(g)+3H_2(g) \longrightarrow 2NH_3(g)$

(3) $CO_2(s) \longrightarrow CO_2(g)$

(4) $SiO_2(s)+2H_2(g) \longrightarrow Si(s)+2H_2O(l)$

12. 将下列物质熵值由小到大的顺序排列：

(1) $KCl(s)$，$Na(s)$，$Br_2(l)$，$KBr(s)$，$NaCl(s)$

(2) $O_2(g)$，$F_2(g)$，$Cl_2(g)$，$Br_2(g)$，$I_2(g)$

13. 计算下列反应在298K时的 $\Delta_r G_m^\ominus$，并判断这些反应能否自发进行。

(1) $N_2(g)+3H_2(g) \longrightarrow 2NH_3(g)$

(2) $CO(g)+H_2O(g) \longrightarrow CO_2(g)+H_2(g)$

(3) $Fe_2O_3(s)+3CO(g) \longrightarrow 2Fe(s)+3CO_2(g)$

(4) $2Al(s)+Cr_2O_3(s) \longrightarrow Al_2O_3(s)+2Cr(s)$

14. 计算反应：$H_2O(g)+CO(g) = H_2(g)+CO_2(g)$ 的 $\Delta_r H_m^\ominus$，$\Delta S_{总}^\ominus$，$\Delta_r G_m^\ominus$，$\Delta_r G_{373}^\ominus$，分别判断该反应在298K和373K时的反应方向。

15. 指定 $NH_4Cl(s)$ 分解产物的分压均为101.3kPa气体，试求 $NH_4Cl(s)$ 分解的最低温度。

16. 试用热力学原理说明一氧化碳还原三氧化二铝是否可行。

第三章 化学平衡和化学反应速率

化学反应需要从两方面来研究，既要研究反应的可能性，又要研究反应的现实性。前面讨论了反应的可能性，这一章讨论化学反应的现实性：一个化学反应在给定的条件下，以什么样的速率进行，反应进行的程度如何等。反应的现实性首先依赖于反应的可能性。如果一个化学反应在热力学上判定是不可能发生的，就没有必要讨论它的现实性。

本章讨论有关化学平衡和化学反应速率的一般规律。掌握这些知识有利于指导生产实践，控制化学反应，提高产品的产量和生产效率。

第一节 化学平衡和平衡常数

在一定条件下，不同化学反应进行的程度很不相同，有的反应几乎能进行到底，大多数反应只能进行到一定的程度。如还原法炼铁的主要反应为：

$$Fe_2O_3 + 3CO \rightleftharpoons 2Fe + 3CO_2$$

因为反应是可逆的，Fe_2O_3 和 CO 并不能全部转化为 Fe 和 CO_2，知道了这一点，就不会徒劳无功地去想办法让有毒的 CO 反应完全了。

一、化学平衡

几乎所有的化学反应都是可逆反应，但各种反应的可逆程度差别很大。例如反应：

$$\underset{\text{无色}}{N_2O_4(g)} \rightleftharpoons \underset{\text{红棕色}}{2NO_2(g)}$$

实验证明，不管初始浓度如何，也不管反应是从哪一边开始进行的，在同一温度下，可逆反应的正、逆反应速率相等，反应物和生成物的浓度不再随时间而改变。这种状态叫做化学平衡状态。这是一种动态平衡，见表 3-1。

表 3-1 温度100℃时，反应 $N_2O_4(g) \rightleftharpoons 2NO_2(g)$ 中 N_2O_4 与 NO_2 的起始浓度与平衡浓度

起始浓度/$(mol \cdot L^{-1})$		平衡浓度/$(mol \cdot L^{-1})$		平衡常数
$[N_2O_4]_0$	$[NO_2]_0$	$[N_2O_4]$	$[NO_2]$	$[NO_2]^2/[N_2O_4]$值
0.500	0	0.365	0.270	0.200
1.000	0	0.800	0.400	0.200
0	1.000	0.365	0.270	0.200
0	0.500	0.160	0.180	0.200
0.500	0.500	0.580	0.341	0.200

二、平衡常数

从表 3-1 可知，不管反应的初始条件如何，当温度恒定时，一旦反应达到平衡状态，所计算的$[NO_2]^2/[N_2O_4]$均为一定值，此定值称为该反应的平衡常数。

(一)实验平衡常数

1. 用浓度表示的平衡常数

对于任一可逆反应：

$$mA + nB \rightleftharpoons pC + qD$$

在温度 T 时，平衡常数 K_C 可表达为：

$$K_C = \frac{[C]^p[D]^q}{[A]^m[B]^n} \qquad (3\text{-}1)$$

K_C 由实验直接测定，叫做实验平衡常数，如反应 $N_2O_4(g) \rightleftharpoons 2NO_2(g)$。由表3-1 可知，在 100℃时，其 K_C 值为 $0.200 mol \cdot L^{-1}$。

2. 用分压表示的平衡常数

对于气相中进行的反应，平衡常数也可以用各反应物和生成物的分压来表示。如果上述反应中 A、B、C、D 均为气体，则平衡常数 K_p 可表达为：

$$K_p = \frac{p_C^p \cdot p_D^q}{p_A^m \cdot p_B^n} \qquad (3\text{-}2)$$

对于理想气体而言，由于 $pV = nRT$，即 $p = CRT$，将此式代入 K_p 得：

$$K_p = K_C \cdot (RT)^{(p+q)-(m+n)}$$

$$= K_C \cdot (RT)^{\Delta n}$$

如反应 $$N_2O_4(g) \rightleftharpoons 2NO_2(g)$$

当 $T = 373K, K_C = 0.200 mol \cdot L^{-1}, \Delta n = 2 - 1 = 1$ 时，则：

$$K_p = K_C RT$$

$$= 0.200 \times 8.314 \times 373$$

$$= 620(kPa)$$

3. 多相平衡及平衡常数

石灰石的分解反应为：

$$CaCO_3(s) \rightleftharpoons CaO(s) + CO_2(g)$$

反应在气相和固相之间进行，像这种处于不同相中的平衡称为多相平衡。由于纯固体或纯液体的浓度均可视为定值，$[CaO]/[CaCO_3]$也是定值，上述反应的平衡常数可写成：

$$K_C = [CO_2] \quad 或 \quad K_p = p(CO_2)$$

(二)标准平衡常数

标准平衡常数 $K^{\ominus}$是从热力学推导而来的，又称为热力学平衡常数。把实验平衡常数表达式中有关物质的浓度或分压分别除以相应的标准态，则得标准平衡常数 $K^{\ominus}$，简称平衡常数。

对于溶液中的反应，各物质的标准态浓度 $c^{\ominus} = 1.0 mol \cdot L^{-1}$，这样式(3-1)用标准平衡常数表示为：

$$K^{\ominus}=\frac{(c_C/c^{\ominus})^p(c_D/c^{\ominus})^q}{(c_A/c^{\ominus})^m(c_B/c^{\ominus})^n}$$

对于溶液中的反应，$K^{\ominus}$与 K_C 数值相等，只是 $K^{\ominus}$无量纲。

气体反应各组分的标准压力 $p^{\ominus}=101.325\text{kPa}$，则式(3-2)用 $K^{\ominus}$表示为：

$$K^{\ominus}=\frac{(p_C/p^{\ominus})^p(p_D/p^{\ominus})^q}{(p_A/p^{\ominus})^m(p_B/p^{\ominus})^n}$$

【例 3-1】 已知 $2SO_2(g)+O_2(g)\rightleftharpoons 2SO_3(g)$，在温度 723℃达到平衡时，$p(SO_3)=36.17\text{kPa}$，$p(SO_2)=49.04\text{kPa}$，$p(O_2)=16.72\text{kPa}$，求 K_p 和 $K^{\ominus}$。

解 依题意，得

$$K_p=\frac{p^2(SO_3)}{p^2(SO_2)\cdot p(O_2)}$$

$$=\frac{(36.17)^2}{(49.04)^2\cdot(16.72)}$$

$$=3.25\times10^{-2}(\text{kPa})^{-1}$$

$$K^{\ominus}=\frac{[p(SO_3)/p^{\ominus}]^2}{[p(SO_2)/p^{\ominus}]^2\cdot[p(O_2)/p^{\ominus}]}$$

$$=K_p\cdot p^{\ominus}$$

$$=3.25\times10^{-2}\times101.325$$

$$=3.28$$

由此可见，K_p 与 $K^{\ominus}$在数值上不相等，并且 $K^{\ominus}$无量纲。

【例 3-2】 2.695g PCl_5 在 1.00L 的密闭容器中受热分解。在 523K、101.3kPa 时达到平衡，$PCl_5(g)\rightleftharpoons PCl_3(g)+Cl_2(g)$，$PCl_5$ 的相对分子质量是 208.2，求 PCl_5 的转化率及 $K^{\ominus}$。

解 设反应生成 x(mol)的 Cl_2。反应开始时，PCl_5 物质的量为：

$$2.695/208.2=0.013(\text{mol})$$

平衡时，总的物质的量为：

$$n=pV/RT=\frac{101.3\times10^3\times1.00\times10^{-3}}{8.314\times523}=0.023(\text{mol})$$

	$PCl_5(g)$ ⇌	$PCl_3(g)$ +	$Cl_2(g)$
开始：	0.013	0	0
平衡：	$0.013-x$	x	x

$$n=0.013+x=0.023$$

$$x=0.010\text{mol}$$

PCl_5 的转化率： $0.010/0.013=0.769=76.9\%$

平衡时： $p(PCl_3)=p(Cl_2)=\frac{0.010}{0.023}p_{总}$

$$p(PCl_5)=\frac{0.003}{0.023}p_{总}$$

$$K^{\ominus}=\frac{[p(PCl_3)/p^{\ominus}]\cdot[p(Cl_2)/p^{\ominus}]}{p(PCl_5)/p^{\ominus}}$$

$$= (0.010/0.023)^2/(0.003/0.023)$$
$$= 1.45$$

【例 3-3】 669K 时,反应(i) $H_2(g) + I_2(g) \rightleftharpoons 2HI(g)$, $K_i^{\ominus} = 55.3$。若混合物中 $p(HI) = 71kPa$, $p(H_2) = p(I_2) = 2.0kPa$,求反应进行的方向。

解 因相对分压商 Q_p:

$$Q_p = \frac{[p(HI)/p^{\ominus}]^2}{[p(H_2)/p^{\ominus}] \cdot [p(I_2)/p^{\ominus}]}$$
$$= 71^2/2.0^2 = 1.3 \times 10^3 > K^{\ominus}$$

因此反应向 HI 分解的方向进行。

使用平衡常数 $K^{\ominus}$时应注意:

(1) $K^{\ominus}$的表达式要与化学方程式相对应。如上例的反应写成:

$$\text{(ii)}\ \frac{1}{2}H_2(g) + \frac{1}{2}I_2(g) \rightleftharpoons HI(g)$$

则

$$K_{ii}^{\ominus} = p(HI)/[p^{\frac{1}{2}}(H_2) \cdot p^{\frac{1}{2}}(I_2)] = \sqrt{K_i^{\ominus}}$$

(2)对于特定的反应,$K^{\ominus}$只与温度有关。

三、多重平衡

如果某反应可以由几个反应相加得到,那么这个总反应的平衡常数等于这几个反应平衡常数的乘积,这叫多重平衡规则。如:

① $N_2(g) + O_2(g) \rightleftharpoons 2NO(g)$, $K_1 = p^2(NO)/[p(N_2) \cdot p(O_2)]$

② $2NO(g) + O_2(g) \rightleftharpoons 2NO_2(g)$, $K_2 = p^2(NO_2)/[p^2(NO) \cdot p(O_2)]$

总反应:① + ②得:

$$N_2(g) + 2O_2(g) \rightleftharpoons 2NO_2(g)$$
$$K = p^2(NO_2)/[p(N_2) \cdot p^2(O_2)] = K_1 \cdot K_2$$

第二节 平衡常数与吉布斯自由能的关系

对于自发进行的化学反应,$\Delta G < 0$。随着反应的进行,ΔG 不断增大,当增大至 $\Delta G = 0$ 时,反应达到平衡状态。此时,通过热力学推导可得:$\Delta G_T^{\ominus}$ 为温度 T 时,在标准状态下,反应的吉布斯自由能变化为

$$\Delta G_T^{\ominus} = -2.303RT\lg K^{\ominus}$$

因为

$$\Delta G_T^{\ominus} = \Delta H^{\ominus} - T\Delta S^{\ominus}$$

所以

$$\lg K^{\ominus} = \frac{-\Delta H^{\ominus}}{2.303RT} + \frac{\Delta S^{\ominus}}{2.303R}$$

由此可知,对于同一反应,$K^{\ominus}$值与 T 有关。$\lg K^{\ominus}$与 $1/T$ 的关系如图 3-1 所示。

【例 3-4】 已知在 298K 及 101.3kPa 时,反应 $NO(g) + \frac{1}{2}O_2(g) = NO_2(g)$的 $\Delta G^{\ominus} = -35.27kJ \cdot mol^{-1}$, $\Delta S^{\ominus} = -73.2J \cdot mol^{-1} \cdot K^{-1}$, $\Delta H^{\ominus} = -57.07kJ \cdot mol^{-1}$,求 298K 和 598K

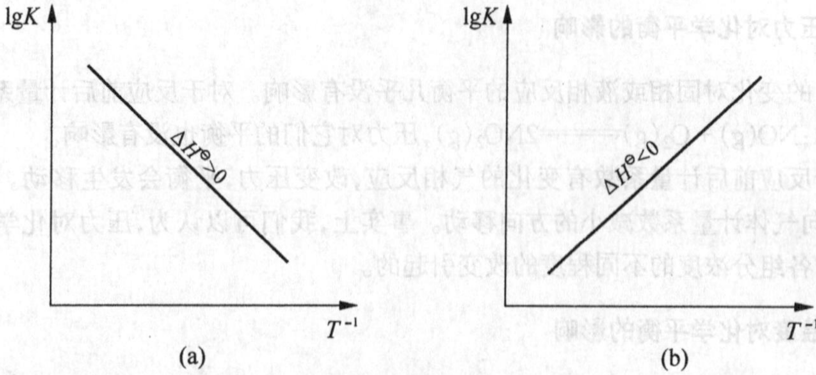

图 3-1　T 与 $K^{\ominus}$ 的关系

时的标准平衡常数 $K^{\ominus}$。

解　在 298K 时：

$$\Delta G_{298}^{\ominus} = -2.303RT\lg K_1^{\ominus}$$

$$\lg K_1^{\ominus} = \frac{-\Delta G_{298}^{\ominus}}{2.303RT} = \frac{35.27\times 10^3}{2.303\times 8.314\times 298} = 6.18$$

$$K_1^{\ominus} = 1.52\times 10^6$$

在 598K 时，认为 $\Delta H^{\ominus}$ 和 $\Delta S^{\ominus}$ 与温度无关。

$$\Delta G_{598}^{\ominus} = -2.303RT\lg K_2^{\ominus}$$

$$= \Delta H^{\ominus} - T\Delta S^{\ominus}$$

$$= -57.07\times 10^3 - 598\times(-73.2)$$

$$\lg K_2^{\ominus} = 1.16,\quad K_2^{\ominus} = 14.5$$

第三节　化学平衡的移动

任何化学平衡都是在一定条件下的暂时的动态平衡。一旦条件发生变化，原有的平衡就会遭到破坏，而向另一种平衡状态转化。学习化学平衡的目的就是要学会利用条件的改变，建立新平衡，以便更好地为生产实践服务。下面分别讨论浓度、压力、温度等因素对化学平衡的影响。

一、浓度对化学平衡的影响

当某一可逆反应达到平衡后，如果改变反应物或生成物浓度，会引起平衡的移动。当其它条件不变时，提高反应物浓度或减少生成物浓度，平衡向增加生成物浓度的方向移动。在化工生产中，用增加廉价的某反应物的浓度来提高另一原料的利用率。或者及时地分离出某生成物，也能使平衡向着生成物的方向移动。但只要温度不变，平衡常数 K 就始终不变。

二、压力对化学平衡的影响

压力的变化对固相或液相反应的平衡几乎没有影响。对于反应前后计量系数不变的气相反应如：$NO(g)+O_2(g) \rightleftharpoons 2NO_2(g)$，压力对它们的平衡也没有影响。

对于反应前后计量系数有变化的气相反应，改变压力，平衡会发生移动。当增加压力时，平衡向气体计量系数减小的方向移动。事实上，我们可以认为，压力对化学平衡的影响是通过对各组分浓度的不同程度的改变引起的。

三、温度对化学平衡的影响

温度对化学平衡的影响与反应的热效应有关。升高温度，平衡向吸热反应方向移动。例如，工业上合成氨的反应是一个放热反应：

$$N_2(g)+3H_2(g) \rightleftharpoons 2NH_3(g), \quad \Delta H=-92\text{kJ}\cdot\text{mol}^{-1}$$

因此，降低反应温度有利于提高氨的转化率，但温度低了，反应速率也会降低，因而实际反应温度的选择要考虑许多因素。

改变反应的温度，平衡常数 $K^{\ominus}$ 也随温度而变化。合成氨的反应中 $\lg K$ 与 $1/T$ 的关系如图 3-1b 所示。降低反应温度，K 值增大，平衡向合成氨的方向移动。

在某反应体系加入催化剂时，正逆反应速率同倍数地增加，平衡不移动。但可以缩短到达平衡的时间。

综上所述，各种外界条件对化学平衡的影响，可以用吕·查德里原理来概括：对平衡体系进行扰动，平衡状态向着削弱这种扰动的方向移动。

第四节　化学反应速率

化学热力学成功地预测了化学反应自发进行的方向。如合成氨的反应：

$$N_2(g)+3H_2(g) \rightleftharpoons 2NH_3(g)$$

$$\Delta G^{\ominus}=-33.0\text{kJ}\cdot\text{mol}^{-1}, \quad K_p^{\ominus}=6.1\times10^5$$

从化学平衡的角度看，这个反应在常温常压下的转化率很高，但因为它的反应速率太慢，因此毫无工业价值。至今尚未找到一种合适的催化剂，使合成氨的反应能在常温常压的条件下顺利进行。

不同化学反应的速率千差万别，如火药的爆炸可在瞬间完成，橡胶的老化速率按年计，自然界岩石的风化速率按百年以至千年计算。化学反应速率定义为：单位时间内反应物或生成物浓度改变量的正值，与反应方程式中相应物质的计量系数之比。

$$\bar{v}=\frac{1}{\nu_i}\cdot\frac{|\Delta c_i|}{\Delta t}$$

例如，在恒定的体积中合成氨的反应：

	$N_2(g)$	$+3H_2(g)$	$\rightleftharpoons 2NH_3(g)$
起始	1.0	3.0	0
2s 后	0.8	2.4	0.4

$\lvert\Delta c\rvert$	0.2	0.6	0.4
ν	1	3	2

(浓度单位:$mol\cdot L^{-1}$)

把上述数据代入公式,得:

$$\bar{v} = \frac{1}{\nu_i}\cdot\frac{\lvert\Delta c_i\rvert}{\Delta t}$$

$$= \frac{1}{1}\cdot\frac{0.2}{2} = \frac{1}{3}\cdot\frac{0.6}{2} = \frac{1}{2}\cdot\frac{0.4}{2} = 0.1(mol\cdot L^{-1}\cdot s^{-1})$$

第五节　反应速率和浓度的关系

反应速率取决于反应物的浓度(分压)、温度、催化剂及固体的分散情况等。

一、基元反应和质量作用定律

研究表明,许多化学反应是经过一系列步骤才实现的。我们把一步完成的反应称为基元反应,如

(1)$N_2O_4 \longrightarrow 2NO_2$

(2)$NO_2 + CO \longrightarrow NO + CO_2$

基元反应的速率方程符合质量作用定律:在基元反应中,化学反应速率与各反应物浓度相应方次的乘积成正比。因此,上述反应可表示为:

$$v_1 = k_1[N_2O_4]$$

$$v_2 = k_2[NO_2][CO]$$

式中,k 表示反应速率常数。

质量作用定律只适用于基元反应。对于一些复杂的非基元反应,其速率方程中浓度的方次,只能通过实验来测定。如:

(3)$2H_2 + 2NO \longrightarrow 2H_2O + N_2$

实验测得它的速率方程为:

$$v_3 = k_3[H_2]^2[NO]^2$$

二、反应级数

反应级数是指速率方程中各反应物浓度的指数之和。如上述反应,它们的反应级数分别是一级、二级和四级。

1. 零级反应

反应速率与浓度无关的均为零级反应。已知的零级反应大多是在催化剂表面上发生的多相反应。如 N_2O 在金粉表面热分解反应:

$$2N_2O \xrightarrow{Au} 2N_2 + O_2$$

当金粉表面吸附的 N_2O 达到饱和时,被吸附的 N_2O 不断分解,气相的 N_2O 就不断补充到 Au 的表面,因此,增加气相 N_2O 的浓度对反应速率没有影响。此外,酶的催化反应、光敏

反应也往往是零级反应。

2. 一级反应

一级反应就是反应速率与反应物浓度的一次方成正比。常见的一级反应有:大多数的放射性衰变、一般的热分解反应以及分子重排等。

例如：

$$ {}^{226}_{88}Ra \longrightarrow {}^{222}_{86}Ra + {}^{4}_{2}He $$

$$ 2H_2O_2 \longrightarrow 2H_2O + O_2 $$

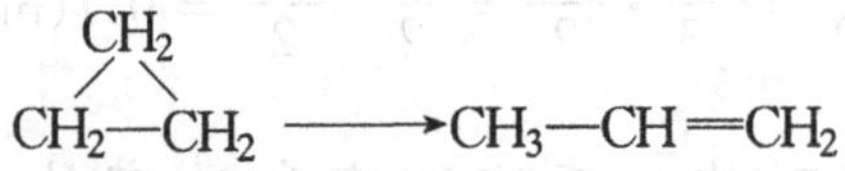

上述反应速率与反应物浓度的关系可表示为：

$$ v = k \cdot c $$

通过推导可得一级反应的反应物浓度与时间的关系：

$$ \ln\frac{c_0}{c} = kt \text{ 或 } \lg\frac{c_0}{c} = kt/2.30 $$

从上式可知,只要知道速率常数 k 和反应物起始浓度 c_0,就可求出任意时刻的反应物的浓度,它们的关系如图 3-2 所示。

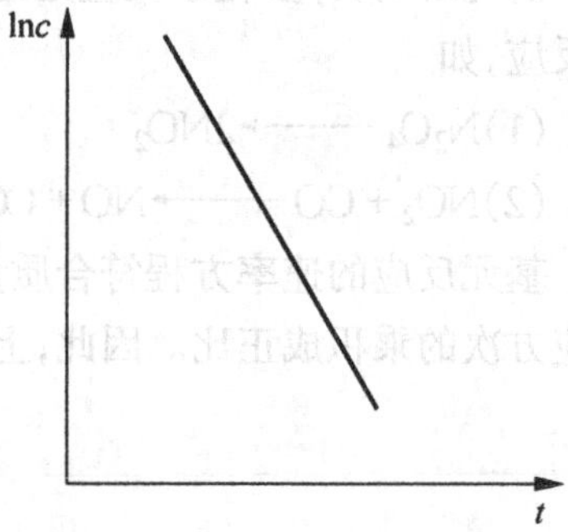

图 3-2　一级反应的 ln$c$-t 图

当反应物浓度由 c_0 消耗到 $\frac{1}{2}c_0$ 时,所需的反应时间,称为反应的半衰期,用 $t_{\frac{1}{2}}$ 表示。一级反应的半衰期为：

$$ t_{\frac{1}{2}} = \ln 2/k = 0.693/k $$

因此,一级反应的半衰期是一个常数,它与反应物的初始浓度无关。

【例 3-5】 放射性 ${}^{60}_{27}Co$ 所产生的强 γ 辐射广泛应用于癌症治疗,放射性物质的强度以"贝可"(Bq)表示。某医院购买一个含 7.4×10^{11}Bq 的钴源,在作用 10 年后,还剩多少?(已知反应的半衰期是 5.26a)。

解　因

$$ t_{\frac{1}{2}} = 0.693/k = 5.26\text{a} $$

因此

$$ k = 0.132\text{a}^{-1} $$

把 $c_0 = 7.4\times10^{11}$Bq, $t = 10$a 等数据代入公式,得：

$$ \lg\frac{7.4\times10^{11}}{c} = 0.132\times10\div2.30 $$

得

$$ c = 1.96\times10^{11}\text{Bq} $$

即 10 年后,Co 源的剩余量是 1.96×10^{11}Bq。

3. 二级反应

凡是反应速率与反应物浓度二次方成正比的都是二级反应。二级反应是最常见的一种反应。如：

$$ 2HI \longrightarrow H_2 + I_2 $$

$$S_2O_8^{2-} + 3I^- \longrightarrow 2SO_4^{2-} + I_3^-$$

$$CH_3CHO \longrightarrow CH_4 + CO$$

第六节 反应速率与温度的关系

温度与化学反应速率有密切关系。大多数的反应速率随温度的升高而加快。一般情况下,温度每升高 10℃,反应速率大约增加 2~4 倍。

1889 年瑞典的科学家阿累尼乌斯(S·Arrhenius)根据大量的实验数据,得出一个经验公式,说明反应速率常数 k 与温度 T 的关系:

$$k = A\exp(-E_a/RT)$$

或

$$\ln\frac{k}{A} = -\frac{E_a}{RT}$$

此式称为阿累尼乌斯方程。式中 A 指前因子或频率因子,与 k 的单位相同;E_a 指反应的实验活化能,在一定的温度范围内可将它看作是与温度无关的常数,单位是 $kJ \cdot mol^{-1}$。由于 E_a 在指数位置,所以它对 k 的影响很大。

图 3-3 表示 $2N_2O_5 \longrightarrow 4NO_2 + O_2$ 分解反应的 $\lg k$ 对 $1/T$ 的直线关系。

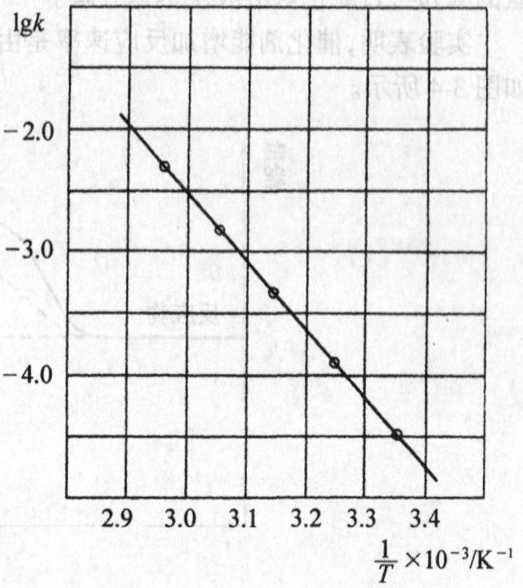

图 3-3 N_2O_5 分解反应的 $\lg k \sim \frac{1}{T}$ 图

一般反应的活化能在 40 ~ 400 $kJ \cdot mol^{-1}$ 范围内,见表 3-2。活化能越小,反应越快。

表 3-2 一些反应的活化能

反 应	溶 剂	$E_a/(kJ \cdot mol^{-1})$
$CH_3COOC_2H_5 + NaOH$	水	47.3
$n\text{-}C_5H_{11}Cl + KI$	丙酮	77.0
$C_2H_5ONa + CH_3I$	乙醇	81.6
$C_2H_5Br + NaOH$	乙醇	89.5
$2HI \longrightarrow H_2 + I_2$	气相	184.1
$H_2 + I_2 \longrightarrow 2HI$	气相	165.3
$N_2O_5 \longrightarrow N_2O_4 + \frac{1}{2}O_2$	气相	103.4
环丙烷(CH_2—CH_2, 经 CH_2 成环)$\longrightarrow CH_3CH{=}CH_2$	气相	272.0

第七节　催化剂对反应速率的影响

大量事实证明,添加催化剂是加快反应速率的最有效的方法之一。目前 80%化工产品的生产离不开催化剂的使用。

催化剂对反应速率的影响很大。例如 30%的过氧化氢溶液,在一般情况下是比较稳定的。但是当加入少量的 I^- 时,或放入一片铂金属、一片新鲜的芜菁或辣根(内含分解过氧化氢的酶)时,过氧化氢溶液便迅速分解。

实验表明,催化剂能增加反应速率是由于催化剂能改变反应历程,降低反应的活化能,如图 3-4 所示。

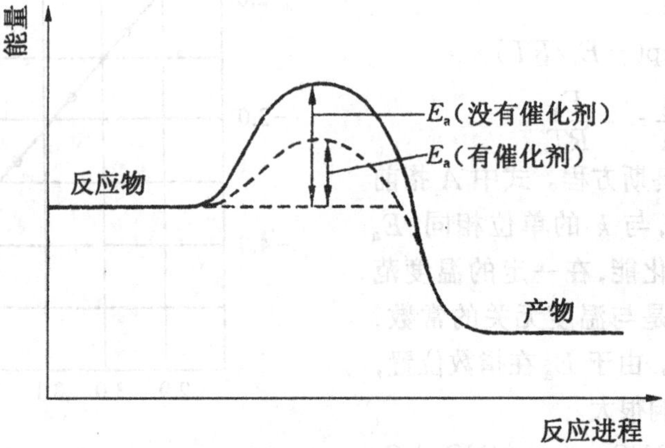

图 3-4　催化剂对活化能的影响

过氧化氢分解反应的活化能与相对反应速率见表 3-3。

表 3-3　过氧化氢分解反应的活化能

催化剂	$E_a/(kJ\cdot mol^{-1})$	相对反应速率
无	75.3	1
I^-	56.5	2.0×10^3
Pt	49.0	4.1×10^4
酶	8	6.3×10^{11}

经过大量的研究,人们对催化剂的性质和作用有了进一步的认识,并总结出催化剂的基本特征:

(1)催化剂能够改变化学反应速率,而本身的质量、化学组成和性质保持不变。凡能加快反应速率的催化剂叫正催化剂;反之则为负催化剂。

(2)催化剂只能缩短到达平衡的时间,不能改变平衡常数的数值和改变反应的方向。

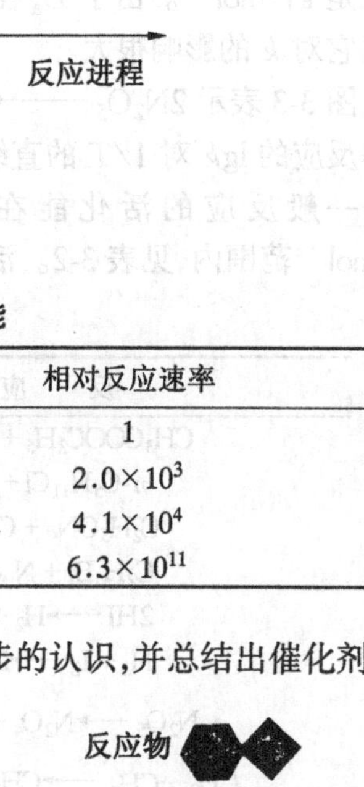

图 3-5　酶催化作用的锁钥模型

(3)催化剂有选择性。一种催化剂往往只能催化某一特定的反应。有人提出用钥匙模型理论来解释催化剂的专一性，如图 3-5 所示。

(4)不同的催化剂对反应速率的影响程度不同，常用催化反应的速率常数来衡量催化剂的催化能力，称为催化剂的活性。催化剂往往会因接触少量杂质而使活性显著下降，这种现象称为催化剂中毒。比如 N_2 和 H_2 混合气中含 0.002% 的 CO 就能使合成氨反应的催化剂 Fe_2O_3 失效。

习　题

1. 写出下列反应的平衡常数 $K^{\ominus}$ 的表达式：

(1) $CaCO_3(s) \rightleftharpoons CaO(s) + CO_2(g)$

(2) $CH_4(g) + 2O_2(g) \rightleftharpoons CO_2(g) + 2H_2O(l)$

(3) $H_2S(g) \rightleftharpoons H_2(g) + S(s)$

(4) $N_2(g) + 2CO_2(g) \rightleftharpoons 2NO(g) + 2CO(g)$

2. 已知：$H_2(g) + S(s) \rightleftharpoons H_2S(g)$，　$K_1^{\ominus} = 1.0 \times 10^{-3}$

$S(s) + O_2(g) \rightleftharpoons SO_2(g)$，　$K_2^{\ominus} = 5.0 \times 10^{6}$

求反应：$H_2(g) + SO_2(g) \rightleftharpoons H_2S(g) + O_2(g)$ 的 $K^{\ominus}$。

3. 反应：$\frac{1}{2}N_2(g) + \frac{3}{2}H_2(g) \rightleftharpoons NH_3(g)$，　$\Delta H^{\ominus} = -46 kJ \cdot mol^{-1}$。当混合物处于平衡状态时，生成 NH_3 的转化率将会发生什么变化？

(1)压缩混合气体；

(2)升温；

(3)引入 H_2；

(4)恒压下引入气体 Ar。

4. 在容积为 10L 的容器中有 4.0mol 的 N_2O_4 和 1.0mol 的 NO_2，已知 294K 时反应 $N_2O_4(g) \rightleftharpoons 2NO_2(g)$ 的 $K^{\ominus} = 0.24$，求此温度下反应进行的方向。

5. 在一定条件下，在恒容容器中测得臭氧分解过程浓度的变化如下：

	$2O_3(g)$ $\longrightarrow$	$3O_2(g)$
起始浓度($mol \cdot L^{-1}$)	0.0315	0.0226
3s 后浓度($mol \cdot L^{-1}$)	0.0261	0.0308

试分别以 O_3 和 O_2 的浓度变化量计算该反应此时的反应速率。

6. 某种酶催化反应的活化能是 $50.0 kJ \cdot mol^{-1}$。正常人的体温是 37.0℃，求病人发烧到 40.0℃ 时，反应速率增加的百分数。

7. 已知 320℃ 时，反应 $SO_2Cl_2(g) \longrightarrow SO_2(g) + Cl_2(g)$ 是一级反应，速率常数是 $2.2 \times 10^{-5} s^{-1}$。求：

(1) 10.0g SO_2Cl_2 分解一半需多少时间？

(2) 2.00g SO_2Cl_2 经 2h 之后还剩多少？

8. 在 500K,101.3kPa 时,等物质的量的 CO_2 与 H_2 发生如下反应:

$$CO_2(g) + H_2(g) \rightleftharpoons CO(g) + H_2O(g)$$

求:(1)反应的 $\Delta G^{\ominus}$;

(2)平衡常数 $K^{\ominus}$;

(3)反应的转化率。

9. 已知反应:$MgCO_3(s) \rightleftharpoons MgO(s) + CO_2(g)$

(1)求 $K^{\ominus}$ 的表达式。

(2)求 298K、101.3kPa 压力下的 $\Delta H^{\ominus}$,$\Delta S^{\ominus}$,$\Delta G^{\ominus}$。并由此判断正反应是吸热还是放热?熵增还是熵减?自发还是非自发?

(3)计算 101.3kPa 压力下进行分解反应的最低温度。

(4)计算 600K 时的 $\Delta G^{\ominus}$ 和 $K^{\ominus}$。

若反应在 $2m^3$ 容器中进行,反应前 $MgCO_3$ 为 20kg,问平衡时余下多少 $MgCO_3$?此时 $MgCO_3$ 的转化率是多少?

10. 对于反应 $C(s) + CO_2(g) \rightleftharpoons 2CO(g)$,$\Delta H^{\ominus} = 172.5kJ \cdot mol^{-1}$。请将下列参数的变化填入下列表格中。

	$k_{正}$	$k_{逆}$	$v_{正}$	$v_{逆}$	$K^{\ominus}$	平衡移动的方向
增加总压力						
升高温度						
加催化剂						

第四章　溶液与离子平衡

由两种或两种以上物质均匀混合，彼此呈分子、原子或离子状态分布的均相体系称为溶液。溶液中各部分的化学组成和物理性质都是均匀的。按照聚集状态的不同，溶液可分为气态溶液、液态溶液和固态溶液。凡是低压或中压下的混合气体都属于气态溶液，实质上就是气体混合物。如果一种固体(如银)以原子形式分散到另一种固态物质(如金)中，则形成固态溶液——固溶体。本章只讨论液态溶液。液态溶液又可分为三种，即：气体溶于液体中；固体溶于液体中；液体溶于液体中。在液态溶液中，常把液体组分当作溶剂，把溶解在液体中的气体或固体叫做溶质，当液体溶于液体时，常把含量较多的组分叫做溶剂，较少的组分叫做溶质。但在理论上，溶液中的任何组分都是等同对待的，所以溶质和溶剂的区分一般是带习惯性的。例如，等体积的甲醇和乙醇的混合物，如以甲醇为溶剂，则乙醇为溶质，如以乙醇为溶剂，则甲醇为溶质。因此，哪一组分作为溶剂需要具体指明。由于实验室经常以水作为溶剂，如不指明，溶剂特定为水。

第一节　稀溶液的通性

一、溶液组成的表示方法

溶液的组成有多种表示方法，常用的有以下几种：

1．物质的量浓度(c_B)

溶质B的物质的量(n_B)与溶液的体积(V)之比称为物质B的物质的量浓度(c_B)，简称物质B的浓度，符号为c_B。

$$c_B=\frac{n_B}{V}$$

式中，c_B的单位是$mol\cdot m^{-3}$，常用单位为$mol\cdot L^{-1}$。

2．质量摩尔浓度(m_B)

溶液中溶质B的物质的量(n_B)与溶剂A的质量(w_A)之比称为物质B的质量摩尔浓度。简称质量摩尔浓度，符号为m_B。

$$m_B=\frac{n_B}{w_A}$$

式中，w_A的单位是kg，m_B即为每1kg溶剂中所含溶质B的物质的量，单位是$mol\cdot kg^{-1}$。

或表示为：

$$m_B=\frac{w_B/M_B}{w_A}\times 1000$$

式中　w_B——溶质B的质量，g；

M_B——溶质B的摩尔质量，$g\cdot mol^{-1}$；

w_A——溶剂 A 的质量，g。

3. 摩尔分数(x_B)

溶质 B 的物质的量(n_B)与溶液中总的物质的量(n)之比称为摩尔分数，也称为物质 B 的量分数，符号为 x_B。

$$x_B = \frac{n_B}{n}$$

式中，n_B 与 n 的单位都是 mol，所以物质的摩尔分数是没有单位的。

4. 质量分数(w_B)

物质 B 的质量(w_B)与溶液的质量(w)之比乘以 100%，称为物质 B 的质量百分数，简称质量分数，符号为 w_B。

$$w_B = \frac{w_B}{w} \times 100\%$$

各种溶液组成表示方法之间可以互相换算，其中涉及体积(V)与质量(w)之间关系时，常需借助密度(ρ)这一物理量：

$$\rho = \frac{w}{V}$$

密度的单位为 $kg \cdot m^{-3}$，常用单位是 $g \cdot mL^{-1}$。

【例 4-1】 10g CH_3COOH 溶于 100g H_2O 中，在 20℃ 时，密度为 $1.0123g \cdot mL^{-1}$。求该溶液的：(1)质量分数；(2)物质的摩尔分数；(3)质量摩尔浓度；(4)物质的量浓度。

解 (1)质量分数：

$$w(CH_3COOH) = \frac{w(CH_3COOH)}{w(CH_3COOH) + w(H_2O)} \times 100\%$$

$$= \frac{10g}{10g + 100g} \times 100\% = 9.1\%$$

(2)物质的摩尔分数：

$$x(CH_3COOH) = \frac{n(CH_3COOH)}{n(CH_3COOH) + n(H_2O)} = \frac{\frac{10g}{60g \cdot mol^{-1}}}{\frac{10g}{60g \cdot mol^{-1}} + \frac{100g}{18g \cdot mol^{-1}}}$$

$$= 0.029$$

(3)质量摩尔浓度：

$$m(CH_3COOH) = \frac{n(CH_3COOH)}{w(H_2O)} = \frac{\frac{10g}{60g \cdot mol^{-1}}}{100 \times 10^{-3}kg}$$

$$= 1.67mol \cdot kg^{-1}$$

(4)物质的量浓度：

$$c(CH_3COOH) = \frac{n(CH_3COOH)}{V} = \frac{n(CH_3COOH)}{\frac{w}{\rho}} = \frac{\frac{10g}{60g \cdot mol^{-1}}}{\frac{10g + 100g}{1.0123g \cdot mL^{-1}}}$$

$$= 1.534 \text{mol} \cdot L^{-1}$$

二、拉乌尔定律和亨利定律

1. 蒸气压

如果把一杯液体如水置于密闭的容器中,液面上那些能量较大的分子就会克服液体分子间的引力从表面逸出,成为蒸气分子。这个过程叫做蒸发,也称为汽化。它是吸热过程。相反,蒸发出来的蒸气分子在液面上的空间不断运动时,某些蒸气分子可能撞到液面,为液体分子所吸引而重新进入到液体中去,这个过程称为凝聚。凝聚是放热过程。由于液体在一定温度时的蒸发速率是恒定的,蒸发刚开始时,蒸气分子不多,凝聚的速率远小于蒸发速率。随着蒸发的进行,蒸气浓度逐渐加大,凝聚的速率也随着加大。在一定温度下,当凝聚的速率和蒸发的速率达到相等时,液体(液相)和它的蒸气(气相)就处于两相之间的平衡状态,称为气液相平衡。

在一定温度下,达到相平衡时,蒸气所具有的压力称为该温度下液体的饱和蒸气压,或简称为蒸气压。

2. 拉乌尔定律

在溶剂中加入少量非挥发性溶质后,将使溶剂的蒸气压降低。1887 年拉乌尔(Raoult)在多次实验的基础上,总结得出了如下规律:在一定温度下,稀溶液中溶剂的蒸气压等于纯溶剂的蒸气压乘以溶液中溶剂的物质的量分数。这一规律称为拉乌尔定律。用公式表示为:

$$p_A = p_A^\circ x_A \tag{4-1a}$$

式中 p_A°——某温度下纯溶剂的饱和蒸气压,Pa;

p_A——同温度时溶液中溶剂的饱和蒸气压,Pa;

x_A——溶液中溶剂(A)的物质的摩尔分数。

若溶液中仅有 A、B 两个组分,则 $x_A + x_B = 1$,上式可改写为:

$$p_A = p_A^\circ(1 - x_B)$$

$$\frac{p_A^\circ - p_A}{p_A^\circ} = x_B \tag{4-1b}$$

即溶剂的蒸气压降低值($p_A^\circ - p_A$)与纯溶剂的蒸气压之比等于溶质的物质的摩尔分数,式(4-1b)是拉乌尔定律的另一种表示形式。

一般来说,只有稀溶液的溶剂才适用于拉乌尔定律。这是因为:在稀溶液中,溶质分子数目很少,溶剂分子周围几乎都是溶剂分子,极少或几乎没有受到溶质分子的影响。因此,溶剂分子所受的作用力并未因少量溶质分子的存在而改变,它从溶液中逸出的能力也没有改变。但是由于溶质分子的存在,减少了单位体积和单位表面上溶剂分子的数目,因而单位时间内从液面表面逸出的溶剂分子数相应地减少了,以致溶液中溶剂的蒸气压较纯溶剂的蒸气压低。

3. 亨利定律

1803 年,亨利(Henry)根据大量实验总结出稀溶液的另一条重要经验规律——亨利定律,即在一定温度和平衡状态下,气体在液体中的溶解度和该气体的平衡分压成正比。后来发现,此规律也适用于挥发性溶质,因此,亨利定律又可表述为:在一定温度和平衡状态时,稀溶液中挥发性溶质的平衡分压与溶质在溶液中的物质的摩尔分数成正比。用公式表示为:

$$p_B = K_x \cdot x_B \tag{4-2a}$$

式中,p_B 为挥发性溶质B的平衡分压,Pa;x_B 为挥发性溶质B在溶液中的物质的摩尔分数;K_x 为比例常数,也称亨利常数,其数值取决于温度、溶质和溶剂的性质。当一定的溶质和溶剂在温度不变时,K_x 为定值,与气体的平衡分压无关。

在稀溶液中,由于:

$$x_B = \frac{n_B}{n_A + n_B} \approx \frac{n_B}{n_A}$$

所以,溶质的物质的摩尔分数就几乎正比于溶质的质量摩尔浓度 m_B 或物质的量浓度 c_B,因此,亨利定律也可表示为:

$$p_B = K_m m_B \tag{4-2b}$$

$$p_B = K_c c_B \tag{4-2c}$$

K_x,K_m,K_c 均称为亨利常数。但由于溶液组成表示方法不同,故 $K_x \neq K_m \neq K_c$。

一般来说,只有稀溶液中的溶质能较正确地遵守亨利定律。因为在稀溶液中,溶质分子周围绝大部分是溶剂分子,溶质分子逸出液相的能力(即平衡蒸气压)不仅取决于单位体积溶液中溶质的量(即浓度),还与溶质分子与溶剂分子之间的作用力有关。但由于在稀溶液中,一个溶质分子周围很少有其它溶质分子存在,这时溶质和溶剂分子之间的作用力可看作常数,所以表现出溶质的蒸气压仅与溶质的浓度有关。

根据亨利定律,可利用溶剂对混合气体中各种气体溶解度的差异进行吸附分离。

在应用亨利定律时应注意以下几点:

(1)亨利定律不仅适用于纯气体,也适用于混合气体。对于混合气体,式 $p_B = K_x x_B$ 中,p_B 指的是气体组分B的平衡分压,不是液面上气体的总压。

(2)溶质在气相和在溶液中的分子状态必须相同。如果溶质分子在溶液中与溶剂形成化合物,或者发生电离与缔合,则亨利定律就不再适用。

(3)亨利定律适用于低压气体或稀溶液的溶质。

实验证明,在稀溶液中溶质若服从亨利定律,则溶剂必定服从拉乌尔定律。因此,可以同时考虑其应用。如两组分稀溶液的蒸气总压可由下式计算:

$$p = p_A + p_B = p_A^{\circ} x_A + K_x x_B \tag{4-3}$$

三、稀溶液的依数性

溶液因溶有溶质,所以它的蒸气压、凝固点、沸点等与纯溶剂不同。当在挥发性溶剂中加入少量非挥发性溶质时,溶液的蒸气压比纯溶剂的蒸气压降低,溶液的沸点比纯溶剂的沸点升高,溶液的凝固点比纯溶剂的凝固点降低,在溶液和溶剂之间产生渗透压。这些性质的变化取决于溶液中溶质粒子的多少(即溶液的浓度),与溶质本身的性质无关。因此,这些性质称为溶液的依数性。

1. 蒸气压下降

拉乌尔定律指出,稀溶液中溶剂A的蒸气压与溶剂物质的量分数之间的关系为:

$$p_A = p_A^{\circ} \cdot x_A$$

对两组分溶液，根据式(4-1b)可得：

$$\Delta p = p_A^{\circ} - p_A = p_A^{\circ} x_B \tag{4-4}$$

上式表明，在一定温度下，溶液中溶剂的蒸气压降低值 Δp 等于纯溶剂的蒸气压乘以溶质的物质的摩尔分数，而与其化学性质无关。

溶液的蒸气压比纯溶剂的蒸气压要低的原因可解释如下：由于溶剂（如水）中溶解了难挥发的溶质后，溶剂的部分表面被溶质分子占据，溶剂的蒸发面就减少，同时溶质与溶剂还要结合成溶剂化分子，这相当于束缚了部分溶剂分子。结果使溶剂在单位时间内逸出液面的分子数相应地减少，达到平衡时，溶液的蒸气压就必然低于纯溶剂的蒸气压。显然，溶液浓度越大，溶液的蒸气压下降就越多。

稀溶液中溶剂蒸气压降低的规律，引起了稀溶液一系列其它性质的改变，如溶液的沸点、凝固点、渗透压等。

2. 沸点升高

任何液体在一定温度下，其饱和蒸气压等于外压时，液体就会沸腾，这时的温度即为沸点。当外压为 101325Pa 时的沸点即称为正常沸点。非挥发溶质的加入使溶液的蒸气压降低。为了使溶液的蒸气压升高到等于外压而沸腾，必须提高温度，因此，溶液的沸点就升高了。

图 4-1 中 3 条曲线分别表示纯溶剂和不同浓度溶液的饱和蒸气压与温度关系的曲线。T_b°，$T_{\text{Ⅰ}}$，$T_{\text{Ⅱ}}$ 分别为纯溶剂、溶液Ⅰ、溶液Ⅱ的沸点。由于溶液的蒸气压比纯溶剂低，故溶液的蒸气压曲线在纯溶剂的蒸气压曲线下方。溶剂在温度为 T_b° 时，其蒸气压等于外压（即 101325Pa），但此时溶液的蒸气压仍低于外压，因此，要使溶液的蒸气压与外界压力相等，以达到其沸点，就必须把溶液的温度升高到 T_b（如 T_1），$T_b > T_b^{\circ}$，所以溶液的沸点升高。可以从实验得出沸点升高与溶液浓度的定量关系如下：

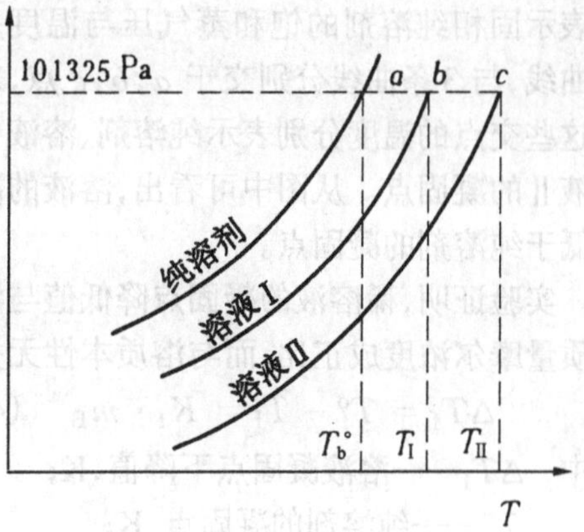

图 4-1 稀溶液的沸点升高

$$\Delta T_b = T_b - T_b^{\circ} = K_b \cdot m_B \tag{4-5}$$

式中 ΔT_b——沸点升高值，K；

T_b——溶液的沸点，K；

T_b°——纯溶剂的沸点，K；

m_B——溶液的质量摩尔浓度，$mol \cdot kg^{-1}$；

K_b——沸点升高常数，$K \cdot kg \cdot mol^{-1}$。

上式的意义为：沸点升高值（ΔT_b）与溶质的质量摩尔浓度 m_B 成正比，与溶质的本性（种类）无关。K_b 值与溶剂种类有关，当 $m_B = 1mol \cdot kg^{-1}$ 时，$K_b = \Delta T_b$，因此某溶剂的沸点升高常数的数值等于1mol的溶质B溶于1kg该溶剂中所引起的沸点升高的数值。不同的溶剂有不同的 K_b 值,表4-1列出了几种溶剂的 K_b 值。

表4-1 几种溶剂的 K_b 值

溶剂	水	乙酸	苯	氯仿	萘	四氯化碳	乙醇
T_b°/K	373.15	391.05	353.25	334.35	491.15	349.87	351.48
K_b/(K·kg·mol^{-1})	0.52	3.07	2.53	3.85	5.8	4.95	1.19

3. 凝固点下降

溶液的凝固点是指溶液和纯固态溶剂两相平衡时的温度。根据相平衡条件,无论纯物质或溶液,在凝固点时,固相和液相的蒸气压相等。由拉乌尔定律可知,含有非挥发性溶质的稀溶液的蒸气压比同温度时纯溶剂的蒸气压低,因此,稀溶液的凝固点低于纯溶剂的凝固点。这就是含有非挥发性溶质稀溶液的凝固点下降的原因。

图4-2中3条曲线分别表示纯溶剂、溶液Ⅰ和溶液Ⅱ的蒸气压和温度关系的曲线。由拉乌尔定律可知,在相同温度下,溶液中溶剂的蒸气压低于纯溶剂的蒸气压,所以,溶液的蒸气压曲线在纯溶剂蒸气压曲线的下方。ac 线表示固相纯溶剂的饱和蒸气压与温度关系的曲线,与3条曲线分别交于 a,b,c 点,对应于这些交点的温度分别表示纯溶剂、溶液Ⅰ和溶液Ⅱ的凝固点。从图中可看出,溶液的凝固点低于纯溶剂的凝固点。

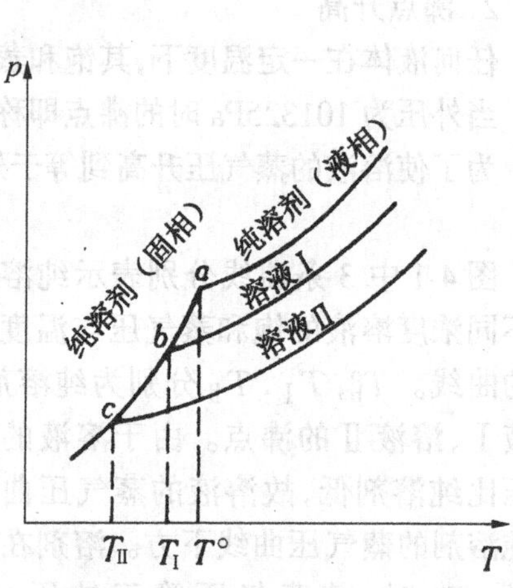

图4-2 稀溶液的凝固点下降

实验证明,稀溶液的凝固点降低值与溶液的质量摩尔浓度成正比,而与溶质本性无关。

$$\Delta T_f = T_f^{\circ} - T_f = K_f \cdot m_B \quad (4\text{-}6)$$

式中 ΔT_f——溶液凝固点下降值,K;

T_f°——纯溶剂的凝固点,K;

T_f——溶液的凝固点,K;

m_B——溶液的质量摩尔浓度,mol·kg^{-1};

K_f——凝固点降低常数,K·kg·mol^{-1}。

K_f 只与溶剂的性质有关,而与溶质的性质无关,不同的溶剂有不同的 K_f 值。表4-2列出了一些溶剂的 K_f 值。

表4-2 几种溶剂的 K_f 值

溶 剂	水	乙酸	苯	环己烷	萘	樟脑	三溴甲烷
溶剂的凝固点/K	273.15	289.75	278.65	279.65	353.5	451.15	280.95
K_f/(K·kg·mol^{-1})	1.86	3.90	5.12	20	6.9	40	14.4

在生产和科学实验中，溶液的凝固点下降的性质有广泛的应用。例如，盐和冰的混合物可以作为冷冻剂。冰的表面有少量水，当盐与冰混合时，盐溶解在这些水里成为溶液。此时，由于所生成的溶液的蒸气压低于冰的蒸气压，冰就融化。冰融化时要吸收热量，使周围物质的温度降低。例如，采用氯化钠和冰的混合物，温度可以降低到－22℃；用氯化钙和冰的混合物，温度可以降低到－55℃。在冬天，汽车驾驶员往汽车散热器（水箱）中的水里加入甘油或乙二醇，使溶液的凝固点下降，从而防止水结冰。

4．渗透压

若将红血球置于纯水中，可以发现它会逐渐膨胀成圆球，最后崩裂。这是由于水透过细胞壁进入细胞，而细胞内的若干种溶质如血红素、蛋白质等不能透出，以致细胞内的液体逐渐增多，胀破了细胞的缘故。若给失去水分的植物浇水，不久即复原，这也是水渗到细胞内的结果。在萝卜上插一玻璃管，加水到管中直至看出水平面为止，然后将萝卜浸在水中。不久，玻璃管中的水面开始上升，到某高度后就停止。水的上升也是水透过萝卜皮渗入萝卜中的结果。上述现象叫渗透现象。只允许水分子自由通过而不能通过溶质的膜状物质称为半透膜。细胞膜、萝卜皮、肠衣、牛皮纸等都是半透膜，渗透到一定程度后似乎停止了，实际上是半透膜两侧水分子的渗透速度由开始不等到逐渐相等，建立起了动态平衡。在上例中，随着玻璃管中液面的上升，增加了水的静压力，即提高了萝卜内水透过萝卜皮向外渗透的速度，待静压力增加到一定程度后，水内外渗透速度相等，这时液面就不再上升。这种静压力称为渗透压。

1886 年荷兰物理化学家范特荷甫（J.H.Vant Hoff）发现非电解质的稀溶液的渗透压的大小，可以用与气体状态方程式相似的方程式来表示，即：

$$\pi V = nRT \quad 或 \quad \pi = cRT$$

式中 π——渗透压，Pa；

V——溶液的体积，m^3；

n——溶质的物质的量，mol；

c——物质的量浓度，$mol \cdot m^{-3}$；

R——气体常数，$8.314 J \cdot K^{-1} \cdot mol^{-1}$；

T——绝对温度，K。

当溶液体积和温度一定时，溶液的渗透压只与溶液中所含溶质的分子数有关，而与溶质和溶剂的本性无关。但气体的压力和溶液的渗透压在本质上并无相同之处。气体的压力是因为气体分子运动碰撞容器而产生的。溶液的渗透压并不是溶质分子直接运动的结果，而是和溶液的蒸气压下降密切相关的。

渗透压在生物学中具有重要的意义，有机体的细胞膜大多具有半透膜的性质，渗透压是引起水在动植物中运动的主要力量。如植物细胞液的渗透压较大，可达 $20 \times 10^5 Pa$，所以尽管参天古树高达几十米，水分仍可从根部输送到顶端。又如，人体血液的渗透压约为 $7.7 \times 10^5 Pa$。如果人们的食物过咸或排汗过多，由于组织中的渗透压升高，就会感到口渴，饮水后，可减小组织中可溶物的浓度而使渗透压降低。再如在淡水中游泳时，眼球容易“红涨”，腌的或蜜饯的食物不易腐败也都与渗透现象有关。

利用稀溶液的依数性可以测定相对分子质量，因为它们都与溶液的摩尔质量有关。但实验中较常用凝固点下降的测定方法。这是因为 K_f 数值相对较大（如水的 K_f 为 1.86，而

K_b 为 0.52)，而且在达到凝固点时，溶液中有晶体析出，现象较为明显，易于观察，实验误差较小。

【例 4-2】 已知 $H_2O(l)$ 的凝固点为 0℃，$K_f=1.86$，如果在 90g$H_2O(l)$ 中溶解 2g 蔗糖 ($C_{12}H_{22}O_{11}$，以 B 表示)时，$\Delta T_f=0.121$，求蔗糖的摩尔质量 M_B。

解 溶质 B 的质量摩尔浓度为：

$$m_B=\frac{w_B}{M_B}\times\frac{1000}{w_A}=\frac{2}{M_B}\times\frac{1000}{90}$$

因
$$\Delta T_f=K_f\cdot m_B$$

所以
$$m_B=\frac{\Delta T_f}{K_f}=\frac{0.121}{1.86}$$

两式相等，得：

$$\frac{2}{M_B}\times\frac{1000}{90}=\frac{0.121}{1.86}$$

$$M_B=\frac{2\times1000\times1.86}{90\times0.121}=342(\text{g}\cdot\text{mol}^{-1})$$

实际上，溶液不论是电解质溶液还是非电解质溶液，不论是浓溶液还是稀溶液，都具有使蒸气压下降、沸点上升、凝固点下降等现象。但是稀溶液定律所表达的这些依数性与溶液浓度的定量关系不适用于电解质溶液和浓溶液。这是因为电解质的分子在水溶液中电离成离子，溶液中的微粒数增多了。而浓溶液中，溶质的微粒数较多，溶质微粒之间的相互影响以及溶质微粒与溶剂分子之间的相互作用大大增强。这些复杂因素使稀溶液定律的定量关系产生了偏差。因此，讨论稀溶液的通性后，我们还需要讨论电解质溶液及离子的平衡。

第二节 弱电解质的电离平衡

一、电离常数

在水溶液中或熔融状态时能电离成离子的物质称为电解质。其中能够完全电离的称为强电解质，仅能部分电离的称为弱电解质。弱电解质的电离过程是可逆的，存在着分子和离子间的电离平衡。例如，醋酸水溶液存在如下平衡：

$$HAc \rightleftharpoons H^+ + Ac^-$$

在一定温度下，当电解质分子电离为离子的速率等于离子重新结合成为分子的速率时，未电离的分子和离子间就建立起动态平衡，这种平衡叫电离平衡。

应用化学平衡原理，可以写出其平衡常数表达式：

$$K_i=\frac{[H^+][Ac^-]}{[HAc]}$$

K_i 称为电离平衡常数，弱酸的电离常数还常用 K_a 表示。式中$[H^+]$、$[Ac^-]$、$[HAc]$分别表示平衡时 H^+、Ac^- 和未电离的 HAc 分子的浓度，单位为 $\text{mol}\cdot\text{L}^{-1}$。同样，一元弱碱氨水的电离平衡为：

$$NH_3\cdot H_2O \rightleftharpoons NH_4^+ + OH^-$$

平衡常数表达式为：

$$K_i = \frac{[NH_4^+][OH^-]}{[NH_3 \cdot H_2O]}$$

弱碱的平衡常数常用 K_b 表示。

常见弱电解质的电离常数见表 4-3。

表 4-3　常见弱电解质的电离常数

电解质	电离常数 K_i	温度/℃
醋酸	1.76×10^{-5}	25
硼酸	7.3×10^{-10}	23
氢氰酸	4.93×10^{-10}	25
碳酸	$K_1 = 4.3 \times 10^{-7}$ $K_2 = 5.61 \times 10^{-11}$	25
氢硫酸	$K_1 = 9.1 \times 10^{-8}$ $K_2 = 1.1 \times 10^{-12}$	18
磷酸	$K_1 = 7.52 \times 10^{-3}$ $K_2 = 6.23 \times 10^{-8}$ $K_3 = 2.2 \times 10^{-13}$	25 25 18
亚硫酸	$K_1 = 1.54 \times 10^{-2}$ $K_2 = 1.02 \times 10^{-7}$	18
甲酸	1.77×10^{-4}	20
硅酸	$K_1 = 2 \times 10^{-10}$ $K_2 = 1 \times 10^{-12}$	常温
氨水	1.77×10^{-5}	25

电离常数表示弱电解质电离趋势的大小，K_i 值越大，表示电离程度越大。同类型的弱酸、弱碱，可用 K_a、K_b 值比较它们的强弱。例如

$$K_a(HAc) = 1.76 \times 10^{-5}, \qquad K_a(HCN) = 4.93 \times 10^{-10}$$

虽然 HAc 和 HCN 均是弱酸，但 HCN 比 HAc 更弱。与所有平衡常数一样，电离常数与浓度无关，但随温度变化而变化。不过温度对其影响不大，在常温下研究电离平衡，可以忽略温度对 K_i 的影响。有时也可用 pK_a 或 pK_b 来比较它们的强弱，其中 $pK_a = -\lg K_a$，$pK_b = -\lg K_b$。

二、电离度

电离平衡是化学平衡的一种类型。在一定条件下，电离平衡建立后，溶液中分子和离子的相对浓度就不再改变。不同的弱电解质在相同的水溶液中的电离程度并不一样，同一弱电解质在不同浓度时电离程度也不相同。通常采用电离度 α 表示。

$$\alpha = \frac{\text{已电离溶质的分子数}}{\text{溶液中原有溶质的分子总数}} \times 100\%$$

或

$$\alpha=\frac{\text{已电离的弱电解质浓度}}{\text{弱电解质的起始浓度}}\times 100\%$$

例如,在298K时,0.1mol·L^{-1}的HAc溶液的电离度为1.33%,这表示达到电离平衡时,每10000个HAc分子中,有133个分子电离为H^+和Ac^-。

电离度与电解质的本性有关。不同的弱电解质,在相同浓度时,其电离度不同。电解质愈弱,电离度愈小。所以,电离度的大小可表示弱电解质在水溶液中的电离程度。常见弱电解质的电离度见表4-4。

表4-4　几种弱电解质的电离度(0.1mol·L^{-1},298K)

电解质	电离度/%	电解质	电离度/%
HAc	1.33	HF	5.94
HCN	0.007	HCOOH	4.2
H_2S	0.075	HNO_2	6.78
H_2CO_3	0.207	$NH_3\cdot H_2O$	1.33

三、电离度(α)与电离常数(K_i)的关系

电离度α和电离常数K_i一样都能定量地表示弱电解质在溶液中的电离程度的大小或相对强弱。但两者也有差别:电离常数是化学平衡常数的一种,电离度是转化率的一种。电离常数是其弱电解质的特征常数,基本上不随浓度的变化而变化,但电离度除了与温度有关外,还与浓度有关。表4-5为不同浓度醋酸溶液在298K时的电离度。

表4-5　不同浓度醋酸的电离度(298K)

醋酸浓度/(mol·L^{-1})	α/%	$[H^+]$/(mol·L^{-1})
0.2	0.935	1.87×10^{-3}
0.1	1.33	1.33×10^{-3}
0.02	2.96	5.92×10^{-3}
0.01	4.20	4.20×10^{-3}

从上列数据可以看出,HAc的电离度随溶液浓度的降低而增大。这是因为溶液的浓度减小,溶液中离子结合成分子的机会减少,电离平衡向右移动,因而增大了弱电解质的电离度。

现以浓度c的HAc为例,推导K_i与α的关系。

$$HAc \rightleftharpoons H^+ + Ac^-$$

起始浓度(mol·L^{-1})　　c　　0　　0

平衡浓度(mol·L^{-1})　　$c-c\alpha$　　$c\alpha$　　$c\alpha$

$$K_i=\frac{[H^+][Ac^-]}{[HAc]}=\frac{c\alpha\cdot c\alpha}{c-c\alpha}=\frac{c\alpha^2}{1-\alpha}$$

当$\frac{c}{K_i}\geqslant500$时,$\alpha$很小,$1-\alpha\approx1$,则:

$$K_i \approx c\alpha^2 \quad 或 \quad \alpha \approx \sqrt{\frac{K_i}{c}}$$

上式表达了弱电解质溶液起始浓度、电离常数和电离度之间的联系，说明弱电解质的浓度和电离度平方的乘积是一个常数，或者说弱电解质的电离度与其浓度的平方根成反比。即溶液越稀，电离度越大。

若弱电解质为一元弱酸或一元弱碱，则上式可表示为：

一元弱酸：
$$K_a = c_{酸}\alpha^2 \quad 或 \quad \alpha = \sqrt{\frac{K_a}{c_{酸}}} \tag{4-7}$$

则
$$[H^+] = c_{酸}\alpha = \sqrt{c_{酸}K_a} \tag{4-8}$$

一元弱碱：
$$K_b = c_{碱}\alpha^2 \quad 或 \quad \alpha = \sqrt{\frac{K_b}{c_{碱}}} \tag{4-9}$$

则
$$[OH^-] = c_{碱}\alpha = \sqrt{c_{碱} \cdot K_b} \tag{4-10}$$

四、有关电离平衡的计算

【例 4-3】 计算 $0.10mol \cdot L^{-1}$ HAc 溶液中的$[H^+]$、α。已知 $K_a = 1.8\times10^{-5}$。

解 $[H^+] = \sqrt{c_{酸} \cdot K_a} = \sqrt{0.10\times1.8\times10^{-5}} = 1.34\times10^{-3}(mol \cdot L^{-1})$

$$\alpha = \sqrt{\frac{K_a}{c_{酸}}} = \sqrt{\frac{1.8\times10^{-5}}{0.10}} = 0.0133 = 1.33\%$$

【例 4-4】 已知 $K_a = 1.8\times10^{-5}$，计算：(1) $0.01mol \cdot L^{-1}$ HAc 溶液的电离度；(2) $0.05mol \cdot L^{-1}$ HAc 溶液的电离度。

解 因 $\alpha = \sqrt{\frac{K_a}{c_{酸}}}$，得

(1) $c = 0.01mol \cdot L^{-1}$ 时：

$$\alpha = \sqrt{\frac{1.8\times10^{-5}}{0.01}} = 4.24\%$$

(2) $c = 0.05mol \cdot L^{-1}$ 时：

$$\alpha = \sqrt{\frac{1.8\times10^{-5}}{0.05}} = 1.9\%$$

由上述计算结果可看出，醋酸溶液的浓度减小（即稀释），则其电离度变大。

五、多元弱酸的电离平衡

多元弱酸（如 H_2CO_3 或 H_2S）的电离是分步进行的。现以二元弱酸氢硫酸为例，说明多元弱酸的电离平衡。

氢硫酸（H_2S）的电离分两步进行，每一步电离都有相应的电离平衡和电离常数。H_2S 的第一步电离，生成 H^+ 和 HS^- 离子，称为一级电离：

$$H_2S \rightleftharpoons H^+ + HS^-$$

$$K_1 = \frac{[H^+][HS^-]}{[H_2S]} = 9.1\times10^{-8}$$

第一级电离出来的 HS^- 离子,将进一步电离生成 H^+ 和 S^{2-} 离子,称为二级电离:

$$HS^- \rightleftharpoons H^+ + S^{2-}$$

$$K_2=\frac{[H^+][S^{2-}]}{[HS^-]}=1.1\times10^{-12}$$

K_1 和 K_2 分别为 H_2S 的一级电离常数和二级电离常数。$K_1 \gg K_2$,这说明第二步电离比第一步电离困难得多。其原因有二:①带两个负电荷的 S^{2-} 离子对 H^+ 离子的吸引比带一个负电荷的 HS^- 离子强得多;②第一步电离出来的 H^+ 离子,对第二步电离产生同离子效应,抑制了第二步电离。所以 H_2S 溶液中的 H^+ 离子主要来自第一步电离,计算 $[H^+]$ 时可忽略第二步电离。一般来说,当 $\frac{K_1}{K_2}\geqslant10^5$ 时,计算时可忽略二级电离,只考虑第一步电离,即可按一元弱酸的电离平衡处理。

【例 4-5】 计算 $0.1mol\cdot L^{-1}$ H_2S 溶液中的 $[H^+]$ 和 $[S^{2-}]$。

解 因为 $K_2 \ll K_1$,故 $[H^+]$ 只需考虑第一步电离。

设 $[H^+]=x(mol\cdot L^{-1})$

	$H_2S \rightleftharpoons$	H^+ +	HS^-
起始浓度($mol\cdot L^{-1}$)	0.1	0	0
平衡浓度($mol\cdot L^{-1}$)	$0.1-x$	x	x

$$K_i=\frac{x^2}{0.1-x}=9.1\times10^{-8}$$

$$0.1-x\approx0.1,\ 所以,\ K_i\approx\frac{x^2}{0.1}=9.1\times10^{-8}$$

$$x=[H^+]=9.5\times10^{-5}(mol\cdot L^{-1})$$

S^{2-} 是第二步电离的产物,所以计算时用第二步电离平衡式。

设 $[S^{2-}]=y$

$$HS^- \rightleftharpoons H^+ + S^{2-}$$

$$K_2=\frac{[H^+][S^{2-}]}{[HS^-]}=1.1\times10^{-12}$$

由于 HS^- 发生第二步电离非常少,可以认为 $[H^+]\approx[HS^-]$。所以

$$[S^{2-}]\approx K_2=1.1\times10^{-12}(mol\cdot L^{-1})$$

计算表明,$[S^{2-}]$ 与初始浓度无关,近似等于 K_2。

通过例 4-5 计算可得出如下结论:

(1)多元弱酸 $K_1 \gg K_2 \gg K_3$,求 $[H^+]$ 时,可当作一元弱酸处理,K_1 可作为衡量多元弱酸强度的标志。

(2)二元弱酸溶液中,$K_1 \gg K_2$ 时,其酸根离子的浓度近似等于 K_2,与弱酸的原始浓度无关。

六、同离子效应

电离平衡和所有化学平衡一样,当条件(如温度、浓度)改变时,平衡也会发生移动。当在弱电解质溶液中,加入强电解质时,也会使弱电解质的电离受到影响。

现以醋酸溶液中加入醋酸钠为例来说明。在一定温度下,HAc 溶液中存在下列电离平

衡：

$$HAc \rightleftharpoons H^+ + Ac^-$$

若在此溶液中加入 NaAc，醋酸钠是强电解质，在溶液中全部电离。当它加入醋酸溶液后，溶液中 Ac^- 离子的浓度大大增加，根据平衡移动原理，醋酸的电离平衡将朝着减少 Ac^- 离子的一方移动，生成了更多的醋酸分子，使醋酸的电离度减小。

同样，如果在 HAc 溶液中加入强酸 HCl，则 H^+ 离子浓度增加，平衡也向左移动，此时 Ac^- 浓度减小，HAc 的电离度也降低。

这种在弱电解质溶液中，加入含有相同离子的强电解质，使弱电解质的电离度降低的作用称为同离子效应。

【例 4-6】 在 1L $0.1mol\cdot L^{-1}$ 醋酸溶液中，加入固体 NaAc 8.2g，求该醋酸溶液中 H^+ 离子浓度及电离度（假定溶液体积不变）。

解 8.2g NaAc 加入 1L 溶液中，则 NaAc 的浓度为

$$\frac{\dfrac{8.2g}{82g\cdot mol^{-1}}}{1L}=0.1mol\cdot L^{-1}$$

因为 NaAc 在溶液中全部电离，由 NaAc 电离的 Ac^- 浓度也为 $0.1mol\cdot L^{-1}$。

设平衡时 $[H^+]=x(mol\cdot L^{-1})$，则：

	$HAc \rightleftharpoons$	H^+	$+Ac^-$
起始浓度（$mol\cdot L^{-1}$）	0.1	0	0.1
平衡浓度（$mol\cdot L^{-1}$）	$0.1-x$	x	$0.1+x$

$$K_a=\frac{[H^+][Ac^-]}{[HAc]}=\frac{x(0.1+x)}{0.1-x}=1.8\times10^{-5}$$

因为 x 值很小，$0.1+x\approx0.1$，$0.1-x\approx0.1$。

代入上式得：
$$[H^+]=x=1.8\times10^{-5}mol\cdot L^{-1}$$

电离度
$$\alpha=\frac{[H^+]}{[HAc]}\times100\%=\frac{1.8\times10^{-5}}{0.1}\times100\%=0.018\%$$

计算表明，在加入 8.2g NaAc 后，使 HAc 的电离度由 1.33% 降到 0.018%，$[H^+]$ 由 $1.33\times10^{-3}mol\cdot L^{-1}$ 降至 $1.8\times10^{-5}mol\cdot L^{-1}$，降低 74 倍左右。

同样，在氨水中加入 NH_4Cl，由于同离子效应，使氨水的电离度减小。

同离子效应在生产和科学实验中有广泛的应用。

第三节 水的电离和溶液的 pH 值

一、水的电离和离子积常数

水也是一种弱电解质，它也能电离，并存在如下的电离平衡：

$$H_2O \rightleftharpoons H^+ + OH^-$$

水的电离常数可表示为：$K=\dfrac{[H^+][OH^-]}{[H_2O]}$

由于水的电离度很小，式中 $[H_2O]$ 可视为常数，因此上式可改写为：

$$[H^+]\cdot[OH^-]=K[H_2O]=K_w \tag{4-11}$$

K_w 代表一定温度下,水中氢离子浓度和氢氧根离子浓度的乘积为一常数,叫做水的离子积常数,简称水的离子积。它表明不管是在纯水中或极稀的水溶液中,H^+ 和 OH^- 离子浓度的乘积在恒温下是不变的。

精确实验测得 295K 时纯水中$[H^+]$和$[OH^-]$各为 $1.0\times10^{-7}mol\cdot L^{-1}$,因此:

$$K_w=[H^+][OH^-]=1.0\times10^{-7}\times1.0\times10^{-7}=1.0\times10^{-14}$$

因为水的电离是吸热过程,因此温度升高,水的电离度增大,K_w 值也增大,如表 4-6 所示。但在常温时,一般都以 $K_w=1.0\times10^{-14}$进行计算。

表 4-6 水的离子积常数和温度的关系

温度/K	K_w	温度/K	K_w
273	0.13×10^{-14}	298	1.27×10^{-14}
291	0.74×10^{-14}	323	5.6×10^{-14}
295	1.00×10^{-14}	374	7.4×10^{-14}

二、溶液的 pH 值及其计算

从上面的讨论可知,无论是在纯水中,或是在稀溶液中,无论溶液呈酸性还是呈碱性,其中都同时存在着 H^+ 和 OH^-,只是它们的浓度不同而已。纯水中,$[H^+]=[OH^-]=10^{-7}mol\cdot L^{-1}$,酸溶液中,$[H^+]>10^{-7}mol\cdot L^{-1}$,也就是$[H^+]>[OH^-]$;碱溶液中,$[H^+]<10^{-7}mol\cdot L^{-1}$,也就是$[H^+]<[OH^-]$。

由关系式 $K_w=[H^+][OH^-]$,可以从一种离子的浓度求算出另一种离子的浓度。例如,$0.1mol\cdot L^{-1}$的 HCl 浓液,已知$[H^+]=10^{-1}mol\cdot L^{-1}$,则可求得$[OH^-]=\dfrac{K_w}{[H^+]}=\dfrac{1\times10^{-14}}{10^{-1}}=1\times10^{-13}(mol\cdot L^{-1})$。同理,可求出 $0.1mol\cdot L^{-1}$NaOH 溶液中$[OH^-]=1\times10^{-1}mol\cdot L^{-1}$,$[H^+]=1\times10^{-13}mol\cdot L^{-1}$。

因此,溶液的酸碱性,主要由溶液中$[H^+]$和$[OH^-]$的相对大小来决定。

$[H^+]=[OH^-]=1\times10^{-7}mol\cdot L^{-1}$,溶液显中性;

$[H^+]>1\times10^{-7}mol\cdot L^{-1}$,$[H^+]>[OH^-]$,溶液显酸性;

$[H^+]<1\times10^{-7}mol\cdot L^{-1}$,$[H^+]<[OH^-]$,溶液显碱性。

因为,$[H^+]$一般为负指数,应用很不方便,通常采用 pH 值表示溶液的酸碱性。

$$pH=-\lg[H^+]=\lg\frac{1}{[H^+]} \tag{4-12}$$

若$[H^+]=m\times10^{-n}$,则 $pH=n-\lg m$。

由此可见,pH 值愈小,溶液的酸性愈强,碱性愈弱;pH 值愈大,溶液的酸性愈弱,碱性愈强。与 pH 值相似的还有 pOH 值,它是 OH^- 离子浓度的负对数,即 $pOH=-\lg[OH^-]$,而且:

$$pH+pOH=14$$

应当指出,pH 值是溶液酸碱性的量度,pH 和 pOH 主要适用于$[H^+]$或$[OH^-]$为

1mol·L^{-1}以下的溶液，即应用范围是 0～14 之间。当$[H^+]>1mol·L^{-1}$时，pH 值出现负值，计算反而不便。直接用 H^+离子浓度计算要方便得多。同理，当$[OH^-]>1mol·L^{-1}$时，也直接用 OH^-离子浓度计算。溶液的酸碱性可以用酸碱指示剂或 pH 试纸粗略测定。精确测定可用 pH 计。

【例 4-7】 求$[H^+]=6.38\times10^{-6}mol·L^{-1}$的溶液的 pH 值。

解 $pH=-\lg[H^+]=-\lg6.38\times10^{-6}=6-\lg6.38$

$=6-0.805=5.195$

【例 4-8】 某溶液在室温时测得 pH 值为 3.89，求此溶液中的$[OH^-]$。

解一 $pOH=14-pH=14-3.89=10.11$

$$\lg[OH^-]=-pOH=-10.11=(-11+0.89)$$

$$[OH^-]=7.762\times10^{-11}mol·L^{-1}$$

解二 因 $pH=3.89$

$$\lg[H^+]=-3.89=(-4+0.11)$$

所以 $[H^+]=1.288\times10^{-4}mol·L^{-1}$

$$[OH^-]=\frac{K_w}{[H^+]}=\frac{1\times10^{-14}}{1.288\times10^{-4}}=7.762\times10^{-11}(mol·L^{-1})$$

第四节 缓冲溶液

如果在 50mL 纯水中加入 1mol·L^{-1}HCl 溶液 0.05mL(1 滴)，则水中的氢离子浓度变化如下：

$$[H^+]=\frac{1\times0.05}{50+0.05}\approx0.001(mol·L^{-1}),\quad pH=3$$

原来纯水的 pH=7，现在 pH=3，可见在纯水中滴入 1 滴 1mol·L^{-1}盐酸后，pH 值改变 4 个单位。

如果在 50mL 纯水中，滴加 1mol·L^{-1}NaOH 溶液 1 滴，水的 pH 由 7 变为 11，同样改变 4 个单位。

所以，在纯水中加入微量的强酸或强碱，都将引起水的 pH 值的急剧变化，说明纯水没有缓冲作用。

溶液的酸碱性是影响化学反应的重要条件之一，但在工农业生产、科研工作中，常需要把溶液的 pH 值控制在一定的范围内，这就需要使用缓冲溶液，而缓冲溶液的作用原理则用到前面提到的同离子效应。

一、缓冲溶液及其作用原理

缓冲溶液是一种具有调节和控制溶液的酸度或碱度的能力，使溶液的 pH 基本保持不变的溶液。这种调节和控制溶液 pH 值的作用叫缓冲作用。

缓冲溶液一般是由弱酸及其盐、弱碱及其盐或由不同碱度的酸式盐的混合物所组成，依其溶液的 pH 值范围，分为酸式缓冲溶液和碱式缓冲溶液两种。一般说来，pH＜7 的为酸式缓冲溶液，如 HAc-NaAc、$HAc-NH_4Ac$，$HCOOH-HCOONH_4$ 等；pH＞7 的为碱式缓冲溶液，

如 $NH_3 \cdot H_2O$-NH_4Cl 等。

现以 HAc-NaAc 缓冲体系为例来说明缓冲溶液的缓冲原理。

在 HAc 和 NaAc 溶液中,因 NaAc 完全电离产生了大量的 Ac^- 离子,这些 Ac^- 离子对 HAc 电离产生了同离子效应,使 HAc 的电离度大大地降低,因此,溶液中 HAc 分子和 Ac^- 离子的数量都相对较大。

当 HAc-NaAc 缓冲体系中加入少量的强酸后,溶液中电离平衡发生移动。强酸所引入的 H^+ 离子与溶液中大量存在的 Ac^- 离子结合生成 HAc 分子,溶液中的 H^+ 离子浓度不会明显地增加。同理,如果向 HAc-NaAc 缓冲体系中加入少量的强碱,强碱产生的 OH^- 离子就会与溶液中的 H^+ 离子结合生成水,促使 HAc 的电离平衡向右移动,以补充减少的 H^+ 离子。当新平衡建立时,溶液 H^+ 离子浓度基本保持不变,所以缓冲溶液的作用是对抗溶液中的 H^+ 的浓度变化,能保持溶液的 pH 值相对稳定。

二、缓冲溶液 pH 值的计算

现以一元弱酸 HAc 和相应的盐 NaAc 组成的缓冲溶液为例,定量地讨论缓冲溶液的 pH 值。

在 HAc-NaAc 缓冲溶液中,存在着下列平衡过程。

$$HAc \rightleftharpoons H^+ + Ac^-$$

$$NaAc \longrightarrow Na^+ + Ac^-$$

设 NaAc 的原始浓度为 $c_{盐}$,HAc 的原始浓度为 $c_{酸}$,平衡时各物质的浓度为

$$[H^+] = x, \quad [HAc] = c_{酸} - x, \quad [Ac^-] = c_{盐} + x$$

$$HAc \rightleftharpoons H^+ + Ac^-$$

平衡时浓度($mol \cdot L^{-1}$) $\qquad c_{酸} - x \qquad x \qquad c_{盐} + x$

$$K_a = \frac{[H^+][Ac^-]}{[HAc]} = \frac{x \cdot (c_{盐} + x)}{c_{酸} - x}$$

由于同离子效应使 x 值很小,即

$$x \ll c_{盐}, \quad x \ll c_{酸},$$

所以
$$c_{盐} + x \approx c_{盐}, \quad c_{酸} - x \approx c_{酸}$$

代入得
$$K_a = \frac{c_{盐}}{c_{酸}} \cdot [H^+]$$

即
$$[H^+] = K_a \cdot \frac{c_{酸}}{c_{盐}} \tag{4-13}$$

$$pH = pK_a - \lg \frac{c_{酸}}{c_{盐}} \tag{4-14}$$

已知 $[HAc] = 0.1 mol \cdot L^{-1}$,$[NaAc] = 0.1 mol \cdot L^{-1}$,则该缓冲溶液的 $[H^+]$ 为

$$[H^+] = 1.8 \times 10^{-5} \times \frac{0.1}{0.1} = 1.8 \times 10^{-5} (mol \cdot L^{-1})$$

$$pH = -\lg[H^+] = -\lg 1.8 \times 10^{-5} = 4.74$$

如果在 50mL 这种溶液中,加入 0.05mL(约 1 滴)浓度为 $1 mol \cdot L^{-1}$ HCl 溶液,则相当于有 5×10^{-5}mol 的 H^+ 稀释在 50mL 缓冲溶液中,即在溶液中 $[H^+]$ 增加了 $0.001 mol \cdot L^{-1}$,这

一部分的 H^+ 与溶液中的 Ac^- 离子结合，使生成 0.001mol HAc，于是溶液中的[HAc]增加了，而[Ac^-]降低了，因此，平衡时：

$$[Ac^-]=0.1-0.001=0.099(mol \cdot L^{-1})$$
$$[HAc]=0.1+0.001=0.101(mol \cdot L^{-1})$$

故 $$[H^+]=K_a\frac{[HAc]}{[Ac^-]}=1.85\times10^{-5}\times\frac{0.101}{0.099}=1.84\times10^{-5}(mol \cdot L^{-1})$$

$$pH=-\lg 1.84\times10^{-5}=4.73$$

溶液的 pH 值从原来的 4.74 变化为 4.73，只改变了 0.01 个 pH 单位。

如果在 50mL 这种溶液中，加入 0.05mL(约 1 滴)浓度为 $1mol \cdot L^{-1}$NaOH 溶液，则加入的[OH^-]为 $0.001mol \cdot L^{-1}$，这一部分的 OH^- 立即与 HAc 反应，生成 Ac^- 和 H_2O，即

$$OH^-+HAc \rightleftharpoons Ac^-+H_2O$$

于是溶液中[HAc]降低了 $0.001mol \cdot L^{-1}$，而[Ac^-]却增加了 $0.001mol \cdot L^{-1}$，即平衡时：

$$[Ac^-]=0.1+0.001=0.101(mol \cdot L^{-1})$$
$$[HAc]=0.1-0.001=0.099(mol \cdot L^{-1})$$

故 $$[H^+]=K_a\frac{[HAc]}{[Ac^-]}=1.8\times10^{-5}\times\frac{0.099}{0.101}=1.76\times10^{-5}(mol \cdot L^{-1})$$

$$pH=-\lg 1.76\times10^{-5}=4.75$$

溶液的 pH 值从原来的 4.74 变化为 4.75，只改变 0.01 个 pH 单位。

如果在 50mL 这种缓冲溶液中，加水稀释 10 倍，溶液中的 pH 值又有什么变化呢？

加水稀释 10 倍，溶液中[HAc]和[Ac^-]相应地降为原来浓度的 $\frac{1}{10}$，即

$$[HAc]=0.01mol \cdot L^{-1},\quad [Ac^-]=0.01mol \cdot L^{-1}$$

于是 $$[H^+]=1.8\times10^{-5}\times\frac{0.01}{0.01}=1.8\times10^{-5}(mol \cdot L^{-1})$$

$$pH=4.74$$

通过上例计算可以说明，在缓冲溶液中加入少量强酸、强碱或加水稀释时，溶液中的 pH 值都改变极少。缓冲溶液确实可以抵抗外加的少量酸或碱或加水稀释而保持自身 pH 值基本不变。它的实质是由于弱酸盐对弱酸电离平衡产生的同离子效应，使 $\frac{c_{酸}}{c_{盐}}\left(或\frac{c_{碱}}{c_{盐}}\right)$ 的比值基本保持不变或变化不大，因而抵抗外来因素对 pH 值的影响，在一定范围内，保持溶液的 pH 值也不会改变。

必须指出，缓冲溶液的缓冲能力是有一定限度的。如果加入了大量的强酸或强碱，缓冲溶液的 pH 值就要发生显著的变化，甚至完全失去缓冲作用。缓冲溶液的缓冲能力以 $\frac{c_{酸}}{c_{盐}}$ $\left(或\frac{c_{碱}}{c_{盐}}\right)$ 的比值接近于 1 时的最大。缓冲组分的浓度越大，其缓冲能力也越大。

同理，弱碱及其盐组成的缓冲溶液如 $NH_3 \cdot H_2O$-NH_4Cl，有如下平衡：

$$NH_3 \cdot H_2O \rightleftharpoons NH_4^+ + OH^-$$
$$NH_4Cl \rightleftharpoons NH_4^+ + Cl^-$$

同样可推导出溶液中[OH^-]计算公式为

$$[OH^-]=K_b\cdot\frac{c_{碱}}{c_{盐}} \tag{4-15}$$

$$pOH=pK_b-\lg\frac{c_{碱}}{c_{盐}} \tag{4-16}$$

三、缓冲溶液的配制及应用

缓冲溶液是分析化学中经常使用的溶液。因此，除对它的作用原理应有清楚的了解外，还应了解常用缓冲溶液的配制方法及选用原则。

1. 几种常用缓冲溶液的配制方法

常用缓冲溶液的配制方法见表4-7。

表4-7　常用缓冲溶液的配制

pH值	配制方法
0	$1mol\cdot L^{-1}$盐酸溶液
1	$0.1mol\cdot L^{-1}$盐酸溶液
2	$0.01mol\cdot L^{-1}$盐酸溶液
3.6	$NaAc\cdot 3H_2O$ 8g，溶于适量水中，加 $6mol\cdot L^{-1}$HAc 134mL，稀释至500mL
4.0	$NaAc\cdot 3H_2O$ 20g，溶于适量水中，加 $6mol\cdot L^{-1}$HAc 134mL，稀释至500mL
4.5	$NaAc\cdot 3H_2O$ 32g，溶于适量水中，加 $6mol\cdot L^{-1}$HAc 68mL，稀释至500mL
5.0	$NaAc\cdot 3H_2O$ 50g，溶于适量水中，加 $6mol\cdot L^{-1}$HAc 34mL，稀释至500mL
5.7	$NaAc\cdot 3H_2O$ 100g，溶于适量水中，加 $6mol\cdot L^{-1}$HAc 13mL，稀释至500mL
7	NH_4Ac 77g，用水溶解后，稀释至500mL
7.5	NH_4Cl 60g，溶于适量水中，加 $15mol\cdot L^{-1}$氨水1.4mL，稀释至500mL
8.0	NH_4Cl 50g，溶于适量水中，加 $15mol\cdot L^{-1}$氨水3.5mL，稀释至500mL
8.5	NH_4Cl 40g，溶于适量水中，加 $15mol\cdot L^{-1}$氨水8.8mL，稀释至500mL
9.0	NH_4Cl 35g，溶于适量水中，加 $15mol\cdot L^{-1}$氨水24mL，稀释至500mL
9.5	NH_4Cl 30g，溶于适量水中，加 $15mol\cdot L^{-1}$氨水65mL，稀释至500mL
10.0	NH_4Cl 27g，溶于适量水中，加 $15mol\cdot L^{-1}$氨水197mL，稀释至500mL
10.5	NH_4Cl 9g，溶于适量水中，加 $15mol\cdot L^{-1}$氨水175mL，稀释至500mL
11	NH_4Cl 3g，溶于适量水中，加 $15mol\cdot L^{-1}$氨水207mL，稀释至500mL
12	$0.01mol\cdot L^{-1}$NaOH溶液
13	$0.1mol\cdot L^{-1}$NaOH溶液
14	$1mol\cdot L^{-1}$NaOH溶液

2. 缓冲溶液选择原则

实际工作中，常常需要配制一定pH值的缓冲溶液，怎样选择合适的缓冲溶液呢？

从上面可知，缓冲溶液的pH值首先决定于缓冲体系中的弱酸（或弱碱）的电离常数 K_a（或 K_b）的大小，其次与 $\frac{c_{酸}}{c_{盐}}\left(或\frac{c_{碱}}{c_{盐}}\right)$ 有关。对于已确定的缓冲体系，其 $K_a(K_b)$ 是一个常数，因此，只要在一定范围内改变 $\frac{c_{酸}}{c_{盐}}\left(或\frac{c_{碱}}{c_{盐}}\right)$，就可以配制出不同pH值的缓冲溶液。

用于控制溶液酸碱度的缓冲溶液非常多，通常应根据实际情况来选择合适的缓冲溶液。选择原则是：

(1)缓冲溶液对分析过程或反应体系应无干扰；

(2)所需控制的 pH 值应在缓冲溶液的缓冲范围之内。一般来说：

pH＝0～2，用强酸控制酸度；

pH＝2～12，用弱酸和弱酸盐或弱碱和弱碱盐组成的缓冲溶液控制酸度；

pH＝12～14，用强碱控制酸度。

缓冲溶液在工农业、生物学、医学、化学等方面都有应用。如电镀工业中利用缓冲溶液来控制电镀液的 pH 值。在人体的血液中，由于存在 H_2CO_3-$NaHCO_3$、NaH_2PO_4-Na_2HPO_4 等缓冲对，血液的 pH 值才能保持在 7.4 左右。如果酸碱性突然发生改变，就会引起“酸中毒”或“碱中毒”症。若血液中的 pH 值改变超过 0.4 个 pH 单位，人就有死亡的危险。在分析化学中，缓冲溶液也有许多应用，例如要分离某些金属离子，需利用缓冲溶液来控制 pH 值以达到分离的目的。

第五节　盐类的水解

一、盐类的水解概述

盐的水溶液，可能是中性、酸性或碱性。例如 NaCl 溶液是中性的，NaAc 溶液是碱性，NH_4Cl 溶液是酸性。产生这些现象的原因，是由于某些盐类发生水解作用。所谓盐的水解，即盐的离子，与水电离生成的 H^+ 离子或 OH^- 离子作用，生成了相应的弱电解质(弱酸或弱碱)，从而破坏了水原来的电离平衡，使$[H^+]\neq[OH^-]$，于是溶液呈酸性或碱性。简单地说，把盐离子与水中 H^+ 或 OH^- 作用产生弱电解质的反应，称为盐的水解。

盐类的水解，实际上是中和反应的逆反应。

$$\text{酸}+\text{碱}\underset{\text{水解}}{\overset{\text{中和}}{\rightleftharpoons}}\text{盐}+\text{水}$$

对于强碱和强酸所生成的盐，在水溶液中不水解。如 NaCl，在水中全部电离为 Na^+ 和 Cl^-，而 Na^+ 不能与水中 OH^- 结合为 NaOH，Cl^- 也不能与 H^+ 结合为 HCl，因为两者都是强电解质，均全部以离子状态存在于溶液中，即溶液中$[H^+]=[OH^-]$，pH＝7。

对于由不同强度的酸碱所组成的盐，在水中溶解，则发生程度不同的水解，使溶液呈不同的酸碱性。盐类的水解反应通常有三种类型：

(1)强碱弱酸盐。如 NaAc 水解时，由于弱酸根 Ac^- 离子与水中 H^+ 离子结合生成难电离的 HAc 分子，使溶液中$[OH^-]$大于$[H^+]$，因此溶液呈碱性，pH＞7。

$$Ac^- + H_2O \rightleftharpoons HAc + OH^-$$

(2)强酸弱碱盐。如 NH_4Cl 水解时，由于弱碱阳离子 NH_4^+ 与水中 OH^- 离子结合生成难电离的弱碱 $NH_3\cdot H_2O$ 分子，使溶液中$[H^+]$大于$[OH^-]$，溶液呈酸性，pH＜7。

$$NH_4^+ + H_2O \rightleftharpoons NH_3\cdot H_2O + H^+$$

(3)弱酸弱碱性。如 NH_4Ac、NH_4CN 等水解时，弱碱阳离子与弱酸根阴离子分别与水中 OH^- 和 H^+ 结合生成难电离的弱碱和弱酸分子。

$$NH_4^+ + Ac^- + H_2O \rightleftharpoons NH_3 \cdot H_2O + HAc$$

$$NH_4^+ + CN^- + H_2O \rightleftharpoons NH_3 \cdot H_2O + HCN$$

这类盐水解后溶液的酸碱性取决于所生成的弱碱及弱酸的相对强度。如：

弱酸和弱碱强度相等，即 $K_a = K_b$，则溶液呈中性，如 NH_4Ac。

弱酸的强度大于弱碱，即 $K_a > K_b$，则溶液呈酸性，如 $HCOONH_4$。

弱碱的强度大于弱酸，即 $K_a < K_b$，则溶液呈碱性，如 NH_4CN。

以上对于水解盐溶液的酸碱性作了定性的说明，还可以通过定量计算来确定。

二、水解盐溶液 pH 值的计算

1. 一元弱酸强碱盐

以 NaAc 的水解为例，NaAc 水解反应如下：

$$Ac^- + H_2O \rightleftharpoons HAc + OH^-$$

达到平衡时：

$$K = \frac{[HAc] \cdot [OH^-]}{[Ac^-] \cdot [H_2O]}$$

在稀溶液中，$[H_2O]$可认为是一个常数。

令 $$K \cdot [H_2O] = K_h$$

$$K_h = K \cdot [H_2O] = \frac{[HAc] \cdot [OH^-]}{[Ac^-]}$$

式中，K_h 称为盐的水解平衡常数，简称水解常数。水解常数在一般手册中查不到，但 K_h 可以从 K_w 和 K_a 的关系中求得。

将上式右边的分子分母同乘以$[H^+]$，即

$$K_h = \frac{[HAc][OH^-][H^+]}{[Ac^-][H^+]} = \frac{K_w}{K_{HAc}}$$

所以，一元弱酸强碱盐水解常数的通式为：

$$K_h = \frac{K_w}{K_a} \tag{4-17}$$

知道了 K_a 及 K_w，就可以计算 K_h。水解常数是平衡常数的一种形式，它能衡量水解反应进行的趋势。一定温度下，水解常数 K_h 与酸电离常数K_a 成反比。

NaAc 水解后溶液中$[OH^-]$计算如下：

设盐原始浓度为 $c_{盐}$，溶液中的$[OH^-] = x$。

$$Ac^- + H_2O \rightleftharpoons HAc + OH^-$$

平衡时浓度 $\quad c_{盐} - x \quad\quad x \quad\quad x$

$$K_h = \frac{[HAc][OH^-]}{[Ac^-]} = \frac{x^2}{c_{盐} - x}$$

因 $x \ll c_{盐}$，所以 $c_{盐} - x \approx c_{盐}$，即

$$K_h = \frac{x^2}{c_{盐} - x} \approx \frac{x^2}{c_{盐}}$$

$$x=[OH^-]=\sqrt{K_h c_{盐}}=\sqrt{\frac{K_w}{K_a}c_{盐}} \tag{4-18}$$

从公式可知，在一定温度下，当 K_a 越小，$c_{盐}$ 越大，则其盐溶液水解程度越大，OH^- 离子浓度也就越大，盐溶液的碱性越强。

盐的水解程度常用水解度 h 来表示，它的意义是水解百分率：

$$h=\frac{已水解的盐浓度}{盐的原始浓度}\times 100\%$$

所以，一元弱酸强碱盐的水解度为：

$$h=\frac{[OH^-]}{c_{盐}}=\sqrt{\frac{K_w}{K_a\cdot c_{盐}}}$$

【例 4-9】 计算浓度为 $0.10mol\cdot L^{-1}$ 的 NaAc 溶液的 pH 值。

解　已知 $K_a=1.8\times10^{-5}$，$c_{盐}=0.10mol\cdot L^{-1}$，$K_w=1.0\times10^{-14}$

则
$$[OH^-]=\sqrt{\frac{K_w}{K_a}\cdot c_{盐}}=\sqrt{\frac{1.0\times10^{-14}}{1.8\times10^{-5}}\times0.10}=7.4\times10^{-6}(mol\cdot L^{-1})$$

$$pOH=5.13$$

所以
$$pH=14.00-pOH=14.00-5.13=8.87$$

2．一元弱碱强酸盐

以 NH_4Cl 为例：

$$NH_4^+ + H_2O \rightleftharpoons NH_3\cdot H_2O + H^+$$

水解常数：

$$K_h=\frac{[NH_3\cdot H_2O][H^+]}{[NH_4^+]}=\frac{[NH_3\cdot H_2O][H^+][OH^-]}{[NH_4^+][OH^-]}=\frac{K_w}{K_{NH_3\cdot H_2O}}$$

通式为：
$$K_h=\frac{K_w}{K_b} \tag{4-19}$$

该盐溶液中 H^+ 离子浓度为

$$[H^+]=\sqrt{K_h\cdot c_{盐}}=\sqrt{\frac{K_w}{K_b}\cdot c_{盐}} \tag{4-20}$$

水解度为
$$h=\frac{[H^+]}{c_{盐}}=\sqrt{\frac{K_w}{K_b\cdot c_{盐}}} \tag{4-21}$$

3．一元弱酸弱碱盐

以 NH_4Ac 为例：

$$NH_4^+ + Ac^- + H_2O \rightleftharpoons NH_3\cdot H_2O + HAc$$

$$K_h=\frac{[NH_3\cdot H_2O][HAc]}{[NH_4^+][Ac^-]}=\frac{[NH_3\cdot H_2O][HAc][H^+][OH^-]}{[NH_4^+][Ac^-][H^+][OH^-]}$$

$$=\frac{K_w}{K(HAc)\cdot K(NH_3\cdot H_2O)}$$

通式为
$$K_h=\frac{K_w}{K_a\cdot K_b} \tag{4-22}$$

由上式可知，这类盐的水解常数的大小，取决于 K_a 及 K_b 的值。由于一般 K_a，K_b 均较小，所以这类盐的水解程度就比前两类盐要大。

现以 NH_4Ac 为例推导 H^+ 离子浓度的计算公式。

由于 HAc 的 K_a 和 $NH_3 \cdot H_2O$ 的 K_b 基本相等，所以两种离子的水解程度差不多。为此，令平衡时：

$$[NH_4^+] \approx [Ac^-], \quad [NH_3 \cdot H_2O] \approx [HAc],$$

$$K_h = \frac{K_w}{K_a \cdot K_b} = \frac{[HAc]^2}{[Ac^-]^2}$$

$$\frac{[HAc]}{[Ac^-]} = \sqrt{\frac{K_w}{K_a \cdot K_b}}$$

由于 $K_a = \frac{[H^+][Ac^-]}{[HAc]}$，则 $\frac{[HAc]}{[Ac^-]} = \frac{[H^+]}{K_a}$

代入上式得：

$$\frac{[H^+]}{K_a} = \sqrt{\frac{K_w}{K_a \cdot K_b}}$$

所以

$$[H^+] = \sqrt{\frac{K_a \cdot K_w}{K_b}} \tag{4-23}$$

对于一元弱酸弱碱盐来说，在一定温度下，如果 $K_a = K_b$，溶液就显中性；如果 $K_a > K_b$，溶液就显酸性；如果 $K_a < K_b$，溶液就显碱性。在公式中不包含盐的浓度，所以弱碱弱酸盐的水解程度与其浓度无关。

三、影响水解的因素

实际工作中，经常会碰到盐类水解的反应，了解水解反应的规律有重大的实际意义。

从上述可知，盐类水解程度的大小，首先决定于盐的本性（K_h）和水解产物的性质。如果盐的离子水解所生成的产物——弱酸或弱碱越难电离，则水解达到平衡时，盐的水解程度越大。弱酸弱碱盐水解程度最大。如果水解产物是很弱的电解质，且水解产物中有气体生成或沉淀生成时，可促使水解进行到底。如 Al_2S_3 不能在水溶液中存在，就是完全水解的例子。

$$Al_2S_3 + 6H_2O \rightleftharpoons Al(OH)_3 \downarrow + 3H_2S \uparrow$$

但由于盐的水解是一种平衡状态，当外界条件（温度、浓度及酸度等）改变时，对水解平衡也有重要的影响。

1. 盐的浓度

弱酸强碱盐和强酸弱碱盐，盐的浓度越小，水解度越大。例如，NaAc 水溶液中，水解平衡时：

$$K_h = \frac{[HAc][OH^-]}{[Ac^-]}$$

稀释溶液，体积变大，各物质的浓度减小，使 $\frac{[HAc][OH^-]}{[Ac^-]} < K_h$，破坏了原来的平衡。因此，稀释溶液平衡向水解方向移动。如将 Na_2SiO_3 稀释，则可析出 H_2SiO_3 沉淀。

$$SiO_3^{2-} + H_2O \rightleftharpoons HSiO_3^- + OH^-$$

$$HSiO_3^- + H_2O \rightleftharpoons H_2SiO_3 \downarrow + OH^-$$

2. 温度

由于水解反应是中和反应的逆过程，中和反应是放热反应，水解反应是吸热反应，根据化学平衡移动的原理，加热可以促使水解反应的进行，使盐的水解度增大。如将 $FeCl_3$ 溶液煮沸，会有 $Fe(OH)_3$ 沉淀生成。在分析化学或无机制备中，常用加热促进水解，以达到离子分离或除去杂质的目的。

3. 溶液的酸碱度

由于盐水解后溶液的酸碱性要发生变化，使溶液呈现酸性或碱性，因此，控制溶液的酸碱度通常可以促进或抑制水解反应。

例如，$SnCl_2$ 水解生成碱式氯化亚锡沉淀：

$$SnCl_2 + H_2O \rightleftharpoons Sn(OH)Cl\downarrow + HCl$$

因此，要配制 $SnCl_2$ 溶液，须用盐酸溶液配制，而不是用蒸馏水配制，因为加入盐酸，可使平衡向左移动，抑制水解反应。实验室中配制 Na_2S 溶液时，常加入一些 NaOH 溶液；配制 $FeCl_3$ 溶液时，常加入一些盐酸，都是为了抑制水解。

第六节　难溶电解质和多相离子平衡

上面讨论了可溶性酸、碱及盐在水溶液中电离和水解平衡。本节将讨论难溶电解质的饱和溶液中存在的多相平衡。

一、难溶电解质的溶度积

难溶性盐在水中总能或多或少地溶解。例如，把适量的 AgCl 固体放在纯水中，会发生或多或少的溶解，已溶的 AgCl 以 Ag^+ 和 Cl^- 形式存在于溶液中，同时，这些离子也会重新结合为 AgCl 沉淀。在一定条件下，当溶解和沉淀速率相等时，便建立了未溶固体与溶液中离子之间的沉淀——溶解平衡。氯化银饱和溶液（液相）和固体氯化银（固相）之间的可逆平衡是一种多相离子平衡，可表示为：

$$AgCl(s) \underset{\text{沉淀}}{\overset{\text{溶解}}{\rightleftharpoons}} Ag^+ + Cl^-$$

该平衡的平衡常数：

$$K = \frac{[Ag^+][Cl^-]}{[AgCl(s)]}$$

由于[AgCl(s)]是一个常数，可归并于 K，得出一新的常数：

$$K_{sp} = K[AgCl(s)] = [Ag^+]\cdot[Cl^-]$$

K_{sp}称为溶度积常数，简称溶度积。难溶电解质的溶度积是指难溶的电解质固体和它的饱和溶液处于平衡时的平衡常数，即在一定温度下，难溶电解质的饱和溶液中离子浓度的系数次方的乘积为一常数。

对于 A_mB_n 型的难溶电解质，存在如下平衡：

$$A_mB_n \rightleftharpoons mA^{n+} + nB^{m-}$$

$$K_{sp} = [A^{n+}]^m \cdot [B^{m-}]^n$$

必须指出，严格来说溶度积 K_{sp}应该是离子活度的乘积，但由于难溶电解质的溶解度一般都很小,溶液中离子浓度很小,通常可用浓度代替活度。

K_{sp}数值的大小,反映了难溶电解质的溶解能力,但由于物质的溶解度与温度有关,所以K_{sp}也与温度有关,但温度的影响一般不大。表4-8列出了一些难溶电解质在常温下的溶度积常数K_{sp}值。

表4-8 常见难溶电解质的溶度积(K_{sp})

化合物	K_{sp}	化合物	K_{sp}
AgCl	1.6×10^{-10}(298K)	$Fe(OH)_2$	1.64×10^{-14}(291K)
AgBr	7.7×10^{-12}(298K)	$Fe(OH)_3$	1.1×10^{-38}(291K)
AgI	1.5×10^{-16}(298K)	Hg_2Cl_2	2×10^{-18}(298K)
Ag_2CrO_4	9.0×10^{-12}(298K)	Hg_2Br_2	1.3×10^{-21}(298K)
Ag_2S	1.6×10^{-49}(298K)	Hg_2I_2	1.2×10^{-28}(298K)
$BaCO_3$	8.1×10^{-9}(298K)	$Mg(OH)_2$	1.2×10^{-11}(291K)
$BaSO_4$	1.08×10^{-10}(298K)	$PbCO_3$	3.3×10^{-14}(291K)
$BaCrO_4$	1.6×10^{-10}(291K)	$PbCrO_4$	1.77×10^{-14}(291K)
$CaCO_3$	8.7×10^{-9}(298K)	$PbSO_4$	1.06×10^{-8}(291K)
CaC_2O_4	2.57×10^{-9}(298K)	PbS	3.4×10^{-28}(291K)
$CaSO_4$	2.4×10^{-6}(298K)	PbI_2	1.39×10^{-8}(298K)
CaF_2	3.95×10^{-11}(299K)	ZnS	1.2×10^{-23}(291K)
CuS	8.5×10^{-45}(291K)	$Zn(OH)_2$	1.8×10^{-14}(291~293K)
CuBr	4.15×10^{-8}(291~293K)		

溶度积和溶解度都可以用来衡量难溶电解质在溶剂中的溶解程度。我们可以从溶解度求溶度积,也可以从溶度积求溶解度,但要注意单位的换算。

【例4-10】 已知298K时AgCl的溶解度为$1.8\times10^{-3}g\cdot L^{-1}$,试求该温度下AgCl的溶度积。

解 先将AgCl溶解度的单位换算成$mol\cdot L^{-1}$:AgCl的摩尔质量为$143.4g\cdot mol^{-1}$,即:

$$[AgCl]=1.8\times10^{-3}/143.4=1.25\times10^{-5}(mol\cdot L^{-1})$$

又
$$AgCl \rightleftharpoons Ag^+ + Cl^-$$

$$[Ag^+]=[Cl^-]=1.25\times10^{-5}mol\cdot L^{-1}$$

故
$$K_{sp}=[Ag^+][Cl^-]=(1.25\times10^{-5})^2=1.6\times10^{-10}$$

【例4-11】 已知298K时Ag_2CrO_4的$K_{sp}=9.0\times10^{-12}$,求该温度下Ag_2CrO_4的溶解度($mol\cdot L^{-1}$)。

解 设Ag_2CrO_4的溶解度为x($mol\cdot L^{-1}$),因

$$Ag_2CrO_4 \rightleftharpoons \underset{2x}{2Ag^+} + \underset{x}{CrO_4^{2-}}$$

$$K_{sp}=[Ag^+]^2[CrO_4^{2-}]=(2x)^2x=4x^3$$

故
$$x=\sqrt[3]{\frac{K_{sp}}{4}}=\sqrt[3]{\frac{9.0\times10^{-12}}{4}}=1.31\times10^{-4}(mol\cdot L^{-1})$$

对于同一类型的难溶电解质,可通过溶度积大小来比较它们溶解度的大小。难溶电解质的溶解度越大,其溶度积就越大。但是,对于不同类型的难溶电解质,则不能直接用它们

的溶度积来比较它们的溶解度大小。如上述例中 AgCl 和 Ag_2CrO_4 的例子就说明了这一点。

二、沉淀的生成和溶解

溶度积的一个重要应用,就是判断难溶电解质沉淀、溶解反应进行的方向。

某难溶电解质溶液中,其离子浓度系数方次之积叫做离子积,用 Q_i 表示。如:

$$A_mB_n \rightleftharpoons mA^{n+} + nB^{m-}$$

$$Q_i = [A^{n+}]^m \cdot [B^{m-}]^n$$

离子积和溶度积的表示式虽然相似,但概念却不同。溶度积 K_{sp}表示一定温度下,难溶电解质饱和溶液中有关离子浓度系数方次的乘积为一常数;而离子积 Q_i 则表示难溶电解质溶液在任意情况下离子浓度系数方次的乘积,其数值不定。K_{sp}是 Q_i 的一个特例。

在任何给定的溶液中,若:

(1)$Q_i < K_{sp}$,则溶液未饱和,没有沉淀析出;如果溶液中有固体存在,将溶解直至饱和。

(2)$Q_i = K_{sp}$,溶液达到饱和,难溶电解质与其饱和溶液达到溶解和沉淀平衡。

(3)$Q_i > K_{sp}$,此时溶液为过饱和溶液。反应向生成沉淀的方向进行,直至饱和为止。

上述三条称为溶度积规则。它是难溶电解质多相离子平衡移动规律的总结,是判断难溶电解质在溶液中溶解或生成沉淀的依据。

根据溶度积规则,可以通过控制离子浓度,使沉淀产生或溶解。现举例说明溶度积规则的应用。

【例 4-12】 将等体积的 $0.004mol \cdot L^{-1} AgNO_3$ 溶液和 $0.004mol \cdot L^{-1} K_2CrO_4$ 溶液混合时,有无红色 Ag_2CrO_4 沉淀析出?

解 等体积的两溶液混合,其浓度都减少一半,即

$$[Ag^+] = 0.002mol \cdot L^{-1} = 2 \times 10^{-3} mol \cdot L^{-1}$$

$$[CrO_4^{2-}] = 0.002mol \cdot L^{-1} = 2 \times 10^{-3} mol \cdot L^{-1}$$

则
$$Q_i = [Ag^+]^2 \cdot [CrO_4^{2-}] = (2 \times 10^{-3})^2 \times 2 \times 10^{-3}$$

$$= 8 \times 10^{-9} > K_{sp} \quad (K_{sp} = 9.0 \times 10^{-12})$$

所以有沉淀析出。

【例 4-13】 求 298K 时,AgCl 在 $0.010mol \cdot L^{-1} NaCl$ 溶液中的溶解度。

解 设 AgCl 的溶解度为 $x(mol \cdot L^{-1})$

则
$$[Ag^+] = x(mol \cdot L^{-1})$$

$$[Cl^-] = (0.01 + x) mol \cdot L^{-1}$$

$$K_{sp(AgCl)} = [Ag^+] \cdot [Cl^-] = x \cdot (0.01 + x) = 1.6 \times 10^{-10}$$

因为 x 很小,所以
$$0.01 + x \approx 0.01$$

则有
$$0.01x = 1.6 \times 10^{-10}$$

故
$$x = [Ag^+] = 1.6 \times 10^{-8} (mol \cdot L^{-1})$$

计算结果表明,由于同离子效应,使 AgCl 的溶解度大为降低(AgCl 在纯水中的溶解度为 $1.25 \times 10^{-5} mol \cdot L^{-1}$)。

【例 4-14】 设溶液中$[Cl^-]$和$[CrO_4^{2-}]$浓度都为 $0.01mol \cdot L^{-1}$,当慢慢滴加入 $AgNO_3$

溶液时，AgCl 和 Ag_2CrO_4 哪个先沉淀出来？

解 AgCl 开始沉淀时，溶液中 $[Ag^+]$ 应为：

$$[Ag^+]=\frac{K_{sp(AgCl)}}{[Cl^-]}=\frac{1.6\times10^{-10}}{0.01}=1.6\times10^{-8}(mol\cdot L^{-1})$$

Ag_2CrO_4 开始沉淀时，溶液中 $[Ag^+]$ 应为：

$$[Ag^+]^2=\frac{K_{sp(Ag_2CrO_4)}}{[CrO_4^{2-}]}=\frac{9.0\times10^{-12}}{0.01}=9.0\times10^{-10}$$

故 $$[Ag^+]=3\times10^{-5}mol\cdot L^{-1}$$

由计算可知，AgCl 开始沉淀时，需要的 $[Ag^+]$ 低，所以 AgCl 首先沉淀出来。只有 Cl^- 沉淀得几乎完全时，即溶液中 $[Cl^-]$ 小于 $\frac{1.6\times10^{-10}}{3\times10^{-5}}=5.3\times10^{-6}(mol\cdot L^{-1})$ 时，才开始生成 Ag_2CrO_4 沉淀。这种按次序先后沉淀的现象称为分步沉淀。运用此原理，用 Ag^+ 测定 Cl^- 的含量时，可用 CrO_4^{2-} 作为指示剂，红色的 Ag_2CrO_4 沉淀析出时，Ag^+ 和 Cl^- 的反应已近乎完全。

三、沉淀的溶解与转化

根据溶度积规则，要使沉淀溶解，必须减小该难溶盐饱和溶液中某一离子的浓度，以使 $Q_i<K_{sp}$。减小离子浓度的方法有以下几种。

1. 生成弱电解质

例如，难溶于水的氢氧化镁能溶于酸或铵盐溶液。

$$Mg(OH)_2(s)\rightleftharpoons Mg^{2+}+2OH^-$$

$$2HCl = 2Cl^-+2H^+$$

$$\Downarrow$$

$$2H_2O$$

因为 $Mg(OH)_2$ 固体电离出来的 OH^- 与酸提供的 H^+ 结合生成弱电解质水，降低了溶液中的 OH^- 浓度，使 $Q_i<K_{sp}$，于是平衡向沉淀溶解的方向移动。只要加入足量的酸，$Mg(OH)_2$ 将全部溶解。又如：

$$Mg(OH)_2(s)+2NH_4^+\rightleftharpoons Mg^{2+}+2NH_3\cdot H_2O$$

2. 生成配位化合物

例如，氯化银溶于氨水。

$$AgCl(s)+2NH_3\rightleftharpoons[Ag(NH_3)_2]^++Cl^-$$

由于 $[Ag(NH_3)_2]^+$ 配离子的生成，降低了 Ag^+ 离子浓度而使 AgCl 溶解。

3. 氧化还原反应

加入氧化剂或还原剂，使某一离子发生氧化还原反应而降低其浓度。如：

$$3CuS+8HNO_3 = 3Cu(NO_3)_2+3S\downarrow+2NO\uparrow+4H_2O$$

由于 S^{2-} 被氧化为 S，使 $[S^{2-}]$ 降低，从而使 $[Cu^{2+}][S^{2-}]<K_{sp(CuS)}$，因而沉淀发生溶解。

在实际工作中，有时会遇到有些沉淀不溶于酸，为了使这种沉淀溶解，常把它转化为另一种沉淀。例如，锅炉中的水垢含有 $CaSO_4$ 不溶于酸，用 Na_2CO_3 溶液处理后，可使 $CaSO_4$

转化为疏松的可溶于酸的$CaCO_3$，这样就容易清除水垢。因为$CaSO_4$的$K_{sp}=2.4\times10^{-5}$大于$CaCO_3$的$K_{sp}=8.7\times10^{-9}$，当饱和的$CaSO_4$溶液中加入Na_2CO_3后，Ca^{2+}和CO_3^{2-}结合成更难溶解的$CaCO_3$，从而降低了溶液中的Ca^{2+}浓度，破坏了$CaSO_4$的溶解平衡。继续加入Na_2CO_3，可使$CaSO_4$不断溶解，最后使$CaSO_4$完全转化为$CaCO_3$。我们把一种难溶电解质转化为另一种更难溶解的电解质的现象，称为沉淀的转化。沉淀转化在轻化工生产和分析化学中有广泛的应用。

习 题

1. 30g C_2H_5OH溶于50g CCl_4中所形成的溶液，其密度为$1.28g\cdot mL^{-1}$。试求C_2H_5OH的：(1)质量分数；(2)摩尔分数；(3)质量摩尔浓度。

2. 10.00mL NaCl饱和溶液重12.003g，将其蒸干后得NaCl 3.173g，试计算：(1)溶液的质量分数；(2)物质的量浓度；(3)质量摩尔浓度；(4)NaCl的物质的量分数。

3. 68.4g 蔗糖($C_{12}H_{22}O_{11}$)溶于1080g H_2O中，问该溶液在100℃时的蒸气压是多少？其蒸气压下降值是多少？

4. 293K时，900g水中含有0.4mol非挥发性溶质，求该溶液的蒸气压为多少？蒸气压下降多少？(已知$p^{\circ}_{水}=2.34kPa$)

5. $CHCl_3$在61.2℃沸腾。今有2.84g某有机化合物溶于100g $CHCl_3$中，其沸点升高到61.97℃。又从元素分析结果知道，该化合物碳的质量分数为84.4%，氢的质量分数为15.6%，求该化合物的分子式。

6. 在4℃凝固的C_6H_6溶液的沸点是多少度？已知纯C_6H_6的凝固点为5.5℃，沸点为80.1℃，$K_b=2.6$，$K_f=5.1$。

7. 将摩尔质量为$58.1g\cdot mol^{-1}$的某物质0.127g，溶于25g CH_3COOH中，该溶液在纯CH_3COOH凝固点以下0.34℃凝固，计算CH_3COOH的凝固点下降常数。

8. 纯樟脑的凝固点为177.9℃，含有54×10^{-3}g某物质与10.3g樟脑形成溶液，其凝固点下降了2.56℃，求该化合物的摩尔质量。(已知$K_f=40$)

9. $0.01mol\cdot L^{-1}$HAc溶液的电离度为4.2%，求HAc的电离常数和溶液的$[H^+]$。

10. HAc的$K_a=1.8\times10^{-5}$，求$0.2mol\cdot L^{-1}$HAc的电离度和$[H^+]$。

11. 以下叙述是否正确？若有错误请纠正，并说明理由。

(1)将浓氨水的浓度稀释到原来的一半，溶液中OH^-离子浓度就减少到原来的1/2。

(2)因为$0.1mol\cdot L^{-1}$的HAc溶液中，HAc的电离常数为1.75×10^{-5}，所以$0.2mol\cdot L^{-1}$的HAc溶液中HAc的电离常数就是$2\times1.75\times10^{-5}$。

(3)将NaOH溶液的浓度稀释到原来的一半，溶液中OH^-离子浓度就减少到原来的一半。

(4)若HCl溶液的浓度为HAc溶液的两倍，则HCl溶液中H^+离子浓度也为HAc溶液中H^+离子浓度的两倍。

12. 在HAc溶液中分别加入少量NaAc、HCl、NaOH。HAc溶液的电离度各有什么变化？(升高或降低)加水稀释又如何？试用平衡移动原理说明之。

13. 什么叫同离子效应？在氨水中加入下列物质时，氨水($NH_3 \cdot H_2O$)的电离平衡将向何方移动？

(1)NH_4Cl； (2)$NaOH$； (3)HCl。

14. 分别将下列溶液体积用水冲稀至 500mL 后，计算其 pH：

(1)20.0mL 0.2mol·L^{-1} H_2SO_4 溶液；

(2)25.0mL 0.1mol·L^{-1} NaOH 溶液。

15. 把下列[H^+]换算成 pH 值或把 pH 值换算成[H^+]。

(1)[H^+]： 2×10^{-2}； 4.5×10^{-5}； 5×10^{-10}。

(2)pH 值： 2.5； 1.53； 4.5； 11.6。

16. 计算下列溶液的 pH 值：

(1)0.10mol·L^{-1}HCN 溶液($K_a=6.2\times10^{-10}$)；

(2)0.06mol·L^{-1}NH_3 溶液($K_b=1.8\times10^{-5}$)。

17. 计算下列溶液的 pH 值：

(1)1.0L 溶液中含有 0.05mol HAc 和 0.05mol NaAc；

(2)1.0L 溶液中含有 0.05mol NH_3 和 0.05mol NH_4Cl。

18. 欲配制 pH=3 的缓冲溶液，选择下列物质中哪一种较为合适？

(1)HCOOH($K_a=1.8\times10^{-4}$)；

(2)HAc($K_a=1.8\times10^{-5}$)；

(3)$NH_3 \cdot H_2O$($K_b=1.8\times10^{-5}$)。

19. 若要配制 250mL pH=5 的缓冲溶液，问在 125mL 0.5mol·L^{-1}NaAc 溶液中加 6mol·L^{-1}HAc多少毫升？

20. 按酸性、中性、碱性将下列盐的水溶液进行分类：KCN，$NaNO_3$，$FeCl_3$，NH_4NO_3，$Al_2(SO_4)_3$，$CuSO_4$，NH_4Ac，Na_2CO_3，$NaHCO_3$。

21. 回答下列问题：

(1)配制 $FeCl_3$、$SnCl_2$ 溶液为什么不能用蒸馏水而要用稀盐酸？

(2)为什么 $Al_2(SO_4)_3$ 和 Na_2CO_3 溶液混合后能立即产生 CO_2 气体？

22. 计算下列各溶液的 pH 值：

(1)0.05mol·L^{-1} NaAc；

(2)0.05mol·L^{-1} NH_4Cl。

23. 写出下列难溶电解质的溶度积常数表达式：

(1)Bi_2S_3；(2)$Mg(OH)_2$；(3)Ag_2S；(4)$Ba_3(PO_4)_2$。

24. 已知 $Zn(OH)_2$ 的 $K_{sp}=1.8\times10^{-14}$，求其溶解度。

25. 已知 AgCl 的溶解度是 0.00018g/100g(水)(298K)，求其溶度积。

第五章　表面现象与胶体化学

胶体体系的重要特点之一，是具有很大的表面积。任何表面，在通常情况下实际上都是界面。在任何两相界面上可以发生复杂的物理或化学现象，总称为表面现象。胶体化学研究的对象是溶胶和高分子真溶液以及表面活性剂中的肥皂为代表的皂类，在胶体化学中，人们不仅要研究这些体系本身的许多基本性质，而且要解决与基本性质相联系的许多实际问题。例如明矾为什么能净水？肥皂为什么能去污？鱼汤为什么能冻起来等问题，都要靠胶体化学来解答。所有这些问题，归根结底都涉及到分散体系的形成和破坏以及它们的物理化学性质等问题，所以都是胶体化学研究的对象。

第一节　物质的表面特性

一、分散度与比表面

对于一定量的物质来说，粉碎程度（即分散程度）愈大，其总表面积愈大。例如一个边长为 1cm 的立方体，它的总表面积为 $6cm^2$，如果把它分割成边长为 0.1cm 的小立方体，就可分成 1000 个小立方体，它们的总表面积则增加到 $60cm^2$。

通常不是用粒子的总表面积表示分散体系的分散程度，而是用单位体积（也有用单位质量的物质所有的表面积，即比表面积，以符号 A_0 表示：

$$A_0=\frac{A}{V}$$

式中　A_0——物质的比表面；

V——物质的体积；

A——物质的总表面积。

对于每边长为 L 的立方粒子，其比表面可表示为

$$A_0=\frac{A}{V}=\frac{6L^2}{L^3}=\frac{6}{L}$$

上式表明，立方体的比表面积与其边长成反比。边长愈短，比表面愈大。也就是说，物质的分散程度愈大，比表面积也愈大。

对于球形粒子，其比表面可表示为：

$$A_0=\frac{A}{V}=\frac{4\pi r^2}{\frac{4}{3}\pi r^3}=\frac{3}{r}$$

式中　r——粒子的半径。

上式表明，球体的比表面与其半径也是成反比。

二、表面张力与表面功

图 5-1 说明气-液界面层的分子具有向内的引力。液体表面就好比气球，球面上处处存在向心的力以抗衡内充气体的压力，表面宛如一张绷紧的薄膜，在这张薄膜上存在着使薄膜缩小的收缩张力。如图 5-2 所示，将金属丝弯成 U 形框架，再取一根金属丝制成可以在框架上滑动的滑竿，在框架蘸上肥皂液，再缓慢地用力往下拉，使肥皂液在框架上形成液膜。一旦放手，我们将发现肥皂膜会自动收缩，滑竿向上移动。这说明滑竿同液面接触的边界上，存在着克服滑竿重力 F 的拉力，这种拉力垂直于边界并沿着液膜的表面，指向液面收缩的方向。我们把单位长度边界线上的这种收缩力称为表面张力，记作"σ"，单位为 $N \cdot m^{-1}$。显然，总的收缩力应该同边界的长有关，这里皂膜有前后两层表面，故滑竿与液膜表面的边界长度为 $2L$，总收缩力为 $2L\sigma$。

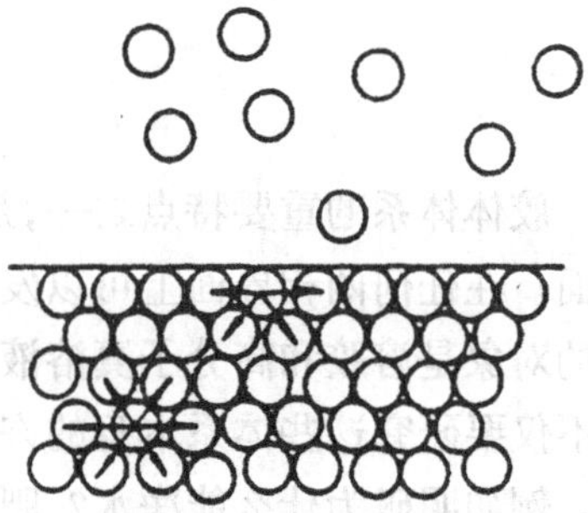

图 5-1　气液界面上的表面分子

通常纯液体的表面张力是指纯液体与空气（为液体蒸气所饱和）相接触时测得的数据。当接触的两相为不同的液体，或液体与固体时，作用在界面上的张力称为界面张力。在本教材的讨论中，为简化起见，我们把这两类张力统称为表面张力。

表面张力能使液膜克服外力的作用，收缩表面。利用表面张力，体系可以对环境作功。如图 5-2 所示，若滑竿的重力略小于滑竿同液膜边界上液膜总的收缩力，则

$$F = 2L\sigma - dF$$

在此接近力平衡的条件下，滑竿回缩位移 dx，这时体系所做的功为可逆功 δW_R。根据功与用力和位移的关系：

$$\delta W_R = -F dx = -2L\sigma dx + dF \cdot dx$$

略去高阶无穷小量可得：

$$\delta W_R = -2L\sigma dx$$

收缩前后液膜表面积的变化为：

$$dA = -2L dx$$

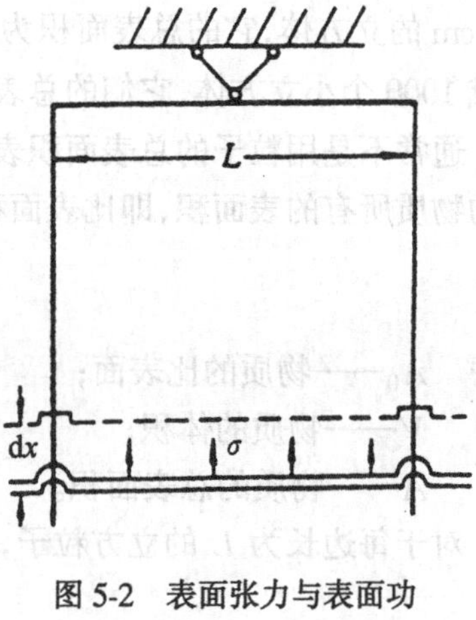

图 5-2　表面张力与表面功

代入上式得到：

$$\delta W_R = \sigma dA$$

由于收缩过程中液膜的体积几乎不变，所以这种可逆功是非体积功。其大小取决于表面张力和表面积的变化值。

三、弯曲液面的附加压力

当液面弯曲时，由于表面张力的作用造成弯曲液面内外的压力差，称为附加压力，记作 Δp。如图 5-3 所示，对凸液面 ABC（图 5-3a）周界上的表面张力之合力，指向液体内部，曲面 ABC 好像紧绷在液体上一样。所以平衡时，液体表面内的分子受到的压力 p' 必大于外部

压力 p_0，即 $p'=p_0+\Delta p$。对凹液面 $A'B'C'$（图 5-3b），周界上表面张力的合力指向外部，因此，液体表面内的分子受到的压力将小于外部压力，即 $p''=p_0-\Delta p$。利用表面功的概念，我们可以导出附加压力与表面曲率间的关系。

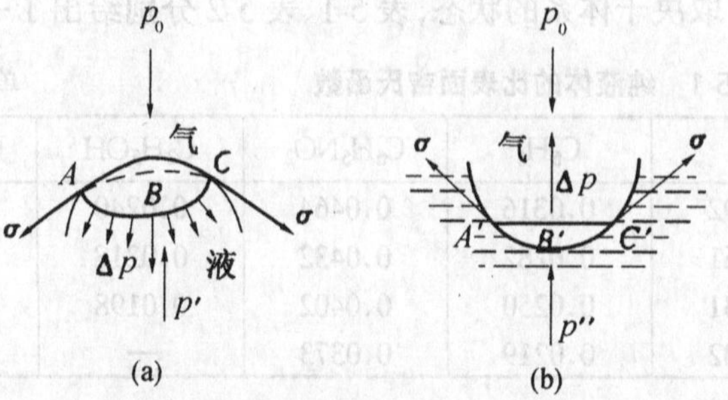

图 5-3　弯曲液面的附加压力

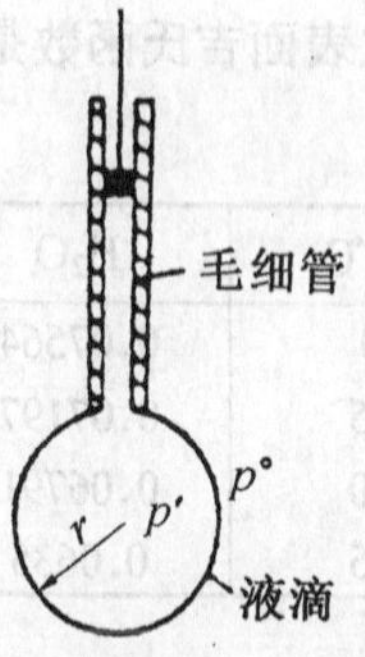

图 5-4　液滴表面受压示意图

图 5-4 下端是液滴，曲率半径为 r，平衡液滴受到的压力为 $p'=p^\circ+\Delta p$，若对毛细管活塞稍施压力，使液滴体积增加 dV，其表面积也增加 dA。为了克服表面张力，环境消耗的功应为：$(p'-p^\circ)dV$，在可逆过程中，此功的数值应等于表面积增大所需的功，按上面式子可得：

$$(p'-p^\circ)dV=\delta W_R=\sigma dA$$

即

$$\Delta p dV=\sigma dA$$

因为球表面积：

$$A=4\pi r^2$$

所以

$$dA=8\pi r dr$$

又因球体积：

$$V=\frac{4}{3}\pi r^3$$

所以

$$dV=4\pi r^2 dr$$

将 dA，dV 代入上式整理得：

$$\Delta p=\frac{2\sigma}{r}$$

由上式可知，Δp 与表面张力成正比，与曲率半径成反比，若液面为凸形，曲率半径为正，则 Δp 为正值，附加压力的方向指向液体内部；若液面为凹形，曲率半径为负，则 Δp 为负值，附加压力方向指向气体；若液面为平面，因 r 为无穷大，则 $\Delta p=0$，没有附加压力。

四、表面吉氏函数与比表面吉氏函数

表面现象产生的原因与物质表面层分子具有特殊性质有关，从宏观上探讨这些现象的基本规律，仍可采用热力学的原理和方法。当液体内部的分子移向外部，而生成新表面时，需要做表面功，若该过程在恒温恒压下可逆进行，则

$$\delta' W_R=dG$$

因

$$\delta' W_R=\sigma dA$$

即

$$dG=\sigma dA$$

通常把表面层分子比内部分子过剩的吉氏函数称为表面吉氏函数。表面张力"σ"也可

视为在指定温度、压力和组成条件下，增加单位表面积时，体系表面吉氏函数的增量。因此，σ 亦被称为比表面吉氏函数，其单位为 $J\cdot m^{-2}$。因为 $J=N\cdot m$，所以 σ 的单位也可为 $N\cdot m^{-1}$，此时 σ 称为表面张力。一种物质的比表面能与表面张力数值一样，量纲也相同，但物理意义有所不同。

比表面吉氏函数是状态函数，取决于体系的状态，表 5-1、表 5-2 分别给出了一些纯液体

表 5-1 纯液体的比表面吉氏函数 单位：$J\cdot m^{-2}$

T/℃	H_2O	CCl_4	C_6H_6	$C_6H_5NO_2$	C_2H_5OH	CH_3COOH
0	0.07564	0.0292	0.0316	0.0464	0.0240	0.0295
25	0.07197	0.0261	0.0282	0.0432	0.0218	0.0271
50	0.06791	0.0231	0.0250	0.0402	0.0198	0.0246
75	0.0635	0.0202	0.0219	0.0373	—	0.0220

表 5-2 20℃时液体在不同接触界面上的比表面吉氏函数

第一相	第二相	$\sigma/(J\cdot m^{-2})$	第一相	第二相	$\sigma/(J\cdot m^{-2})$
水	正丁醇	0.0018	汞	水	0.415
水	乙酸乙酯	0.0068	汞	乙醇	0.389
水	苯甲醛	0.0155	汞	正庚烷	0.378
水	苯	0.0350	汞	苯	0.357
水	正庚烷	0.0302	汞		

在不同温度下的比表面吉氏函数和 20℃时不同物质接触的比表面吉氏函数。由表中数据分析，可以得出如下三个结论：

(1) 比表面吉氏函数同体系的温度有关。通常随着温度的升高而下降。

(2) 由于比表面吉氏函数是体系的界面特性，因此与相接界的两相物质的性质有关。

(3) 所有比表面吉氏函数都是正值，$\sigma>0$。

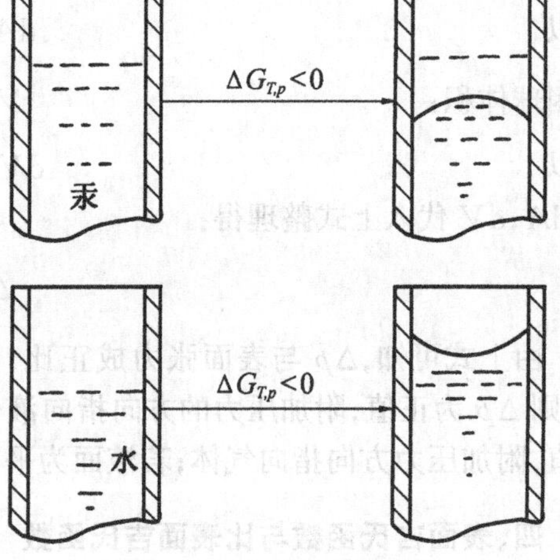

图 5-5 凹液面与凸液面

热力学第二定律告诉我们，在恒温恒压的条件下，吉氏函数的减小是自发的倾向。

$$dG=\sigma dA$$

即体系的表面吉氏函数 G 的下降只有两种可能，其一是接触的表面积(A)减小，这正是我们经常发现的表面收缩现象；其二是比表面吉氏函数(σ)下降，因为比表面吉氏函数同接触物的性质有关，所以当接触界面上有多种物质存在时，表面接触有一定的选择性，例如玻璃在一定温度下同水、空气和汞接触的比表面吉氏函数有下列关系：

$$\sigma_{\text{玻-水}}<\sigma_{\text{玻-空气}}<\sigma_{\text{玻-汞}}$$

因此，玻璃管的内表面上，水能取代空气去覆盖玻璃表面；汞却被空气取代而减小同玻璃的接触表面。如图 5-5 所示，玻璃管中液面的虚线表示平衡时液面应处的位置，而管壁的阴影部分示意被取代的内表面高度。由于取代使玻璃管内壁的比表面吉氏函数减小，从而体系的表面吉氏函数减小，所以这是热力学的自发过程，它解释了我们在滴定管中常见凹液面和大气压力计上所见的凸液面。

物质表面特性集中表现为体系的比表面吉氏函数，上式($dG=\sigma dA$)是分析和解决表面化学问题的依据。

【例 5-1】 25℃时把半径为 10^{-3}m 的水滴分散成半径为 10^{-6}m 的小水滴。分别计算初终态的比表面；计算该过程的表面吉氏函数增量以及环境至少消耗多少功？

解 查表 5-1，水在 25℃时的比表面自由焓为 $0.07197 J\cdot m^{-2}$。

$$A_0=\frac{6}{D}=\frac{3}{r}$$

初态比表面：
$$A_{01}=\frac{3}{10^{-3}}=3\times10^3(m^{-1})$$

终态比表面：
$$A_{02}=\frac{3}{10^{-6}}=3\times10^6(m^{-1})$$

球形表面积：
$$\int_{G_1}^{G_2}dG=\int_{A_1}^{A_2}\sigma dA$$

由于纯水在一定温度下的比表面吉氏函数不变，积分得：

$$\Delta G=\sigma\Delta A=\sigma(A_2-A_1)=\sigma\left(\frac{4}{3}\pi r^3A_{02}-\frac{4}{3}\pi r^3A_{01}\right)$$
$$=\sigma\cdot\frac{4}{3}\pi r^3(A_{02}-A_{01})$$
$$\Delta G=0.0719\times\frac{4}{3}\pi\times(10^{-3})^3\times(3\times10^6-3\times10^3)$$
$$=0.07197\times4\pi\times10^3=9.044\times10^{-4}(J)$$

环境所做的最小功为可逆功：

$$W'_R=\Delta G=9.044\times10^{-4}J$$

从例题分析可以看到，大液滴分散成小液滴需要环境做功，而小液滴聚集成大液滴，从表面吉氏函数的角度看是自发过程。换句话说，小液滴是不稳定的，它会被大液滴“吃掉”，即发生“大吃小”的吞并过程。

第二节 介稳状态和新相生成

如图 5-6 所示，我们在蜡板上放一杯水和一滴水，然后用玻璃罩盖上，设罩内水蒸气已饱和。在恒温的条件下，过一段时间我们发现水珠不见了，它“跑回”杯中去了。这是因为微小液滴比平面液体容易挥发。相平衡的理论告诉我们，衡量液体挥发能力的物理量是饱和蒸气压。饱和蒸气压越高，挥发能力越强，因此，微小液滴的饱和蒸气压一定高于平面液体的饱和蒸气压。

一、微小液滴的饱和蒸气

在温度为 T 时，平面纯液体 l(液相)与其蒸气 g(气相)达到相平衡，则

$$G_m^g(T, p^\circ) = G_m^l(T, p^\circ)$$

式中，p°是温度为 T 时，平面液体的饱和蒸气压。

在同温度下，若有半径为 r 的纯液滴与共蒸气达到平衡，此时饱和蒸气压为 p_r，液滴受附加压力 Δp 的作用，表面内受到压力为 $p_r + \Delta p$，如图 5-7 所示。因此，按相平衡的条件可得：

$$G_m^g(T, p_r) = G_m^l(T, p_r + \Delta p)$$

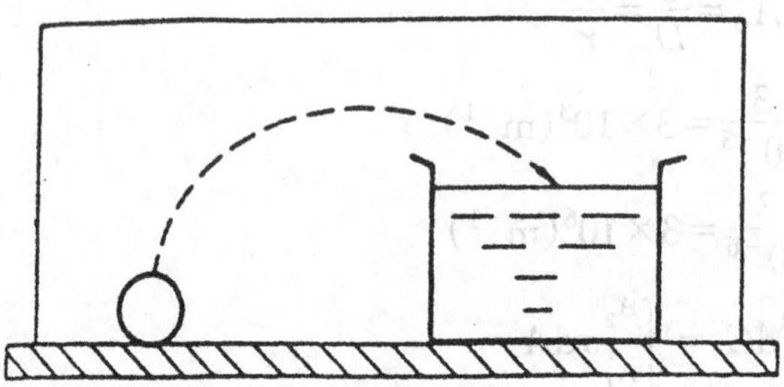

图 5-6　微小液滴的挥发性

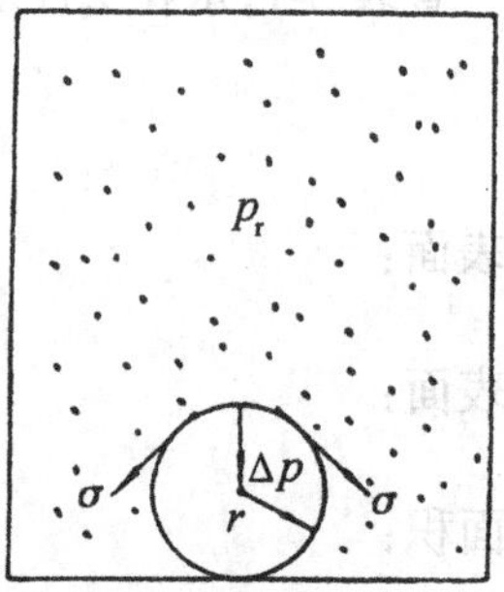

图 5-7　半径 r 的液滴与蒸气平衡图

将上两相减得：

$$G_m^l = G_m^l$$

又

$$\Delta G_m = \int_{p_1}^{p_2} V_m \mathrm{d}p$$

即得：

$$\int_{p_0}^{p_r} V_m^g \mathrm{d}p = \int_{p_0}^{p_r + \Delta p} V_m^l \mathrm{d}p$$

式中　V_m^g——蒸气的摩尔体积；

　　　V_m^l——液体的摩尔体积。

还可以推导得：

$$\ln \frac{p_r}{p^\circ} = \frac{2\sigma M}{RT\rho \cdot r}$$

式中　M——液体的摩尔质量，$kg \cdot mol^{-1}$；

　　　σ——液体与其蒸气在 T 温度下的表面张力(比表面吉氏函数)，$J \cdot m^{-2}$；

　　　ρ——液体的密度，$g \cdot cm^{-3}$；

　　　r——液滴的半径，m。

上式称为开尔文(Lord Kelvin)公式。可由液滴的半径来计算液滴的饱和蒸气压。对于一定的液体，在指定条件下，式中的 T, M, σ, ρ 皆为常数。

二、微小晶体的溶解度

开尔文公式也可应用于晶体物质，即微小晶体的蒸气压恒大于普通晶体的蒸气压，晶体颗粒不一定是球形，但可用与球体相当的半径代入计算。在一定温度下，晶体的溶解度的大小与蒸气压有密切关系。根据亨利定律，溶质蒸气压同其在溶液中的浓度成正比，即 $p_{质}=$

$KC_{质}$。因此，$\frac{p_r}{p^\circ}=\frac{C_r}{C}$，则开尔文公式可以写成：

$$\ln\frac{C_r}{C}=\frac{2\sigma M}{RT\rho\cdot r}$$

式中 σ——固液界面的比表面吉氏函数(或表面张力)；

ρ——晶体的密度；

M——溶质的摩尔质量；

C_r——半径为 r 的小晶体的溶解度；

C——普通大晶体的溶解度。

上式说明，晶体的半径越小，溶解度越大，这一原理在工业上有重要的应用价值。例如，从溶液结晶中提纯产品，往往希望达到晶体颗粒均匀，但通常初晶体的大小并不一致，因此就要采用延长保温时间的方法，使微小晶体能自动溶解，而较大晶体不断成长，晶粒逐渐趋于均匀。这种手段在照相化学中的 AgBr 制备上称为物理成熟过程。在分析化学的重量法中称为沉淀的"陈化"。

三、介稳状态和新相生成

由于体系比表面增大引起的饱和蒸气压升高，晶体的溶解度增加一系列表面现象，只有在颗粒半径很小时，才能达到可以觉察的程度。

在通常情况下，这些表面现象是完全可以忽略不计的。但在蒸气的冷凝、液体的凝固和溶液的结晶等过程中，由于最初生成新相的颗粒是极其微小的，其比表面和表面吉氏函数都很大，体系处于不稳定状态。因此，在体系中要产生一个新相是比较困难的。由于新相难以生成，就引起各种过饱和现象。例如，蒸气的过饱和、液体的过冷或过热以及溶液的过饱和等现象。

1. 过饱和蒸气

过饱和蒸气之所以能存在，是因为新生成微液滴(新相)的蒸气压大于平液面上的蒸气压。如图 5-8 所示。曲线 OA 和 O_1A_1 分别表示平液面和半径为 r 的小液滴的饱和蒸气压同温度的关系。设压力为 p_1 的蒸气恒压冷却。温度降到同 OA 线交点对应的值 T_b，即已为饱和蒸气，按相平衡的条件，应该开始冷凝。但由于该温度下对于微小液滴来说，尚未达到饱和状态。所以在 T_b 时不能凝结出微小液滴。直到温度降为 T_1 时，小液滴的蒸气压与外压相等，这才开始有液滴产生。我们把按相平衡条件应该凝结而未凝结的蒸气称为过饱和蒸气。因为它介于稳定的气相和液相之间，亦称为介稳状态，一旦在过饱和蒸气中有凝结中心存在，如大水滴、具有毛细孔的颗粒等，都能导致介稳状态的瓦解而变成液体，人工降雨就是利用飞机喷撒微小 AgI 颗粒作为凝聚中心，使云层中的水蒸气易于凝结成水而洒向大地。

2. 过热液体

液体的沸腾开始时先要形成小气泡，而小气泡内的蒸气压又低于平液面的饱和蒸气压，如图 5-8 所示，O_2A_2 线为小气泡内的蒸气压随温度的变化曲线，当外压力为 p_i 时加热液体，按相平衡的条件，当交于 OA 线的对应温度为 T_b 沸点时，液体应该气化。但沸腾产生小气泡的蒸气压低于 p_i，因此，无法生成，只有加热到 T_2 时小气泡内的蒸气压等于 p_i，这时

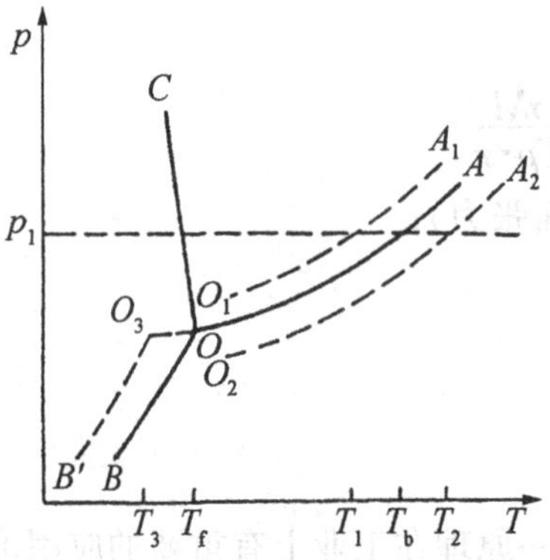

图 5-8 产生过饱和现象示意

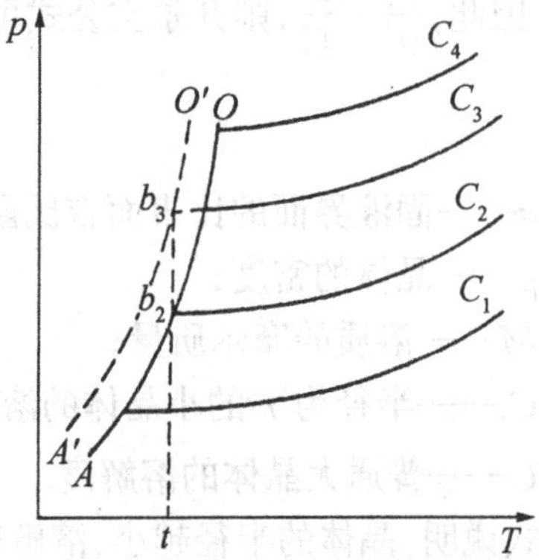

图 5-9 过饱和溶液示意

才能沸腾。我们称此液体为过热液体。在液体加热到 T_b 时，若能引入适当的气泡就能使液体沸腾。在做有机实验时，通常要在加热液体的烧瓶中放入瓷片或沸石，其作用就是因为这些多孔物质内储存有气体，在液体加热时能产生气泡，克服新相生成的困难，避免液体因过热而导致暴沸现象。

3. 过冷液体

在一定温度下，微小晶体的饱和蒸气压恒大于普通晶体的饱和蒸气压，是液体产生过冷现象的主要原因。由图 5-8 可知，当液体冷却到正常熔点 T_f 时应该有晶体析出，但由于新相生成的困难，溶液必须冷却到同微小晶体成平衡的 O_3 点时，才能析出晶体。我们把按相平衡条件应该凝固而未凝固的液体称为过冷液体。它也是介稳状态。一旦有新相(晶种)投入，即刻凝固。

4. 过饱和溶液

由相平衡原理可知，溶液结晶的条件是固态溶质上的饱和蒸气压与溶液中该溶质的蒸气压相等。图 5-9 中，曲线 OA 和 $O'A'$ 分别表示溶质大晶体和微小晶体饱和蒸气压随温度变化线。C_1，C_2，C_3，C_4 是 4 条不同溶解度的溶质蒸气压随温度的变化线。按蒸气压与溶解度成正比的关系，显然是 $C_4>C_3>C_2>C_1$，在恒定 t 温度下，蒸发溶液使溶质的溶解度达到 b_2 点(即 C_2 线与 OA 线的交点)时，溶质晶体的蒸气压与溶液中溶质的蒸气压相等，晶体才能析出。我们把按相平衡条件应该析出晶体而未析出的溶液，称为过饱和溶液。

在结晶过程中，若过饱和程度太大，将会生成细小的晶粒，不利于过滤或洗涤，会影响产品质量。因此，生产中常常向结晶容器中投入晶体，以防止过饱和程度太高。冷却速度、溶解度和晶种的加入与否都能影响结晶的形状和质量。

各种过饱和状态下的体系都不是真正的平衡状态，从吉氏函数角度分析：$\Delta G=\Delta G_{相变}+\Delta G_{表面}$，通常相变条件满足时，$\Delta G_{相变}<0$，但由于产生相变增加新的表面，故 $\Delta G_{表面}>0$，当 $|\Delta G_{相变}|<|\Delta G_{表面}|$ 时，$\Delta G>0$。因此，相变不能发生。但在此体系中，一旦有新相种子投入，$|\Delta G_{表面}|$ 即刻锐减，使 $\Delta G<0$，相变马上发生。这就是介稳状态的热力学本质。

第三节 胶体溶液

胶体体系(简称胶体)是由 1～100nm(纳米)的质点分散于分散介质里所形成的多相分

散体系。真溶液是分散质点小于 1nm 的均相(单相)体系,而悬浊液则是分散质点小于 100nm 的多相体。胶体不仅限于固态粒子在液态介质中的分散液,气体或固体也可作为分散介质,而分散相可以是气体,也可以是液体或固体。最重要的胶体是固体分散在液体中的体系,叫做固溶液。以水为分散剂的溶胶叫水溶液。本章讨论的主要是水溶胶。

一、溶胶的制备和净化

既然胶体颗粒的大小在 1～100nm 之间,故原则上可由分子或离子凝聚而成胶体,当然也可由大块物质分散成胶体,方法虽不一样,但最终均可形成胶体体系(图 5-10)。用第一种方法制备胶体称为凝聚法,用第二种方法制备胶体称为分散法。

离子、分子 $\xrightarrow[\text{凝　　聚}]{}$ | 1～100nm | $\xleftarrow[\text{(比表面增加)}]{}$ 粗粒子分散
(有新相生成)

图 5-10　胶体形成示意图

(一)溶胶制备的一般条件

1. 分散相在介质中的溶解度须极小

硫在乙醇中的溶解度较大,能形成真溶液,但硫在水中的溶解度极小,故以硫磺的乙醇溶液逐滴加入水中,便可获得硫磺水溶胶。又如三氯化铁在水中溶解为真溶液,但水解成氢氧化铁后则不溶于水,故在适当条件下使三氯化铁水解可以制得氢氧化铁水溶胶。因此,分散相在介质中有极少的溶解度,是形成溶胶的必要条件之一。当然,在这前提下,还要具备反应物浓度很稀,生成的难溶物晶粒很小而又无长大条件时才能得到胶体。如果反应物浓度很大,细小的难溶物颗粒突然生成很多,则可生成凝胶。

2. 必须有稳定剂存在

用适当的办法将大块物体分散成胶体时,由于分散过程中颗粒的比表面增大,故体系的表面增大,这意味着此体系是热力学不稳定的。如欲制得稳定的溶胶,必须加入第三种物质,即所谓的稳定剂,例如制造白色油漆,是将白色颜料(TiO_2)等在油料(分散介质)中研磨,同时加入金属皂类作稳定剂来完成的。用凝聚法制备胶体,同样需要有稳定剂存在,只是在这种情况下,稳定剂不一定是外加的,往往是反应物本身或生成的某种产物。这是因为在实际制备时,总会使某种反应剂过量,它们能起到稳定剂的作用。

(二)溶解制备的方法

1. 分散法

用分散法制备溶胶一般比较简单,粗粒子通过适当的方法使其粉碎便可获得胶体。但在研钵中直接研磨固体物质时,最多只能获得直径 1000～3000nm 的粒子,达不到胶体分散度,比较有效的方法是在水中湿磨(同时加些表面活性剂),或将被分散的物质(例如硫)与另一种不相干的但能溶于分散介质中的固体物质(如蔗糖)共研,最后将研磨物分散于水中即可制得硫溶胶,溶胶中所含的糖可用渗析法除去。

分散法有机械分散、电分散、超声分散和胶溶等各种方法。在工业上应用较多的是机械分散法。根据制备对象和对分散程度的不同要求可选用不同的机械设备,目前用得较多的是“胶体磨”,它是由两片靠得很近的磨盘组成,当两磨盘高速反向旋转(或一个旋转,一个不

动)时，便能使粗颗粒在期间磨细，而胶体溶液由出料口流出(如图 5-11)。

胶体磨广泛应用于工业生产中，它可用来研磨颜料、药物、大豆、干血浆等。胶体磨转速快、效率高，磨细度可达 100～1000nm。

电分散法主要用于制备金属(如 Au,Ag,Hg 等)水溶胶。以金属为电极，通以直流电(电流 5～10A,电压 40～60V)，使其产生电弧，在电弧的作用下，电极表面的金属气化，遇水冷却而成胶粒(如图 5-12)。水中加入少量碱可形成稳定的溶胶。

超声分散主要用于制备乳状液。

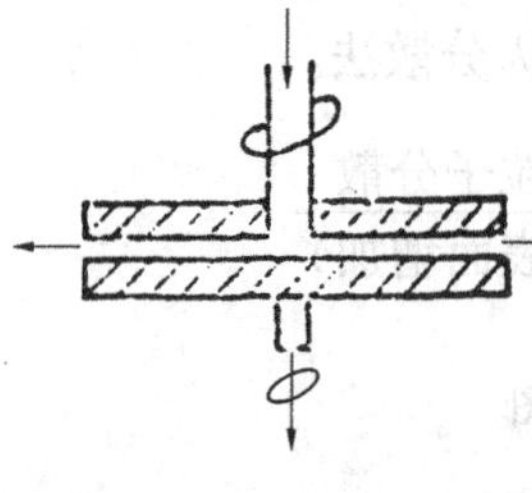

图 5-11 胶体磨示意图

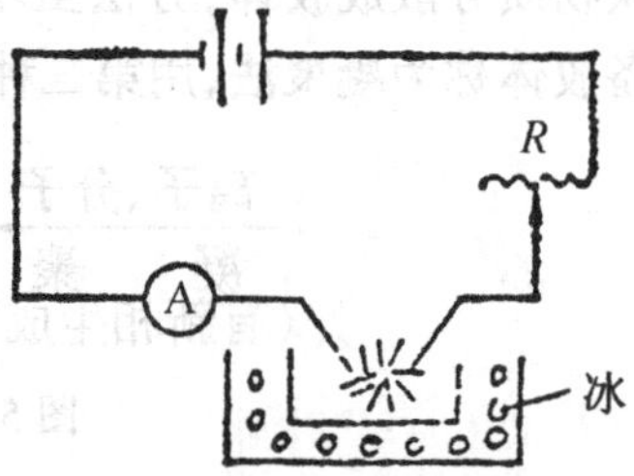

图 5-12 电分散法图示

2. 胶溶法

胶溶法是在某些新生成的沉淀中，加入适量的电解质，使沉淀重新分散成溶胶。例如，在新生成的 $Fe(OH)_3$ 沉淀中，加入适量 $FeCl_3$ 可制成 $Fe(OH)_3$ 溶胶，但沉淀经老化后却不易发生胶溶作用。

3. 凝聚法

用物理或化学方法使分子或离子聚集成胶体粒子的方法叫凝聚法。将硫磺-乙醇溶液逐滴加入水中制得硫磺水溶胶，是物理凝聚法制备胶体的一个例子。下面主要介绍化学凝聚法。

(1)还原法：主要用来制备多种金属溶胶，例如：

$$Au^{3+} + \text{单宁(还原剂)} \xrightarrow[\text{加热}]{\text{少量 } K_2CO_3} \text{Au 溶胶}$$

$$Ag^{-} + \text{单宁(还原剂)} \xrightarrow[\text{加热}]{\text{少量 } K_2CO_3} \text{Ag 溶胶}$$

(2)氧化法：用硝酸等氧化剂氧化硫化氢水溶液，可制得硫溶胶，例如：

$$2H_2S + O_2 \longrightarrow 2S(\text{硫溶胶}) + 2H_2O$$

(3)水解法：多用来制备金属氧化物溶胶，例如：

$$FeCl_3 + 3H_2O \xrightarrow{\text{煮沸}} Fe(OH)_3(\text{溶胶}) + 3HCl$$

(4)复分解法：常用来制备盐类的溶胶，例如：

$$AgNO_3(\text{过量}) + KI \longrightarrow AgI(\text{溶胶}) + KNO_3$$

二、溶胶的净化

用凝聚法制得的溶胶都是多分散性的，即体系中含有大小不等的多类粒子，其中有一些可能会超出胶体颗粒的范围。而用化学法制得的溶胶通常都含有较多的电解质，虽然适量的电解质可以作为溶胶的稳定剂，但过多电解质又会降低溶胶的稳定性。因此，欲得到比较纯净、稳定的溶胶，必须将制得的溶胶加以净化。

溶胶中的粗粒子，可以通过过滤（胶体粒子小，可以通过普通滤纸的孔隙）、沉降或离心的办法将其除去。过多的电解质，必须用渗析（亦称透析）的方法除去。

三、胶体的特性

胶体溶液，由于胶粒远大于分子或离子，多以一定的界面和周围的介质分开，成为一个相体系，因此具有特有的性质。

(1)溶胶的光学性质——丁达尔效应。

在暗室里，当一束汇聚的光透过胶体溶液时，可以从侧面看到在溶液中有一光亮的通路，这个现象称为丁达尔效应。根据物理学原理，若是入射光的波长近于质点的直径，则发生光的散射。由于胶粒直径在 1～100nm 之间，近于可见光的波长，所以对入射光发生散射，形成丁达尔现象。但质点直径远小于光波的真溶液，因对光的散射很弱，因此几乎没有丁达尔效应。

(2)溶胶的动力学性质——布朗运动。

由于溶剂分子从多个方向撞击胶体质点，而每一瞬间，胶粒受到这些撞击而产生的力，在多个方向上是不同的，因而质点就处于不断的无秩序的运动状态。这种运动叫做布朗运动。它是因英国物理学家罗伯特·布朗(Robert Brown)在 1928 年观察花粉运动时首次发现的。借助超显微镜，可以观察到溶胶质点的布朗运动，溶胶质点越小，布朗运动越显著。布朗运动是使胶体溶液稳定的动力学原因，也为物质的分子运动论提供了早期的实验证明。

(3)溶胶的电学性质——电泳和电渗现象。

根据电化学可知，如将两个电极插入电解质溶液中，通电时，溶液中的正、负离子分别向两极迁移，并在电极上起电极反应。同样，溶胶在通电时也可观察到胶粒向正极（阳极）或负极（阴极）移动，由于胶粒比一般离子大很多倍，因此，带色的胶粒移动时明显可见，例如在 U 形管中放入红褐 $Fe(OH)_3$ 溶胶，然后小心放入 NaCl 溶液，使两者有清晰界面，把电极放入 NaCl 溶液中通电一段时间后，就可对看到负极中红褐色液面上升，正极中溶胶液面下降，如图 5-13 所示。这种现象说明 $Fe(OH)_3$ 胶粒是带正电的。在外电场作用下，分散相在分散介质中移动的现象称为电泳。

与电泳现象相反，使溶胶中分散相不动而分散介质在外电场作用下定向移动，称为电渗。如图 5-14 所示。多孔膜可以是某些悬浮体的沉淀，由于沉淀很细，故在沉淀粒子之间有很多毛细通道，整个沉淀物体系是电中性的。若沉淀粒子带负电，则毛细通道内的液体带正电。通电后毛细通道内的液体向负极流动，在负极区的出水管内就有液体上升；反之，粒子若带正电，则通电后负极区玻璃毛细管的液面将下降。

电泳和电渗都反映了溶胶粒子带电的本质，它说明分散相在外电场作用下运动的性质，故亦称为电动现象。利用该现象可以鉴定胶粒带电的性质。表 5-3 给出了某些溶胶胶粒的带电情况。

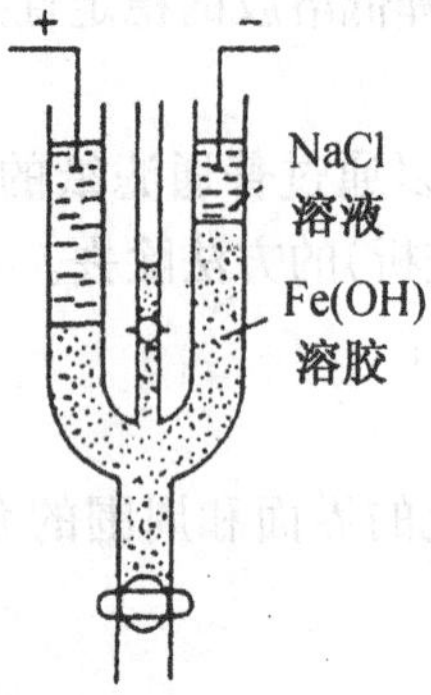

图 5-13 电泳现象

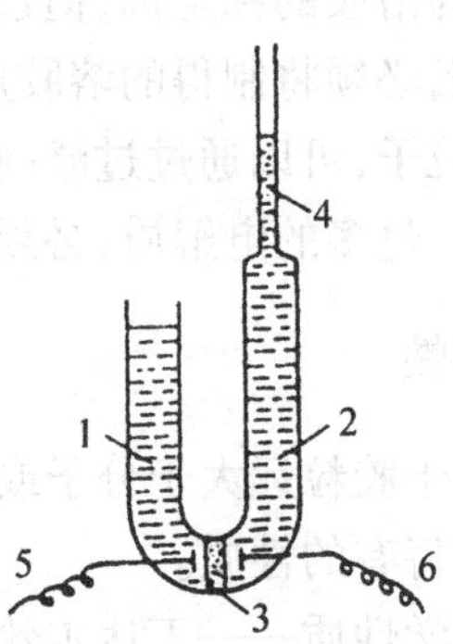

图 5-14 电渗装置示意图

1、2—液体；3—多孔膜；

4—有刻度的毛细管；5、6—电极

表 5-3 常见溶胶粒子的带电情况

带正电荷的溶胶	带负电荷的溶胶
$Fe(OH)_3$ 溶液	金、银、铂溶胶
$Al(OH)_3$ 溶胶	硫、硒、碳溶胶
ThO_2，ZrO_2	As_2O_3，Sb_2S_3，PbS，V_2O_5，SnO_2 溶胶
次甲基兰和其它碱性染料	硅酸、锡酸、刚果红及其它酸性染料

四、胶粒的结构及其带电原因

电动现象说明溶胶粒子带有电荷。一般地说，胶粒之所以带电是由于胶核表面吸附带有电荷的离子或表面分子电离所引起的。我们通过对胶团结构的讨论来分析胶粒带电的两种原因。

1. 胶核的选择性吸附

构成胶体物质的大量分子或离子之聚集体称为胶核。通常它是晶体结构。由于胶核的比表面很大，比表面吉氏函数较高，因此胶核具有强烈的吸附作用。如果分散介质中有少量电解质，则胶核就会有选择地吸附某种离子。当吸附正离子时，胶体粒子就带正电；吸附负离子则带负电。胶核的这种选择吸附性，与被吸离子的本性和表面结构有关。法扬斯(Faians)规则表明："与胶核有相同化学元素的离子，能优先被吸附。"例如，用 $AgNO_3$ 和 KI 溶液制备 AgI 溶胶，其结构如图 5-15 所示，固体 AgI 粒子形成胶核，若制备时 KI 过量，则胶核表面吸附 I^- 而带负电。异电离子(亦称反离子)K^+，一部分被吸引在其周围，形成一薄层称为紧密层，另一部分 K^+ 则扩散在溶胶的分散介质中，形成扩散层。若制备时 $AgNO_3$ 过量，则胶核吸附 Ag^+ 而带正电，一部分 NO_3^- 离子被吸引在胶核周围形成紧密层，而另一部分在扩散层中。胶核、被吸附的离子以异电离子形成的紧密层共同组成胶粒。胶粒连同周围介质中的异电离子构成胶团，胶团的结构式可表示如下：

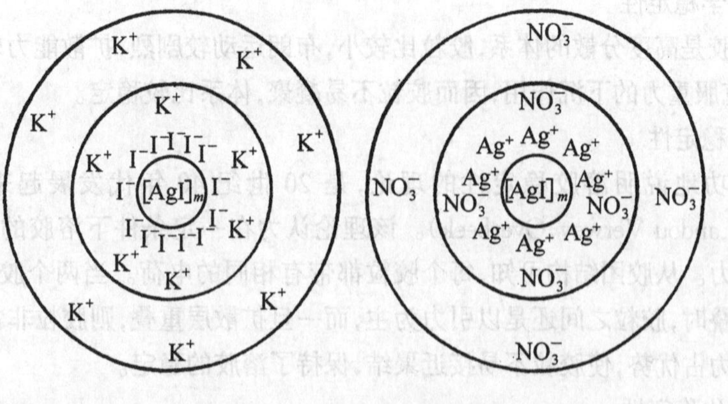

图 5-15 AgI 胶团结构示意图

$$[(AgI)_m \cdot nI^- \cdot (n-x)K^+]^{x-} \cdot xK^+$$

$$\underbrace{[\underbrace{\underbrace{(AgI)_m}_{\text{胶核}} \cdot \underbrace{nAg^+ \cdot (n-x)NO_3^-}_{\text{紧密层}}]^{x+}}_{\text{胶粒}} \cdot \underbrace{xNO_3^-}_{\text{扩散层}}}_{\text{胶团}}$$

式中 m——胶核中所含 AgI 的分子数；

n——胶核所吸附的 I^- 或 Ag^+ 离子数；

x——扩散层中异电离子数。

由溶胶胶团的结构式中可见，胶团是电中性的，所谓溶胶带电指胶粒带电，带电符号依据选择吸附的离子而定。

2．表面分子的电离

除胶核表面吸附之外，胶核本身表面层一部分分子的电离亦可使胶粒带电。例如硅胶的胶核是$(SiO_2)_m$，表面上一部分 SiO_2 分子与水反应生成 H_2SiO_3，H_2SiO_3 电离产生 H^+ 离子和 SiO_3^{2-} 离子，然后胶核选择吸附与之组成相类似的 SiO_3^{2-} 离子，形成了带负电的硅胶粒子。其化学反应和胶团结构式如下：

$$SiO_2 + H_2O \rightleftharpoons H_2SiO_3^{2-} + 2H^+$$

$$[(SiO_2)_m nSiO_3^{2-} \cdot 2(n-x)H^+]^{2x-} \cdot 2xH^+$$

胶核表面吸附和部分表面分子电离是使胶粒带电的主要原因，此外，还可能有些接触带电等因素。胶粒带电是溶胶能够稳定存在的重要因素。

五、溶胶的稳定性

溶胶稳定和聚沉的实质是胶粒间斥力和引力的相互转化。促使粒子相互聚结的是粒子的相互吸引的能量，而阻碍其聚结的则是相互排斥的能量。虽然溶胶在热力学上处于不稳定状态，但有的溶胶可以放上几年或几十年才能沉降下来，它的稳定原因主要有以下几方面。

1. 动力学稳定性

由于溶胶是高度分散的体系，胶粒比较小，布朗运动较剧烈，扩散能力较强，在一定条件下，胶粒能克服重力的下沉作用，因而胶粒不易凝聚，体系比较稳定。

2. 静电稳定性

比较成功地说明溶胶稳定性的理论，是 20 世纪 40 年代发展起来的 DLVO 理论 (Derjaguin, Landou Verwey, Overbeek)。该理论认为在一定条件下溶胶的稳定性取决于胶粒间的作用力。从胶团结构可知，每个胶粒都带有相同的电荷。当两个胶粒相互接近而扩散层尚未重叠时，胶粒之间还是以引力为主，而一旦扩散层重叠，则胶粒非常接近，以至于同性电荷的斥力占优势，使胶粒不易接近聚结，保持了溶胶的稳定。

3. 溶剂化稳定性

物质与溶剂之间所起的化合作用称为溶剂化。通常胶团扩散层中反离子都是溶剂化的，因而胶粒在溶剂化离子的包围之中，好比在胶粒周围形成一层带电的溶剂膜，以此阻碍胶粒相互接近而合并，于是促进了溶胶的稳定。

溶胶的稳定性是由于溶胶的动力稳定性对重力场的反作用、胶粒带电产生的斥力以及溶剂化引起的机械阻力三者综合的结果。在这三种因素中，静电稳定性最为重要。因此，一旦破坏了溶胶的静电稳定性，最易导致溶胶的聚沉。

六、溶胶的聚沉

溶胶中分散相粒子相互聚结，最后所有的分散相都变为沉淀析出，这种过程称为聚沉。

引起溶胶聚沉的因素很多，例如溶胶的浓度、温度，外加电解质的溶胶的相互作用等等。其中最重要的是电解质作用。

当溶胶中加入电解质后，离子浓度增加，电解质中与异电离子符号相同的离子会把扩散层中异电离子挤入紧密层，中和了部分胶粒表面电荷，使胶粒表面的电荷量减少；同时，扩散中异电离子减少，以致溶剂化层的作用减弱。这样，胶粒之间的静电斥力不足以克服其引力，变薄了的溶剂化层不能防止相碰胶粒的合并，结果胶粒合并变大，从而导致溶胶的聚沉。

为了比较各种电解质对某一溶胶的聚沉能力，常用聚沉值来表示，即在一定时间内促使一定量溶胶发生聚沉所需外加电解质之最小浓度称为该电解质的聚沉值，单位常用 $m\ mol \cdot L^{-1}$。聚沉值越大，说明电解质对溶胶的聚沉能力越差，聚沉值和聚沉能力存在着相互为倒数关系。表 5-4 列出不同电解质对溶胶的聚沉值：带正电荷的 $Fe(OH)_3$ 和带负电荷的 As_2S_3 溶胶的聚沉值。

表 5-4　不同电解质对溶胶的聚沉值　　单位：$m\ mol \cdot L^{-1}$

$Fe(OH)_3$（正电性溶胶）		As_2S_3（负电性溶胶）		$Fe(OH)_2$（正电性溶胶）		As_2S_3（负电性溶胶）	
NaCl	9.25	NaCl	5.10	$MgSO_4$	0.22	$MgSO_4$	0.81
KCl	9.0	KCl	49.5	$K_3[Fe(CN)_6]$	0.096	$AlCl_3$	0.03
K_2SO_4	0.02	$CaCl_2$	0.65			$Al(NO_3)_3$	0.05

比较多种电解质的聚沉值可得出如下经验规律：

(1)电解质负离子对正电性溶胶的聚沉起主要作用,而正离子对负电性溶胶的聚沉起主要作用。聚沉能力随离子价数的增加而显著增大。

(2)相同价数的离子聚沉能力也不同,具有相同负离子的各种盐(以氯化物盐类为例),其正离子的聚沉能力按下列顺序递减:

$$Cs^+ > R_b^+ > Na^+ > Li^+$$

例如 KCl、NaCl 和 LiCl 对 As_2S_3 溶胶的聚沉值分别为 49.5,51.0,58.4(m mol·L^{-1}),而具有相同正离子的各种盐(以钾盐为例),其负离子的聚沉能力按下列顺序递减:

$$Cl^- > Br^- > NO_3^- > I^-$$

这种将同符合同价的离子按聚沉能力排成的顺序,称为感胶离子序。

(3)一般来说,任何价数的有机化合物离子都具有很强的聚沉能力,这可能与胶粒对有机离子有较强的吸附作用有关。

除了加入电解质能够破坏溶胶的稳定性外,增加溶胶的浓度和升高温度 ,都能增加胶粒碰撞的机会而导致聚沉。另一方面,将电性相反的溶胶混合时,由于电性中和削弱了溶胶的静电作用也会使溶胶聚沉。例如在净化水时,常用明矾[$KAl(SO_4)_2 \cdot 12H_2O$]来使水中细小的悬浮体和胶体污物沉淀。因为这些微粒常带负电荷,而明矾水解时产生带正电的$Al(OH)_3$水溶胶与水中微粒作用后就一起沉淀。

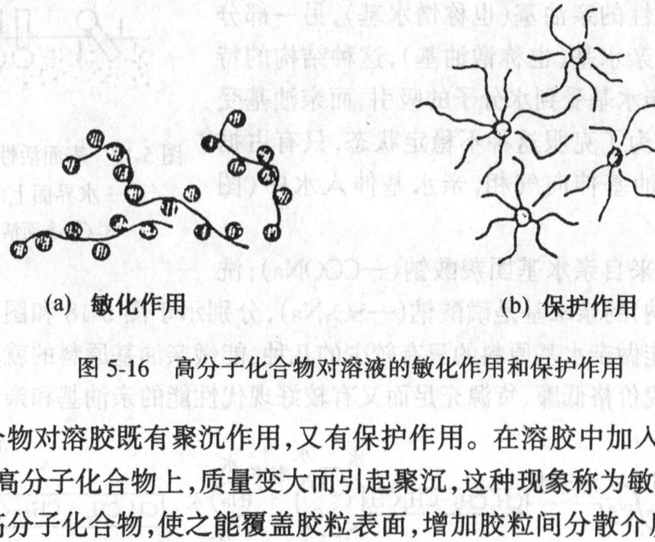

(a) 敏化作用　　(b) 保护作用

图 5-16　高分子化合物对溶液的敏化作用和保护作用

高分子化合物对溶胶既有聚沉作用,又有保护作用。在溶胶中加入少量高分子化合物时,胶粒附着在高分子化合物上,质量变大而引起聚沉,这种现象称为敏化作用,见图 5-16a。但若加入大量高分子化合物,使之能覆盖胶粒表面,增加胶粒间分散介质的亲合力,从而增加了溶胶的稳定性。这种现象称为保护作用,见图 5-16b。

溶胶的稳定与聚沉在工业上有着极其重要的意义。例如,照相胶片是用明胶作保护的 AgBr 悬浮体:制备工业催化剂的贵金属铂、镉等,常用保护胶制成胶体后使用,人体血液中所含的难溶盐,如碳酸钙、磷酸钙等就是靠蛋白质保护下以胶体存在的。又例如用$AgNO_3$溶液滴定 Cl^- 的定量分析中,为了防止 AgCl 溶胶的形成,常加入其它电解质(如 HNO_3);在某些无机盐生产的结晶过滤过程中,常常采用各种方法防止溶胶的生成以免影响产率。

第四节 表面活性剂

在许多工业部门,表面活性剂是不可缺少的助剂。其优点是用量少、收效大。如今表面活性剂已在民用洗涤、石油、纺织、农药、医药、冶金、采矿、机械、建筑、造船、航空、食品、造纸等多个领域中得到广泛应用。

表面活性剂有两个重要性质,一是在各种界面上的定向吸附,另一个在溶液内部能形成胶束。前一种性质是许多表面活性剂用作乳化剂、起泡剂、润湿剂的依据,后一种性质是表面活性剂常有增溶作用的原因。

一、表面活性剂的定义

表面活性剂是一种能大大降低溶剂(一般为水)表面张力(或溶液界面张力),改变体系的表面状态从而产生润湿和反润湿、乳化和破乳、分散和凝聚、起泡和消泡以及增溶等一系列作用的化学药品。表面活性剂所起的这种作用,称为表面活性。

二、表面活性剂的结构特点

表面活性剂分子由性质截然不同的两部分组成,一部分是与油有亲合性的亲油基(也称憎水基),另一部分是与水有亲合性的亲水基(也称憎油基),这种结构的特点使它溶于水后,亲水基受到水分子的吸引,而亲油基受到水分子的排斥。为了克服这种不稳定状态,只有占据溶液的表面,将亲油基伸向气相,亲水基伸入水中(图5-17)。

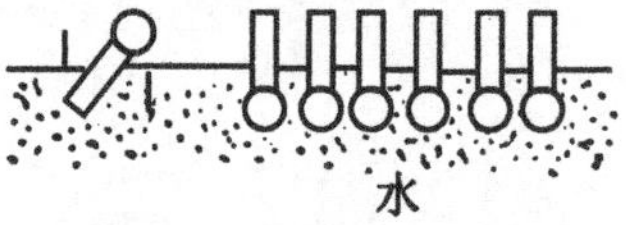

图 5-17 表面活性剂分子在油(空气)－水界面上的排列示意图

□-○:表面活性剂分子

肥皂的亲水基来自亲水基团羧酸钠(—COONa);洗衣粉(烷基苯磺酸钠)的亲水基是磺酸钠(—SO_3Na),分别示于图 5-18 和图 5-19 中,亲水基有许多种,而实际能做亲水基原料的只有较少的几种,能做亲油基原料的就更少。表面活性剂的研制,就是寻找价格低廉、货源充足而又有较好现代性能的亲油基和亲水基原料。

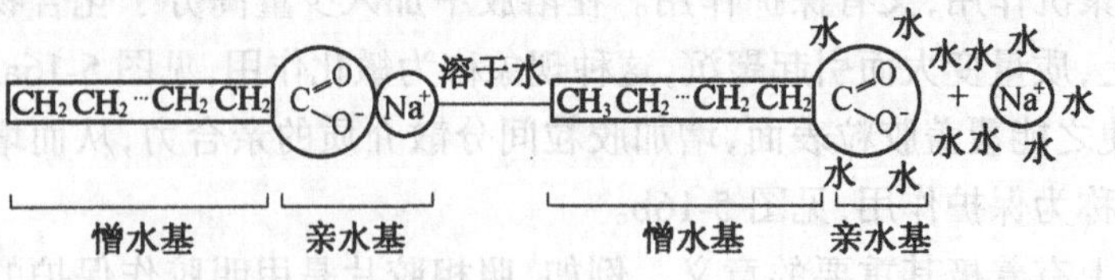

图 5-18 肥皂的亲油基与亲水基示意图

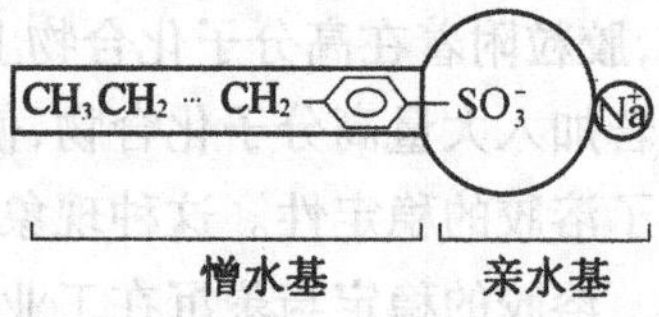

图 5-19 洗衣粉有效成分(十二至十四烷基苯磺酸钠)的亲油基和亲水基示意图

亲水基常连接在表面活性剂分子亲油基的一端(或中间)。作为特殊用途,有时也用甘油、山梨醇、季戊四醇等多元醇的基团做亲水基。亲油基多来自天然动植物油脂和合成化工原料,它们的化学结构均很相似,只是碳原子数和端基结构不同。表 5-5 列出的是具有代表性的亲水基和亲油基。

表 5-5　表面活性剂的主要亲油基和亲水基

亲油基原子团		亲水基原子团	
石蜡烃基	R—	磺酸基	$—SO_3^-$
烷基苯基	$R—C_6H_4—$	硫酸酯基	$—O—SO_3^-$
烷基酚基	$R—C_6H_4—O—$	氰　基	—CN
脂肪酸基	$R—COO^-$	羧　基	$—COO^-$
脂肪酰胺基	R—CONH—	酰胺基	—C(=O)—NH—
脂肪醇基	R—O—	羟　基	—OH
脂肪胺基	R—NH—	铵　基	$—N<$
马来酸烷基脂基	R—OOC—CH— R—OOC—CH_2	磷酸基	$—P(=O)(O^-)O^-$
烷基酮基	$R—COCH_2—$	巯　基	—SH
		卤　基	—Cl,—Br 等
聚氧丙烯基	$—O—(CH_2—CH(CH_3)—O)_n$	氧乙烯基	$—CH_2—CH_2—O—$
(R:石蜡烃链,碳原子数为 8~18)			

虽然表面活性分子结构的特点是两亲性分子,但并不是所有两亲性分子都是表面活性剂,其亲油部分必须有足够长的两亲性物质才是表面活性剂。例如,在脂肪酸盐系列中,碳原子数少的化合物(如甲、乙、丙、丁酸钠等)虽皆有亲油基和亲水基,但不起肥皂作用,故不能称之为表面活性剂。只有当碳原子数增加到一定程度后,脂肪酸钠才表现出明显的表面活性,具有一般的肥皂性质,大部分天然动植物油脂都是含 C_{10}～C_{18}的脂肪酸酯类,这些酸如果结合一个亲水基就会变成有一定亲油、亲水性的表面活性剂,具有良好的溶解性。因此,通常都以 C_{10}～C_{18}作为亲油基的研究对象,碳原子数越多,洗涤作用越强,而起泡性却以 C_{12}～C_{14}为最佳。如果碳原子数过多,则将成为不溶于水的物质,也就无表面活性了。

三、表面活性剂的分类和结构特点

(一)阴离子型表面活性剂

1. 羧酸盐型

通式为 RCOOMe(Me^{2+}为金属离子,2 为价数),代表品种有:

肥皂:RCOONa(R:C_{16}～C_{18})

油酸钾:$C_{17}H_{33}COOK$

硬脂酸铝:$(C_{17}H_{33}COO)_3Al$

2. 硫酸酯盐型

通式为 R—O—SO_3Me,代表品种有:

十二烷基硫酸钠：$C_{12}H_{23}OSO_3Na$ 有良好的乳化、起泡性能，常用于牙膏中。

3．磺酸盐型

通式为 $R—SO_3Me$，代表品种有：烷基苯磺酸钠（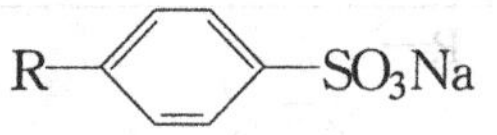），其中 R 为 C_{12}～C_{14}，以 C_{12} 为主，是洗衣粉中的有效活性物。它在硬水中不产生沉淀，能耐一定的酸和碱，表面活性也好。其原料来自石油，是目前产量最大的一种合成洗涤剂原料。

渗透剂 OT，是磺化琥珀酸双酯型表面活性剂的商品名称，它具有两个链亲油基的另一种形式的磺酸盐型表面活性剂，分子式为：

$$\begin{array}{l} C_8H_{17}OOCCH_2 \\ \quad\quad\quad\quad | \\ C_8H_{17}OOCCH_2—SO_3Na \end{array}$$

拉开粉（烷基萘磺酸钠，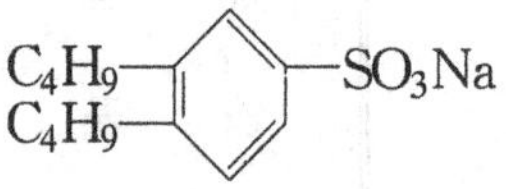）是纺织、印染工业中常用的一种润湿剂。

4．磷酸酯盐型

主要用作抗静电剂和乳化剂，一般使用高级醇磷酸酯盐，代表性产品有：高级醇磷酸脂二钠盐，如 $C_{10}H_{33}OPO_3Na_2$ 等；高级醇磷酸双酯钠盐，如 $(C_{12}H_{25}O)_2PO_2Na$ 等。

（二）阳离子型表面活性剂

这类表面活性剂分子在水中电离后，表面活性分子主体带正电荷。它们都是含氮有机化合物，也就是有机胺的衍生物，常用的是季铵盐。这类表面活性剂洗涤性能差，但杀菌力强，可用于外科手术器械的消毒和油田注水驱油时的杀菌剂。作为化纤助剂，它有良好的抗静电性和对加工纤维的柔软性，它亦是良好的染色助剂及沥青和硅油等的乳化剂。代表性产品有：

十六烷基三甲基氯化铵

$$\left[\begin{array}{c} \quad\quad\quad CH_3 \\ \quad\quad\quad | \\ C_{16}H_{33}—N—CH_3 \\ \quad\quad\quad | \\ \quad\quad\quad CH_3 \end{array}\right]^+ Cl^-$$

十二烷基二甲基苄基溴化铵

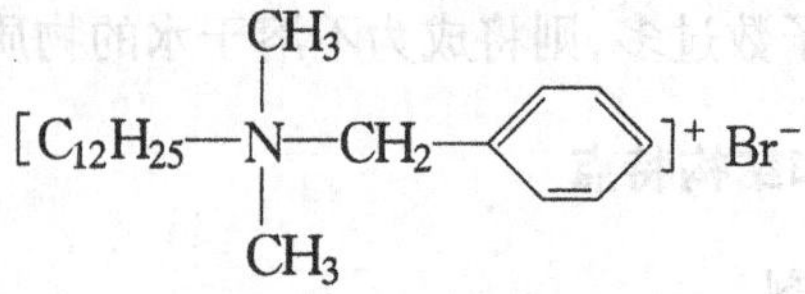

十六烷基溴代吡啶

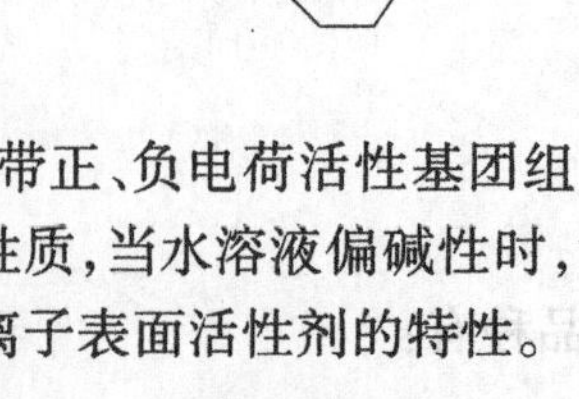

（三）两性离子型表面活性剂

两性离子型表面活性剂是由带正、负电荷活性基团组成的表面活性剂。这种表面活性剂溶于水后，显示出极为重要的性质，当水溶液偏碱性时，它显示出阴离子表面活性剂的特性，水溶液偏酸性时它显示出阳离子表面活性剂的特性。

如果将等量的阴离子表面活性剂和阳离子表面活性剂混合，由于它们的相互作用则可能使它们各自的性能相互抵消。而两性表面活性剂却能灵活自如地显示出两种不同离子活性基团的特性，因此它具有独特应用性能。有的两性离子型表面活性剂在硬水甚至在浓盐水及碱水中，也能很好地溶解，并且稳定。这类表面活性剂有杀菌作用，对人体的毒性和刺激性也较小。一些典型的产品有：

氨基酸型：十二烷基氨基丙酸钠 $C_{12}H_{25}NHCH_2CH_2COONa$

甜菜碱型：十八烷基二甲基甜菜碱 $C_{18}H_{37}—\overset{\displaystyle CH_3}{\underset{\displaystyle CH_3}{\overset{|}{\underset{|}{N}}}}—CH_2COO^-$

(四)非离子型表面活性剂

非离子型表面活性剂在数量上仅次于阴离子型表面活性剂。它除具有良好的洗涤力外，还有较好的乳化、增溶性及较低的泡沫，在工业助剂中占有非常重要的地位。

非离子型表面活性剂在溶液中不是离子状态，所以稳定性高，不易受强电解质无机盐类的影响，也不易受酸碱的影响，它与其它类型表面活性剂的相容性好，在水及有机溶剂中皆有较好的溶解性能，由于它在溶液中不电离，故在一般固体表面上不发生强烈吸附。

这类表面活性剂虽在水中不电离，但有亲水基(如氧乙烯基—CH_2CH_2O—，醚基—O—，羟基—OH 或酰胺基—$CONH_2$ 等)，也有亲油基(如烷基—R)。它包括两类，即聚乙二醇型(也叫聚氧乙烯型)和多元醇型表面活性剂。

聚乙二醇型常见的表面活性剂有：平平加型、OP 型、P 型、脂肪酸—聚氧乙烯型等。

多元醇型常见的表面活性剂，有司盘(Span)型、吐温(Twean)型等。

四、表面活性剂的几种重要作用

1. 增溶作用

很早以前人们就知道浓的肥皂水溶液可以溶解甲苯酚等有机物，但只是在系统研究缔合胶体的性质后才对其本质有所认识。苯在水中的溶度很小，室温下 100g 水中只能溶解约 0.07g 苯，而在皂类等表面活性剂溶液中苯却有相当大的溶解度，100g10% 的油酸钠溶液可以溶解约 9g 苯。不仅对苯，对其它非极性碳氢化合物的溶解也有同样的现象，这种溶度增大的现象叫做增溶作用。

在许多方面应用了增溶作用，合成橡胶的乳液聚合就是应用增溶作用的一例，乳液聚合是将单体分散在水中形成水包油型乳状液，在催化剂的作用下进行聚合反应。若单体直接聚合，因聚合过程放热和体系粘度的大大增高而使操作温度不易控制，易于产生副产品。若采用乳液聚合，将使单体大部分形成分散的液滴。一部分增溶于水面活性剂的胶束中，极少部分溶于水中。溶于水中的催化剂在水中引发了反应，聚合反应即在胶束中进行，而分散的单体液滴则成了提供原料单体的仓库。当聚合反应逐渐完成时，分散的液滴逐渐消耗掉，胶束中的单体因逐渐聚合成所需的高聚物而使胶束逐渐长大，形成所谓的“高聚物胶束”。此反应体系经酸或盐处理，可分离出高聚物。

在采油工业中，利用增溶作用可提高采收率，即所谓“胶束驱油”工艺。首先配制含有水、表面活性剂(包括辅助活性剂，如脂肪醇等)和油组成的“胶束溶液”，它能润湿岩层，溶解大量原油,故在岩层间推进时能有效地洗下附于岩层上的原油,从而大大提高了原油的采收率。

洗涤过程也与增溶作用有关。在生理过程中,增溶作用更具有重要的意义。例如,小肠不能直接吸收脂肪,但却能通过胆汁对脂肪的增溶而将其吸收。

2. 润湿与渗透

将水滴在石蜡片上,石蜡片几乎不湿。但水中加入一些表面活性剂后,水就能在石蜡片上铺展开。这种通过表面活性剂改变液体对固体湿性能的现象,称为润湿。润湿的产生,实际上是由于降低了液-固界面的接触角。而渗透作用实际上是润湿作用的一个应用。当一种多孔性固体(如棉絮)未经脱脂就浸入水中时,水不容易很快浸透,如加表面活性剂后,水与棉表面的接触角降低了,水就在棉表面上铺展,即渗透入棉絮内部。

在润湿过程中所使用的表面活性剂通常都是阴离子型和非离子型的,最常用的有渗透剂 OT、十二烷基苯磺酸钠、十二醇硫酸钠、烷基苯磺酸钠或油酸丁脂硫酸钠等。

非离子型表面活性剂中,应用得最多的是聚氧乙烯(IO)异辛基苯酚醚,其主要优点是对酸、碱、盐不敏感,起泡不多;缺点是在强碱性溶液中不溶解。

在喷洒农药消灭虫害时,要求农药对植物枝叶表面有良好的润湿性,以便液滴在枝叶的表面上易于铺展,待水分蒸发后,枝叶的表面上即留有薄薄一层农药。若润湿性不好,枝叶表面上的农药会聚成滴状,风一吹就滚落下来,或水分蒸发后杆叶表面留下若干断续的药剂斑点,影响杀虫效果。为解决这个问题,均在农药中加入少量润湿剂,以增强农药对枝叶的润湿性。

其它如油漆中颜料的分散稳定性问题、机器润滑油、彩色胶片中的感光剂的涂布、泡沫浮选法分离矿物质等都要用到与润湿作用有关的问题。

3. 分散与絮凝

固体粉末均匀地分散在一种液体中的现象,称为分散。粉碎好的固体粉末混入液体后往往会聚结而下沉。但加入某些表面活性剂后,便能使颗粒较稳定地悬浮在溶液之中,这种作用称为表面活性剂的分散作用。例如洗涤剂能使油污分散在水中,表面活性剂能使颜料分散在油中而成为油漆,使粘土分散在水中成为泥浆等。

另一方面,生产中经常需要使悬浮在液体中的颗粒相互凝聚,用表面活性剂也能达到这一目的,这就说明表面活性剂的絮凝作用。例如,可用絮凝作用来解决工业污水中的净化问题。

一个表面活性剂是起分散作用还是絮凝作用,与固体表面性质、介质性质以及表面活性剂性质有关。例如,上述季铵盐是粘土在水中的絮凝剂,但若加入季铵盐的量大到粘土离子交换容量的 2 倍以上时,则又可使粘土颗粒发生再分散。又如低分子量的聚丙烯酸可作粘土在水中的分散剂,而高分子量的聚丙烯酸则为粘土在水中的絮凝剂。

4. 起泡和消泡

泡沫是气体分散在液体中所形成的体系。通常,气体在液体中能分散得很细,但由于表面能的原因,又由于气体密度总是低于液体,因此进入液体的气体要自动地逸出。所以泡沫也是一个热力学不稳定体系。借助于表面活性剂(起泡剂)使之形成较稳定的泡沫,这种作用称为起泡。

能稳定泡沫的物质叫起泡剂。起泡剂往往是表面活性剂(如十二烷基硫酸钠、十四烷基

硫酸钠、十四烷基苯磺酸钠等),也可以是固体粉末和明胶等蛋白质,后者的表面活性不大,但能在气泡的界面上形成坚固的保护膜,使泡沫稳定。在泡沫体系中除了有起泡剂外,还必须有某种稳泡剂,它使生成的泡沫更加稳定。稳泡剂不一定都是表面活性剂,它们的作用主要是提高液体粘度,增强泡沫的厚度与强度。泡沫钻井泥浆中所加的起泡剂为 $C_{12}\sim C_{14}$ 烷基苯磺酸钠或烷基硫酸盐,稳泡剂是 12～16 碳的脂肪醇以及聚丙烯酰胺等高聚物。在日用洗发香波中普遍加脂肪醇酰胺类稳泡剂。

在许多过程中,由于产生泡沫给工作增添了不少麻烦。在这种情况下,需加消泡剂。消泡剂实际上是一些表面张力低、溶解度小的物质,如 $C_5\sim C_6$ 的醇类或醚类、磷酸三丁酯、硅酮等。消泡剂的表面张力低于气泡液膜的表面张力,容易在气泡液膜表面驱走原来的起泡剂,而其本身由于链短又不能形成坚固的吸附膜,故产生裂口,泡内气体外泄,导致泡沫破裂,从而起到消泡作用。

5. 去污作用

表面活性剂的去污作用是一个很复杂的过程,它与渗透、乳化、分散、增溶以及起泡等多种因素有关。污垢可分为油污、尘土或它们的混合污垢,不同的污垢,要求不同的洗涤剂。

一种好的洗涤剂应能吸附在固(如织物)－水界面和污垢－水界面上。表面活性剂一般都能吸附在水－气界面,使表面张力 σ 降低有利于形成泡沫,但这并不表示它必然是一种好的洗涤剂。根据起泡的多少来判断洗涤剂的好坏实际上是人们的一种误解,例如非离子型表面活性剂一般有很好的洗涤效果,但并不是好的起泡剂。表面活性剂产生泡沫的多少不是惟一判断洗涤剂好坏的指标,在工业上或用洗衣机洗涤时人们都喜欢用低泡洗涤剂。

图 5-20 为去污机理示意图,它说明油质污垢是如何从固体表面上被洗涤清除的。图 5-20a 表明由于水的 σ 大,而且润湿性差,只靠水是不能去污的;图 5-20b 说明加入洗涤剂

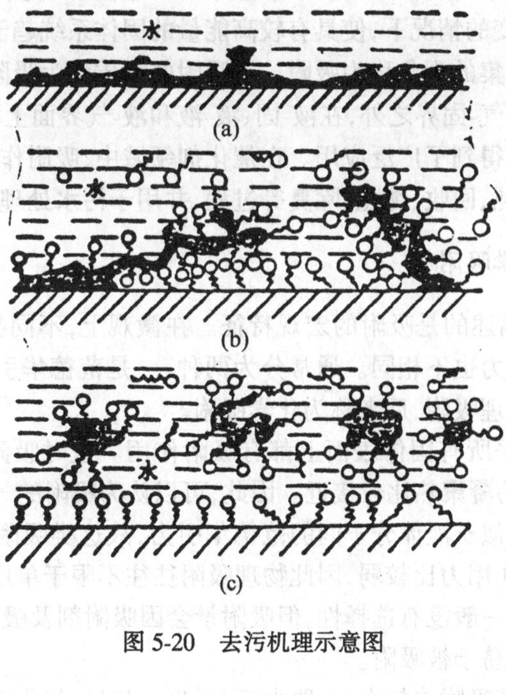

图 5-20　去污机理示意图

后，洗涤剂分子以亲油基朝向固体表面或污垢的方式吸附，结果在机械力作用下污垢开始从固体表面脱落；图 5-20c 是洗涤剂分子在干净固体表面和污垢粒子表面上形成吸附或增溶，使污垢脱离固体表面而悬浮在水相中，很容易被水冲走，达到洗涤目的。

单独使用洗涤剂中的有效成分（如 C_{12}～C_{14}烷基苯磺酸钠），其去污效果并不显著，只有添加某些助剂后才能进一步提高去污力。助剂分无机助剂和有机助剂两种。无机助剂有 Na_2CO_3、三聚磷酸钠、焦磷酸钠、硅酸钠以及 Na_2SO_4 等，有机助剂有羧甲基纤维素或甲基纤维素，它们常称为污垢悬浮剂，对洗下的污垢起到分散作用。

有机助剂能降低临界胶束浓度（CMC），可使表面活性剂在较低浓度下发挥去污效能。助剂在碱性条件下也能增进表面活性剂的去污效果。三聚磷酸钠等是最好和应用最广的助剂，它与水中 Ca^{2+} 和 Mg^{2+} 形成不被织物吸附的可溶性聚合物，有助于避免形成浮渣和防止污垢再沉积。

目前，我国洗涤剂品种繁多，洗涤的基本原理如上所述，但选用时应结合实际情况多方面慎重考虑，方能获得良好的去污、洗涤效果。

第五节 吸 附 作 用

一、固体表面的吸附作用

固体和液体一样，表面上的原子与固体内部的原子所处的环境不同，表面分子受力不平衡，表面有超额能量，但固体不能流动，不能像液体那样以缩小表面积方式降低系统的能量趋于稳定，当气（液）体分子碰撞固体表面时，固体表面的过剩力场捕获气（液）相分子，使之在固体表面发生相对聚集，改变了固体的表（界）面状态，从而使系统的比表面吉氏函数下降。这样，在表面积不变的情况下，使具有较高能量的固体系统趋于稳定。这种气（液）相分子在固体表面上相对浓集的现象称为吸附。被吸附的物质称为吸附质。产生吸附作用的物质称为吸附剂。除了在气-固界之外，在液-固、液-液和液-气界面上均可发生吸附作用。

吸附作用在工业中得到了广泛应用。在催化剂领域中，吸附作用具有特殊重要的意义，用于混合物的分离、提纯、回收、纯化、除臭等过程，并用于污水处理、空气净化等环保工程。

二、物理吸附与化学吸附

气-固吸附等温线描述的是吸附的宏观特征。在微观上，不同类型的吸附，其吸附剂与吸附物分子之间的作用力也不相同。通常分为两种：一是范德华引力，另一种是化学键力。前者形成的吸附称为物理吸附，后者称为化学吸附。

当温度较低时，几乎所有固体表面上都有吸附作用。这时吸附热较小（一般 10^2～10^3 $J \cdot mol^{-1}$），与气体液化的凝聚热比较接近。因此，可以认为吸附的气体分子与吸附剂表面原子或离子间的作用力类似于液体分子间的范德华引力，故这类吸附称为物理吸附。由于范德华引力没有饱和性，作用力比较弱，因此物理吸附往往不限于单层分子，可以多层吸附，但也容易解吸。物理吸附一般没有选择性，但吸附量会因吸附剂及吸附物的种类的不同而异，通常越易液化的气体越易于被吸附。

化学吸附则不然，其吸附热较大（一般大于 $10^5 J \cdot mol^{-1}$），与化学反应热相近。一般化学反应都需要一定的活化能，因此，化学吸附往往在较高的温度下发生。由于气-固界面上化学键的形成具有饱和性，键力作用比较强，因此，化学吸附只有单分子层，且不易解吸。化学键的形成同吸附剂和吸附分子的特性有关，所以具有选择性。

通常低温时易于形成物理吸附，高温时易形成化学吸附，有些吸附，随着温度升高，能从物理吸附转化成化学吸附。例如 CO 在 Pt 上的吸附，在 -100℃ 以下是物理吸附，在 0℃ 左右就成了化学吸附。但也有的物理吸附不会转化成化学吸附，这是由化学吸附的选择性所决定的。

物理吸附和化学吸附是气-固吸附的本质区别，表 5-6 对两种吸附的特点作一比较，以利于我们加深对这些区别的认识。

表 5-6 物理吸附与化学吸附的比较

性质	物理吸附	化学吸附	性质	物理吸附	化学吸附
吸附力	范德华引力	化学键	吸收速度	快，有需活化能	慢，常需活化能
吸附热	近于液化热	近于反应热	吸附层数	单层或多层	单层
选择性	无	有	吸满单层的压力	约在 $p/p^{\circ} \approx 0.1$	在 $p/p^{\circ} < 0.1$
可逆性	可逆	不可逆	吸附的温度	吸附物沸点附近或以下	远高于吸附物的沸点

注：p° 为吸附物的饱和蒸气压。

物理吸附和化学吸附这两类极端情形是容易区别的，然而很多情况下，物理吸附和化学吸附相伴而生，对同一系统，当温度变化时，也可以改变吸附性质的吸附类型。例如，氢在镍上的吸附，低温时为物理吸附，而在高温时为化学吸附。

三、吸附曲线

为了定量研究气-固界面的吸附作用，引入吸附量，用符号 Γ 表示，并定义：

$$\Gamma = \frac{V}{m} \quad 或 \quad \Gamma = \frac{n}{m}$$

式中 m——吸附剂的质量；

n——吸附物的物质的量；

V——吸附物体积。

吸附量同吸附物和吸附剂的性质有关。通常，吸附剂的比表面越大和比表面吉氏函数越高，吸附作用越强，即相同条件下的吸附量越大。例如，活性炭、硅藻土、分子筛等都有这些特点，因此是良好的吸附剂。

1. 弗戎德利希方程式

在固体对气体吸附过程中，气体分子即可以被固体表面所吸附，而且被吸附的气体分子当其热运动的动能足以克服固体表面对它的吸力时也可以重新回到气相中，这一现象称为解吸(或称为脱附)。它是吸附的逆过程。在一定温度下，当吸附速度(单位时间内吸附的分子数)和解吸速度(单位时间内解吸的分子数)相等时，我们就说吸附达到了平衡，这时被吸附气体的量保持恒定。

通常，吸附量以吸附达到平衡时单位质量吸附剂所吸附气体的摩尔数或体积(标准状态时的体积)来表示。设吸附剂质量为 m(g 或 kg)，吸附 x(mol)气体，则吸附量 $\Gamma = \frac{x}{m}$。

实验表明，对于一定的吸附剂(包括其比表面大小)和一定的吸附质而言，其吸附量与平

衡时的温度和气体压强有关,即

$$\Gamma = f(T, p)$$

上式中有3个变量,为了实验方便,常常是保持温度不变,测定不同压强下的吸附量,将吸附量对压强作图,所得曲线称为吸附等温线。

图5-21示出氨在木炭上的吸附等温线。图中最上面的那条曲线是最典型的曲线。由图可以看出,有以下一些规律:①一定温度下升高气体的压强可以增加气体的吸附量,但在吸附等温线的不同部分,气体压强的影响不同。当气体压强较低时,压强的影响特别显著,吸附量与气体压强几乎呈直线关系(曲线Ⅰ)。当气体压强再继续升高时,吸附量的增加渐趋缓慢,呈曲线关系(曲线Ⅱ)。最后,当压强足够高时,吸附量几乎不变,曲线接近于一条平行于横轴的直线(曲线Ⅲ)。②当气体压强一定时,温度越高,吸附量越少。Freundlich吸附等温方程式如下:

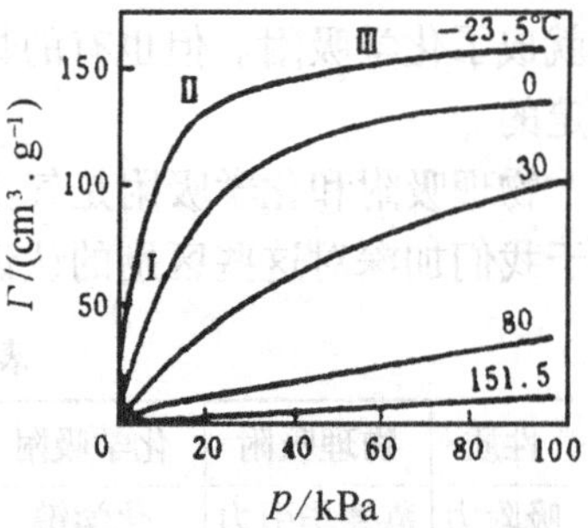

图5-21 氨在木炭上的吸附等温线

$$\frac{x}{m} = kp^{1/n} \tag{5-1}$$

式中 x——被吸附气体的量;

m——吸附剂的质量;

p——气体平衡压强;

k和n——由吸附剂和气体性质以及温度所决定的经验常数$\left(\frac{1}{n}\text{在}0\sim1\text{之间}\right)$。

例如,在0℃时,一氧化碳在炭上的吸附等温方程式为:

$$\frac{x}{m} = 1230p^{0.33}$$

式中 x——CO的量,mol;

m——炭的质量,kg;

p——CO的平衡压强,kPa。

如对式(5-1)取对数,则可以把指数式变为直线式,即:

$$\lg\frac{x}{m} = \lg k + \frac{1}{n}\lg p$$

以$\lg\frac{x}{m}$对$\lg p$作图应得一直线,由直线斜率和截距可以求出n和k值。

图5-22是CO在炭上的吸附等温线,可以看到在所测温度范围内,以$\lg\frac{x}{m}$对$\lg p$作图皆能得到很好的直线,说明经验方程式是适用的。

弗戎德利希吸附等温方程式只适用于中压范围,所得结果能很好地与实验数据相

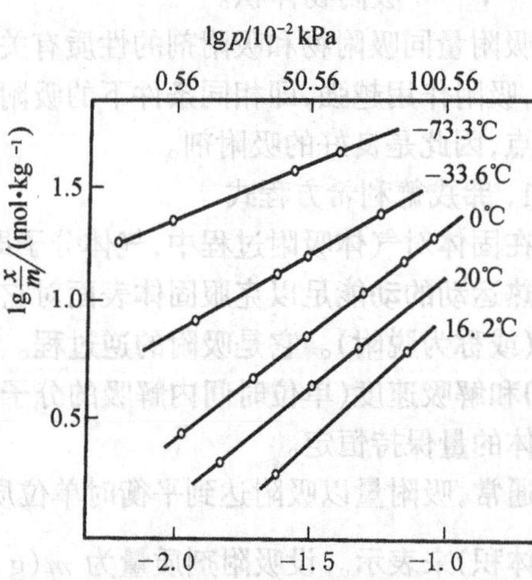

图5-22 CO在炭上的吸附等温线

符，所以应用比较广泛。但当应用于吸附等温线的低压部分和高压部分时将产生较大的偏差。此外，方程中的经验常数都没有明确的物理意义，只能从实验数据来决定。

弗戎德利希方程式同样适用于固体与溶液中溶质的吸附，只需将气体压强改为溶质的浓度，即

$$\frac{x}{m}=kc^{1/n}$$

式中，c 为吸附达到平衡时溶质在溶液中的浓度。但是，固体从溶液中吸附比吸附气体要复杂得多。

2. 朗格缪尔方程式

弗戎德利希方程式只是一个经验式，不能说明吸附作用的机理。为了阐述机理，1916年朗格缪尔(Langmuir)从动力学观点出发，提出一个吸附理论，称为单分子层吸附理论。这个理论的基本观点是把气体在固体表面上的吸附作用看成是气体分子在吸附剂表面凝聚和逃逸(即吸附与解吸)两种相反过程达到动态平衡的结果。他所作的基本假设是：

(1)固体具有吸附能力是因为表面上的原子受力不平衡，其力场不饱和，产生剩余价力。这种剩余价力使碰撞到固体表面的气体分子被吸附。但是，气体分子只有碰撞在尚未吸附分子的空白表面上才能发生吸附作用。当固体表面上已吸附了一层分子之后，这种力场便达到了饱和，因此吸附是单分子层的。

(2)吸附在固体表面上的气体分子逃逸到气相的机会不受邻近其它吸附分子的影响，也不受吸附位置的影响。换句话说，相邻的被吸附分子之间没有相互作用力。

(3)吸附平衡是动态平衡。

(4)固体表面是均匀的，即表面各处对气体分子的吸附机会和吸附能力相同。

根据这些假设，可以导出理论吸附等温式。设 θ 表示任一瞬间已吸附的固体表面积占固体总表面积的百分数，即固体表面被覆盖的百分数(简称表面覆盖度)，则 $(1-\theta)$ 表示固体表面尚未被覆盖的百分数。显然，气体的吸附速度应与 $(1-\theta)$ 成正比，同时还与气体的压强 p 成正比，即

$$吸附速度=k_1p(1-\theta)$$

气体的解吸速度应与 θ 成正比。即

$$解吸速度=k_2\theta$$

式中，k_1，k_2 都是比例常数。在一定温度下，当吸附达到平衡时，吸附速度与解吸速度相等，即：

$$k_1p(1-\theta)=k_2\theta \quad 或 \quad \theta=\frac{k_1p}{k_2+k_1p}$$

如令 $\frac{k_1}{k_2}=b$(称为吸附平衡常数，亦称为吸附系数)，代入上式，则得：

$$\theta=\frac{bp}{1+bp} \tag{5-2}$$

式(5-2)称为朗格缪尔吸附等温方程式，它定量地表明表面覆盖度 θ 与平衡压强 p 之间的关系。

若以 Γ 表示某一定量吸附剂所吸附气体的量，而 Γ_∞ 表示同量吸附剂所能吸附气体的

最大量(即当表面被覆盖满单分子层时的饱和吸附量),则

$$\theta=\frac{\Gamma}{\Gamma_\infty}$$

代入式(5-2),即得朗格缪尔吸附等温式的另一表示形式:

$$\Gamma = \Gamma_\infty \frac{bp}{1+bp} \qquad (5\text{-}3)$$

利用式(5-3),如果已知常数 Γ_∞ 和 b 就可以求得气体压强为 p 时的平衡吸附量 Γ。为了方便地从实验数据计算 Γ_∞ 和 b,可将式(5-3)倒转并以 p 乘两边,得:

$$\frac{p}{\Gamma}=\frac{1}{\Gamma_\infty b}+\frac{p}{\Gamma_\infty}$$

以 $\frac{p}{\Gamma}$ 对 p 作图,应得一直线,Γ_∞ 和 b 可以从斜率及截距求得。

朗格缪尔吸附等温方程式能较好地说明图 5-21 所示的吸附等温线。当气体压强足够低时,$bp \ll 1$,式(5-3)简化为 $\Gamma=\Gamma_\infty bp$,说明吸附量和气体压强成正比,这与等温线在低压时几乎呈直线关系相符。当气体压强足够高时,$bp \gg 1$,式(5-3)简化为 $\Gamma=\Gamma_\infty$,说明吸附达到饱和,吸附量不再随气体压强的改变而发生变化,这与等温线在高压时变成水平线相符。当气体压强适中时,则为 $\Gamma=\Gamma_\infty\frac{bp}{1+bp}$,仍保留曲线形式。但当气体压强过高时,由于吸附不再是单分子层,朗格缪尔吸附等温线就不适用。

朗格缪尔吸附等温方程式可以应用于溶液中溶质在固体表面的吸附。只需将压强 p 改为溶质的浓度 c,即:

$$\Gamma=\Gamma_\infty\frac{bc}{1+bc}$$

【例 5-1】 下列数据为 0℃时不同压力下,每克活性炭吸附氮气的毫升数(STP)。设吸附为单分子层吸附,求饱和吸附量 Γ_∞ 和朗格缪尔吸附系数 b。

压力/Pa	524	1731	3058	4534	7497
吸附量/($mL\cdot g^{-1}$)	0.987	3.04	5.08	7.04	10.31

解 由式(5-3)改写得到:

$$\frac{p}{\Gamma}=\frac{1}{\Gamma_\infty b}+\frac{1}{\Gamma_\infty}p$$

以 $\frac{p}{\Gamma}$ 对 p 作图应得一直线,其斜率为 $\frac{1}{\Gamma_\infty}$,截距为 $\frac{1}{\Gamma_\infty b}$。由 p 和 Γ 求得作图数据如下:

p/Pa	524	1731	3058	4534	7497
$\frac{p}{\Gamma}$/($Pa\cdot g\cdot mL^{-1}$)	531	569	603	644	727

由图 5-23 中直线斜率和截距得到:

$$\frac{1}{\Gamma_\infty}=0.0278,\quad \text{所以}\quad \Gamma_\infty=35.97\text{mL}\cdot\text{g}^{-1}$$

$$\frac{1}{\Gamma_\infty b}=518,\quad \text{所以}\quad b=5.37\times10^{-5}\text{Pa}^{-1}$$

通过测定吸附等温线，可以求得饱和吸附量，而 Γ_∞ 又同吸附剂的比表面 A_0 有关：

$$A_0=\rho\Gamma_\infty N_A A_m$$

式中，ρ 为吸附剂的密度；N_A 为阿佛伽德罗常数；A_m 为吸附物分子的截面积。因此，吸附等温线的研究不仅在于揭示吸附量同压力的关系，更重要的是透视了固体吸附剂的表面特性。随着近代固体催化剂的广泛应用，借助吸附等温线的测定，了解催化剂的比表面、孔体积与孔径分布等重要参数越来越受人们的重视。

但是，实际的吸附等温线并非仅此一种，通常可分为五类。形成的吸附分子层，有单分子层，也有多分子层，有些固体的吸附还伴随有毛细孔内的凝聚等现象。表 5-7 给出了吸附等温线的概况，可用于分析吸附的类型推测吸附剂可能存在的表面特性。

表 5-7　五类吸附等温线

类　型	特点：低　压	特点：高　压	特点：吸附剂孔隙率	实　例
Ⅰ 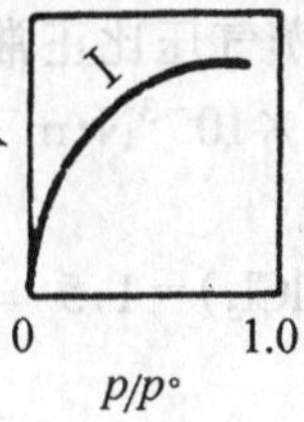	单分子层	单分子层吸附达饱和		-195℃时 N_2 在活性炭上的吸附
Ⅱ 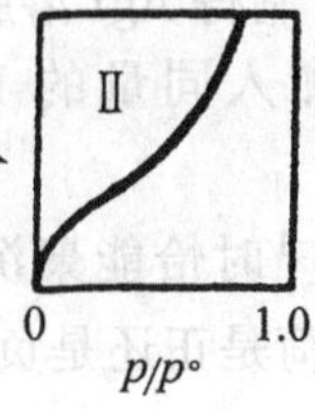	单分子层	多分子层	孔隙率低	-195℃时 N_2 在硅胶上的吸附
Ⅲ 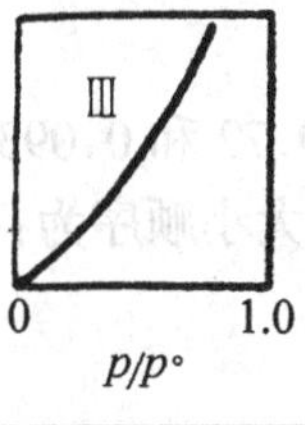	多分子层	多分子层	孔隙率低	79℃时 Br_2 在硅胶上的吸附
Ⅳ 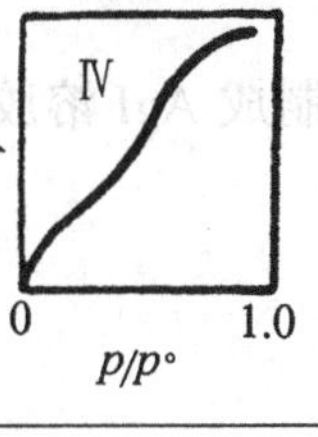	单分子层	多分子层，伴有毛细孔凝聚	孔隙率高	50℃时汞在氧化铁凝胶上的吸附

续表 5-7

类型	特点			实例
	低压	高压	吸附剂孔隙率	
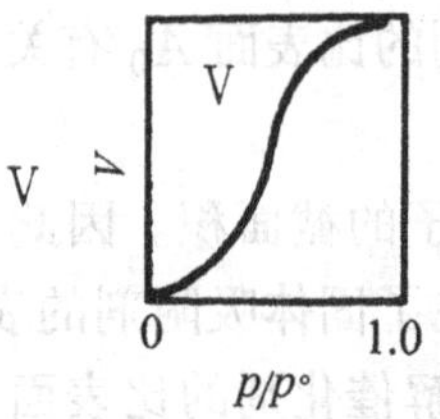	多分子层	多分子层，伴有毛细孔凝聚	孔隙率高	100℃时水蒸气在活性炭上的吸附

习题

1. 1g 汞分散为直径等于 7×10^{-8}m 的汞珠，试求其比表面和表面吉氏函数的增加值。已知汞的密度为 $1.36\times10^{4}\text{kg}\cdot\text{m}^{-3}$，汞的表面张力为 $0.438\text{N}\cdot\text{m}^{-1}$。

2. 根据下列比表面吉氏函数，判断水能否在汞面上铺开。

$$\sigma_{水\text{-}气}=72.8\times10^{-3}\text{J}\cdot\text{m}^{-2};\sigma_{汞\text{-}气}=438\times10^{-3}\text{J}\cdot\text{m}^{-2};\sigma_{水\text{-}汞}=375\times10^{-3}\text{J}\cdot\text{m}^{-2}$$

3. 20℃时苯蒸气凝结成雾，其液珠半径为 10^{-6}m，试计算饱和蒸气压比正常值增加的百分率。已知 20℃时液体苯的密度为 $879\text{kg}\cdot\text{m}^{-3}$，表面张力为 $28.9\times10^{-3}\text{N}\cdot\text{m}^{-1}$。

4. 下列电解质对某溶胶的聚沉值($\text{m mol}\cdot\text{L}^{-1}$)分别为：

$$c(NaNO_3)=300,c(Na_2SO_4)=390,c(MgCl_2)=50,c(AlCl_3)=1.5$$

问此溶胶的电荷符号。

5. 将含有 0.08mol 的 KI 和 0.1mol 的 $AgNO_3$ 溶液等体积混合制得 AgI 溶胶，写出化学反应式及胶团的结构式，并指出此胶粒的电泳方向，如果加入同量的 $MgSO_4$ 和 $K_3[Fe(CN)_6]$，问哪一种电解质更容易使溶胶聚沉？

6. 有一 $Al(OH)_3$ 溶胶，加入 KCl 使最终浓度为 $80\text{m mol}\cdot\text{L}^{-1}$时恰能聚沉，若加入 K_2CrO_4，则浓度为 $0.4\text{m mol}\cdot\text{L}^{-1}$时恰能聚沉。问 $Al(OH)_3$ 溶胶电荷是正还是负？为使该溶胶聚沉，约需 $CaCl_2$ 浓度为多少？

7. 选择题：

(1) $MgCl_2$ 和 $AlCl_3$ 对 AgI 溶胶的聚沉值($\text{m mol}\cdot\text{dm}^{-3}$)分别为 0.72 和 0.093。试判断 $AgNO_3$，$MgSO_4$，KCl，$FePO_4$，$Mg(NO_3)_2$ 对该 AgI 溶胶的聚沉能力的大小顺序为：

①$FePO_4>MgSO_4>KCl>AgNO_3>Mg(NO_3)_2$；

②$AgNO_3>FePO_4>Mg(NO_3)_2>MgSO_4>KCl$；

③$FePO_4>MgSO_4>Mg(NO_3)_2>AgNO_3>KCl$。

(2) 用等体积 $0.01\text{mol}\cdot\text{dm}^{-3}$的 KI 和 $0.1\text{mol}\cdot\text{dm}^{-3}$的 $AgNO_3$ 制成 AgI 溶胶，电解质 KCl，KNO_3，K_2SO_4，$CuSO_4$ 的聚沉能力大小顺序为：

①$KCl>K_2SO_4>CuSO_4>KNO_3$；

②$CuSO_4>K_2SO_4>KCl>KNO_3$；

③$K_2SO_4>CuSO_4>KCl>KNO_3$。

(3)对于 $Fe(OH)_3$ 水溶胶，NaCl 和 Na_2SO_4 的聚沉值分别为 512.2m mol·L^{-1} 和 4.311m mol·L^{-1}。现若用 $ZnSO_4$ 使之聚沉，则 $ZnSO_4$ 的聚沉值：

①大于 512.2m mol·dm^{-3}；

②大于 4.311m mol·dm^{-3}；

③小于 4.311m mol·dm^{-3}。

8. 以焦炭吸附 NH_3，在 78.3℃时获得如下数据：

$p\times10^3$/kPa(atm)	722(7.13)	1306(12.9)	1722(17.0)	2897(28.6)	3930(38.8)	7527(74.3)	10099(99.7)
$\frac{x}{m}\Big/(L\cdot kg^{-1})$	10.2	14.7	17.3	23.7	28.4	41.9	50.1

利用上列各数值求对应的各 $\lg p$ 及 $\lg\frac{x}{m}$，并作 $\lg\frac{x}{m}\sim\lg p$ 图，从图求弗戎德利希方程式中的 n 和 k 值。

9. 氧化镁粒子的表面能够吸附水中的硅酸盐，可用以减少锅炉中沉积的硅酸盐垢皮。试由下列数据：

氧化镁/mg·[kg(H_2O)]$^{-1}$	0	75	100	126	160	200
沉积的硅酸盐/mg·[kg(H_2O)]$^{-1}$	26.2	9.2	6.2	3.6	2.0	1.0
除掉的硅酸盐/mg·[kg(H_2O)]$^{-1}$	0	17.2	20.0	22.2	24.2	25.2

(1)应用弗戎德利希方程作图，求出方程中的常数 k 和 n；

(2)欲将硅酸盐减少至 2.9×10^{-3}g[kg(H_2O)]$^{-1}$，需用多少 mg·[kg(H_2O)]$^{-1}$的 MgO?

10. 在 0℃及不同氮的分压下，1g 活性炭吸附氮的 cm^3(标准状态)如下：

氮的分压 p/kPa	0.057	0.16	0.52	1.73	3.06	4.53	7.50	10.33
吸附量 $\Gamma/cm^3\cdot g^{-1}$	0.111	0.298	0.987	3.043	5.082	7.047	10.310	13.053

应用以上数据求出朗格缪尔方程中最大吸附量 Γ_∞和吸附系数 b。

11. 用活性碳吸附 $CHCl_3$，在 0℃时饱和吸附量为 93.8L·kg^{-1}。已知 $CHCl_3$ 分压为 13.4kPa 时的平衡吸附量为 82.5L·kg^{-1}，求：

(1)朗格缪尔方程中的 b 值；

(2)$CHCl_3$ 分压为 6.67kPa 时，平衡吸附量是多少？

12. 将 12cm^3 0.02mol·L^{-1}的 KCl 溶液和 100cm^3 0.005mol·L^{-1}的 $AgNO_3$ 溶液混合以制备 AgCl 溶胶。写出这个溶胶的胶团结构式，并指出 AgCl 溶胶电泳时向哪一个电极移动。

13. 将 10cm^3 0.02mol·L^{-1}的 $AgNO_3$ 溶液和 100cm^3 0.005mol·L^{-1}的 KCl 溶液混合以制备 AgCl 溶胶。写出这个溶胶的胶团结构式，并指出胶粒的电泳方向。

14. 如欲制备 AgI 的负电性溶胶，应在 25cm^3 0.16mol·L^{-1}的 KI 溶液内加入多少毫升 0.005mol·L^{-1}的 $AgNO_3$ 溶液？写出此溶胶的胶团结构式。

第六章　原子结构和元素周期系

物质的各种性质都与其组成和结构有关。为了深入了解物质的性质及其变化规律的根本原因,还必须进一步研究物质的微观结构。由于氢原子核外只有1个电子,结构最简单,从研究氢原子所得到的一些重要概念如原子能级、原子轨道、电子云等可作为理解多电子原子结构的基础。所以本章从氢原子结构入手,讨论电子在核外的运动状态以及周期系与原子结构的关系。

第一节　氢原子结构

一、氢原子光谱与玻尔理论

人们对原子结构的认识是和原子光谱的实验分不开的。当以火焰、电弧、电火花或其它方法灼热气体或蒸气时,它就能发出不同波长或频率的光线,利用三棱镜对这些光线折射率的不同,可以把它们分成一系列按照波长长短的次序排列的线条,这些线条叫做线状光谱。光谱中谱线的数目与谱线的位置仅与元素的种类有关,因此,线状光谱又称原子光谱。

氢原子光谱是最简单的线状光谱,它在可见光范围内,有比较明显的5条谱线:H_α,H_β,H_γ,H_δ,H_ε,如图6-1所示。

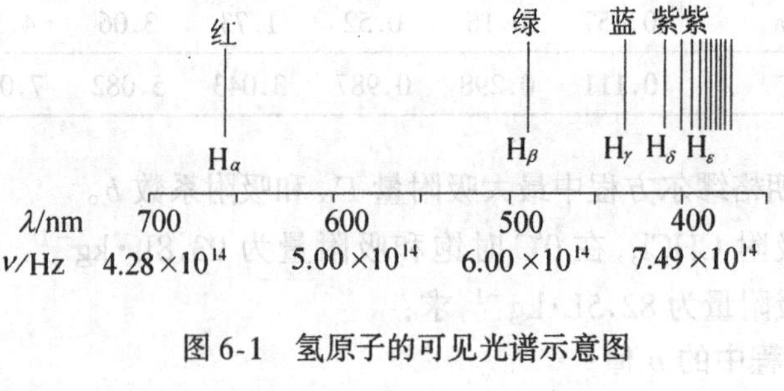

图6-1　氢原子的可见光谱示意图

随着氢原子光谱研究的深入,除上述5条谱线以外,在紫外区、红外区还可以找到多条具有特征频率的谱线。氢原子光谱的所有谱线的频率都服从下列数学关系式:

$$\nu = R_\infty\left(\frac{1}{n_1^2}-\frac{1}{n_2^2}\right)$$

式中,R_∞为里德伯(Rydberg)常数,n_1,n_2为正整数,$n_2>n_1$。

按照经典的电磁学理论,原子内带负电荷的电子围绕带正电荷的原子核运动时,应该不断地产生辐射光。由于释放了能量,电子能量连续下降,辐射光的频率应连续变化形成一个连续光谱,原子的体积应该越来越小。但这些结论都和实验观察的结果相反,原子的发射光谱是一些有固定波长的线状光谱，而且原子在液态或固态占据的体积是不变的。

为了解释氢原子光谱的实验事实，1913 年丹麦物理学家玻尔(N.Bohr)对原子结构作了大胆的设想，提出了一个原子结构的模型。他假设原子中电子只能沿着一定半径 r 即一定能量 E 的圆形轨道运动，同时不辐射能量。只有当电子在不同轨道上发生跃迁时才放出或吸收能量，也就是说原子中的电子的能量只能作跳跃式的变化，原子中电子的能量是量子化的。并运用牛顿力学定律推算了氢原子的轨道半径 r 和能量 E 以及电子跃迁时吸收或发射辐射光的频率 ν 。它们都与正整数 n 有关，可分别表示如下：

$$r = a_0 n^2 \tag{6-1}$$

$$E = -\frac{2.18\times10^{-18}}{n^2}(\text{J}) = -\frac{13.6}{n^2}(\text{eV}) \tag{6-2}$$

$$\nu = 3.29\times10^{15}\left(\frac{1}{n_1^2}-\frac{1}{n_2^2}\right) \tag{6-3}$$

式中，$a_0 = 52.9\text{pm}$，通常称为波尔半径，n 为正整数，称为量子数，$n_1 < n_2$。

根据玻尔的频率规则，计算出氢光谱各条谱线的频率与实验值符合得很好。玻尔理论成功地解释了氢原子光谱，并提出了原子能级和主量子数等重要概念，对近代原子结构的发展作出了一定的贡献。但是玻尔提出的原子模型是有局限性的，它不能解释多电子原子的光谱，也不能解释氢原子光谱的精细结构。这是由于电子是微观粒子，不同于宏观物体，电子运动不遵守只适用于宏观世界的经典力学规律，而有它本身的特征和规律。玻尔理论虽然引入量子化，但它的关于电子绕核运动的固定圆形轨道的观点不符合微观粒子的运动特征。因此，玻尔原子模型必然要被新的模型即原子的量子力学模型所代替。

二、量子力学中的氢原子轨道和电子云

量子力学是研究电子、原子、分子等微观粒子运动规律的科学。微观粒子运动的主要特点是量子化、波粒二象性和统计性。

1. 微观粒子的波粒二象性

20 世纪初，人们了解到光既有波的性质，又有微粒的性质。1924 年德布罗意(L.de Broglie)在光的波粒二象性启发下，提出一个大胆的假设：实物微粒都具有波粒二象性。并预言微观粒子的波长 λ 和质量 m、运动速率 v 可通过普朗克常数 k($6.625\times10^{-34}\text{J·s}$)联系起来，提出了著名的德布罗意关系式：

$$\lambda = \frac{k}{mv} \tag{6-4}$$

例如，电子的质量为 $9.1\times10^{-31}\text{kg}$，若电子的运动速率为 $1.0\times10^{6}\text{m·s}^{-1}$，则通过式(6-4)可求得其波长为 0.73nm。

德布罗意的假设不久就被一束电子流通过晶体的衍射实验所证实。如图 6-2 所示，根据衍射实验得到的电子波长也与按德布罗意关系式计算出来的波长相符。上述实验证实了电子的波动性，后来相继发现并证实了质子、中子等粒子均具有波动性。

那么，物质波是一种怎样的波呢？人们发现，用较强的电子流通过晶体在较短时间内可得到电子衍射图，但是如果让电子一个一个地通过晶体，结果发现，当一个电子到达后，在底

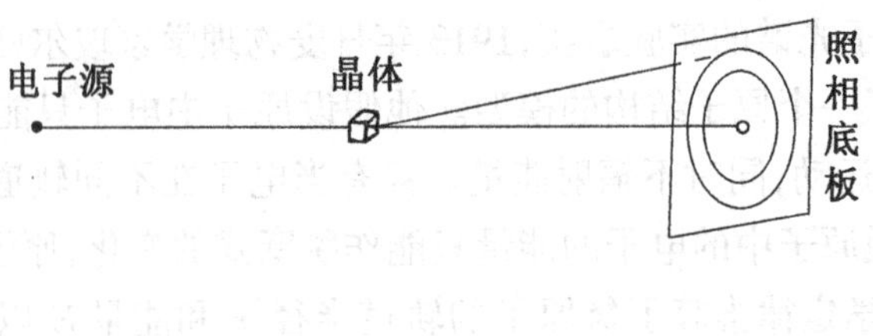

图 6-2 电子衍射示意图

片上出现一个感光点，如果实验时间较短，则在底片上出现若干似乎是不规则分布的感光点，见图 6-3a，这表现了电子的粒子性。若实验时间较长，则底片上就形成了衍射环纹，见图 6-3b，这显示了电子的波动性。由此可见，电子等物质的波动性是大量微粒运动（或者一个粒子的千万次运动）所表现出来的性质，是微粒行为统计性的结果。从所得衍射图像可知，衍射强度大的区域表示电子出现的次数多，即电子出现的几率较大；衍射强度较小的区域表示电子出现次数少，即电子出现的几率较小。衍射强度是物质波强度的一种反映，即空间任何一点波的强度与微粒出现的几率密度成正比。因此，电子等物质波是具有统计性的几率波。

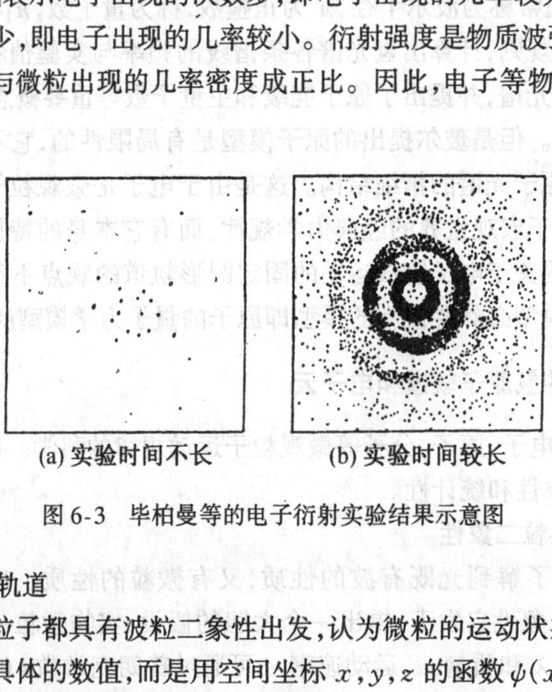

(a) 实验时间不长　　(b) 实验时间较长

图 6-3 毕柏曼等的电子衍射实验结果示意图

2. 波函数与原子轨道

量子力学从微观粒子都具有波粒二象性出发，认为微粒的运动状态可用波函数 ψ 来描述。波函数不是一个具体的数值，而是用空间坐标 x,y,z 的函数 $\psi(x,y,z)$ 来描写波的数学函数式，以表征原子中电子的运动状态，所以习惯上将波函数称为原子轨道。若设法将代表电子不同运动状态的各种波函数与空间坐标的关系用图的形式表示出来，还可得到各种波的图形。

氢原子中代表电子运动状态的波函数可以通过求解量子力学的基本方程——薛定谔方程而得到。它是一个二阶偏微分方程：

$$\frac{\partial^2\psi}{\partial x^2}+\frac{\partial^2\psi}{\partial y^2}+\frac{\partial^2\psi}{\partial z^2}+\frac{8\pi^2 m}{h}(E-V)\psi=0$$

式中，E 是体系总能量，V 是体系的势能，m 是微粒的质量。

解薛定谔方程时，为了方便起见，将直角坐标 (x,y,z) 换算成球极坐标 (r,θ,ϕ)，在数学上又可将 $\psi(r,\theta,\phi)$ 分解为两部分。

$$\psi(r,\theta,\phi)=R(r)Y(\theta,\phi)$$

其中，R 是电子离核距离 r 的函数，称为波函数的径向部分；Y 则是角度 θ，ϕ 的函数，称为波函数的角度部分。

薛定谔方程的求解过程很复杂，而且有很多的解，为了使所求的解具有特定的物理意义，必须引入 3 个量子数。

(1)主量子数 n。

主量子数 n 是描述核外电子能量高低和离核远近的主要量子数。n 的取值范围为 1,2,3,4,…等正整数值。n 值越大，表示电子的能量就越高，电子离核的平均距离就越远。

(2)角量子数 l。

角量子数 l 代表电子的角动量，确定原子轨道的空间形状。l 可取的数值为 0,1,2,…,$(n-1)$，共可取 n 个数。可见 l 的数值受 n 的数值限制。例如，$n=1$ 时，l 只可取 0；$n=2$ 时，l 可取 0 和 1。$l=0,1,2,3$ 的轨道分别称为 s，p，d，f 轨道。

当 n 值相同 l 值不同时，则同一电子层又形成若干电子亚层。也就是说，同一电子层的电子的能量还稍有差别。l 值越大，能量越高。即 s 亚层能量最低，p，d，f 亚层的电子能量依次升高。

(3)磁量子数 m。

磁量子数 m 决定原子轨道在空间的伸展方向。某种形状的原子轨道，可以在空间取不同的伸展方向而得到几个空间取向不同的原子轨道。m 可取的数值为 0，±1，±2，±3，…，±l，共可取$(2l+1)$个数值，m 的数值受 l 数值的限制。例如，当 $l=0,1,2,3$ 时，m 依次可取 1,3,5,7 个数值。

我们常把 n、l 和 m 都确定的电子运动状态称为原子轨道，所以 s 亚层只有 1 个原子轨道；p 亚层有 3 个原子轨道；d 亚层有 5 个原子轨道；f 亚层有 7 个原子轨道。l 相同的几个原子轨道虽然空间取向不同，但原子轨道的能量是等同的，这样的轨道通称为等价轨道或简并轨道。表 6-1 列出了量子数和原子轨道的关系。

表 6-1　量子数和原子轨道

n	电子层符号	l	轨道	m	轨道数	
1	K	0	1s	0	1	1
2	L	0	2s	0	1	4
		1	2p	+1,0,−1	3	
3	M	0	3s	0	1	9
		1	3p	+1,0,−1	3	
		2	3d	+2,+1,0,−1,−2	5	
4	N	0	4s	0	1	16
		1	4p	+1,0,−1	3	
		2	4d	+2,+1,0,−1,−2	5	
		3	4f	+3,+2,+1,0,−1,−2,−3	7	

(4)自旋量子数 m_s。

自旋量子数 m_s 表示了电子自旋运动的取向。因为电子的自旋只有 2 个相反的方向，所以自旋量子数只有两个值：$+\frac{1}{2}$和$-\frac{1}{2}$。通常也用向上和向下的箭头↑ ↓分别表示。

综上所述，电子在核外运动状态可以用 4 个量子数来确定。

3．几率密度和电子云

波函数 ψ 本身虽然不能与任何可以观察的物理量相联系，但波函数的平方 ψ^2 却可以反映电子在核外某位置上单位体积内出现的几率的大小，即几率密度。

我们知道，电子和光子一样具有波粒二象性，所以可与光波的情况作比较。从光的波动性分析，光的强度与光波的振幅平方成正比；从光的粒子性来考虑，光的强度与光子密度成正比。若将波动性和微粒性统一起来，则光的振幅平方与光子密度成正比。对电子来说，也应有类似的结论，即电子波的波函数平方 ψ^2 与电子出现的几率密度成正比。因而认为波函数的平方 ψ^2 可用来反映电子在核外某位置上单位体积内出现的几率大小即几率密度。

若以小黑点的疏密程度来表示电子在核外出现的几率密度大小，即 ψ^2 大的地方，黑点较密，表示电子出现的几率密度较大；ψ^2 小的地方，黑点较疏，表示电子出现的几率密度较小。这种以小黑点的疏密形象化表示电子在核外空间各处出现几率密度大小的图形叫做电子云。氢原子基态 1s 电子云呈球形，当氢原子处于激发态时，也可以按上述规则画出各种电子云的图形。如图 6-4 所示。

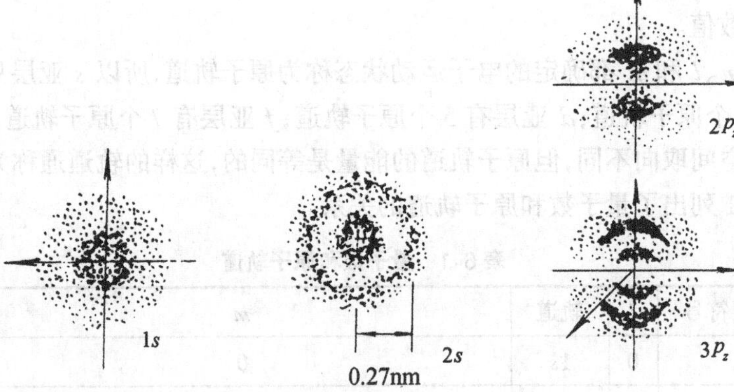

图 6-4　原子的 $1s,2s,2p_z,3p_z$ 电子云图

应当注意，对于氢原子来说，只有 1 个电子，图中黑点的数目并不代表电子的数目，而只代表 1 个电子在瞬间出现的那些可能的位置。

4．原子轨道和电子云的角度分布图

(1)原子轨道角度分布图。

原子轨道除用数学函数式描述外，通常还可以用相应的图形来表示。

波函数可分离为径向部分和角度部分的乘积：

$$\psi(r,\theta,\phi)=R(r)Y(\theta,\phi)$$

就可以从径向部分和角度部分两个侧面来画原子轨道的图形。由于原子轨道的角度分布图对研究化学键的形成和分子构型很有用处，因此着重讨论原子轨道的角度分布图。

原子轨道角度分布图是波函数角度部分 $Y(\theta,\phi)$随 θ 和 ϕ 变化所作的图形。例如由薛定谔方程解得所有 s 轨道波函数的角度部分 Y_s 为$\sqrt{\frac{1}{4\pi}}$，它是一个与角度(θ,ϕ)无关的常数，所以它的角度分布图是一个以半径为$\sqrt{\frac{1}{4\pi}}$的球面。又如所有 p_z 轨道波函数的角度部分为：

$$Y_{p_z}=\sqrt{\frac{3}{4\pi}}\cos\theta$$

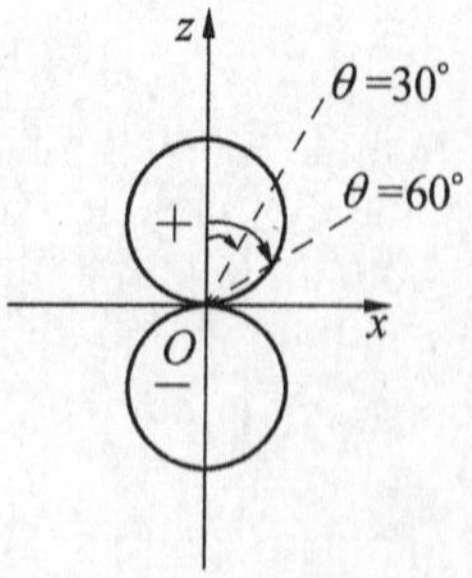

图 6-5　p_z 原子轨道的角度分布示意图

Y_{p_z}值随 θ 的变化而改变。在作图前先计算出不同 θ 时的 Y_{p_z} 值，然后如图 6-5 所示，从原点引出与 z 轴成一定 θ 角的直线，并令直线的长度等于相应的 Y_{p_z} 值，连结所有直线的端点，再把所得到图形绕 z 轴旋转 360°，所得空间曲面即为 p_z 轨道的角度分布图。必须指出，图中节面上下的正负号仅表示 Y 值是正值还是负值，并不代表电荷。

其它原子轨道的角度分布图也可根据各自的函数值（如 $Y_{p_x}=\sqrt{\frac{3}{4\pi}}\sin\theta\cos\phi$，$Y_{p_y}=\sqrt{\frac{3}{4\pi}}\sin\theta\sin\phi$）用类似方法作图。原子轨道的角度分布图如 6-6 所示。

(2)电子云角度分布图。

电子云是电子在核外空间出现的几率密度分布的形象化描述，而几率密度大小可用 ψ^2 来表示，若以 ψ^2 作图，则可以得到电子云图形。将 ψ^2 的角度部分 Y^2 随 θ、ϕ 变化的情况作图，就得到电子云角度分布图，如图 6-7 所示。电子云的角度分布图与相应的原子轨道角度分布图相似，但有两点不同：第一，原子轨道的角度分布图有正、负之分，而电子云的角度分布图都是正，这是由于 Y 平方后总是正值。第二，电子云的角度分布图比原子轨道的角度分布图“瘦”些，这是由于 Y 值小于 1，所以 Y^2 值更小。

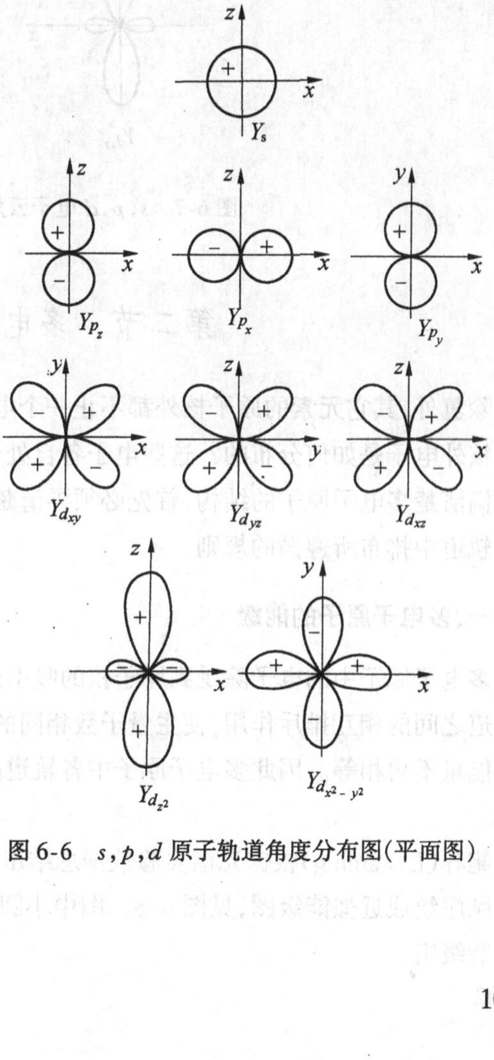

图 6-6　s,p,d 原子轨道角度分布图(平面图)

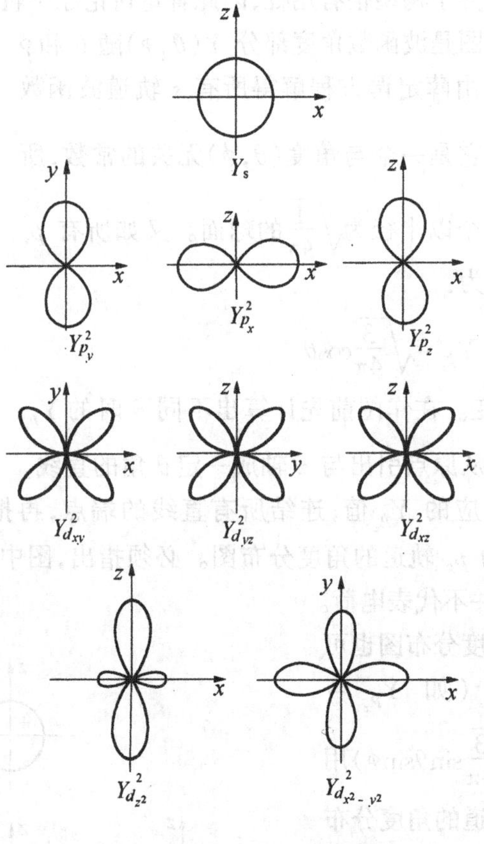

图 6-7　s,p,d 电子云角度分布图(平面图)

第二节　多电子原子结构

除氢外,其它元素的原子核外都不止一个电子,这些原子统称为多电子原子。多电子原子的核外电子是如何分布的?这些电子各自处于什么样的运动状态?具有多大能量?因此为了搞清楚多电子原子的结构,首先必须弄清楚各种原子轨道的能级的高低及电子在不同原子轨道中排布所遵循的规则。

一、多电子原子的能级

多电子原子中的电子除受到原子核的吸引外,还存在着与其它电子的相互排斥,由于原子轨道之间的相互排斥作用,使主量子数相同的各轨道产生分裂,因而主量子数相同的各轨道的能量不再相等。因此多电子原子中各轨道的能量不仅与主量子数有关,还与角量子数有关。

鲍林(L.Pauling)根据光谱实验数据总结出多电子原子中各轨道能级顺序,并按能级的高低顺序绘成近似能级图,见图 6-8。图中小圆圈表示原子轨道,虚线方框中的各轨道组成一个能级组。

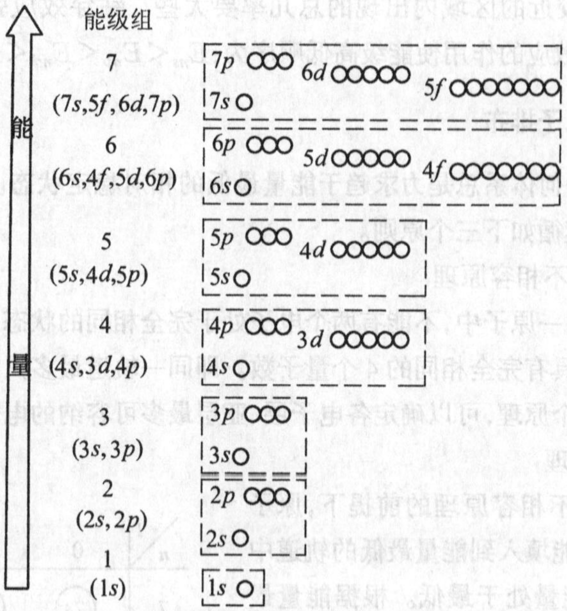

图 6-8　原子轨道近似能级图

由图可见，原子轨道共划分为 7 个能级组，同一能级组中各轨道的能量相近，不同能级组能量相差比较大。当 l 值相同、n 值不同时，轨道的能级随 n 值的增长而升高，例如 $E_{1s}<E_{2s}<E_{3s}\cdots$，$E_{2p}<E_{3p}<E_{4p}\cdots$。当 n 值相同、l 值不同时，l 越小，能级越低，例如 $E_{ns}<E_{np}<E_{nd}<E_{nf}$，这种轨道能级随 l 值增大而升高的现象称为能级分裂。当 n 和 l 都不相同时，有时会出现 n 值大的亚层的能量反而比 n 值小的亚层的能量低，例如 $E_{4s}<E_{3d}$，$E_{6s}<E_{4f}$，这种现象称为能级交错。

能级交错现象可用屏蔽效应和钻穿效应来解释。

由于多电子原子中的电子除受到原子核的吸引外，还存在着与其余电子的相互排斥。内层电子对外层电子的排斥，相当于抵消了一部分原子核对该电子的吸引作用，就好像在该电子的周围有一个负电荷的屏障，屏蔽掉了一部分核电荷，使该电子实际受到核的引力要比等于原子序数 Z 数目的核电荷的引力小。通常把电子实际所受到的核电荷称为有效核电荷，用 Z^* 表示，则：

$$Z^* = Z - \sigma$$

式中 σ 称为屏蔽常数。屏蔽效应越大，Z^* 就越小，被屏蔽电子受核引力越小，具有的能量也就越大。多电子原子中的电子，受内层电子的屏蔽作用比同层电子的屏蔽作用大。而同层电子间的屏蔽作用还随电子本身的角量子数 l 值的不同而不同，l 值越小的电子对其它电子的屏蔽作用越强。结果 l 值越大的电子，本身受到其同层电子的屏蔽也越强，因而其能量也越高，所以有 $E_{ns}<E_{np}<E_{nd}<E_{nf}$。

钻穿效应是指外层电子能够避开其它电子的屏蔽而钻穿到内层，在离核较近的地方出现，因而有使能量降低的作用。当 n 相同而 l 不同时，它们的电子云径向分布的特点各不相同，ns 电子在离核较近的区域内出现的总几率要大些。钻穿效应强弱顺序为：$ns > np > nd > nf$，所以钻穿效应的作用使能级高低顺序为：$E_{ns} < E_{np} < E_{nd} < E_{nf}$。

二、原子核外电子排布

在自然界中，任何体系总是力求趋于能量最低的相对稳定状态。对于基态原子核外的电子排布，必须要遵循如下三个原则。

1．泡利(Pauli)不相容原理

研究指出，在同一原子中，不能有两个电子处于完全相同的状态。就是说在同一原子里不可能有两个电子具有完全相同的 4 个量子数。即同一轨道最多只能容纳 2 个自旋方向相反的电子。根据这个原理，可以确定各电子层、亚层最多可容纳的电子数。

2．能量最低原理

在不违背泡利不相容原理的前提下，原子核外的电子要尽可能填入到能量最低的轨道中去，以使原子体系能量处于最低。根据能量最低原理，核外电子一般是按照近似能级图中各能级的顺序由低到高填充的。为了便于记忆，根据能级图绘出电子填充顺序图，如图 6-9 所示。只要根据图中箭头所指的方向，就可有顺序地往原子轨道中逐一填充电子。

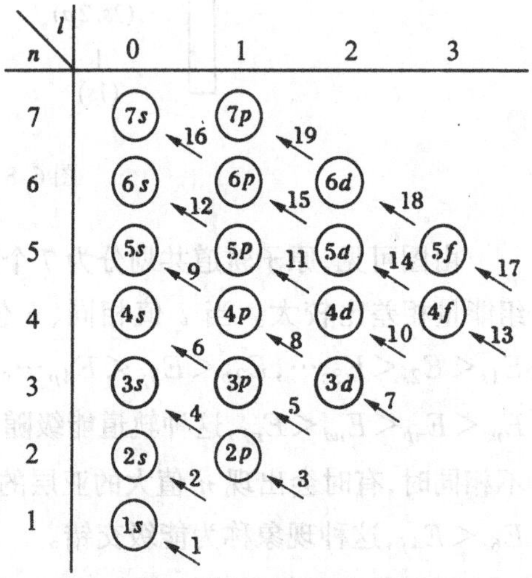

图 6-9　电子填充顺序图

3．洪特(Hund)规则

洪特根据大量光谱实验的结果总结出以下重要规律：第一，电子在同一亚层的等价轨道上排布时，将尽可能分占不同的轨道，而且自旋方向相同。用量子力学理论推算，也证明这样的排布可以使原子体系能量最低。例如，原子序数为 6 的碳原子中，两个 $2p$ 电子排布方式应为 [↑][↑][ ]，而不是 [↑][↓][ ] 或 [↑↓][ ][ ]。第二，作为洪特规则的一个特例，在等价轨道中，电子处于全充满(如 p^6，d^{10}，f^{14})、半充满(如 p^3，d^5，f^7)或全空(如 p^0，d^0，f^0)时，原子的能量保持最低，原子结构比较稳定。

应用近似能级图，并根据泡利不相容原理、能量最低原理和洪特规则，就可以进行原子核外电子的排布。通常用电子排布式来表示原子中各电子的实际排布情况，例如：

$_{4}Be$　$1s^2 2s^2$

$_{8}O$　$1s^2 2s^2 2p^4$

$_{22}Ti$　$1s^2 2s^2 2p^6 3s^2 3p^6 3d^2 4s^2$

$_{29}Cu$　$1s^2 2s^2 2p^6 3s^2 3p^6 3d^{10} 4s^1$($3d^{10}$为全充满)

$_{24}Cr$　$1s^22s^22p^63s^23p^63d^54s^1$($3d^5$ 为半充满)

这里值得指出的是:$4s$ 的轨道能级比 $3d$ 轨道能级低,因此电子在原子轨道中填充的顺序应该是先填满 $4s$ 轨道,然后再填充 $3d$ 轨道,但在写电子排布式时,仍然应该把 $3d$ 轨道写在 $4s$ 轨道的左面,与其同层的 $3s$、$3p$ 轨道顺序连在一起。这样写一方面表明了对 Ti 原子而言最外层轨道是 $4s$ 轨道,是先被电子填满了的,而其次外层 $3d$ 轨道却是未充满的。另一方面,这样写法可以帮助我们方便而正确地由原子的电子排布式推出相应离子的电子排布式,因为原子失去电子的先后顺序往往是先失去离核最远的最外层电子。

此外,由于各种原子在化学反应中一般只是价层电子发生变化。所以,可以把内层电子和原子核看作是一个相对稳定不变的实体,用一个与其具有相同电子排布的稀有气体元素的元素符号来代表这个内层电子的实体,称为原子实。例如,Ti 原子的电子排布式可写作:[Ar]$3d^24s^2$。这里[Ar]即代表了与 Ar 原子的电子排布完全相同的 Ti 原子中的内层电子($1s^22s^22p^63s^23p^6$)与原子核所组成的原子实。或者更简化一些,在许多情况下干脆把原子的内层排布略去不写,只写出其外层价电子的排布,这样的电子排布式就是价层电子排布式,也称价层电子构型。Ti 原子的价层电子构型是 $3d^24s^2$。

表 6-2　原子中电子的分布

周期	原子序数	元素符号	电子层																	
			K	L		M			N				O				P			Q
			1s	2s	2p	3s	3p	3d	4s	4p	4d	4f	5s	5p	5d	5f	6s	6p	6d	7s
1	1	H	1																	
	2	He	2																	
2	3	Li	2	1																
	4	Be	2	2																
	5	B	2	2	1															
	6	C	2	2	2															
	7	N	2	2	3															
	8	O	2	2	4															
	9	F	2	2	5															
	10	Ne	2	2	6															
3	11	Na	2	2	6	1														
	12	Mg	2	2	6	2														
	13	Al	2	2	6	2	1													
	14	Si	2	2	6	2	2													
	15	P	2	2	6	2	3													
	16	S	2	2	6	2	4													
	17	Cl	2	2	6	2	5													
	18	Ar	2	2	6	2	6													

续表 6-2

周期	原子序数	元素符号	电子层 K	L		M			N				O				P			Q
			1*s*	2*s*	2*p*	3*s*	3*p*	3*d*	4*s*	4*p*	4*d*	4*f*	5*s*	5*p*	5*d*	5*f*	6*s*	6*p*	6*d*	7*s*
	19	K	2	2	6	2	6		1											
	20	Ca	2	2	6	2	6		2											
	21	Sc*	2	2	6	2	6	1	2											
	22	Ti	2	2	6	2	6	2	2											
	23	V	2	2	6	2	6	3	2											
	24	Cr	2	2	6	2	6	5	1											
	25	Mn	2	2	6	2	6	5	2											
	26	Fe	2	2	6	2	6	6	2											
	27	Co	2	2	6	2	6	7	2											
4	28	Ni	2	2	6	2	6	8	2											
	29	Cu	2	2	6	2	6	10	1											
	30	Zn	2	2	6	2	6	10	2											
	31	Ga	2	2	6	2	6	10	2	1										
	32	Ge	2	2	6	2	6	10	2	2										
	33	As	2	2	6	2	6	10	2	3										
	34	Se	2	2	6	2	6	10	2	4										
	35	Br	2	2	6	2	6	10	2	5										
	36	Kr	2	2	6	2	6	10	2	6										
	37	Rb	2	2	6	2	6	10	2	6			1							
	38	Sr	2	2	6	2	6	10	2	6			2							
	39	Y*	2	2	6	2	6	10	2	6	1		2							
	40	Zr	2	2	6	2	6	10	2	6	2		2							
	41	Nb	2	2	6	2	6	10	2	6	4		1							
	42	Mo	2	2	6	2	6	10	2	6	5		1							
	43	Tc	2	2	6	2	6	10	2	6	5		2							
	44	Ru	2	2	6	2	6	10	2	6	7		1							
	45	Rh	2	2	6	2	6	10	2	6	8		1							
5	46	Pd	2	2	6	2	6	10	2	6	10									
	47	Ag	2	2	6	2	6	10	2	6	10		1							
	48	Cd	2	2	6	2	6	10	2	6	10		2							
	49	In	2	2	6	2	6	10	2	6	10		2	1						
	50	Sn	2	2	6	2	6	10	2	6	10		2	2						
	51	Sb	2	2	6	2	6	10	2	6	10		2	3						
	52	Te	2	2	6	2	6	10	2	6	10		2	4						
	53	I	2	2	6	2	6	10	2	6	10		2	5						
	54	Xe	2	2	6	2	6	10	2	6	10		2	6						

续表 6-2

周期	原子序数	元素符号	电子层 K 1s	L 2s	L 2p	M 3s	M 3p	M 3d	N 4s	N 4p	N 4d	N 4f	O 5s	O 5p	O 5d	O 5f	P 6s	P 6p	P 6d	Q 7s
	55	Cs	2	2	6	2	6	10	2	6	10		2	6			1			
	56	Ba	2	2	6	2	6	10	2	6	10		2	6			2			
	57	La*	2	2	6	2	6	10	2	6	10		2	6	1		2			
	58	Ce	2			2	6	10	2	6	10	1	2	6	1		2			
	59	Pr	2			2	6	10	2	6	10	3	2	6			2			
	60	Nd	2			2	6	10	2	6	10	4	2	6			2			
	61	Pm	2			2	6	10	2	6	10	5	2	6			2			
	62	Sm	2			2	6	10	2	6	10	6	2	6			2			
	63	Eu	2			2	6	10	2	6	10	7	2	6			2			
	64	Gd	2			2	6	10	2	6	10	7	2	6	1		2			
	65	Td	2			2	6	10	2	6	10	9	2	6			2			
	66	Dy	2			2	6	10	2	6	10	10	2	6			2			
	67	Ho	2	2	6	2	6	10	2	6	10	11	2	6			2			
	68	Er	2	2	6	2	6	10	2	6	10	12	2	6			2			
	69	Tm	2	2	6	2	6	10	2	6	10	13	2	6			2			
	70	Yb	2	2	6	2	6	10	2	6	10	14	2	6			2			
6	71	Lu	2	2	6	2	6	10	2	6	10	14	2	6	1		2			
	72	Hf	2	2	6	2	6	10	2	6	10	14	2	6	2		2			
	73	Ta	2	2	6	2	6	10	2	6	10	14	2	6	3		2			
	74	W	2	2	6	2	6	10	2	6	10	14	2	6	4		2			
	75	Re	2	2	6	2	6	10	2	6	10	14	2	6	5		2			
	76	Os	2	2	6	2	6	10	2	6	10	14	2	6	6		2			
	77	Ir	2	2	6	2	6	10	2	6	10	14	2	6	7		2			
	78	Pt	2	2	6	2	6	10	2	6	10	14	2	6	9		1			
	79	Au	2	2	6	2	6	10	2	6	10	14	2	6	10		1			
	80	Hg	2	2	6	2	6	10	2	6	10	14	2	6	10		2			
	81	Tl	2	2	6	2	6	10	2	6	10	14	2	6	10		2	1		
	82	Pb	2	2	6	2	6	10	2	6	10	14	2	6	10		2	2		
	83	Bi	2	2	6	2	6	10	2	6	10	14	2	6	10		2	3		
	84	Po	2	2	6	2	6	10	2	6	10	14	2	6	10		2	4		
	85	At	2	2	6	2	6	10	2	6	10	14	2	6	10		2	5		
	86	Rn	2	2	6	2	6	10	2	6	10	14	2	6	10		2	6		

周期	原子序数	元素符号	电子层																	
			K	L		M			N				O				P			Q
			1s	2s	2p	3s	3p	3d	4s	4p	4d	4f	5s	5p	5d	5f	6s	6p	6d	7s
	87	Fr	2	2	6	2	6	10	2	6	10	14	2	6	10		2	6		1
	88	Ra	2	2	6	2	6	10	2	6	10	14	2	6	10		2	6		2
	89	Ac*	2	2	6	2	6	10	2	6	10	14	2	6	10		2	6	1	2
	90	Th	2	2	6	2	6	10	2	6	10	14	2	6	10		2	6	2	2
	91	Pa	2	2	6	2	6	10	2	6	10	14	2	6	10	2	2	6	1	2
	92	U	2	2	6	2	6	10	2	6	10	14	2	6	10	3	2	6	1	2
	93	Np	2	2	6	2	6	10	2	6	10	14	2	6	10	4	2	6	1	2
	94	Pu	2	2	6	2	6	10	2	6	10	14	2	6	10	6	2	6		2
	95	Am	2	2	6	2	6	10	2	6	10	14	2	6	10	7	2	6		2
	96	Cm	2	2	6	2	6	10	2	6	10	14	2	6	10	7	2	6	1	2
	97	Bk	2	2	6	2	6	10	2	6	10	14	2	6	10	9	2	6		2
7	98	Cf	2	2	6	2	6	10	2	6	10	14	2	6	10	10	2	6		2
	99	Es	2	2	6	2	6	10	2	6	10	14	2	6	10	11	2	6		2
	100	Fm	2	2	6	2	6	10	2	6	10	14	2	6	10	12	2	6		2
	101	Md	2	2	6	2	6	10	2	6	10	14	2	6	10	13	2	6		2
	102	No	2	2	6	2	6	10	2	6	10	14	2	6	10	14	2	6		2
	103	Lr	2	2	6	2	6	10	2	6	10	14	2	6	10	14	2	6	1	2
	104	Rf	2	2	6	2	6	10	2	6	10	14	2	6	10	14	2	6	2	2
	105	Db	2	2	6	2	6	10	2	6	10	14	2	6	10	14	2	6	3	2
	106	Sg	2	2	6	2	6	10	2	6	10	14	2	6	10	14	2	6	4	2
	107	Bh	2	2	6	2	6	10	2	6	10	14	2	6	10	14	2	6	5	2
	108	Hs	2	2	6	2	6	10	2	6	10	14	2	6	10	14	2	6	6	2
	109	Mt	2	2	6	2	6	10	2	6	10	14	2	6	10	14	2	6	7	2

* 黑框内是过渡元素，双框内是镧系或锕系元素。

表 6-2 中，列出基态原子内电子的排布。应该说明，从 41 号元素 Nb 以后，电子排布中出现的例外情况较多。这是由于相邻轨道能级间的差别越到后面几个周期变得越小，因而使实际的能级交错情况显得很复杂，经常出现例外。这种情况下，原子中核外电子排布应以有关的实验为依据，不可局限于某个规则。

第三节　元素性质的周期性变化与原子结构的关系

一、原子的电子层结构与元素周期表

原子核外电子排布的周期性是元素周期律的基础，元素周期表是元素周期律的表现形式。元素周期表有多种形式，现在常用的是长式周期表(见本书后附的元素周期表)。

1. 能级组与元素的周期

元素周期表对应于原子轨道近似能级图的 7 个能级组，可以划分为 7 个周期。在周期

表里，元素所在的周期数等于该元素原子的能级组数，也等于原子的电子层数 n。各周期中元素的数目决定于能级组中轨道的数目。第一周期只有2个元素，为特短周期；第二、第三周期各有8个元素，为短周期；第四、第五周期是长周期，各有18个元素；第六、第七周期为特长周期，第六周期有32个元素，第七周期按理也应可容纳32个元素，但迄今为止还只发现23个元素，排到第109号元素，是个未完全的周期。

2. 价层电子构型与族

原子结构相似的元素在周期表中排成一个纵行，称为族。周期表中共有16个族。最后1个电子填入 ns 或 np 上时为主族元素，从ⅠA～ⅦA(还有0族)共8个主族；最后一个电子填入 $(n-1)d$ 或 $(n-2)f$ 上时为副族元素，从ⅠB～ⅦB及Ⅷ族共8个副族。Ⅷ族有3个纵行共9个元素，所以副族共有10个纵行，说明填充10个 d 电子的过程。

元素所在的族数与其价电子(能提供成键的电子)数相对应。在同一族元素中，尽管电子层数不同，但其价电子层结构相同，价电子数目相同，因而化学性质相似。可见元素性质的周期性，其根本原因在于原子结构的周期性。

3. 元素的分区

周期表中的元素除了按周期和族划分外，还可根据电子填充的亚层不同划分为5个区，如表6-3所示。元素原子的最后一个电子填入哪个亚层，该元素就属于哪个区(He除外)。

表6-3 周期表中元素的分区

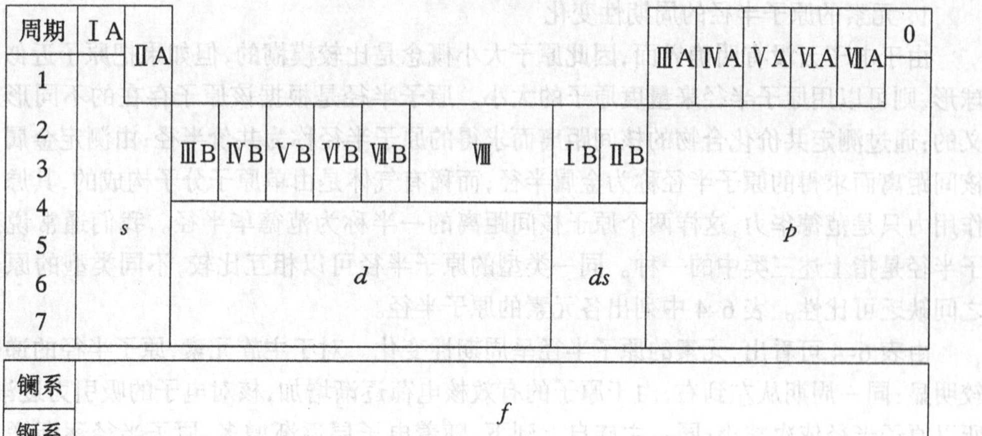

(1) s 区：包括ⅠA、ⅡA族元素，其原子价层电子构型为 $ns^{1\sim2}$。该区元素的化合价为+1、+2价，等于其族数。该区元素属活泼金属元素。

(2) p 区：包括ⅢA到ⅦA族元素和零族元素。其原子价层电子构型为 $ns^2np^{1\sim6}$(He为 $1s^2$)。该区的右上方属典型的非金属元素，而左下方元素则带有明显的金属性，多为低熔金属，处于对角线两侧的元素的单质往往具有半导体性质。该区元素通常具有几个不同的正化合价，而其最高化合价各等于它们的族数。该区右上方各非金属元素除正价外，常呈负化合价，其负价的数目等于8减去其族数。零族元素除了在很特殊的条件下，一般不参与化学反应，呈惰性。

(3) d 区：包括ⅢB到ⅦB族及第Ⅷ族元素。其原子的价层电子构型为 $(n-1)d^{1\sim9}ns^{1\sim2}$(Pd例外，是 $4d^{10}5s^0$)。该区元素皆属过渡金属元素，过渡金属大多熔、沸点高，硬度大，强度高，密度也大，属于重金属。熔、沸点最高的金属主要集中在ⅣB、ⅤB、ⅥB、ⅦB族，其中ⅥB族的钨的熔、沸点最高（熔点3683K，沸点5933K），铬的硬度最大(9)。原因主要是它们的原子半径较小，有效核电荷较大，价电子层有较多的未成对 d 电子，这些 d 电子也参与成键，因而增强了金属键的强度和晶格的能量。由于过渡元素外层 s 电子与次外层 d 电子能级接近，因此这些 d 电子可以部分或全部参与成键，所以过渡元素大多具有可变的化合价，但其可能有的最高正价等于其族数。

(4) ds 区：包括ⅠB、ⅡB两族元素。其原子价层电子构型为 $(n-1)d^{10}ns^{1\sim2}$。该区元素也属过渡金属元素，其化合价多为+1、+2，但也有可能失去次外层的 d 电子而具有更高的化合价，如 Cu^{2+}、Au^{3+} 等。

(5) f 区：包括镧系和锕系元素。其原子价层电子构型为 $(n-2)f^{0\sim14}(n-1)d^{0\sim2}ns^{2}$。该区元素也属于过渡金属元素，由于电子填充在倒数第三层的 f 轨道上，又称为内过渡元素。该区元素的化合价可为+3、+4价，但最常见的为+3价。该区元素的化学性质彼此十分相似。

二、元素性质的周期性变化与原子结构的关系

元素的性质是原子内部结构的反映，随着核电荷的递增，原子的电子层结构呈周期性的变化，元素的一些基本性质也必然呈现周期性的变化。

1. 元素的原子半径的周期性变化

由于电子云没有明确界面，因此原子大小概念是比较模糊的，但如果把原子近似看作是球形，则可以用原子半径来量度原子的大小。原子半径是根据该原子存在的不同形式来定义的：通过测定共价化合物的核间距离而求得的原子半径称为共价半径；由测定金属晶体中核间距离而求得的原子半径称为金属半径；而稀有气体是由单原子分子构成的，其原子间的作用力只是范德华力，这样两个原子核间距离的一半称为范德华半径。我们通常说到的原子半径是指上述三类中的一种。同一类型的原子半径可以相互比较，不同类型的原子半径之间缺乏可比性。表6-4中列出各元素的原子半径。

由表6-4可看出，元素的原子半径呈周期性变化。对于主族元素，原子半径的递变规律较明显：同一周期从左到右，由于原子的有效核电荷逐渐增加，核对电子的吸引力逐渐增大，所以原子半径依次减小；同一主族自上到下，随着电子层逐渐增多，原子半径逐渐增大。对于副族元素，同一周期从左到右，原子半径减小比较缓慢，不如主族元素显著，这与原子有效核电荷增加缓慢有关。从ⅠB开始，由于次外层已经充满18个电子，新增加的电子要加到最外层，故原子半径又略为增大。同一副族自上到下，原子半径略有增大，但第五、六周期的同族元素的原子半径相差很小，这与镧系收缩有关。

2. 原子电离能的周期性变化

处于基态的气态原子失去一个电子形成+1价气态离子所需要的最低能量，称为该元素的第一电离能。由+1价离子再失去一个电子形成+2价气态离子时所需的最低能量称为第二电离能，依此类推。电离能越小，表示越容易失去电子。显然，同一种元素的第一电离能相对较低，第二电离能显著高于第一电离能，这是因为正离子比原子更难失去电子，而离子正价越高，再失去电子就更难了。比较重要的是元素的第一电离能，它是衡量元素的金属性的标准。表6-5是周期系各元素的第一电离能。

表 6-4　元素的原子半径(nm)

周期	ⅠA	ⅡA	ⅢB	ⅣB	ⅤB	ⅥB	ⅦB	Ⅷ			ⅠB	ⅡB	ⅢA	ⅣA	ⅤA	ⅥA	ⅦA	0
1	H 0.037																	He
2	Li 0.152	Be 0.111											B 0.080	C 0.077	N 0.074	O 0.074	F 0.071	Ne
3	Na 0.186	Mg 0.160											Al 0.143	Si 0.118	P 0.110	S 0.103	Cl 0.099	Ar
4	K 0.227	Ca 0.197	Sc 0.161	Ti 0.145	V 0.131	Cr 0.125	Mn 0.137	Fe 0.124	Co 0.125	Ni 0.125	Cu 0.128	Zn 0.133	Ga 0.122	Ge 0.123	As 0.125	Se 0.116	Br 0.114	Kr
5	Rb 0.248	Sr 0.215	Y 0.178	Zr 0.159	Nb 0.143	Mo 0.136	Tc 0.135	Ru 0.133	Rh 0.135	Pd 0.138	Ag 0.145	Cd 0.149	In 0.163	Sn 0.141	Sb 0.145	Te 0.143	I 0.133	Xe
6	Cs 0.267	Ba 0.217	La 0.187	Hf 0.156	Ta 0.143	W 0.137	Re 0.137	Os 0.134	Ir 0.136	Pt 0.139	Au 0.144	Hg 0.150	Tl 0.170	Pb 0.175	Bi 0.155	Po 0.118	At	Rn

La 0.187	Ce 0.183	Pr 0.182	Nd 0.181	Pm 0.181	Sm 0.180	Eu 0.199	Gd 0.179	Tb 0.176	Dy 0.175	Ho 0.174	Er 0.173	Tm 0.173	Yb 0.194	Lu 0.172

表 6-5　元素的第一电离能($kJ \cdot mol^{-1}$)

H 1312																	He 2372
Li 520	Be 899											B 801	C 1086	N 1402	O 1314	F 1681	Ne 2081
Na 496	Mg 738											Al 578	Si 786	P 1012	S 1000	Cl 1251	Ar 1521
K 419	Ca 590	Sc 631	Ti 658	V 650	Cr 623	Mn 717	Fe 759	Co 758	Ni 737	Cu 745	Zn 906	Ca 579	Ge 762	As 947	Se 941	Br 1140	Kr 1351
Rb 403	Sr 550	Y 616	Zr 660	Nb 664	Mo 685	Tc 702	Ru 711	Rh 720	Pd 805	Ag 804	Cd 868	In 558	Sn 709	Sb 834	Te 869	I 1008	Xe 1170
Cs 376	Ba 503	La 538	Hf 675	Ta 761	W 770	Re 760	Os 839	Ir 878	Pt 868	Au 890	Hg 1007	Tl 589	Pb 716	Bi 703	Po 812	At	Rn 1041
Fr	Ra 509	Ac 666															

从表 6-5 中可见,元素的第一电离能是依原子序数呈周期性变化的。同一周期中,从左到右,总的规律是元素的第一电离能依次增大,每个周期中最后一个元素,即稀有气体元素,是同周期各元素中电离能最高的。但在同一周期中电离能的变化呈现了锯齿形的变化,例如第二周期中硼的第一电离能比铍低,氧的第一电离能比氮低,这是由于这些原子的等价轨道处于全充满、半充满、全空状态时相对较稳定,使体系能量较低,从而需要较大的电离能。

对于过渡元素，由于原子半径和有效核电荷都变化不大，因而从左到右各元素的电离能虽然总的趋势是增加的，但增加的幅度较小，因而变化不大，规律性也就不甚明显。

同一主族中，自上而下，元素的第一电离能逐渐减小。这是由于电子层数增加，原子半径加大，核对最外层电子有效吸引力降低，价电子容易离去，所以电离能逐渐减小。但对副族元素来说，没有这种规律性，这是因为镧系收缩，使从上而下原子半径变化不大，而有效核电荷却增加很多的缘故。

3. 元素电子亲合能的周期性变化

基态的气态原子获得一个电子形成 -1 价气态离子时所放出的能量叫做第一电子亲合能，与电离能相似，也有第二电子亲合能，等等。通常把第一电子亲合能简称为电子亲合能。表 6-6 中列出了一些元素的电子亲合能。

表 6-6 一些元素的电子亲合能($kJ \cdot mol^{-1}$)(括号内的数值为理论值)

H 72.8				He (-21)
Li 59.6	Be (-240)	O 141.0	F 328	Ne (-29)
Na 52.9	Mg (-230)	S 200.4	Cl 348.3	Ar (-35)
K 48.3	Ca (-156)	Se 195	Br 324.7	Kr (-39)
Rb 46.9	Sr (168)	Te 190.1	I 295	Xe (-40)
Cs 45.5	Ba (-52)	Po (180)	At (270)	Rn (-40)

* 数据摘自 CRC Handbook of Chemistry and Physics, 69th ed., 1988～1989, E-64～65；原表中数据系以 eV 为单位，乘以 96.4845 得到上表中数据。

由于电子亲合能难于直接测定，故所得数值较少，也不十分准确，有些数字还只是计算值，只能看出同期或同族元素非金属性变化的趋势。

同一周期中，各元素的电子亲合能的绝对值从左到右逐渐增大，表示元素得电子能力逐渐增强，非金属性增强。

同族元素，自上而下，电子亲合能的绝对值变小，表示元素得电子能力减小，非金属性减弱而金属性增强。在化学反应中 F 原子和 O 原子得电子的能力，都是同族元素中最强的。但它们的电子亲合能的绝对值在同族中并不是最大的，这是因为 O 和 F 原子半径小，电子云密度较大，电子间斥力也就比较大，以致获得一个电子形成负离子时，必须消耗较多的能量去克服原有电子对新加入电子的斥力，因而相应放出的电子亲合能就要少些。而在它们下面的第三周期的原子半径较大，表面电子云密度相对比较小些，对新加入的电子的斥力也小些，所以放出的电子亲合能的数值反而大些。这也反映出在化学反应中决定一种元素的化学活泼性的因素是多方面的，电子亲合能只是其中的一个因素，还有其他因素，如成键作用的强弱等也必须考虑。

4. 元素的电负性的周期性变化

元素的原子在化合物中，把电子吸引向自己的能力叫做元素的电负性，用符号 χ 表示。电负性越大，表示原子在分子中吸引电子的能力越强。电负性是一种相对比较的结果。鲍林(Pauling)指定最活泼的非金属元素氟的电负性等于 4.0，然后通过比较与计算，求出其它元素的电负性值。表 6-7 列出了周期系内各元素的鲍林的电负性数值。

表 6-7　元素的电负性数值

族 周期	IA	IIA	IIIB	IVB	VB	VIB	VIIB	VIII			IB	IIB	IIIA	IVA	VA	VIA	VIIA	0
1	H 2.1																	He
2	Li 1.0	Be 1.5											B 2.0	C 2.5	N 3.0	O 3.5	F 4.0	Ne
3	Na 0.9	Mg 1.2											Al 1.5	Si 1.8	P 2.1	S 2.5	Cl 3.0	Ar
4	K 0.8	Ca 1.0	Sc 1.3	Ti 1.5	V 1.6	Cr 1.6	Mn 1.5	Fe 1.8	Co 1.9	Ni 1.9	Cu 1.9	Zn 1.6	Ga 1.6	Ge 1.8	As 2.0	Se 2.4	Br 2.8	Kr
5	Rb 0.8	Sr 1.0	Y 1.2	Zr 1.4	Nb 1.6	Mo 1.8	Tc 1.9	Ru 2.2	Rh 2.2	Pd 2.2	Ag 1.9	Cd 1.7	In 1.7	Sn 1.8	Sb 1.9	Te 2.1	I 2.5	Xe
6	Cs 0.7	Ba 0.9	La-Lu 1.0-1.2	Hf 1.3	Ta 1.5	W 1.7	Rc 1.9	Os 2.2	Ir 2.2	Pt 2.2	Au 2.4	Hg 1.9	Tl 1.8	Pb 1.9	Bi 1.9	Po 2.0	At 2.2	Rn
7	Fr 0.7	Ra 0.9	Ac 1.1	Th 1.3	Pa 1.4	U 1.4	Np-No 1.4-1.3											

从表 6-7 可以看出，元素的电负性也具有明显的周期性变化。在同一周期中，从左到右逐渐增大；在同一主族中，自上而下逐渐减小。元素的电负性与金属性、非金属性的周期性变化相一致。一般说来，非金属元素的电负性都较大，除 Si 以外都大于 2.0；而金属元素的电负性都较小，除铂系元素和金以外都小于 2.0。

5. 元素的金属性和非金属性的周期性变化

金属元素容易失去电子变成正离子，非金属元素容易得到电子变成负离子。因此，常用金属性表示在化学反应中原子失去电子的能力，非金属性表示在化学反应中得到电子的能力。所谓元素的金属性和非金属性，只是一种笼统而定性的提法，并没有一个确切严格的定义。显示金属性的元素并不一定就是金属元素，非金属元素也可具有某种程度的金属性，反之也一样。一般用元素的金属性和非金属性来表示元素在化学反应中得失电子的倾向，或其氧化物及其水化物的酸碱性等性质。

同一周期各元素的金属性是从左到右逐渐减弱的，而非金属性却逐渐加强。主族元素最高价氧化物水化物的酸性逐渐增强，碱性逐渐减弱。

主族元素自上而下，金属性逐渐增强而非金属性逐渐减弱，氧化物及其水化物的酸性逐渐减弱，碱性逐渐增强。

最典型的非金属元素，出现在周期表的右上方，F 是最强的非金属元素；最典型的金属元素出现在周期表的左下方，Cs 和 Fr 是最强的金属元素。而过渡元素和内过渡元素属金属元素。

思考题

1. 氢原子光谱谱线的频率有何规律性？

2. 什么是波粒二象性？证明电子具有波粒二象性的实验是什么？

3. 量子力学中的原子轨道和玻尔理论中的原子轨道有何区别？

4. 试述4个量子数的物理意义、取值的规则及相互关系。

5. 原子轨道角度分布图和电子云角度分布图有什么相似和区别之处？

6. 核外电子排布遵循什么原则？试举例说明。

7. 试述下列各名词的意义：①量子化；②屏蔽效应；③能级交错；④镧系收缩。

8. 几率和几率密度这两者的概念有何不同？波函数 ψ 和原子轨道有何关系？

9. 元素周期表可分为哪些区？每个区各包括哪几个族？每个区的价电子层结构如何表示？

10. 什么叫电离能？什么叫电子亲合能？什么叫电负性？

11. 简单说明元素的电离能、电子亲合能、电负性、金属性和非金属性的周期性变化规律。

习题

1. 下列各种电子构型中，哪些属于原子的基态？哪些属于原子的激发态？哪些是错误的？

(1)$1s^22s^1$；(2)$1s^22s^22d^1$；(3)$1s^22s^12p^2$；

(4)$1s^22s^22p^43s^1$；(5)$1s^22s^42p^2$；(6)$1s^22s^22p^63p^1$。

2. 指出下列各组量子数哪些是不合理的，并改正之。

(1)$n=3, l=2, m=2, m_s=\frac{1}{2}$；

(2)$n=3, l=0, m=-1, m_s=\frac{1}{2}$；

(3)$n=2, l=2, m=2, m_s=2$；

(4)$n=2, l=-1, m=0, m_s=-\frac{1}{2}$；

(5)$n=2, l=3, m=2, m_s=0$。

3. 对下列各组轨道，填充合适的量子数。

(1)$n=?, l=2, m=0, m_s=+\frac{1}{2}$；

(2)$n=2, l=?, m=-1, m_s=-\frac{1}{2}$；

(3)$n=4, l=2, m=0, m_s=?$；

(4)$n=2, l=0, m=?, m_s=+\frac{1}{2}$；

4. 下列各基态原子的电子分布式违背了什么原理？写出正确的电子构型。

(1)$1s^22s^22p^63s^3$；　　(2)$1s^22s^22p_x^2$；

(3)$1s^22p^2$；　　(4)$1s^22s^22p^63s^23p^63d^3$。

5. 写出下列元素的核外电子分布式、原子序数及元素符号。

(1)在 $4p$ 轨道上有一个电子的元素。

(2)将要开始填 $4d$ 轨道的元素。

(3)在 $n=3$、$l=2$ 的轨道上有 5 个电子，在 $n=4$、$l=0$ 的轨道上有一个电子的元素。

6. 已知 M^{2+} 在 $n=3$、$l=2$ 的轨道上有 6 个电子，试指出：

(1)M 原子的价层电子构型及所在周期、族、区。

(2)写出 +3 价离子的外层电子分布式。

(3)此元素 +2、+3 价气态离子的稳定性哪个大？为什么？

(4)该原子中的未成对电子数。

7. 写出下列各种原子和离子的电子分布式和价电子层构型。

Cl　Ca　Cu　Ar　Ag　S^{2-}　Cu^{2+}　Zn^{2+}　Pb^{2+}

8. 填充下表：

原子序数	电子分布式	价层电子构型	周期	族	区
28					
	$1s^22s^22p^5$				
		$4d^55s^1$			
			6	ⅡB	

9. 已知下列元素的原子的价层电子构型分别为：

(1)$3s^2$；(2)$2s^22p^4$；(3)$3d^34s^2$；(4)$4d^{10}5s^2$。

试指出它们在周期系中处于哪一个区、哪一周期、哪一族以及它们最高正氧化值各为多少？

10. 从金属性、电离能、电负性和原子半径几个方面比较 As、Se、S 三个元素。

第七章　分子结构与晶体结构

通常情况下除了稀有气体外，物质都是通过原子(离子)相互结合形成分子或晶体的形式存在。化学上把分子或晶体内直接相邻的两个或多个原子(离子)之间强烈的相互作用力称为化学键。

化学键的类型和性质、分子和晶体的构型及分子之间的弱的作用力等，是本章着重讨论的内容。

第一节　化　学　键

一、离子键

1. 离子键的形成

当活泼的金属原子和活泼的非金属原子在一定条件下相遇，由于双方原子的电负性相差较大，发生了两种原子间的电子转移，原子失去或得到电子以使其达到稀有气体的稳定结构，由此形成正离子和负离子通过静电引力形成化合物。通常把这种由正、负离子之间的静电引力所形成的化学键叫离子键。由离子键结合起来的化合物或晶体叫离子化合物或离子晶体。例如，在高温下使 Cl^- 离子和 Na^+ 离子结合成气相 NaCl 分子的化学键，以及使 Ag^+ 离子和 Cl^- 离子生成 AgCl 晶体的化学键都是离子键。

2. 离子键的特征

(1)没有方向性。由于离子电荷的分布可看作是球形对称的，静电力场分布在各个方向上是等同的，因此，它可以在各个方向上与带相反电荷的离子相互吸引，也就是说，离子键没有方向性。

(2)没有饱和性。由于离子可在空间任何方向吸引带相反电荷的离子，因此，只要空间许可，每个离子都尽可能多地吸引周围带相反电荷的离子，即正、负离子之间的引力无饱和性。一种离子周围吸引带相反电荷离子的数目主要取决于相互作用的离子的相对大小，还取决于带相反电荷的离子之间的吸引力应超过相同电荷离子间的排斥力。

二、价键理论

离子键理论虽然能够很好地说明离子型化合物的性质和特点，但对于由相同原子组成的分子(如 H_2，O_2，N_2)以及电负性相差较小的元素所组成的化合物分子(如 H_2O，NH_3)，其原子间的结合力不能用离子键理论的静电作用来解释。为此，1916 年美国化学家路易斯(Lewis)提出了共价键理论，认为原子结合成分子时，原子间可以通过共用一对或几对电子而形成稳定的分子。这种由共用电子对而形成的化学键称为共价键。由共价键结合起来的化合物叫共价型化合物。但路易斯理论有很大的局限性。1927 年，海特勒(Heitler)和伦敦(London)首次用量子力学处理氢分子结构，使共价键的本质得以认识。后来鲍林(Pauling)

和斯莱脱(Slater)发展了这一成果,建立了现代价键理论、杂化轨道理论。

1．氢分子共价键的形成

用量子力学处理氢分子结构的结果表明,电子自旋方向相反的两个氢原子相互靠近时,电子不再固定于原来的 1s 轨道,也可以出现于另一个氢原子的 1s 轨道中,随着核间距的减小,使两个 1s 原子轨道发生重叠,两核间的电子云密度 ψ^2 相对地增大,如图 7-1a 所示。两原子核都被高电子密度区域吸引,体系能量降低。当核间距降到 74.2pm 时,体系能量最低,处于稳定状态,这就是氢分子的基态。这时在两个氢原子间形成了稳定的共价键,形成了氢分子。

当电子自旋方向相同的两个氢原子相互靠近时,电子就会产生相互排斥作用,在两核间的电子云密度 ψ^2 相对地减小,如图 7-1b 所示。增大了两核间的斥力,因而体系能量增高,处于不稳定状态,称为排斥态,不可能形成稳定的氢分子。如图 7-2 所示。

图 7-1　氢分子的两种状态
(a)基态;(b)排斥态

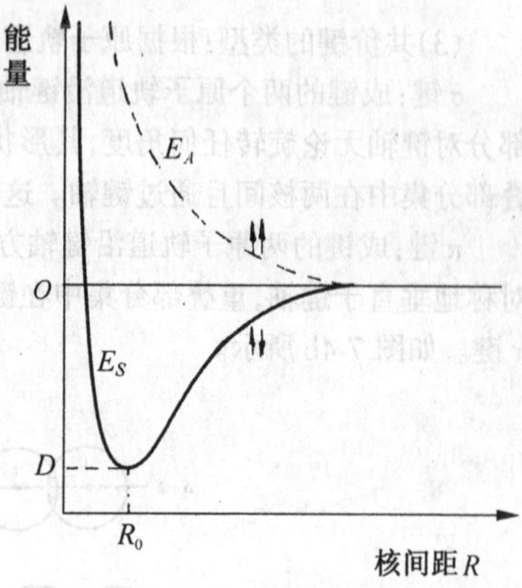

图 7-2　H_2 形成过程中能量随核间距的变化

2．价键理论的要点

(1)自旋方向相反的未成对价电子可以配对成键。在形成共价键时,一个原子有几个未成对电子,只能和相应数目的自旋方向相反的单电子配对成键,所以共价键具有饱和性。例如,氢原子含有一个未成对电子,它只能与另一个氢原子未成对且自旋方向相反的电子配对成键,形成 H_2 分子后,便不能再与第三个氢原子的单电子配对形成 H_3 分子了;又如 NH_3 分子中的 1 个氮原子有 3 个未成对电子,只能分别与 3 个氢原子的未成对电子相互配对形成 3 个共价键。

(2)原子轨道相互重叠时,必须考虑原子轨道的正、负号。只有同号轨道才能实行有效的重叠,这就是原子轨道的对称性匹配条件。同时原子轨道相互重叠时,总是沿着重叠最多的方向进行,重叠得越多,核间电子云密度越大,共价键越牢固,这就是原子轨道的最大重叠条件。除 s 轨道外,p、d 等轨道都有方向性,所以成键原子需按一定方向接近,才能获得最大程度的轨道重叠,因此共价键具有方向性。例如,氢原子的 1s 轨道和氯原子的 3p_x 轨道有 4 种可能的重叠方式,如图 7-3 所示,其中只有图 a 与图 b 为同号重叠,对称性匹配。但当两核的距离为一定时,图 a 的重叠比图 b 的要多。可以看出,氯化氢分子采用 a 的重叠方式成键,可以使 s 和 p_x 轨道达到最大程度的有效重叠。

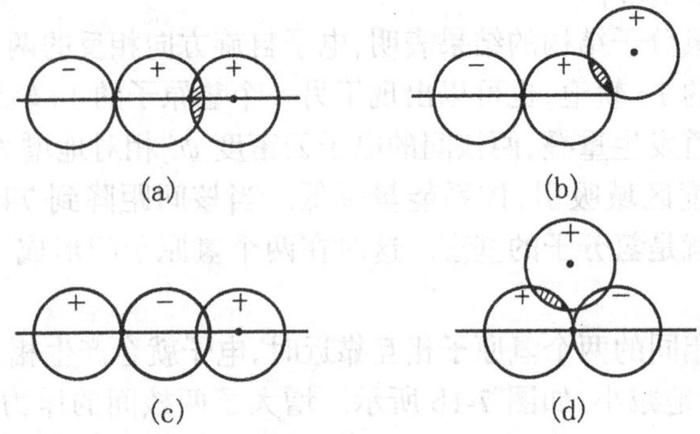

图 7-3　s 和 p_x 轨道的重叠方式示意图

(3)共价键的类型:根据原子轨道重叠方式的不同,可把共价键分为 σ 键和 π 键。

σ 键:成键的两个原子轨道沿键轴(两核连线)方向以“头碰头”方式进行同号重叠,重叠部分对键轴无论旋转任何角度,其形状和符号都不会改变。即对键轴具有圆柱形对称性,重叠部分集中在两核间且通过键轴。这样的键称为 σ 键。如图 7-4a 所示。

π 键:成键的两原子轨道沿键轴方向以“肩并肩”方式进行同号重叠,重叠部分以镜面反对称地垂直于键轴,重叠部分集中在键轴的两侧,而在键轴上轨道重叠为零,这样的键称为 π 键。如图 7-4b 所示。

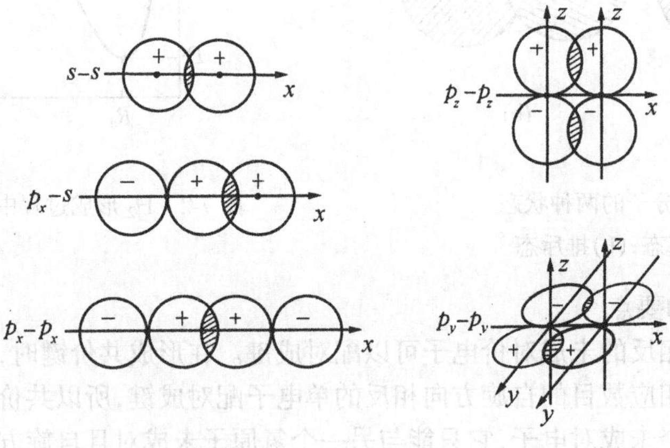

图 7-4　σ 键和 π 键(重叠方式)示意图

共价单键一般是 σ 键,在共价双键和共价叁键中,除了一个 σ 键外,其余均是 π 键。例如,N_2 分子中,每个氮原子有 3 个未成对的 p 电子($2p_x^1 2p_y^1 2p_z^1$),两个氮原子除形成 $p_x - p_x$ 的 σ 键以外,其余的两个 p 轨道重叠,形成两个互相垂直的 π 键,如图 7-5 所示。

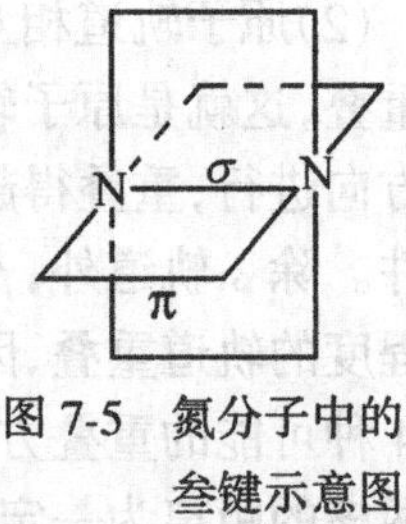

图 7-5　氮分子中的叁键示意图

一般说来,π 键没有 σ 键牢固,比较容易断裂。因为 π 键不像 σ 键那样集中在两核的连线上,原子核对 π 电子的束缚力较小,电子的流动性较大,在化学反应中容易被打开。

三、杂化轨道理论

随着近代实验技术的发展(如X射线、电子衍射、红外光谱等),许多分子的空间构型已被确定,但发现其中很多事实不能为价键理论所解释。例如,碳原子最外层只有两个未成对的电子,依照价键理论只能和两个其它原子形成两个共价键,且这两个键应当是互相垂直的。但在甲烷(CH_4)分子中有4个等同的C—H键构成正四面体结构,碳原子位于中心,四面体的4个顶点为氢原子所占,C—H键间的夹角不是90°而是109°28′;又如H_2O分子中O—H键间的夹角也不是90°而是104°45′。为了解释分子的空间构型,1931年鲍林和斯莱脱在价键理论的基础上提出了杂化轨道理论。

1. 杂化轨道概念及其理论要点

原子在形成分子时,中心原子的部分能量相近的原子轨道会相互混合、重新组合,形成新的原子轨道,这一过程称为原子轨道的杂化,所得新的原子轨道称为杂化轨道。例如,一个原子的一个 *s* 原子轨道和一个 *p* 原子轨道经杂化而形成两个 *sp* 杂化轨道,如图7-6所示。

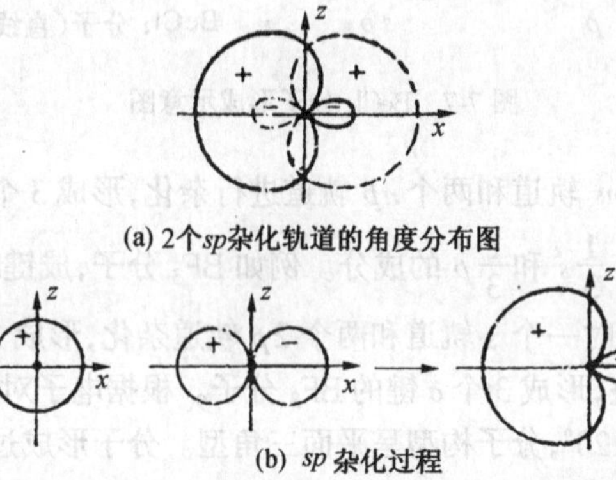

(a) 2个*sp*杂化轨道的角度分布图

(b) *sp*杂化过程

图7-6　*sp*杂化轨道角度分布和*sp*杂化过程的示意图

由图可知,成键原子轨道杂化后,轨道角度分布图的形状发生了变化,这是由于 *s* 轨道全部是正的,而 *p* 轨道一半为正,一半为负,相加结果为一头变大,一头变小。变大的一头更易和其它原子轨道发生重叠,因此原子轨道经杂化后生成的共价键更牢固,生成的分子更稳定。所以,在一般成键过程中,总会同时发生成键轨道的杂化。原子轨道只在成键过程中发生杂化,孤立原子的原子轨道不会发生杂化,因而也不存在杂化轨道。

杂化轨道的理论要点如下:

(1)同一原子中能量相近的原子轨道可以混合、重组,形成成键能力更强的新轨道,即杂化轨道。

(2)原子轨道杂化时,可以使成对电子激发到空轨道而成单电子,其所需要的能量完全由成键时放出的能量给予补偿。

(3)杂化前后原子轨道的总数不变。

2. 杂化轨道的类型

由于参加杂化的原子轨道的种类和数目不同,可以组成不同类型的杂化轨道。

(1)sp 杂化：由一个 ns 轨道和一个 np 轨道进行杂化，形成两个完全相同的 sp 杂化轨道，每个 sp 杂化轨道含有$\frac{1}{2}s$ 和$\frac{1}{2}p$ 的成分。为满足成键后斥力最小原则，sp 杂化轨道间的夹角为 180°，分子构型呈直线型。例如 $BeCl_2$ 分子，成键时，Be 原子 $2s^2$ 中的一个电子激发到 $2p$ 轨道上，与此同时，一个 $2s$ 轨道和一个 $2p$ 轨道发生杂化，形成两个 sp 杂化轨道，再和两个 Cl 原子的 $3p$ 轨道重叠，形成有两个 σ 键的 $BeCl_2$ 分子。这一过程可简单地用图 7-7 表示。类似实例还有 BeH_2，$HgCl_2$，HCN，CO_2，CS_2，C_2H_2 等。

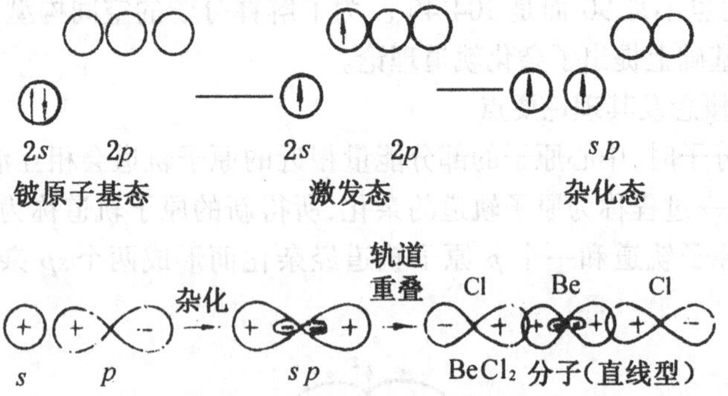

图 7-7　$BeCl_2$ 分子形成示意图

(2)sp^2 杂化：由一个 ns 轨道和两个 np 轨道进行杂化，形成 3 个完全相同的 sp^2 杂化轨道，每个 sp^2 杂化轨道含有$\frac{1}{3}s$ 和$\frac{2}{3}p$ 的成分。例如 BF_3 分子，成键时，B 原子 $2s^2$ 中的一个电子激发到 $2p$ 轨道上，此时一个 s 轨道和两个 $2p$ 轨道杂化，形成 3 个 sp^2 杂化轨道，再和 3 个 F 原子的 $2p$ 轨道重叠，形成 3 个 σ 键的 BF_3 分子。根据电子对之间斥力最小原则，使 3 个 B—F 键之间的键角为 120°，分子构型呈平面三角型。分子形成过程如图 7-8 所示。类似实例还有 BCl_3，BBr_3，C_2H_4 等。

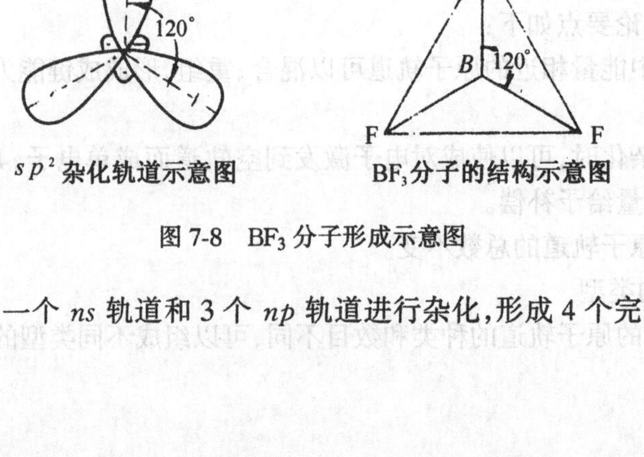

图 7-8　BF_3 分子形成示意图

(3)sp^3 杂化：由一个 ns 轨道和 3 个 np 轨道进行杂化，形成 4 个完全相同的 sp^3 杂化轨道，每个 sp^3 杂化轨道含有$\frac{1}{4}s$ 和$\frac{3}{4}p$ 的成分。例如 CH_4 分子，成键时，C 原子 $2s^2$ 中的一个电子激发到 $2p$ 轨道上，产生 4 个未成对的电子，此时一个 s 轨道和 3 个 $2p$ 轨道杂化，形成 4 个 sp^3 杂化轨道，再和 4 个 H 原子的 $1s$ 轨道重叠，形成 4 个 σ 键的 CH_4 分子。其过程如图 7-9 所示。根据电子对之间斥力最小原则，4 对成键电子对尽量地在空间保持最远距离，4 个 C—H 键之间的键角为 109°28′，CH_4 分子为正四面体空间构型。类似实例还有 CF_4，CCl_4，$SiCl_4$，SiH_4，$GeCl_4$ 等。

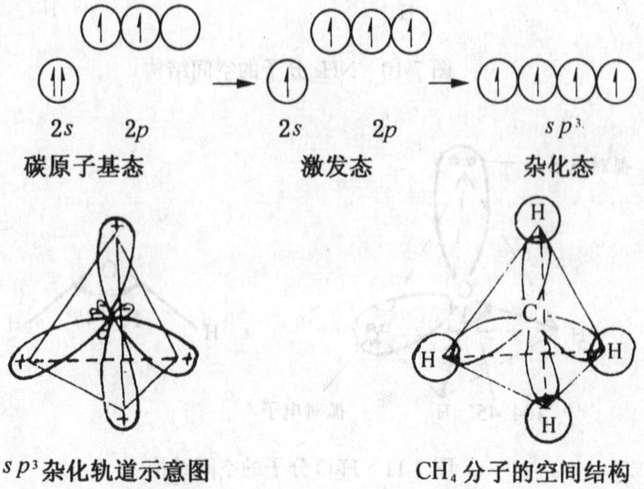

图 7-9　CH_4 分子形成示意图

3．等性杂化和不等性杂化

以上讨论的 s-p 杂化过程中，同一组杂化轨道中的每一个杂化轨道所含 s 和 p 的成分相等，具有完全相同的特性，它们在空间的立体分布也是完全对称、均衡的，这类杂化称为等性杂化。若在 s-p 杂化过程中，参与杂化的原子轨道中有部分不参与成键（通常这些轨道中已含有孤对电子），杂化形成的各新原子轨道所含 s 和 p 的成分不相等，因而在空间分布不是完全对称、均匀的，这样的杂化称为不等性杂化。现以 NH_3 分子和 H_2O 分子为例予以说明。

(1) NH_3 分子：NH_3 分子中的 N 原子价层电子构型为 $2s^22p^3$，成键时发生了不等性 sp^3 杂化，即其中一个含孤对电子的杂化轨道和另外 3 个各有一个未成对电子的杂化轨道所含 s 和 p 的成分不同。这 3 个含有未成对电子的 sp^3 杂化轨道与 3 个氢原子的 $1s$ 原子轨道重叠，形成 3 个 N—H σ 键，而那个含孤对电子的杂化轨道没有参与成键，由于孤对电子对成键电子的排斥作用，使 NH_3 分子中 3 个 N—H 键间的夹角要比理论值小一些，不是109°28′，而是 107°18′，NH_3 分子呈三角锥形，如图 7-10 所示。类似实例还有 PH_3，NF_3，AsH_3 等。

(2) H_2O 分子：H_2O 分子中的 O 原子的价层电子构型为 $2s^22p^4$，成键时发生了不等性 sp^3 杂化，两个含有未成对电子的杂化轨道与两个氢原子的 $1s$ 原子轨道重叠，形成两个 O—H σ键，而两个含孤对电子的杂化轨道没有参与成键。由于两对孤对电子对成键电子的排斥作用，使 H_2O 分子中 O—H 键间的夹角更小，为 104°45′，H_2O 分子呈 V 形，如图 7-11 所示。

以上介绍的 s 和 p 原子轨道的 3 种杂化形式，简要归纳于表 7-1 中。

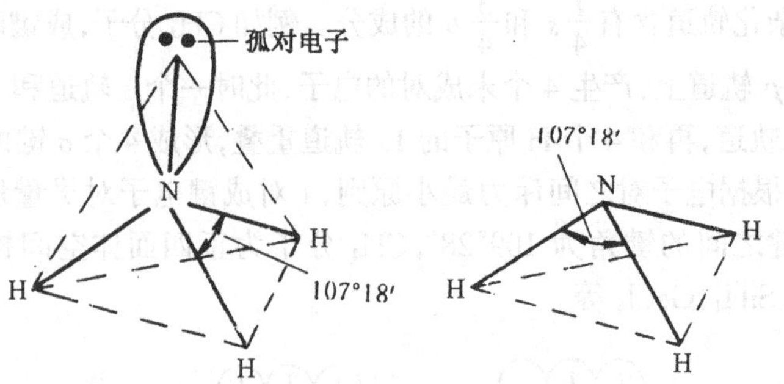

图 7-10　NH_3 分子的空间结构

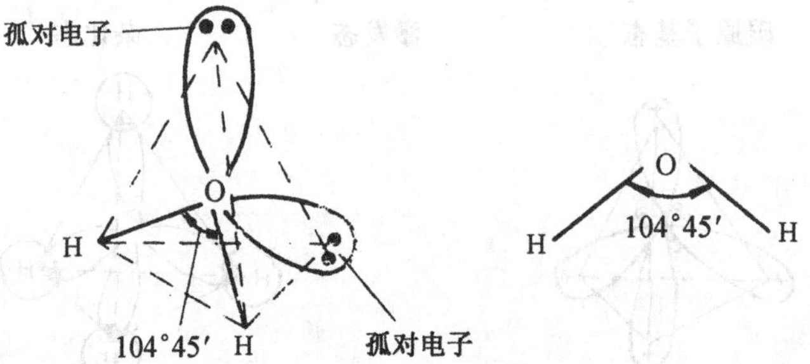

图 7-11　H_2O 分子的空间结构

表 7-1　一些杂化轨道的类型与分子的空间构型

杂化轨道类型	sp	sp^2	sp^3	sp^3(不等性)	
参加杂化的轨道	1 个 s,1 个 p	1 个 s,2 个 p	1 个 s,3 个 p	1 个 s,3 个 p	
杂化轨道数	2	3	4	4	
成键轨道夹角 θ	180°	120°	109.5°	$90° < \theta < 109.5°$	
空间构型	直线形	平面正三角形	(正)四面体形	三角锥形	V 字形
实　例	$BeCl_2$、$HgCl_2$	BF_3,BCl_3	CH_4,$SiCl_4$	NH_3,PH_3	H_2O,H_2S

4. 分子轨道理论简介

价键理论、杂化轨道理论和价层电子对互斥理论虽能很好地说明分子的形成和空间构型,但不能说明单电子键、三电子键及 O_2、B_2 等的顺磁性,而分子轨道理论成功地给予了解释。分子轨道理论是目前发展较快的一种共价键理论,它将分子看作一个整体,由分子中各原子的原子轨道重叠组成分子轨道,分子轨道的数目等于组合前各原子轨道数目之和。原子形成分子后,电子就不再局限于个别原子的原子轨道,而是从属于整个分子的分子轨道,将电子逐个填入分子轨道,填充顺序所遵循的规则与填入原子轨道相同,即根据泡利不相容原理、能量最低原理和洪特规则。

以 H_2 分子为例,两个 H 原子的 $1s$ 轨道可以组合成两个分子轨道。当两个原子轨道(即波函数)以相加的形式组合时,可得成键分子轨道,成键分子轨道两核间电子云密度增大，能量降低；当两个原子轨道（即波数）以相减的形式组合时，可得反键分子轨道，反键分子轨道中两核间电子云密度减小，能量升高。两个H原子的1s轨道组合形成一个成键分子轨道，一个为反键分子轨道，如图7-12所示。氢分子中的两个电子填入能量低的成键分子轨道，并且自旋方向相反，形成能稳定存在的氢分子。

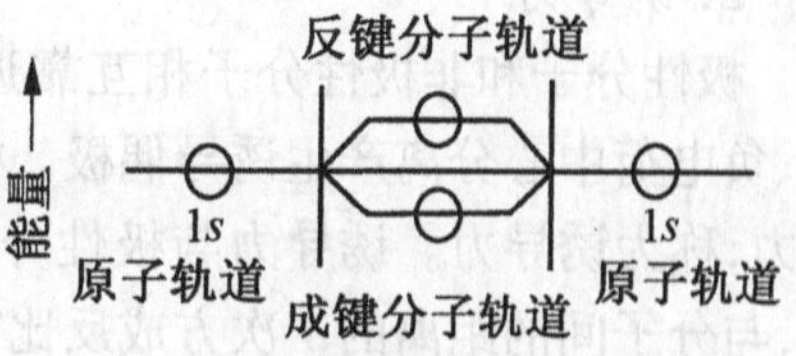

图7-12 氢原子轨道和分子轨道的能量关系示意图

第二节 分子间作用力

物质内部除了存在化学键这种强烈的作用力外，还存在作用力较弱的分子间力和氢键。化学键决定了物质的化学性质，分子间力和氢键主要决定物质的物理性质，如物质的熔点、沸点、汽化热、溶解度等。

一、极性分子和非极性分子

任何分子中都有带正电荷的原子核和带负电荷的电子。对于每一种电荷，可以设想电荷集中于一点，正电荷的集中点称正电荷中心；负电荷集中点称负电荷中心。正、负电荷中心重合的分子称为非极性分子，如H_2，O_2，CH_4，BF_3，CO_2等。正、负电荷中心不重合的分子称为极性分子，如HCl，HI，H_2O，CH_3Cl等。

判断分子是否有极性，除了考虑分子的键是否极性外（对双原子分子来说），还要考虑分子的空间构型是否对称（对多原子分子来说）。如CO_2分子，键是极性的（O=C），但分子是直线对称型的（O=C=O），两个键的极性相互抵消，分子为非极性分子。又如SO_2分子，S=O键是极性的，但分子是三角形不对称的，所以SO_2分子是极性分子。

分子极性的强弱一般用偶极矩μ来衡量。若偶极长度为r，偶极一端带的电荷量为q，则$\mu=qr$，偶极矩的单位是C·m（库·米）。分子偶极矩的数值可通过实验测定，例如H_2O的偶极矩$\mu(H_2O)=6.24\times10^{-30}$C·m，$NH_3$的偶极矩$\mu(NH_3)=4.34\times10^{-30}$C·m，$CS_2$的偶极矩$\mu(CS_2)=0$。$\mu$等于零的分子是非极性分子，$\mu$不为零的分子是极性分子。分子的偶极矩越大，分子的极性就越强。

极性分子正、负电荷中心不重合，因此分子中始终存在着两个极，这种偶极叫做固有偶极。但是一个分子有无极性或者极性大小并不是固定不变的，例如，在外电场作用下，分子中带正电荷的原子核被引向负极，而带负电荷的电子云被引向正极，使电子云和核发生相对位移，分子发生变形，使原来正、负电荷中心重合的非极性分子产生偶极而显极性。

二、分子间力

分子间力通常也叫做范德华力，一般包括三种作用力。如图7-13所示。

1．取向力

取向力存在于极性分子与极性分子之间。当极性分子相互靠近时，极性分子的固有偶极必然发生同极相斥，异极相吸，使分子定向排列，这种固有偶极间的静电引力称为取向力。取向力与分子的偶极矩平方成正比，与绝对温度成反比，与分子间的距离的7次方成反比。

2．诱导力

极性分子和非极性分子相互靠近时，非极性分子在极性分子偶极产生电场的影响下，正、负电荷中心分离产生诱导偶极。极性分子的固有偶极与非极性分子诱导偶极之间的作用力，称为诱导力。诱导力与极性分子偶极矩的平方成正比，与被诱导分子的变形性成正比，与分子间的距离的7次方成反比，与温度无关。

3．色散力

当非极性分子相互靠近时，由于电子的不断运动和原子核的不断振动，使非极性分子正、负电荷中心发生短暂的分离，从而产生瞬时偶极。这种瞬时偶极也会诱导邻近的分子产生和它相吸引的瞬间偶极，这种瞬时偶极与瞬时偶极间的作用力叫做色散力。色散力与分子间的距离的7次方成反比，与分子的变形性成正比。一般说来，相对分子质量越大的分子，越容易变形，色散力也就越强。

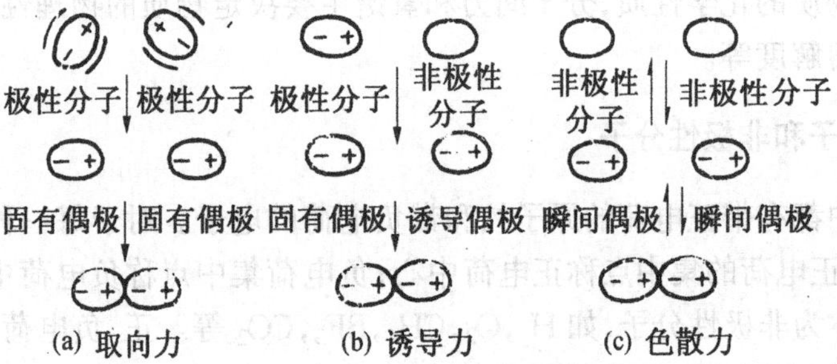

图7-13　分子间的作用力

综上所述，分子间可以有三种作用力：在非极性分子之间，只存在色散力；在极性分子和非极性分子之间存在着色散力和诱导力；在极性分子之间，同时存在着取向力、诱导力和色散力。所以，色散力是分子间力中最普遍的一种力。

分子间力是存在于分子间的一种电性引力，没有方向性和饱和性。分子间力的作用范围很小，其强度与分子间距离的7次方成反比，即随着分子之间距离的增大而迅速减小。分子间作用能也较小，约为几到几十 $kJ \cdot mol^{-1}$，比化学键的键能小1～2个数量级，但对物质的一些物理性质影响较大。例如，在相同类型的单质和化合物中，其熔点和沸点一般随相对分子质量的增大而升高，这主要是因为在相同类型的物质中，色散力一般随相对分子质量的增大而增强。

三、氢键

大多数同系列氢化物的沸点随相对分子质量的增大而升高。惟有 H_2O，HF，NH_3 的沸点不符合上述递变规律，如图7-14所示，原因是它们的分子之间除了范德华力之外，还存在着另外一种特殊的作用力，这就是氢键。

氢键是指氢原子与电负性很大而半径很小的原子（如F，O，N）形成共价型氢化物时，由于原子间共用电子对的强烈偏移，氢原子几乎变成带正电荷的核，因为它的半径小，电场强，还能吸引另一个半径小、电负性大的原子的孤对电子所形成的分子间或分子内的键。可简单示意如下：X—H…Y。

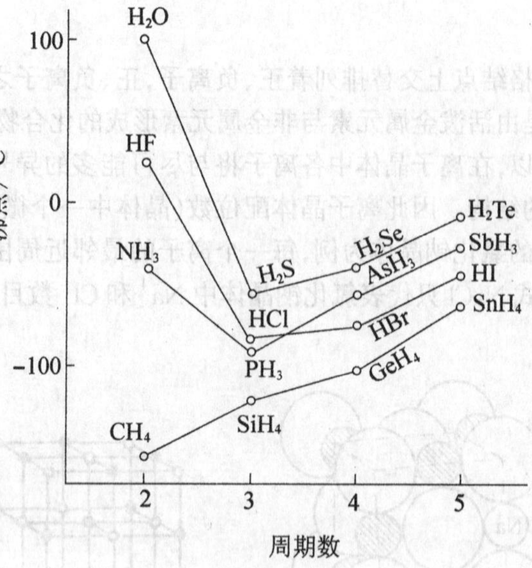

图 7-14 第Ⅳ～Ⅶ主族氢化物的沸点

X,Y 代表 F,O,N 等电负性大而半径小的原子,X 和 Y 可以是同种原子也可以是不同种原子,H⋯Y 间的键为氢键。

氢键一般比范德华力稍强一些,其键能约在 8～50 $kJ \cdot mol^{-1}$的范围。氢键具有饱和性和方向性。饱和性是指氢原子在形成一个共价键之外,一般只能形成一个氢键。由于氢原子体积小,它与一个 X 和一个 Y 结合后,第三个电负性大的原子就难于再接近氢原子。方向性是指氢键中 X—H⋯Y 尽量保持在一条直线上,使 X,Y 之间的排斥力最小,分子内氢键虽不一定在一条直线上,但角度也是一定的。

能形成氢键的物质相当广泛,例如 HF,H_2O,NH_3,无机含氧酸和有机羧酸、醇、胺、蛋白质以及某些合成高分子化合物等物质的分子(或分子链)之间都存在着氢键。而醛、酮等有机物的分子中虽有氢、氧原子存在,但与氢原子直接连接的是电负性较小的碳原子,所以通常这些同种化合物的分子之间不能形成氢键。

第三节 晶体的内部结构

固体是具有一定体积和形状的物质,它依照内部微粒排列的规则程度分为晶体和非晶体。晶体中微粒排列高度规则,若把晶体内部的微粒看成是几何学上的点,这些点在三维空间中按一定规则组成的几何图形叫做晶格,微粒在晶格中所占据的点叫做晶格结点。能代表晶格结构特征的最小组成部分叫做晶胞。

在晶体和非晶体中,由于内部微粒排列的规则性不同而呈现不同的特征。晶体一般具有一定的几何形状和一定的熔点,并有各向异性的特征。而非晶体则无一定的外形和固定的熔点,是各向同性的。

一、晶体的基本类型

根据晶格结点上排列的微粒种类以及微粒间作用力的不同,可以将晶体分为 4 种基本类型。

1. 离子晶体

在离子晶体中，晶格结点上交替排列着正、负离子，正、负离子之间的作用力为离子键。典型的离子晶体主要是由活泼金属元素与非金属元素形成的化合物的晶体。由于离子键没有方向性和饱和性，所以，在离子晶体中各离子将与尽可能多的异号离子接触，以使体系的能量降低而形成稳定的结构。因此离子晶体配位数(晶体中一个微粒最邻近的其它微粒的数目)都较高。以典型的氯化钠晶体为例，每一个离子的最邻近周围有 6 个异号电荷离子，如图 7-15 所示。化学式 NaCl 只代表氯化钠晶体中 Na^+ 和 Cl^- 数目比为 1:1，并没有独立的 NaCl 分子存在。

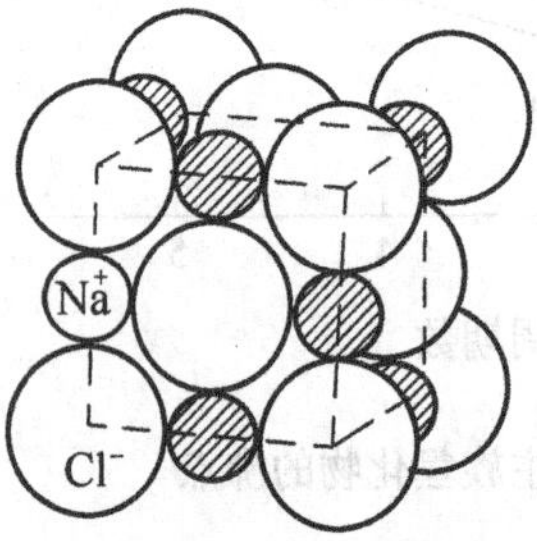

(a) 离子的排列

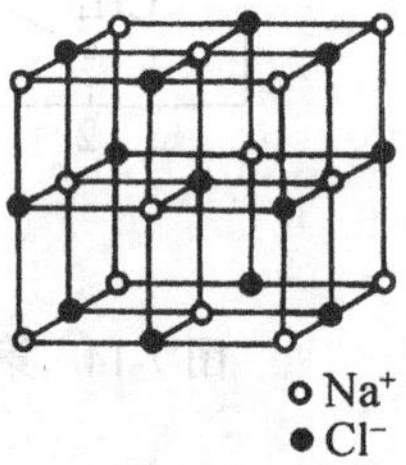

(b) 晶格

图 7-15 NaCl 晶体结构

在离子晶体中，由于微粒间以较强的离子键相互作用，所以离子晶体一般具有较高的熔点和硬度，延展性差，较脆，多数离子晶体易溶于水等极性溶剂中。离子晶体的水溶液或熔融液都易导电。

离子晶体的熔点、硬度等特性与晶体的晶格能大小有关。一般来讲，离子电荷越多，核间距离越小，晶格能越大。

2. 原子晶体

在原子晶体中，晶格结点上排列的微粒为原子，原子之间的结合力为共价键。由于共价键有方向性和饱和性，所以原子晶体配位数不高。以典型金刚石原子晶体为例，每个碳原子能形成 4 个 sp^3 杂化轨道，分别和 4 个碳原子形成共价键，构成正四面体，如图 7-16 所示。属于原子晶体的物质还有单晶硅和锗、碳化硅(SiC)、砷化镓(GaAs)、方石英(SiO_2)、氮化硼(BN)等。

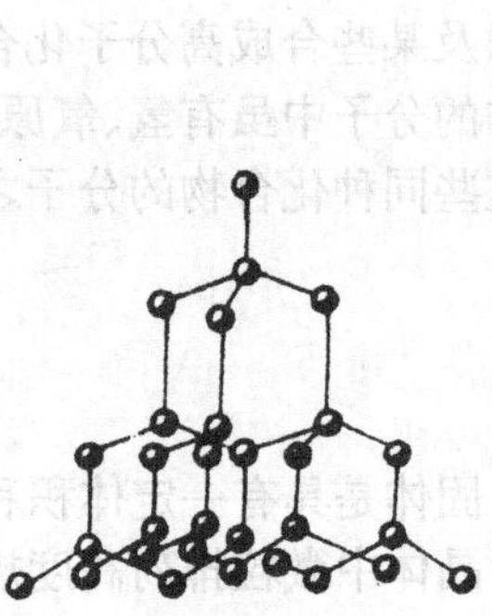

图 7-16 金刚石的晶体结构

由于共价键的结合力很强，所以原子晶体一般具有很高的熔点和很大的硬度，如金刚石是硬度最大的物质。由于原子晶体中没有离子，固态和熔融态都不易导电，但某些原子晶体如硅、锗等可作为优良的半导体材料。原子晶体的延展性很小，有脆性，难溶于任何溶剂。

3. 分子晶体

在分子晶体的晶格结点上排列着分子(极性分子或非极性分子)，分子之间的作用力为分子间力(某些还含有氢键)，例如 CO_2 晶体，如图 7-17 所示。

由于分子间力比化学键要弱得多,所以分子晶体普遍熔点低、硬度小。在常温下小分子物质多是气态,分子较大的物质多是液态或软的低熔点固态。大多数分子晶体难溶于水,常温下或熔化状态都不导电,只有那些极性很强的分子组成的晶体(如 HCl 晶体等)溶解在极性溶剂(如水)中,才会因电离而导电。

稀有气体元素和大多数共价型的非金属单质、化合物以及大部分有机化合物在低温下形成的晶体都是分子晶体,例如,固态的 Ne,Ar,Kr,Xe,H_2,Cl_2,N_2,NH_3,SO_2,HCl,CH_4 等都是分子晶体。

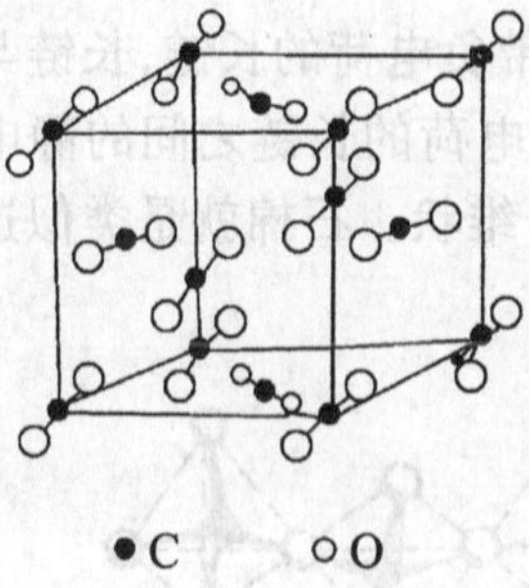

图 7-17 CO_2 的晶体结构

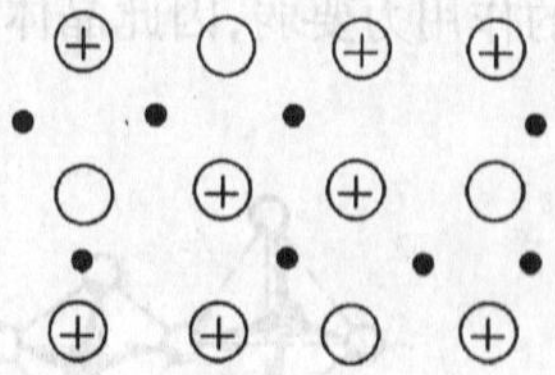

图 7-18 金属的晶体结构

4. 金属晶体

在金属晶体的晶格结点上排列着金属原子或金属正离子,在结点的间隙处有许多从金属原子上脱落下来的自由电子,如图 7-18 所示。整个晶体的原子或金属离子靠共用这些自由电子结合起来,这种结合力称为金属键。由于金属键没有方向性和饱和性,因此金属晶体中金属原子尽可能趋于紧密堆积的方式,配位数较高,可达 12。与离子晶体、原子晶体一样,金属晶体中没有独立存在的分子,因此金属单质的化学式就用它的元素符号来表示,如 Fe、Cu 等。

由于金属晶体中存在自由电子和金属晶体的紧密堆积结构,使金属获得了共同的性质,例如具有较大的密度、有金属光泽、良好的导电性、导热性、机械性能等。

将以上 4 种晶体内部结构及性质特征归纳于表 7-2。

表 7-2 4 种晶体的内部结构及性质特征

晶体类型		离子晶体	原子晶体	分子晶体		金属晶体
结点上的粒子		正、负离子	原子	极性分子	非极性分子	原子、正离子(间隙处有自由电子)
结合力		离子键	共价键	分子间力、氢键	分子间力	金属键
性质特征	熔、沸点	高	很高	低	很低	一般较高,部分低
	硬 度	硬	很硬	软	很软	一般较大,部分小
	机械性能	脆	不太脆	软	很软	有延展性
	导电、导热性	熔融态及其水溶液能导电	非导体	固态、液态不导电,但水溶液导电	非导体	良导体
	溶解性	易溶于极性溶剂	不溶性	易溶于极性溶剂	易溶于非极性溶剂	不溶性
实 例		NaCl,MgO	金刚石,SiC	HCl,NH_3	CO_2,I_2	W,Ag,Cu

二、混合型晶体

晶体内晶格结点间包含两种以上键型的为混合型晶体。主要有链状结构晶体和层状结构晶体。

1. 链状结构晶体

在天然硅酸盐晶体中的基本结构单位是 1 个硅原子和 4 个氧原子所组成的四面体，根据这种四面体的连接方式不同，可以得到不同结构的硅酸盐。图 7-19 所示为链状结构的硅酸盐负离子，它是由无数硅、氧原子通过共价键形成了带负电荷的长链，长链与长链之间充填着金属正离子，如 Na^+、Ca^{2+} 等。金属正离子与带负电荷的长链之间的静电作用力比链内共价键的作用力要弱，因此晶体容易裂开成柱状或纤维状。石棉就是类似这类结构的晶体。

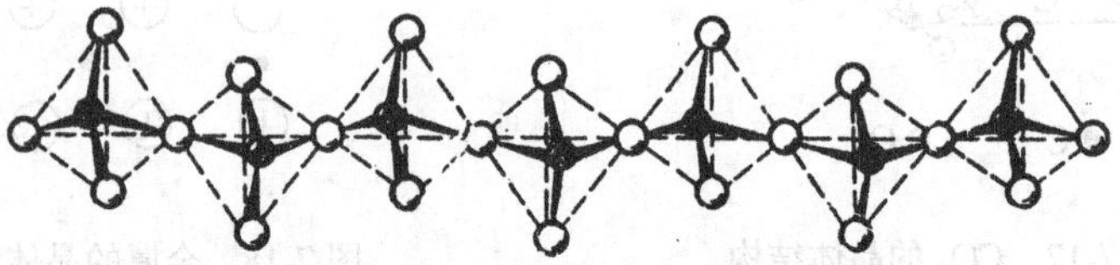

图 7-19 硅酸盐负离子单链结构示意图

2. 层状结构晶体

石墨是典型的层状结构晶体。石墨中碳原子以 sp^2 杂化形成 3 个 sp^2 杂化轨道，分别和相邻的 3 个碳原子以 σ 键相连结，键角为 120°，链长为 142pm，形成由无数的正六角形构成的网状平面层，如图 7-20 所示。每个碳原子还有一个垂直于六角网状平面的 $2p$ 轨道上的 $2p$ 电子。这种相互平行的 p 轨道可以相互重叠形成大 π 键，大 π 键中的电子与金属中的自由电子有些类似，因此石墨有金属的光泽，有良好的导电性、传热性。在石墨晶体中，层与层之间的距离为 335pm，以分子间力联系，作用力较弱，所以层与层之间容易滑动和断裂，工业上常用作润滑剂和铅笔芯的原料。有些化合物晶体也具有类似石墨层状结构，如氮化硼(BN)，有"白色石墨"之称，是一种比石墨更耐高温的固体润滑剂。

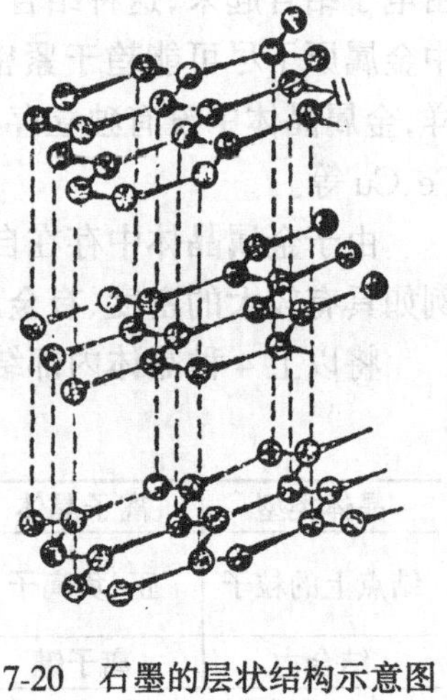

图 7-20 石墨的层状结构示意图

思 考 题

1. 离子键是怎样形成的？本质是什么？
2. 为什么共价键具有饱和性和方向性？
3. σ 键和 π 键有何区别？
4. 常见的 s 和 p 轨道可组成几种类型的杂化轨道？什么情况下可形成等性杂化或不

等性杂化？

5. BF_3 分子具有平面正三角形构型，而 NF_3 分子却是三角锥形，试用杂化轨道理论加以解释。

6. 如何确定双原子分子的极性和多原子分子的极性？

7. 什么叫固有偶极、诱导偶极和瞬时偶极？

8. 分子间力有哪几种？分子间力的大小对物质的物理性质有何影响？

9. 什么叫氢键？它形成的条件是什么？

10. 指出下列说法的错误：

(1)氯化氢分子溶于水后产生 H^+ 离子和 Cl^- 离子，所以氯化氢分子是由离子键形成的。

(2)色散力只存在于非极性分子之间。

(3)凡是含有氢的化合物，其分子之间都能产生氢键。

11. 试解释 SiO_2 和 CO_2 的性质为什么相差很大？

12. 在稀有气体的晶体中，晶格结点上的微粒是原子。稀有气体是否属于原子晶体？为什么？

13. 金属晶体的特性与金属键有何联系？

习　题

1. 根据价键理论写出下列分子的结构式（用一根短线表示一对共用电子）。

Br_2，OF_2，PCl_3，SiH_4，CS_2，HCN，H_2O_2，N_2H_4，HClO

2. 解释 H_2O 和 $BeCl_2$ 都是三原子分子，为何前者为 V 形，后者为直线形？

3. 比较并解释 BBr_3 和 NCl_3 分子的空间构型。

4. 判断下列分子是否有极性。

Ne，HF，NO，H_2S，$HgBr_2$，SiH_4，NF_3

5. 指出下列分子的中心原子可能采用的杂化轨道类型，并写出它们的空间构型以及分子的偶极矩（是否为零）。

(1)SiH_4；(2)BF_3；(3)BeH_2；(4)PH_3；(5)H_2S；(6)CO_2；(7)CH_3Cl。

6. 下列化合物的分子间是否有氢键存在？为什么？

(1)C_2H_6；(2)NH_3；(3)C_2H_5OH；(4)H_3BO_3；(5)CH_4。

7. 解释：

(1)室温下 CH_4 为气体，CCl_4 为液体，而 CI_4 为固体。

(2)H_2O 的沸点高于 H_2S，而 CH_4 的沸点却低于 SiH_4。

8. 乙醇和二甲醚的组成相同（C_2H_6O），但前者的沸点为 78.5℃，而后者的沸点为 －23℃。为什么？

9. 判断下列各组中两种物质的熔点高低。

(1)NaF 和 MgO；(2)BaO 和 CaO；

(3)SiC 和 $SiCl_4$；(4)NH_3 和 PH_3。

10. 填充下表：

物　质	晶格结点上的微粒	微粒间作用力	晶体类型	预测熔点高低
$BaSO_4$				
O_2				
SiC				
NH_3				
Cu				

第八章　氧化还原和电化学

化学反应可以分为两大类：一类是参加化学反应的各种反应物在反应前后没有电子得失，例如酸碱中和反应、复分解和沉淀反应等。

酸碱反应　　$HCl + NaOH = NaCl + H_2O$

沉淀反应　　$AgNO_3 + NaCl = NaNO_3 + AgCl\downarrow$

另一类是参加化学反应的各种反应物在反应前后有电子的得失。

18 世纪末，人们把与氧化合的反应叫氧化反应。例如：

氧化反应　　$C + O_2 = CO_2$

还原反应　　$CuO + H_2 = Cu + H_2O$

19 世纪中，有了化合价的概念，人们把化合价升高的过程叫氧化，把化合价降低的过程叫还原。例如：

化合价升高，被氧化

$$\overset{0}{2Na} + \overset{0}{Cl_2} = 2\overset{+1}{Na}\overset{-1}{Cl}$$

化合价降低，被还原

20 世纪初，由于建立了化合价的电子理论，人们把失电子的过程叫氧化，得电子的过程叫还原。例如：

氧化　　$Zn - 2e = Zn^{2+}$

还原　　$Cu^{2+} + 2e = Cu$

总反应为　　$Zn + Cu^{2+} = Zn^{2+} + Cu$

Zn 失去电子被氧化；Cu^{2+}得到电子被还原。氧化过程与还原过程同时发生，所以被称为氧化还原反应。自从人类引用电子概念后，氧化反应已扩大为包括不一定有氧参加的一大类反应。氧化还原反应过程中电子由 Zn 转移给 Cu^{2+}，Zn 失去电子是还原剂，Cu^{2+}得到电子是氧化剂。氧化还原反应的特点是：①氧化和还原是成对同时出现的，即在任何一个氧化过程中，必定有一个逆向的还原过程存在。②在一个氧化还原反应中，氧化剂获得的电子总数必然等于还原剂失去的电子总数；整个反应体系前后处于电荷平衡状态。例如，在水溶液中 Fe^{3+} 和 I^- 反应生成 Fe^{2+} 和 I_2，可分别写出还原反应和氧化反应：

还原反应　　$2Fe^{3+} + 2e = 2Fe^{2+}$

氧化反应　　$2I^- - 2e = I_2$

上述两个反应合在一起就组成了氧化还原反应的反应方程式：

$$2Fe^{3+} + 2I^- = 2Fe^{2+} + I_2$$

氧化还原反应是很重要的一类化学反应，在工业生产过程中常常发生许多氧化还原反应。例如，氨经过铂网的催化被空气氧化为硝酸；硫磺燃烧，即被氧化为二氧化硫，再经催化氧化为三氧化硫，以制造硫酸；铬铁矿 $FeCrO_4$ 与碳酸钠 Na_2CO_3 混合，经过氧化焙烧，可以制备 Na_2CrO_4。几乎所有的金属单质都是利用化学还原反应或者电解反应制得的。在自然界中，普遍存在和不断发生着氧化还原反应。在生物体内，糖类和脂肪经过酶催化氧化反应，被分解为二氧化碳和水，同时释放大量的能量。这种氧化还原反应如下：

糖类 $$C_6H_{12}O_6 + 6O_2 = 6CO_2 + 6H_2O$$

脂肪 $$CH_3(CH_2)_{14}COOH + 23O_2 = 16CO_2 + 16H_2O$$

第一节 氧化还原反应方程式的配平

一、氧化数

氧化还原反应是一类有电子转移的反应，要配平氧化还原反应方程式，就需要知道反应过程中电子转移的关系。如在：

$$Zn + Cu^{2+} = Zn^{2+} + Cu$$

的反应里，1mol Zn 原子失去 2mol 电子，同时 1mol Cu^{2+} 就得到 2mol 电子。对于那些组成和结构比较复杂的化合物，如 $Na_2S_2O_3$（硫代硫酸钠）与 I_2 反应生成 $Na_2S_4O_6$（连四硫酸钠）和 NaI，当不清楚它们的价键性质时，很难判断它们在氧化还原反应中得失电子的情况。因此，引入氧化数的概念说明各元素在化合物中所处的状态。

氧化数又名氧化态，它是表示物质中元素的表观电荷数。利用氧化数的概念可以把氧化还原反应定义为：在化学反应中，反应物质中元素的氧化数升高，即发生了氧化；元素的氧化数降低，即发生了还原。确定元素原子氧化数的规则可归纳为：

(1)在单质中，元素原子的氧化数等于零。例如，铁金属 Fe 原子的氧化数为 0；O_2 中氧原子的氧化数为 0；S_8 中硫原子的氧化数为 0。

(2)氧化数有正有负。在二元离子化合物中，元素的氧化数等于其离子的电荷数。例如，NaCl 由 Na^+ 和 Cl^- 组成，其中 Na 氧化数为 +1，Cl 的氧化数为 −1。

(3)在共价化合物中，元素原子的氧化数等于其原子偏离的电子数，电负性较大的元素的氧化数为负，电负性较小的元素的氧化数为正。所以，电负性最大的 F 元素氧化数总是 −1，如 CCl_2F_2 中 F 的氧化数为 −1；HCl 中 Cl 的氧化数为 −1。

(4)氢在化合物中的氧化数一般为 +1。如 H_2O 中 H 的氧化数为 +1；HCl 中 H 的氧化数为 +1。但在活泼金属的氢化物（如 NaH、CaH_2）中，H 的氧化数为 −1。

(5)氧在化合物中的氧化数一般为 −2。如 H_2O 中的 O 的氧化数为 −2；SO_2 中 O 的氧化数为 −2。但在过氧化物（如 H_2O_2、Na_2O_2 等）中，氧的氧化数为 −1。在超氧化物 KO_2 中，氧的氧化数为 −1/2。在 OF_2 中，氧的氧化数为 +2。

(6)在一个中性化合物中，所有各元素原子的正、负氧化数的代数和等于零。例如，在 H_2O 分子中，H 的氧化数为 +1，O 的氧化数为 −2，氧化数的代数和为 $(+1)\times2+(-2)=0$。按照该原则可确定其它元素的氧化数。如 H_2SO_4 中，H 的氧化数为 +1，O 氧化数为 −2，S 氧化数则为 $0-[2\times(+1)+4\times(-2)]=+6$；而在 H_2SO_3 中，S 的氧化数则为 +4。

(7)在一个复杂离子中，所有元素原子氧化数的代数和等于该离子的电荷数。例如，NO_3^- 带 1 个单位负电荷，各元素氧化数的代数和为 $(+5)+(-2)\times3=-1$。

【例 8-1】 计算下列物质中铁的氧化数：

金属 Fe, Fe_2O_3, Fe_3O_4, Fe^{2+}, Fe^{3+}, FeO。

解 铁金属为单质，Fe 的氧化数为 0；

设铁的氧化数为 x，由于氧的氧化数为 −2，根据氧化数规则得：

Fe_2O_3 $\quad 3\times(-2)+2x=0$

$$x=+3$$

Fe_3O_4 $\quad 4\times(-2)+3x=0$

$$x=+\frac{8}{3}$$

Fe^{2+} $\quad x=+2$

Fe^{3+} $\quad x=+3$

FeO $\quad (-2)\times1+x=0$

$$x=+2$$

通过计算可确定铁金属 Fe, Fe_2O_3, Fe_3O_4, Fe^{2+}, Fe^{3+}, FeO 中铁的氧化数分别为 0, +3, $+\frac{8}{3}$, +2, +3, +2。

【例 8-2】 计算 $Na_2S_2O_3$ 和 $Na_2S_4O_6$ 中 S 的氧化数。

解 设 S 的氧化数为 x，由于钠的氧化数为 +1，氧的为 −2，根据氧化数规则得：

$Na_2S_2O_3$： $(+1)\times2+2x+3\times(-2)=0$

$$x=2$$

$Na_2S_4O_6$： $(+1)\times2+4x+6\times(-2)=0$

$$x=2.5$$

二、氧化还原反应方程式的配平

化学反应方程式是用化学式来表示化学反应的一种等式。等号左边写出全部反应物的化学式，右边为全部生成物的化学式。因为每一个化学反应都有要遵守质量守恒定律，也就是反应前后的各元素的原子总数保持不变，所以在化学方程式中，每个化学式前面都有系数，以便使等号两边各元素的原子总数相等。因此，化学方程式表达了物质在化学反应中质的变化和量的关系。

在每个化学式前面选配适当的系数，使反应式两边每一种元素原子的总数相等，这个配系数的过程叫配平。氧化还原反应方程式的配平，通常采用氧化数法和离子-电子法两种。

(一)氧化数法

氧化数法配平氧化还原反应方程式的依据是：氧化剂中元素氧化数的降低值等于还原剂中元素氧化数的升高值。用氧化数法配平氧化还原反应方程式的具体步骤是：

(1)根据实验事实确定在反应条件下反应的生成物，这是正确写出反应方程式的重要前提。确定反应产物不能有任何随意性，必须以实验事实为依据。反应条件主要是指介质的酸碱性，随着 pH 值的改变，相同的反应物有可能生成不同的产物，也有的反应会改变反应的方向。如硝酸和磷作用生成一氧化氮和磷酸：

$$HNO_3 + P \longrightarrow NO + H_3PO_4$$

(2)根据氧化数的改变，确定氧化剂和还原剂并指出氧化剂和还原剂的氧化数变化。

$$(+2)-(+5)=-3$$

$$\overset{+5}{HNO_3}+\overset{0}{P}\longrightarrow \overset{+2}{NO}+H_3\overset{+5}{P}O_4$$

$$+5-0=+5$$

由上式可见，氮原子的氧化数由 +5 变为 +2，它降低的值为 3，因此它是氧化剂；磷原子的氧化数由 0 变为 +5，它升高的值为 5，因此它是还原剂。

(3)按氧化和还原同时发生，且氧化剂和还原剂的得失电子数必须相等的原则进行配平。按照最小公倍数的原则对各氧化数的变化值乘以相应的系数 5 和 3，使氧化数降低值和升高值相等，都是 15。

$$\begin{array}{r|l} (+2)-(+5)=-3 & \times 5=-15 \\ (+5)-0=+5 & \times 3=+15 \end{array}$$

(4)将找出的系数分别乘在氧化剂和还原剂的分子式前面，并使方程式两边氮原子和磷原子的数目相等。

$$5HNO_3 + 3P \longrightarrow 5NO + 3H_3PO_4$$

(5)检查反应方程式两边的氢原子数目，确定参与反应的水分子数。

上列方程式右边的氢原子比左边多 4，证明有水分子参加了反应，补进足够的水分子使两边的氢原子数相等：

$$5HNO_3 + 3P + 2H_2O \longrightarrow 5NO + 3H_3PO_4$$

(6)如果反应方程式两边的氧原子数相等，即证明反应方程式已配平。上列方程式两边的氧原子都是 17，所以方程式已配平，用等号连接。

$$5HNO_3 + 3P + 2H_2O = 5NO + 3H_3PO_4$$

【例 8-3】 用氧化数法配平下面氧化还原反应：

$$KClO_3 \longrightarrow KCl + O_2$$

解

$$-1-5=-6$$

$$K\overset{+5}{Cl}\overset{-2}{O_3}\longrightarrow K\overset{-1}{Cl}+\overset{0}{O_2}$$

$$[0-(-2)]\times 3=+6$$

最少公倍数为 6，即 1 个 $KClO_3$ 分子失去 6 个电子给另 1 个 $KClO_3$ 分子，还原剂与氧化剂的比例为 1:1，则有：

$$\underset{还原剂}{KClO_3}+\underset{氧化剂}{KClO_3} = 2KCl + 3O_2$$

即 $$2KClO_3 = 2KCl + 3O_2$$

在上述氧化还原反应中，做氧化剂和还原剂的是同一种物质($KClO_3$)，故这类特殊的氧化还原反应又称自身氧化还原反应。

【例 8-4】 用氧化数法配平下面氧化还原反应：

$$KClO_3 \longrightarrow KClO_4 + KCl$$

解

$(-1)-(+5)=-6$

$$\overset{+5}{KClO_3} \longrightarrow \overset{+7}{KClO_4} + \overset{-1}{KCl}$$

$(+7)-(+5)=+2$

最小公倍数为 6，即 3 个 $KClO_3$ 分子失去 6 个电子给另 1 个 $KClO_3$ 分子，还原剂与氧化剂的比例为 3∶1，则有

$$\underset{\text{还原剂}}{3KClO_3} + \underset{\text{氧化剂}}{KClO_3} = 3KClO_4 + KCl$$

即 $$4KClO_3 = 3KClO_4 + KCl$$

上述反应也是自身氧化还原反应，但其中氧化和还原的是同种元素(Cl)，故它是歧化反应。

【例 8-5】 用氧化数法配平下列氧化还原反应：

$$HNO_3 + As_2S_3 \longrightarrow H_2SO_4 + H_3AsO_4 + NO$$

解

$[(+5)-(+3)]\times 2=+4$

$3\times[(+6)-(-2)]=+24$

$$H\overset{+5}{N}O_3 + \overset{+3}{As_2}\overset{-2}{S_3} \longrightarrow H_2\overset{+6}{S}O_4 + H_3\overset{+5}{As}O_4 + \overset{+2}{N}O$$

$(+2)-(+5)=-3$

1 个 As_2S_3 分子失去 24＋4＝28 个电子，1 个 HNO_3 分子得到 3 个电子，28 与 3 的最小公倍数为 28×3＝84，故还原剂 As_2S_3 与氧化剂 HNO_3 的比例为 3∶28。

$$\underset{\text{氧化剂}}{28HNO_3} + \underset{\text{还原剂}}{3As_2S_3} \longrightarrow 9H_2SO_4 + 6H_3AsO_4 + 28NO$$

方程式右边的氢原子比左边多 8(＝2×9＋6×3－28)，证明有水分子参加了反应，左边补进足够的水分子(4 个)，使两边的氢原子数相等：

$$4H_2O + 28HNO_3 + 3As_2S_3 \longrightarrow 9H_2SO_4 + 6H_3AsO_4 + 28NO$$

检查方程左边的氧原子数为 4＋28×3＝88 个，右边的氧原子数为 9×4＋6×4＋28＝88 个，证明反应方程式已配平，用等号连接方程式左右两边。

$$4H_2O + 28HNO_3 + 3As_2S_3 = 9H_2SO_4 + 6H_3AsO_4 + 28NO$$

【例 8-6】 用氧化数法配平下面氧化还原反应：

$$C_3H_8O_3 + KMnO_4 + KOH \longrightarrow K_2CO_3 + K_2MnO_4 + H_2O$$

解 丙三醇 $C_3H_8O_3$ 中 H、O 的氧化数分别为＋1、－2，则 C 的氧化数为 $-\frac{2}{3}$。

$$(+6)-(+7)=-1$$

$$\overset{-\frac{2}{3}}{C_3H_8O_3}+K\overset{+7}{Mn}O_4+KOH \longrightarrow K_2\overset{+4}{C}O_3+K_2\overset{+6}{Mn}O_4+H_2O$$

$$3\times\left[(+4)-\left(-\frac{2}{3}\right)\right]=+14$$

最小公倍数为 14,1 个丙三醇 $C_3H_8O_3$ 分子失去 14 个电子给 14 个 $KMnO_4$ 分子,还原剂与氧化剂的比例为 1∶14。

$$\underset{\text{还原剂}}{C_3H_8O_3}+\underset{\text{氧化剂}}{14\,KMnO_4}+KOH \longrightarrow 3K_2CO_3+14K_2MnO_4+H_2O$$

根据方程式右边钾原子数为 $3\times2\ +\ 14\times2=34$ 个,确定左边 KOH 前面的系数为 $34-14(KMnO_4)=20$;再根据方程式左边氢原子数为 $8+20=28$ 个,确定右边 H_2O 前面的系数为 14,以使右边的氢原子数也为 28。

$$C_3H_8O_3+14KMnO_4+20KOH \longrightarrow 3K_2CO_3+14K_2MnO_4+14H_2O$$

最后检查氧原子数,左边为 $3\ +14\times4\ +\ 20\ =\ 79$ 个;右边为 $3\times3+14\times4+14=79$ 个。证明反应方程式已配平,用等号连接方程式左右两边。

$$C_3H_8O_3+14KMnO_4+20KOH \longrightarrow 3K_2CO_3+14K_2MnO_4+14H_2O$$

(二)离子-电子法

离子-电子法配平氧化还原方程式所依据的原则是:氧化剂得到的电子总数与还原剂失去的电子总数相等;反应前后总的电荷数相等。即将氧化还原方程式改写为半反应式,先将半反应式配平,然后将这些半反应式加合,消去其中的电子而完成。具体配平步骤如下:

(1)确定产物,写出未配平的离子反应方程式。式中只包括氧化剂及其还原产物和还原剂及其氧化产物。例如:

$$Cu+Fe^{3+} \longrightarrow Cu^{2+}+Fe^{2+}$$

(2)任何一个氧化还原反应都是由两个半反应组成的,因此,可以将上列的方程式分为两个未配平的半反应式,一个表明反应中的氧化过程,另一个表明反应中的还原过程。

氧化过程　$Cu \longrightarrow Cu^{2+}$

还原过程　$Fe^{3+} \longrightarrow Fe^{2+}$

(3)调配计量系数并添加一定数目的电子,使半反应两端元素的原子数和电荷数相等:

氧化半反应　$Cu = Cu^{2+}+2e$

还原半反应　$Fe^{3+}+e = Fe^{2+}$

(4)根据氧化剂获得的电子数和还原剂失去的电子数必须相等的原则,确定氧化剂和还原剂化学式前的系数,并把两个半反应式加合,得到一个配平的离子反应方程式:

$$\begin{array}{r} Cu = Cu^{2+}+2e \\ +)\quad 2Fe^{3+}+2e = 2Fe^{2+} \\ \hline Cu+2Fe^{3+} = Cu^{2+}+2Fe^{2+} \end{array}$$

如果在半反应中反应物和产物的氧原子数不相等,可以依照反应介质是酸性或碱性条件,在半反应中添加 H^+ 或 OH^- 或 H_2O,使半反应式两侧的氧原子数和电荷数均相等。下面举例来说明配平方法。

【例 8-7】 配平 $MnO_4^- + C_2O_4^{2-} \longrightarrow Mn^{2+} + CO_2$ （酸性介质）

解 第一步：分别写出两个半反应式

还原 $$MnO_4^- \longrightarrow Mn^{2+}$$

氧化 $$C_2O_4^{2-} \longrightarrow CO_2$$

第二步：由于反应是在酸性介质中进行的，在第一个半反应中，产物的氧原子数比反应物少时，应在左侧加 H^+，使所有的氧原子都化合而成 H_2O，并分别使氧原子数和电荷数均相等。即

$$MnO_4^- + 8H^+ + 5e \Longrightarrow Mn^{2+} + 4H_2O$$

在另一个半反应式的右侧加电子使两侧的电荷数均相等。即：

$$C_2O_4^{2-} \Longrightarrow 2CO_2 + 2e$$

第三步：根据获得和失去电子数必须相等的原则，将两边电子消去，加合而成一个配平了的离子反应式：

$$\begin{array}{c|l} 2 & MnO_4^- + 8H^+ + 5e \Longrightarrow Mn^{2+} + 4H_2O \\ 5 & C_2O_4^{2-} \Longrightarrow 2CO_2 + 2e \\ \hline & 2MnO_4^- + 16H^+ + 5C_2O_4^{2-} \Longrightarrow 2Mn^{2+} + 10CO_2 + 8H_2O \end{array}$$

在碱性介质中发生的反应也可以先假设它们好像在酸性介质中发生，并进行配平。然后在方程式两边加等量的 OH^- 来“中和”。这个过程可从下例看出。

【例 8-8】 配平 $ClO^- + CrO_2^- \longrightarrow Cl^- + CrO_4^{2-}$ （碱性介质）

解 还原 $$ClO^- \longrightarrow Cl^-$$

氧化 $$CrO_2^- \longrightarrow CrO_4^{2-}$$

由于反应是在碱性介质中进行的，虽然在半反应 $CrO_2^- \longrightarrow CrO_4^{2-}$ 中，产物的铬原子数和反应物的铬原子数相等，但由于氧原子数不等，所以应在左边加足够的 OH^-，使右侧生成水分子，并使两边的电荷数相等：

$$CrO_2^- + 4OH^- \Longrightarrow CrO_4^{2-} + 2H_2O + 3e$$

另一个半反应的左边加足够的水，使两边的氧原子和电荷数均相等：

$$ClO^- + H_2O + 2e \Longrightarrow Cl^- + 2OH^-$$

根据得失电子数必须相等的原则，有：

$$\begin{array}{c|l} 2 & CrO_2^- + 4OH^- \Longrightarrow CrO_4^{2-} + 2H_2O + 3e \\ 3 & ClO^- + H_2O + 2e \Longrightarrow Cl^- + 2OH^- \\ \hline & 2CrO_2^- + 8OH^- + 3ClO^- + 3H_2O + 6e \Longrightarrow 2CrO_4^{2-} + 4H_2O + 6e + 3Cl^- + 6OH^- \end{array}$$

整理得：$2CrO_2^- + 2OH^- + 3ClO^- \Longrightarrow 2CrO_4^{2-} + H_2O + 3Cl^-$

【例 8-9】 配平 $NO_3^- + Zn \longrightarrow NH_3 + ZnO_2^{2-}$ （碱性介质）

解 还原 $NO_3^- \longrightarrow NH_3$， $NO_3^- + 8e + 6H_2O \Longrightarrow NH_3 + 9OH^-$

氧化 $Zn \longrightarrow ZnO_2^{2-}$， $Zn + 4OH^- \Longrightarrow ZnO_2^{2-} + 2e + 2H_2O$

根据得失电子数必须相等的原则，有

1	$NO_3^- + 8e + 6H_2O \xlongequal{\quad} NH_3 + 9OH^-$
4	$Zn + 4OH^- \xlongequal{\quad} ZnO_2^{2-} + 2e + 2H_2O$

$$NO_3^- + 8e + 6H_2O + 4Zn + 16OH^- \xlongequal{\quad} NH_3 + 9OH^- + 4ZnO_2^{2-} + 8e + 8H_2O$$

整理得：$NO_3^- + 4Zn + 7OH^- \xlongequal{\quad} NH_3 + 4ZnO_2^{2-} + 2H_2O$

氧化数法可直接用于分子反应或离子反应方程式的配平，对于熔融态或气体反应也都适用。离子-电子法对于水溶液的离子反应尤为适用，它清楚地表明了反应的实质。

第二节　原电池和电极电势

一、原电池

氧化还原反应的本质是氧化剂与还原剂之间发生了电子的转移。若把一块锌片放入硫酸铜溶液中，如图 8-1，将发生如下氧化还原反应：

$$\overset{2e}{\overbrace{Zn+CuSO_4}} \xlongequal{\quad} Cu + ZnSO_4$$

在以上反应过程中，由于锌和硫酸铜溶液直接接触，电子从锌原子直接转移到 Cu^{2+} 上（这里电子的流动是无秩序的），使 Cu^{2+} 在锌片上还原为金属铜而析出。随着反应的进行，溶液的温度有所升高，即反应时的化学能转变为热能。上述反应的 $\Delta_f H_m^{\ominus}$（298K）$= -212.55$ kJ/mol。上述反应可以分为锌的氧化和铜的还原两个部分：

氧化　　$Zn \xlongequal{\quad} Zn^{2+} + 2e$

还原　　$Cu^{2+} + 2e \xlongequal{\quad} Cu$

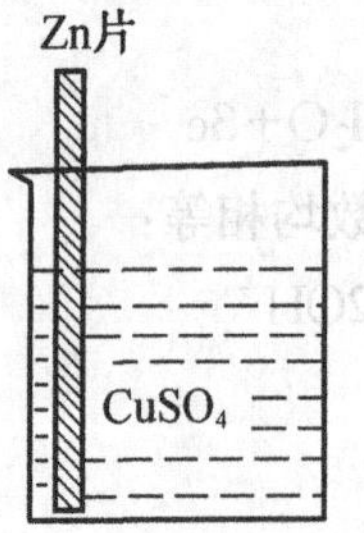

图 8-1　锌/硫酸铜

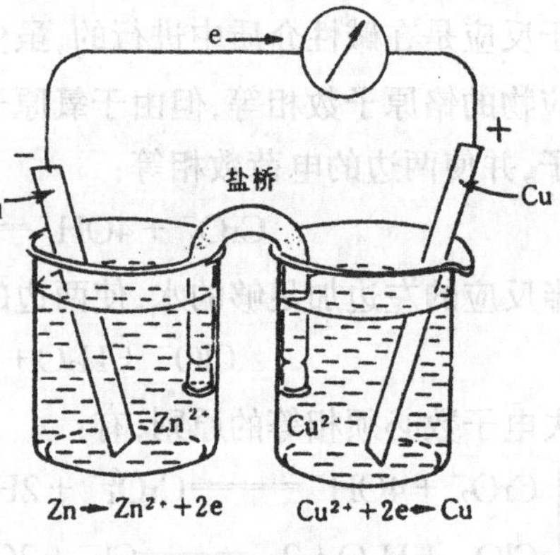

图 8-2　锌/铜原电池

若将上述氧化反应和还原反应通过一种装置分隔开来，如图 8-2 所示，一个烧杯内盛 $CuSO_4$ 溶液，另一个烧杯内盛 $ZnSO_4$ 溶液，锌片插入 $ZnSO_4$ 溶液，铜片插入 $CuSO_4$ 溶液，两个烧杯用“盐桥”连结起来，盐桥是一个盛 KCl 饱和溶液胶冻的 U 形管，用于构成电流回路；将锌片和铜片用导线连结，其间还串联一个电压表，这时电压表指针立即向一方偏转。表明导线中有电流通过，Zn 片开始溶解而 Cu 片上有金属铜沉积上去。电压表指针偏转告诉我们,电流由铜极流向锌极(或电子由锌极流向铜极)。即锌电极失去的电子(发生氧化反应)沿着金属导线流向铜电极,铜电极附近 Cu^{2+} 得到电子发生还原反应。

在图 8-2 装置中化学能转变成电能,分别在电极上进行氧化还原反应来实现化学能转变为电能的装置称为原电池。从上述实验看到,要利用氧化还原反应构成原电池使化学能转化为电能,必须满足以下三个条件才能使电荷定向移动并有秩序地交换:

(1)必须是一个可以自发进行的氧化还原反应。

(2)氧化反应与还原反应要分别在两个电极上自发进行。这样使氧化和还原分别在两处进行,电子不直接从还原剂转移到氧化剂,而是通过电路进行传递,按一定方向流动,从而产生电流,使化学能转化为电能。

(3)组装成的内外电路要构成通路。

在原电池中,组成电池的导体称为电极。这里所说的电极并非指一般电子导体,而是指与电解质溶液相接触的电子导体。它既是电子储存器,又是电化学反应发生地。电化学中的电极,总是与电解质溶液联系在一起的,而且电极的特性也与所进行的化学反应分不开,因此,电极是指电子导体与电解质溶液组成的整个系统。电极上发生的反应称电极反应。根据电极反应的性质,可以将电极分为:第一类电极,由金属浸在含有该金属离子的溶液所构成,此外还包括氢、氧、卤素等气体电极;第二类电极,包括金属及该金属难熔盐电极和氧化还原电极,如 Ag|AgCl 和 Pt|Fe^{2+},Fe^{3+}。

原电池中电子流出的一极是负极,发生氧化反应;电子流入的一极是正极,发生还原反应。上述由第一类电极锌电极和铜电极组成的原电池称为铜锌原电池。在铜锌原电池中,Zn 电极是负极,Cu 电极是正极,其中电极反应为:

负极(锌与锌离子溶液):　$Zn = Zn^{2+} + 2e$　(氧化反应)

正极(铜与铜离子溶液):　$Cu^{2+} + 2e = Cu$　(还原反应)

两电极反应相加即可得到电池反应:

$$\underset{\text{还原剂}}{Zn} + \underset{\text{氧化剂}}{Cu^{2+}} = Zn^{2+} + Cu \quad (\text{氧化还原反应})$$

可见,电池反应就是总的氧化还原反应,而电极反应是氧化还原反应的一半,故称为半反应。所以原电池是两个半电池构成的。

原电池实验证实了氧化剂和还原剂之间发生电子转移是氧化还原反应的本质。

原电池的装置可用电池符号来表示,如铜锌原电池可写作:

$$(-)Zn|ZnSO_4(c_1)\parallel CuSO_4(c_2)|Cu(+)$$

习惯上把负极写在左边,表示由 Zn 片和 $ZnSO_4$ 溶液组成负极;正极写在右边,表示由 Cu 片和 $CuSO_4$ 溶液组成了正极。电极导体 Zn(Cu)和电极溶液 $ZnSO_4$($CuSO_4$)之间用符号|分开表示物相界面;正负两极之间的符号 ‖ 代表盐桥。c_1,c_2 分别表示 $ZnSO_4$ 和 $CuSO_4$ 溶液的浓度。

【例 8-10】 在一个烧杯中放入含 0.1mol/L Fe^{2+} 和 0.2mol/L Fe^{3+} 的溶液,另一个烧杯中放入含 0.3mol/L Sn^{2+} 和 0.4mol/L Sn^{4+} 的溶液,分别插入铂片作为电极,并用盐桥连结起来。在用导线连结两极后,就有电子从 Sn^{2+} 溶液中经过导线流向 Fe^{3+} 溶液而产生电流。写出电极反应、电池反应、原电池符号,指明氧化剂和还原剂。

解　据题意有电极反应如下:

负极　　　　　　　$Sn^{2+} \xlongequal{} Sn^{4+} + 2e$（氧化反应）

正极　　　　　　　$Fe^{3+} + e \xlongequal{} Fe^{2+}$（还原反应）

电池反应为　　　　$Sn^{2+} + 2Fe^{3+} \xlongequal{} Sn^{4+} + 2Fe^{2+}$

该氧化还原反应中，由于 Sn^{2+} 失去电子，所以 Sn^{2+} 做还原剂；Fe^{3+} 得到电子，Fe^{3+} 做氧化剂。

该原电池符号为：

$(-)(Pt)|Sn^{2+}(0.3mol/L),Sn^{4+}(0.4mol/L) \| Fe^{3+}(0.2mol/L),Fe^{2+}(0.1mol/L)|(Pt)(+)$

在这种电池中，Pt 不发生氧化还原反应，仅起导体的作用。

在原电池的每个电极反应中都包含同一元素不同氧化数的两类物质，其中，低氧化数的是可作还原剂的物质，叫做还原态物质；高氧化数的是可作氧化剂的物质，叫做氧化态物质。例如，在 Cu-Zn 原电池的两个电极反应

$$\underset{(还原态)}{Zn} \xlongequal{} \underset{(氧化态)}{Zn^{2+}} + 2e \qquad \underset{(氧化态)}{Cu^{2+}} + 2e \xlongequal{} \underset{(还原态)}{Cu}$$

中，每个电极的还原态和相应的氧化态构成氧化还原电对，简称电对。用符号“氧化态/还原态”表示。如锌半电池和铜半电池的电对可分别以 Zn^{2+}/Zn 和 Cu^{2+}/Cu 表示。例 8-10 中负极的半电池电对是 Sn^{2+}/Sn，正极的半电池电对是 Fe^{3+}/Fe^{2+}。

二、电极电势

连结原电池两极的导线有电流通过，说明两电极之间有电势差存在。因为，如果将金属 M 放在它的盐溶液（M^{n+}）中，金属 M 表面的一些 M 原子因受到溶液相中水分子的吸引、极化，最终有可能把电子留在金属内而自身以离子状态进入溶液，金属越活泼，金属盐溶液越稀，这种溶解倾向越大；同时，溶液中的金属离子（M^{n+}）也有向金属 M 沉积的倾向，金属越不活泼，溶液越浓，这种沉积的倾向越大。因此，在金属 M 及其盐溶液 M^{n+} 之间存在如下平衡：

$$M \underset{沉积}{\overset{溶解}{\rightleftharpoons}} M^{n+} + ne$$

在某一给定浓度的 M^{n+} 溶液中，若溶解（失去电子）的倾向大于沉积（获得电子）的倾向，到达平衡时的最后结果将是金属离子 M^{n+} 进入溶液，使金属 M 片上带负电，紧靠金属片附近的溶液带正电（如图 8-3a）；反之金属带正电，溶液带负电（如图 8-3b）。不论何种情况，由于异电相吸，金属离子 M^{n+} 不是均匀分布在溶液中而是聚集在金属片表面的附近与金属片表面的负电荷形成双电层，如图 8-3 所示。这时在金属片和盐溶液之间产生了一定的电势差。这个电势差叫做该金属的电极电势 φ。由于金属的活泼性不同，显然各种金属电极电势数值不同。若将两种电极电势值不同的电极以原电池的形式连结起来，就能产生电流。原电池的电动势 E 等于在无电流通过时正极的电极电势 $\varphi_{(+)}$ 减去负极的电极电势 $\varphi_{(-)}$，即：　　$E = \varphi_{(+)} - \varphi_{(-)}$

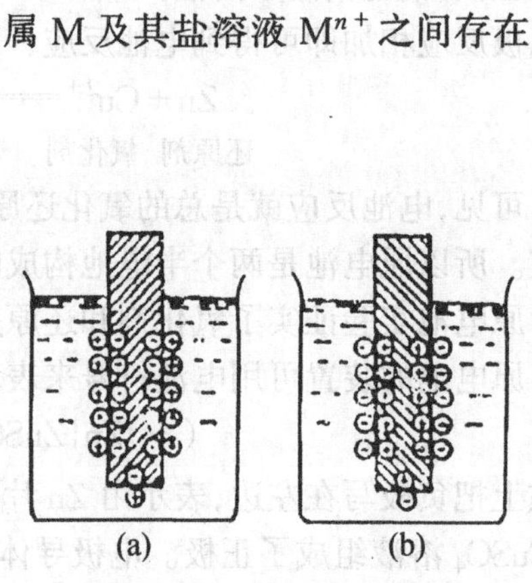

图 8-3　金属的电极电势

三、标准电极电势

金属电极电势的大小反映了金属在水溶液中失去电子能力的大小。如果能确定电极电势的绝对值，就可以定量地比较金属在溶液中的活泼性。但是至今还没有办法直接测量任何单个电极电势的数值。但在实验中，我们能精确测量原电池反应的电动势 E，当选择某一电极作为标准，人为地规定它的电极电势为零，而把其它电极与此标准电极组成的原电池电动势的相对大小作为该电极反应的电极电势。就好像以海平面为零衡量山的高度一样。国际上规定标准氢电极作为标准电极，标准氢电极为：

$$\mathrm{Pt, H_2(100kPa) | H^+ \quad (1mol/L)}$$

并规定在 298K 温度下，标准氢电极的电极电势为零，以 $\varphi^{\ominus}_{H^+/H_2}=0.0000V$ 表示。右上角的“⊖”代表标准态，即温度为 298K，溶液浓度为 1mol/L，或气体压力为标准压力 100kPa。标准氢电极结构如图 8-4 所示。其它任何电极若与标准氢电极组成原电池，当测定原电池的电动势之后，即可确定该电极的电势。例如 298K 时，实验可以分别测定下列几个电池的电动势 E。

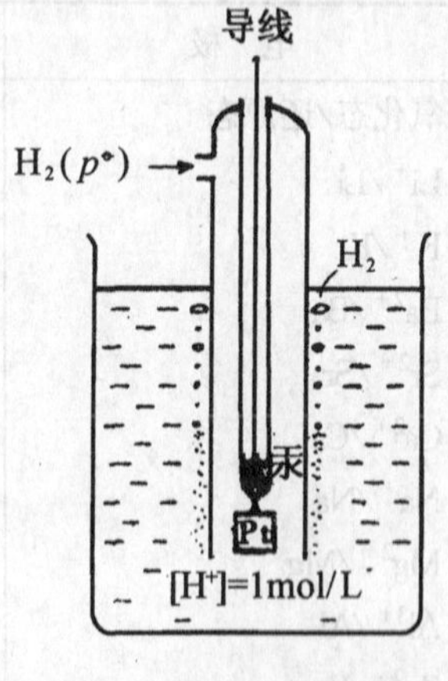

图 8-4　标准氢电极

$$(-)\mathrm{Zn|Zn^{2+}(1mol/L) \| H^+(1mol/L)|H_2(100kPa), Pt(+)}, \quad E=0.76V$$

$$(-)\mathrm{Pt, H_2(100kPa)|H^+(1mol/L) \| Cu^{2+}(1mol/L)|Cu(+)}, \quad E=0.34V$$

我们已经规定 $\varphi^{\ominus}_{H^+/H_2}=0$，且 $E=\varphi_{(+)}-\varphi_{(-)}$，所以由锌氢电池的电动势可求锌电极的电势：

正极（氢电极）$2H^+ + 2e \xlongequal{} H_2$　　　$\varphi^{\ominus}_{H^+/H_2}=0$

+）负极（锌电极）$Zn \xlongequal{} Zn^{2+} + 2e$　　　$\varphi^{\ominus}_{Zn^{2+}/Zn}=?$

原电池反应　$2H^+ + Zn \xlongequal{} H_2 + Zn^{2+}$

$$E=\varphi_{(+)}-\varphi_{(-)}$$

$$0.76=0-\varphi_{Zn^{2+}/Zn}, \quad \varphi_{Zn^{2+}/Zn}=-0.76(V)$$

因锌电极也处于标准状态（即 Zn^{2+} 浓度为 1mol/L），所以此时的 $\varphi_{Zn^{2+}/Zn}=-0.76V$，即是锌电极标准电极电势，以 $\varphi^{\ominus}_{Zn^{2+}/Zn}=-0.76V$ 表示。

同理，可以由氢铜原电池的电动势求铜电极的电极电势。

正极（铜电极）$Cu^{2+} + 2e \xlongequal{} Cu$　　　$\varphi_{Cu^{2+}/Cu}=?$

+）负极（氢电极）$H_2 \xlongequal{} 2H^+ + 2e$　　　$\varphi_{H^+/H_2}=0$

原电池反应　$Cu^{2+} + H_2 \xlongequal{} Cu + 2H^+$

$$E=\varphi_{(+)}-\varphi_{(-)}$$

$$0.34=\varphi_{Cu^{2+}/Cu}-0, \quad \varphi_{Cu^{2+}/Cu}=+0.34(V)$$

因此时 Cu^{2+} 浓度为 1mol/L，所以此时的电势为标准电极电势，即 $\varphi^{\ominus}_{Cu^{2+}/Cu}=+0.34V$。

实验测定的电池电动势当然一定是正值；而电极的电势可以是正值，也可以是负值。负值是相对于标准氢电极为零而言的：锌电极 $\varphi^{\ominus}=-0.76V$，表示锌极的电势比标准氢电极低 0.76V；而铜电极 $\varphi^{\ominus}=+0.34V$，表示铜极的电势比标准氢电极高 0.34V。

表 8-1 列出了一些物质在水溶液中的标准电极电势 $\varphi^{\ominus}$(298K)。

表 8-1　水溶液中的标准电极电势(298K)

电　极	电　对　平　衡　式	$\varphi^{\ominus}$(V)
氧化态/还原态	氧化态 + e ══ 还原态	
Li^+/Li	$Li^+ + e = Li$	−3.04
K^+/K	$K^+ + e = K$	−2.93
Ba^{2+}/Ba	$Ba^{2+} + 2e = Ba$	−2.90
Sr^{2+}/Sr	$Sr^{2+} + 2e = Sr$	−2.89
Ca^{2+}/Ca	$Ca^{2+} + 2e = Ca$	−2.87
Na^+/Na	$Na^+ + e = Na$	−2.71
Mg^{2+}/Mg	$Mg^{2+} + 2e = Mg$	−2.37
Al^{3+}/Al	$Al^{3+} + 3e = Al$	−1.66
Zn^{2+}/Zn	$Zn^{2+} + 2e = Zn$	−0.76
Cr^{3+}/Cr	$Cr^{3+} + 3e = Cr$	−0.74
Fe^{2+}/Fe	$Fe^{2+} + 2e = Fe$	−0.45
Cd^{2+}/Cd	$Cd^{2+} + 2e = Cd$	−0.40
Ni^{2+}/Ni	$Ni^{2+} + 2e = Ni$	−0.26
Sn^{2+}/Sn	$Sn^{2+} + 2e = Sn$	−0.15
Pb^{2+}/Pb	$Pb^{2+} + 2e = Pb$	−0.13
H^+/H_2	$2H^+ + 2e = H_2$	0.00
S/S^{2-}	$S + 2H^+ + 2e = H_2S$	+0.14
Sn^{4+}/Sn^{2+}	$Sn^{4+} + 2e = Sn^{2+}$	+0.15
Cu^{2+}/Cu	$Cu^{2+} + 2e = Cu$	+0.34
O_2/OH^-	$O_2 + 2H_2O + 4e = 4OH^-$	+0.40
I_2/I^-	$I_2 + 2e = 2I^-$	+0.54
MnO_4^-/MnO_4^{2-}	$MnO_4^- + e = MnO_4^{2-}$	+0.56
H_3AsO_4/H_3AsO_3	$H_3AsO_4 + 2H^+ + 2e = H_3AsO_3 + H_2O$	+0.56
MnO_4^-/MnO_2	$MnO_4^- + 2H_2O + 3e = MnO_2 + 4OH^-$	+0.60
O_2/O_2^{2-}	$O_2 + 2H^+ + 2e = 2H_2O_2$	+0.70
Fe^{3+}/Fe^{2+}	$Fe^{3+} + e = Fe^{2+}$	+0.77
Ag^+/Ag	$Ag^+ + e = Ag$	+0.80
NO_3^-/N_2O_4	$2NO_3^- + 4H^+ + 2e = N_2O_4 + H_2O$	+0.80
Hg^{2+}/Hg	$Hg^{2+} + 2e = Hg$	+0.85
Pd^{2+}/Pd	$Pd^{2+} + 2e = Pd$	+0.95
Br_2/Br^-	$Br_2 + 2e = 2Br^-$	+1.07
MnO_2/Mn^{2+}	$MnO_2 + 4H^+ + 2e = Mn^{2+} + 2H_2O$	+1.21

续表 8-1

电　极	电　对　平　衡　式	$\varphi^{\ominus}$(V)
$HCrO_4^-/Cr^{3+}$	$HCrO_4^- + 7H^+ + 3e = Cr^{3+} + 4H_2O$	+1.35
$Cr_2O_7^{2-}/Cr^{3+}$	$Cr_2O_7^{2-} + 14H^+ + 6e = 2Cr^{3+} + 7H_2O$	+1.23
Cl_2/Cl^-	$Cl_2 + 2e = 2Cl^-$	+1.36
ClO_4^-/Cl^-	$ClO_4^- + 8H^+ + 8e = Cl^- + 4H_2O$	+1.39
BrO_3^-/Br^-	$BrO_3^- + 6H^+ + 6e = Br^- + 3H_2O$	+1.42
ClO_3^-/Cl^-	$ClO_3^- + 6H^+ + 6e = Cl^- + 3H_2O$	+1.45
ClO_3^-/Cl_2	$ClO_3^- + 6H^+ + 5e = Cl_2 + 3H_2O$	+1.47
$HClO/Cl^-$	$HClO + H^+ + 2e = Cl^- + H_2O$	+1.48
MnO_4^-/Mn^{2+}	$MnO_4^- + 8H^+ + 5e = Mn^{2+} + 4H_2O$	+1.51
Ce^{4+}/Ce^{3+}	$Ce^{4+} + e = Ce^{3+}$	+1.61
O_2^{2-}/O^{2-}	$H_2O_2 + 2H^+ + 2e = 2H_2O$	+1.78
$S_2O_8^{2-}/SO_4^{2-}$	$S_2O_8^{2-} + 2e = 2SO_4^{2-}$	+2.01
MnO_4^{2-}/MnO_2	$MnO_4^{2-} + 4H^+ + 2e = MnO_2 + 2H_2O$	+2.24
F_2/F^-	$F_2 + 2e = 2F^-$	+2.87

标准电极电势是以氢电极为标准，但是标准氢电极要求氢气纯度很高，压力稳定，并且铂在溶液中易吸附其它组分而中毒，失去活性，因此，实际上常用易于制备、使用方便、且电极电势稳定的甘汞电极作为电极电势的对比参考，称为参比电极。甘汞电极如图 8-5 所示。电极符号：

$$|Hg|Hg_2Cl_2|KCl(c_1)$$

电极反应：　$Hg_2Cl_2 + 2e = 2Hg + 2Cl^-$

若 KCl 浓度 c_1 为 1.0mol/L 时，其电极电势 $\varphi^{\ominus}_{Hg_2Cl_2/Hg}$ 为 0.2801V；若 KCl 为饱和溶液时，饱和甘汞电极的电极电势 $\varphi^{\ominus}_{Hg_2Cl_2/Hg}$ 为 0.2415V。

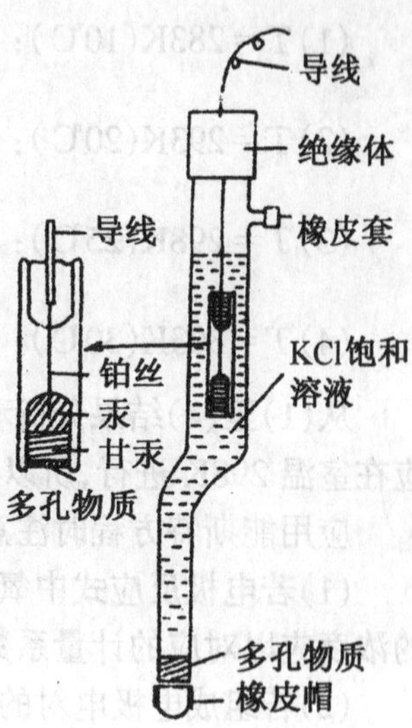

图 8-5　饱和甘汞电极

将甘汞电极和其它电极组成电池，测定其电动势，也可求得该电极的电势。

【例 8-11】 298K 时，实验测得饱和甘汞电极和标准铜电极组成原电池的电动势 E 为 0.0987V，甘汞电极为负极，铜电极为正极，求 $\varphi^{\ominus}_{Cu^{2+}/Cu}$ 数值。

解　已知 $\varphi_{(-)} = \varphi_{饱和甘汞} = 0.2415V, E = 0.0987V$

$$E = \varphi_{(+)} - \varphi(-)$$

$$0.0987 = \varphi_{(+)} - 0.2415,\quad \varphi_{(+)} = +0.3402(V)$$

标准铜电极为正极　　$\varphi^{\ominus}_{Cu^{2+}/Cu} = \varphi_{(+)} = +0.3402V$

该结果与用标准氢电极做参比的结果一致。

四、浓度对电极电势的影响

标准电极电势 $\varphi^{\ominus}$ 是电极处于平衡状态，并且是在标准条件(298K，离子浓度为 1 mol/

L)下测得的电极电势，其数值可以反映电对中氧化态和还原态物质得失电子的难易。在实际应用中离子浓度不一定为1mol/L，那么，电极电势将怎样变化？根据双电层理论（参考图8-3a），如果正离子（氧化态物质）浓度大，沉积到电极表面的速率也增大，平衡时电极表面将有更多的正电荷，电极电势代数值就增大；如果溶液中的离子是还原态物质，则离子浓度越大，该电极的电势代数值越小。此外，电极电势还与温度有关。

电极电势与浓度、温度的关系可以用能斯特方程式表示。若电极反应为：

$$a[\text{氧化态}] + ne \rightleftharpoons b[\text{还原态}]$$

则该电极的电极电势用下列能斯特方程式表示：

$$\varphi = \varphi^{\ominus} + \frac{RT}{nF}\ln\frac{[\text{氧化态}]^a}{[\text{还原态}]^b}$$

式中，φ 是在某一指定浓度下的电极电势；$\varphi^{\ominus}$是该电极的标准电极电势；R 是气体常数 $8.31\text{Pa}\cdot\text{m}^3\cdot\text{mol}^{-1}\cdot\text{K}^{-1}$；$T$ 是绝对温度；n 是电极反应中的电子数；F 是法拉第常数 96485C/mol；[氧化态]及[还原态]分别表示氧化态物质和还原态物质的浓度。

将自然对数变换以10为底的对数，并代入 R 和 F 等常量的数值，则能斯特方程式可写为：

(1) $T=283\text{K}(10℃)$： $$\varphi = \varphi^{\ominus} + \frac{0.0561}{n}\lg\frac{[\text{氧化态}]^a}{[\text{还原态}]^b}$$

(2) $T=293\text{K}(20℃)$： $$\varphi = \varphi^{\ominus} + \frac{0.0581}{n}\lg\frac{[\text{氧化态}]^a}{[\text{还原态}]^b}$$

(3) $T=298\text{K}(25℃)$： $$\varphi = \varphi^{\ominus} + \frac{0.0591}{n}\lg\frac{[\text{氧化态}]^a}{[\text{还原态}]^b}$$

(4) $T=303\text{K}(30℃)$： $$\varphi = \varphi^{\ominus} + \frac{0.0601}{n}\lg\frac{[\text{氧化态}]^a}{[\text{还原态}]^b}$$

从(1)至(4)结果分析看出，温度对电极电势的影响较小，因大多数溶液里的氧化还原反应在室温298K进行，所以(3)式是常用的能斯特方程。

应用能斯特方程时注意以下几点：

(1)若电极反应式中氧化态、还原态物质前的计量系数不等于1，则氧化态、还原态物质的浓度应以对应的计量系数为指数。

(2)若组成电极电对的某一物质是固体或纯液体（包括 H_2O）时，则它们的浓度可视为1而不列入方程式中；如果是气体，则代入气体分压 p 值除以 $p_{\text{总}}$ 进行计算。

(3)在电极反应中，若有 H^+ 或 OH^- 参加反应，则这些离子的浓度及反应式中的计量系数也应该根据反应式写在能斯特方程式中。

【例 8-12】 计算 298K、$[Cu^{2+}]=0.1\text{mol/L}$、$Cu^{2+}/Cu$ 电极的电极电势。

解 已知 $Cu^{2+}+2e=Cu$，$\varphi^{\ominus}_{Cu^{2+}/Cu}=+0.34\text{V}$

所以 $$\varphi_{Cu^{2+}/Cu} = \varphi^{\ominus}_{Cu^{2+}/Cu} + \frac{0.0591}{n}\lg[Cu^{2+}] = 0.34 + \frac{0.0591}{2}\lg 0.1 = +0.31(\text{V})$$

【例 8-13】 计算 298K、$[Br^-]=0.1\text{mol/L}$、Br_2/Br^- 电极的电极电势。

解 已知 $Br_2(l)+2e=2B_r^-$，$\varphi^{\ominus}_{Br_2/Br^-}=+1.07\text{V}$

所以 $$\varphi_{Br_2/Br^-} = \varphi^{\ominus}_{Br_2/Br^-} + \frac{0.0591}{n}\lg\frac{1}{[Br^-]^2} = 1.07 + \frac{0.0591}{2}\lg\frac{1}{0.1^2} = 1.19(\text{V})$$

【例 8-14】 计算 298K、$[Fe^{3+}]=[Fe^{2+}]=0.1\text{mol/L}$ 时，Fe^{3+}/Fe^{2+} 电极的电极电势。

解 已知 $Fe^{3+}+e=Fe^{2+}$，$\varphi^{\ominus}_{Fe^{3+}/Fe^{2+}}=+0.77V$

所以 $\varphi_{Fe^{3+}/Fe^{2+}}=\varphi^{\ominus}_{Fe^{3+}/Fe^{2+}}+\frac{0.0591}{n}\lg\frac{[Fe^{3+}]}{[Fe^{2+}]}=0.77+\frac{0.0591}{1}\lg\frac{0.1}{0.1}=0.77(V)$

虽然此时的 φ 值 $=+0.77V$，但不能称 0.1mol/L 离子浓度的 $\varphi_{Fe^{3+}/Fe^{2+}}$ 为标准电极电势。

【例 8-15】 计算 298K、$p(O_2)=100kPa$、$[OH^-]=10^{-7}mol/L$ 时，O_2/OH^- 电极的电极电势。

解 已知 O_2+H_2O+4e ══ $4OH^-$，$\varphi^{\ominus}_{O_2/OH^-}=+0.40V$

所以 $\varphi_{O_2/OH^-}=\varphi^{\ominus}_{O_2/OH^-}+\frac{0.0591}{n}\lg\frac{\frac{p(O_2)}{p^{\ominus}}}{[OH^-]^4}=0.40+\frac{0.0591}{4}\lg\frac{\frac{100}{100}}{(10^{-7})^4}=0.81(V)$

$\varphi^{\ominus}_{O_2/OH^-}$ 中，$[OH^-]$ 为 1mol/L，强碱性溶液，$[OH^-]$ 为 $10^{-7}mol/L$ 时的溶液是中性，故 pH 对 O_2/OH^- 电极的电极电势有影响。

【例 8-16】 计算 298K、$[Zn^{2+}]=0.001mol/L$ 时，Zn^{2+}/Zn 电极的电极电势。

解 已知 $Zn=Zn^{2+}+2e$，$\varphi^{\ominus}_{Zn^{2+}/Zn}=-0.76V$

所以 $\varphi_{Zn^{2+}/Zn}=\varphi^{\ominus}_{Zn^{2+}/Zn}+\frac{0.0591}{2}\lg[Zn^{2+}]=-0.76+\frac{0.0591}{2}\lg 0.001=-0.85(V)$

1mol/L Zn^{2+} 与 Zn 组成电极的电极电势即为 $\varphi^{\ominus}_{Zn^{2+}/Zn}=-0.76V$，当将 $Zn|Zn^{2+}$(1mol/L)组成如下原电池：

$$(-)Zn|Zn^{2+}(0.001mol/L)\|Zn^{2+}(1mol/L)|Zn(+)$$

$$\varphi_{(-)}=-0.85V,\quad \varphi_{(+)}=-0.76V$$

$$E=\varphi_{(+)}-\varphi_{(-)}=-0.76-(-0.85)=+0.09(V)$$

其产生电势差，电子从 $Zn|Zn^{2+}$(0.001mol/L)负极流向正极 $Zn|Zn^{2+}$(1mol/L)。显然，由两种不同浓度的同种金属离子的溶液分别与该金属所构成的两个电极，可以组成一个原电池，这种电池称为浓差电池。

第三节　电极电势的应用

一、计算原电池的电动势

应用标准电极电势和能斯特方程式，可算出原电池的电动势，并由此推出电池反应式。

【例 8-17】 某原电池中一个半电池是由金属钴(Co)浸在 0.010mol/L Co^{2+} 溶液中组成的；另一半电池则由铂(Pt)片浸入 0.1mol/L 的 Cl^- 溶液中，并不断通入 $Cl_2[p(Cl_2)=80kPa]$ 组成。钴电极为负极，已知 $\varphi^{\ominus}_{Co^{2+}/Co}=-0.27V$，$\varphi^{\ominus}_{Cl_2/Cl^-}=+1.36V$，回答下列问题：

(1)写出电池反应方程式。

(2)写出原电池的符号。

(3)电池的电动势是多少？

解 (1)由题意两电极反应为：

$$(-)Co = Co^{2+}+2e$$

$$(+)Cl_2(g)+2e = 2Cl^-$$

电池反应方程式为：　　　$Co + Cl_2(g) = Co^{2+} + 2Cl^-$

(2)原电池符号为：(−)Co|Co^{2+}(0.010mol/L) ‖ Cl^-(0.1mol/L)|Cl_2(80kPa),Pt(+)

(3) $\varphi_{Cl_2/Cl^-} = \varphi^{\ominus}_{Cl_2/Cl^-} + \dfrac{0.0591}{n}\lg\dfrac{\dfrac{p(Cl_2)}{p^{\ominus}}}{[Cl^-]^2} = 1.36 + \dfrac{0.0591}{2}\lg\dfrac{\dfrac{80}{100}}{0.1^2} = 1.42(V)$

$$\varphi_{Co^{2+}/Co} = \varphi^{\ominus}_{Co^{2+}/Co} + \frac{0.0591}{n}\lg[Co^{2+}] = -0.27 + \frac{0.0591}{2}\lg 0.01 = -0.33(V)$$

$$E = \varphi_{(+)} - \varphi_{(-)} = \varphi_{Cl_2/Cl^-} - \varphi_{Co^{2+}/Co} = +1.42 - (-0.33) = +1.75(V)$$

二、氧化剂和还原剂的强弱比较

电极电势的大小，反映了氧化还原电对中氧化态物质和还原态物质的氧化还原能力的相对强弱。电极电势越正，就表明电极反应中氧化态物质越容易夺得电子转变为相应的还原态，如表 8-1 下端的 F_2、MnO_4^-，$S_2O_8^{2-}$，ClO^- 等都是很强的氧化态物质，即强氧化剂；电极电势越负，就是说电极反应中还原态物质越容易失去电子而转变为相应的氧化态，如表 8-1 上端的 Li,K,Na 等都是很强的还原剂。

【例 8-18】 运用电极电势比较 I_2、Cl_2、Br_2 和 F_2 的氧化性大小。

解 查表 8-1 得相关电极电势并排列成图 8-6a。

$$\varphi^{\ominus}_{F_2/F^-} > \varphi^{\ominus}_{Cl_2/Cl^-} > \varphi^{\ominus}_{Br_2/Br^-} > \varphi^{\ominus}_{I_2/I^-}$$

氧化性：　　　$F_2 > Cl_2 > Br_2 > I_2$

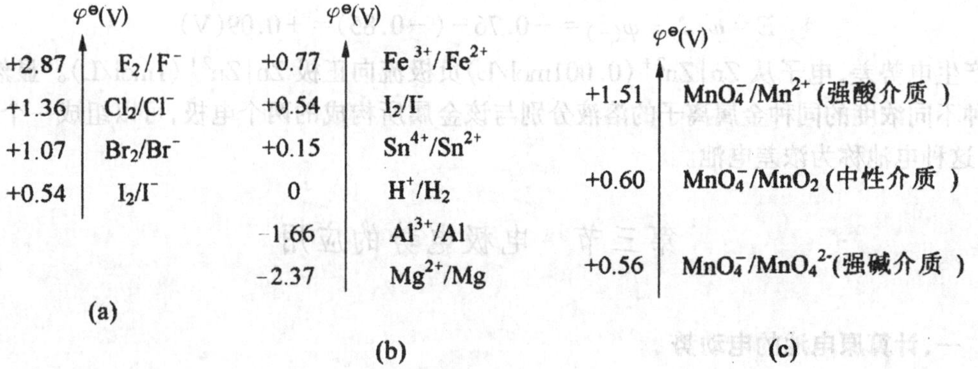

图 8-6

【例 8-19】 运用电极电势比较 $SnCl_2$、H_2、$FeCl_2$、Mg、Al、KI 的还原性大小。

解 查表 8-1 得相关电极电势，并排列成图 8-6b。

$$\varphi^{\ominus}_{Mg^{2+}/Mg} < \varphi^{\ominus}_{Al^{3+}/Al} < \varphi^{\ominus}_{Sn^{4+}/Sn^{2+}} < \varphi^{\ominus}_{I_2/I^-} < \varphi^{\ominus}_{Fe^{3+}/Fe^{2+}}$$

还原性：　　　Mg > Al > H_2 > $SnCl_2$ > KI > $FeCl_2$

【例 8-20】 运用电极电势比较在强酸、中性和强碱性介质中 $KMnO_4$ 的氧化性能力的大小。

解 查表 8-1 得相关电极电势，并排列成图 8-6c。

强酸介质：$MnO_4^- + 8H^+ + 5e = Mn^{2+} + 4H_2O$，　$\varphi^{\ominus}_{MnO_4^-/Mn^{2+}} = 1.51V$

中性介质：$MnO_4^- + 2H_2O + 3e \rightleftharpoons MnO_2 + 4OH^-$，$\varphi^\ominus_{MnO_4^-/MnO_2} = 0.6V$

碱性介质：$MnO_4^- + e \rightleftharpoons MnO_4^{2-}$，$\varphi^\ominus_{MnO_4^-/MnO_4^{2-}} = 0.56V$

所以 $\varphi^\ominus_{MnO_4^-/Mn^{2+}} > \varphi^\ominus_{MnO_4^-/MnO_2} > \varphi^\ominus_{MnO_4^-/MnO_4^{2-}}$

$KMnO_4$ 在强酸介质中氧化能力最强；其次是在中性介质中；最弱是在强碱介质中。

三、判断氧化还原反应进行的方向

在原电池中，吉布斯函变 ΔG 和电动势 E 之间有下列关系：

$$\Delta G = -nFE$$

式中，n 代表得失电子的物质的量；F 为法拉第常数，表示 1mol 电子所带的电量，其数值为 96485C/mol；E 代表电池的电动势。这个关系式表明电池的电能来源于化学反应。在反应中，当 n mol 电子自发地从低电势区流至高电势区，即从负极流向正极，反应的吉布斯函数减少（$-\Delta_r G^\ominus$）转变为电能，并做了电功。若电池中所有物质都处于标准状态时，电池的电动势就是标准电动势 $E^\ominus$。在这种情况下，ΔG 就是标准吉布斯函变 $\Delta_f G^\ominus_m$，则上式可以写为：

$$\Delta_f G^\ominus_m = -nFE^\ominus$$

上面这个关系式把热力学和电化学联系起来，所以，已知某个氧化还原反应构成的原电池电动势，就可求得 ΔG，而由 ΔG 可判断氧化还原反应进行的方向。若 $\Delta G<0$，氧化还原反应自发进行。

因氧化还原反应自发的条件是：$\Delta G = -nFE < 0$

因为 $n>0$， $F>0$，

所以 $E = \varphi_{(+)} - \varphi_{(-)} > 0$， 即 $\varphi_{(+)} > \varphi_{(-)}$

这样，根据组成氧化还原反应两电对的电极电势，就可判断氧化还原反应进行的方向。

【例 8-21】 在标准状态下，即$[Pb^{2+}] = [Sn^{2+}] = 1mol/L$，判断反应 $Pb^{2+} + Sn \rightleftharpoons Pb + Sn^{2+}$ 自发进行的方向。

解 查表 8-1 得：$\varphi^\ominus_{Pb^{2+}/Pb} = -0.13V$，$\varphi^\ominus_{Sn^{2+}/Sn} = -0.15V$

因为 $\varphi^\ominus_{Pb^{2+}/Pb} > \varphi^\ominus_{Sn^{2+}/Sn}$.

所以 （+）正极 （-）负极

电极反应 $(+)Pb^{2+} + 2e \rightleftharpoons Pb$，$(-)Sn \rightleftharpoons 2e + Sn^{2+}$

还原反应 氧化反应

电池反应 $Pb^{2+} + Sn \rightleftharpoons Pb + Sn^{2+}$

即题中反应可以自发向右进行。可用下图表示氧化还原反应自发的情况，左上方较强氧化剂自发与右下方较强还原剂反应。

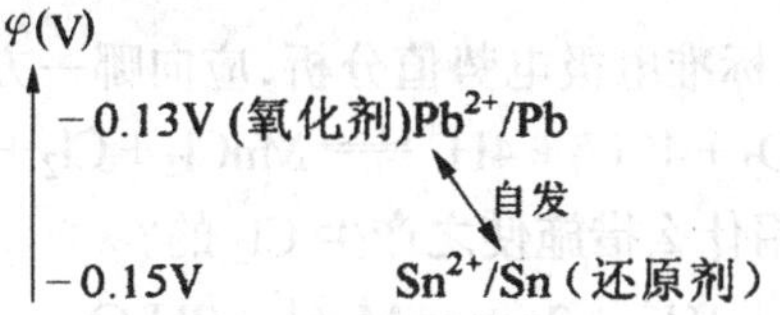

【例 8-22】 当$[Pb^{2+}]=0.05mol/L$、$[Sn^{2+}]=0.8mol/L$ 时,判断反应 $Pb^{2+}+Sn \rightleftharpoons Pb+Sn^{2+}$ 自发进行的方向。

解 查表 8-1 得: $\varphi^{\ominus}_{Pb^{2+}/Pb}=-0.13V$, $\varphi^{\ominus}_{Sn^{2+}/Sn}=-0.15V$

$$\varphi_{Pb^{2+}/Pb}=\varphi^{\ominus}_{Pb^{2+}/Pb}+\frac{0.0591}{n}\lg[Pb^{2+}]=-0.13+\frac{0.0591}{2}\lg 0.05=-0.168(V)$$

$$\varphi_{Sn^{2+}/Sn}=\varphi^{\ominus}_{Sn^{2+}/Sn}+\frac{0.0591}{n}\lg[Sn^{2+}]=-0.15+\frac{0.0591}{2}\lg 0.8=-0.153(V)$$

所以 $\varphi_{Sn^{2+}/Sn}>\varphi_{Pb^{2+}/Pb}$

(+)正极　(-)负极

电极反应 $Sn^{2+}+2e = Sn$　　$Pb = Pb^{2+}+2e$

还原反应　氧化反应

总反应 $Sn^{2+}+Pb = Sn+Pb^{2+}$

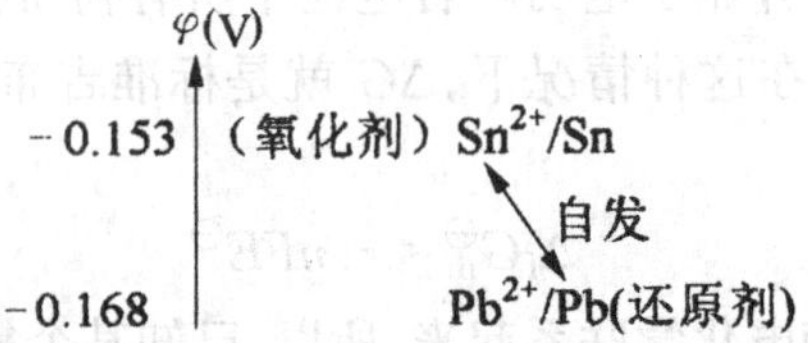

即题目中反应是自发向左进行的,与例 8-21 相反。可见,有时离子浓度会影响氧化还原反应自发进行的方向。

【例 8-23】 在含有离子浓度均为 1mol/L 的 Sn^{2+} 和 Cd^{2+} 混合溶液内,欲将这两种离子都还原,应选择下列哪种还原剂?若只将 Sn^{2+} 还原,而不使 Cd^{2+} 还原,应选择哪种还原剂?还原剂有 Cu,Pb,Ni,Zn,Sn,Cd。

解 因离子$[Cd^{2+}]=[Sn^{2+}]=1mol/L$,所以电极电势为 $\varphi^{\ominus}$。查表 8-1 得相关 $\varphi^{\ominus}$,见右图。根据自发反应方向的判断,能同时与 Cd^{2+}、Sn^{2+} 反应的是 Zn 还原剂。Cd^{2+}、Sn^{2+} 均被还原了。

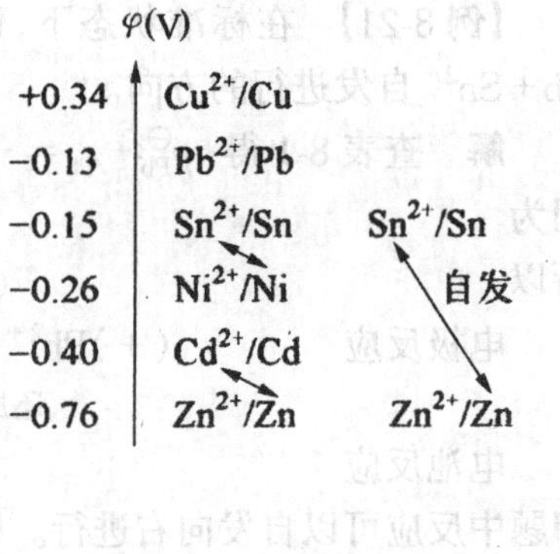

$$Sn^{2+}+Zn = Sn+Zn^{2+}$$

还原剂

$$Cd^{2+}+Zn = Cd+Zn^{2+}$$

还原剂

由图可见,Ni 能自发与 Sn^{2+} 发生氧化还原反应,Ni 将 Sn^{2+} 还原;但 Ni 不能自发与 Cd^{2+} 发生氧化还原反应,所以应选择 Ni 还原剂,只将 Sn^{2+} 还原而不使 Cd^{2+} 还原。

【例 8-24】 下面反应从标准电极电势值分析,应向哪一方向进行?

$$MnO_2+4Cl^-+4H^+ = MnCl_2+Cl_2+2H_2O$$

实验室是根据什么原理、采用什么措施使之产生 Cl_2 的?

解 查表 8-1 得: $MnO_2+4H^++2e = Mn^{2+}+2H_2O$,　$\varphi^{\ominus}_{MnO_2/Mn^{2+}}=+1.21V$

$$Cl_2+2e = 2Cl^-,\quad \varphi^{\ominus}_{Cl_2/Cl^-}=+1.36V$$

$$\varphi^{\ominus}_{Cl_2/Cl^-} > \varphi^{\ominus}_{MnO_2/Mn^{2+}}$$

从右图分析，在标准状态下，该反应不能正向进行，而是逆向自发进行。要使反应向右进行生成 Cl_2，必须使

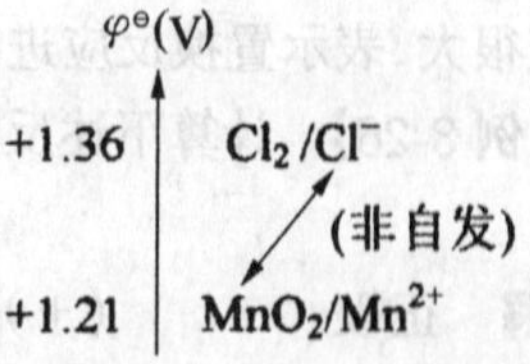

$$\varphi_{Cl_2/Cl^-} < \varphi_{MnO_2/Mn^{2+}}$$

由能斯特方程式得：

$$\varphi_{Cl_2/Cl^-} = \varphi^{\ominus}_{Cl_2/Cl^-} + \frac{RT}{2F}\ln\frac{\frac{p(Cl_2)}{p^{\ominus}}}{[Cl^-]^2}$$

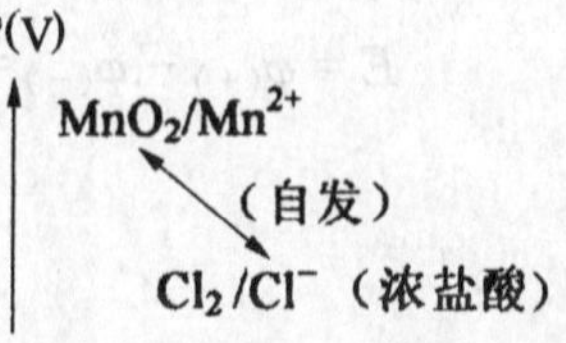

增大$[Cl^-]$，φ_{Cl_2/Cl^-}变小，小于 $\varphi^{\ominus}_{Cl_2/Cl^-}$。

$$\varphi_{MnO_2/Mn^{2+}} = \varphi^{\ominus}_{MnO_2/Mn^{2+}} + \frac{RT}{2F}\ln\frac{[H^+]^4}{[Mn^{2+}]}$$

增大$[H^+]$，$\varphi_{MnO_2/Mn^{2+}}$变大，大于 $\varphi^{\ominus}_{MnO_2/Mn^{2+}}$。

可见，采用浓盐酸与 MnO_2 反应，可使 $\varphi_{Cl_2/Cl^-} < \varphi_{MnO_2/Mn^{2+}}$。

$$\begin{aligned}E &= \varphi_{(+)} - \varphi_{(-)} \\ &= \varphi_{MnO_2/Mn^{2+}} - \varphi_{Cl_2/Cl^-} \\ &= \varphi^{\ominus}_{MnO_2/Mn^{2+}} - \varphi^{\ominus}_{Cl_2/Cl^-} + \frac{RT}{2F}\ln\frac{[Cl^-]^2[H^+]^4}{[Mn^{2+}]\frac{p(Cl_2)}{p^{\ominus}}}\end{aligned}$$

所以实验室采用浓盐酸与 MnO_2 反应制取 Cl_2。另外，提高温度 T，一方面有利于加快化学反应速率，另一方面也可使电动势 E 增大，故实验时还需加热。

四、判断氧化还原反应进行的程度

利用电极电势可计算出氧化还原反应的吉布斯函变 $\Delta_r G^{\ominus}$，用它来判断氧化还原反应进行的程度自然毫无疑问。化学反应进行的程度都可以用平衡常数来衡量。由热力学可知，标准吉布斯函变 $\Delta_f G^{\ominus}_m$ 与标准平衡常数 $K^{\ominus}$的关系为：

$$\Delta_f G^{\ominus}_m = -2.303RT\lg K^{\ominus}$$

电池在标准状态下： $\Delta_f G^{\ominus}_m = -nFE^{\ominus}$

将上式结合得： $-2.303RT\lg K^{\ominus} = -nFE^{\ominus}$

在 298K 时 $\lg K^{\ominus} = \dfrac{nE^{\ominus}}{0.0591}$

K 值大于 10^6 的氧化还原反应能进行得相当彻底。

【例 8-25】 判断置换反应 $Zn + Cu^{2+} = Zn^{2+} + Cu$ 进行的程度。

解 负极 $(-)Zn = Zn^{2+} + 2e$，$\varphi^{\ominus}_{Zn^{2+}/Zn} = -0.76V$

正极 $(+)Cu^{2+} + 2e = Cu$，$\varphi^{\ominus}_{Cu^{2+}/Cu} = +0.34V$

$$E^{\ominus} = \varphi_{(+)} - \varphi_{(-)} = \varphi^{\ominus}_{Cu^{2+}/Cu} - \varphi^{\ominus}_{Zn^{2+}/Zn} = 0.34 - (-0.76) = 1.10(V)$$

$$\lg K^{\ominus} = \frac{nE^{\ominus}}{0.0591} = \frac{2\times 1.10}{0.0591} = 37.2$$

$$K^{\ominus}=\frac{[Zn^{2+}]}{[Cu^{2+}]}=2\times10^{37}$$

$K^{\ominus}$值很大，表示置换反应进行得很彻底。

【例 8-26】 计算下述反应的标准平衡常数 $K^{\ominus}$，并分析该反应能进行的程度(298K)。

$$Sn+Pb^{2+}=\!=\!=Sn^{2+}+Pb$$

解 正极 $(+)Pb^{2+}+2e=\!=\!=Pb,\quad \varphi^{\ominus}_{Pb^{2+}/Pb}=-0.13V$

负极 $(-)Sn=\!=\!=Sn^{2+}+2e,\quad \varphi^{\ominus}_{Sn^{2+}/Sn}=-0.15V$

$$E=\varphi_{(+)}-\varphi_{(-)}=\varphi^{\ominus}_{Pb^{2+}/Pb}-\varphi^{\ominus}_{Sn^{2+}/Sn}=-0.13-(-0.15)=+0.02(V)$$

$$\lg K^{\ominus}=\frac{nE^{\ominus}}{0.0591}=\frac{2\times0.02}{0.0591}=0.69$$

$$K^{\ominus}=\frac{[Sn^{2+}]}{[Pb^{2+}]}=4.79$$

即$[Sn^{2+}]=4.79[Pb^{2+}]$。

从计算结果可知，当溶液中 Sn^{2+} 的浓度等于 Pb^{2+} 浓度的 4.79 倍时，反应便达到平衡状态。由此可见，此反应进行得不很完全。

五、由电极电势测定求 K_{sp}或 pH 值

浓度既然对电极电势有影响，我们可以设计原电池测定电极电势，以确定浓度。测定了难溶物的离子浓度可以计算 K_{sp}；测定了 H^+ 浓度可以计算 pH 值。

【例 8-27】 原电池：$(-)\ Ag|AgBr(s),KBr(0.1mol/L)\|Cu(NO_3)_2(0.1mol/L)|Cu(+)$，负极的 Ag^+ 浓度是和 AgBr(s)及 0.1mol/L Br^- 处于平衡态的浓度。这时测得电动势为 0.175V。试计算 AgBr 的浓度积常数 K_{sp}。

解 负极：$2Ag=\!=\!=2Ag^++2e,\quad \varphi^{\ominus}_{Ag^+/Ag}=+0.80V$

正极：$Cu^{2+}+2e=\!=\!=Cu,\quad \varphi^{\ominus}_{Cu^{2+}/Cu}=+0.34V$

$$\varphi_{(-)}=\varphi_{Ag^+/Ag}=\varphi^{\ominus}_{Ag^+/Ag}+\frac{0.0591}{2}\lg[Ag^+]^2$$

$$\varphi_{(+)}=\varphi_{Cu^{2+}/Cu}=\varphi^{\ominus}_{Cu^{2+}/Cu}+\frac{0.0591}{2}\lg[Cu^{2+}]$$

$$E=\varphi_{(+)}-\varphi_{(-)}=(\varphi^{\ominus}_{Cu^{2+}/Cu}-\varphi^{\ominus}_{Ag^+/Ag})+\frac{0.0591}{2}\lg\frac{[Cu^{2+}]}{[Ag^+]^2}$$

$$0.175=0.34-0.80+\frac{0.0591}{2}\lg\frac{0.1}{[Ag^+]^2}$$

$$[Ag^+]=5.4\times10^{-12}(mol/L)$$

它就是和 AgBr(s)、Br^-(0.1mol/L)处于平衡状态的 Ag^+ 浓度。

$$AgBr(s)\rightleftharpoons Ag^++Br^-$$

$$K_{sp(AgBr)}=[Ag^+][Br^-]=5.4\times10^{-12}\times0.1=5.4\times10^{-13}$$

AgBr 是难溶盐，用一般分析方法是无法直接测定极低浓度的 Ag^+ 和 Br^-，但是该电池电动势等于 0.175V 是很容易测准的，AgBr 的 K_{sp}就是用电化学方法求得的。不少化合物的 K_{sp}就是用这类方法测定的。

【例 8-28】 实验测得下列电池 $E=0.911V$，求 HAc 溶液的 pH 值及 HAc 的电离常数 K_a。

$$(-)Pt,H_2(p^\ominus)|H^+(0.1mol/L\ HAc)\|Ag^+(0.1mol/L)|Ag(+)$$

解 负极： $$H_2(g)=\!=\!=2H^+ +2e,\quad \varphi^\ominus_{H^+/H_2}=0$$

正极： $$Ag^+ + e=\!=\!=Ag,\quad \varphi^\ominus_{Ag^+/Ag}=+0.80V$$

$$\varphi_{Ag^+/Ag}=\varphi^\ominus_{Ag^+/Ag}+\frac{0.0591}{n}\lg[Ag^+]=0.80+\frac{0.0591}{1}\lg 0.1=0.741(V)$$

$$\varphi_{H^+/H_2}=\varphi_{(-)}=\varphi_{(+)}-E=\varphi_{Ag^+/Ag}-E=0.741-0.911=-0.170(V)$$

因为 $$\varphi_{H^+/H_2}=\varphi^\ominus_{H^+/H_2}+\frac{0.0591}{2}\lg\frac{[H^+]^2}{\frac{p(H_2)}{p^\ominus}}$$

所以 $$-0.170=0+\frac{0.0591}{2}\lg\frac{[H^+]^2}{\frac{p^\ominus}{p^\ominus}}$$

$$[H^+]=1.33\times10^{-3}(mol/L)$$

$$pH=-\lg[H^+]=-\lg 1.33\times10^{-3}=2.88$$

$$HAc \rightleftharpoons H^+ + Ac^-$$

$$[H^+]=\sqrt{K_a c(HAc)}$$

$$1.33\times10^{-3}=\sqrt{K_a\times0.10}$$

所以 $$K_a=1.76\times10^{-5}$$

第四节 电 解

对于一些不能自发进行的氧化还原反应，可以通过外加电能的方法迫使反应进行，这种方法就是电解。由电能转变为化学能的装置叫电解池。

在电解池中，与电源正极相连接的电极称为阳极，与电源负极相连接的电极称为阴极。电子从电源的负极沿导线流入电解池的阴极。另一方面，电子从电解池的阳极离开，沿导线流回电源的正极。因此，电解液中氧化态离子移向阴极，在阴极上得到电子进行还原反应；还原态离子移向阳极，在阳极上失去电子进行氧化反应。在电解池的两极反应中，氧化态离子得到电子或还原态离子失去电子的过程都叫做放电。

应该注意，在电解池中，电极名称、电极反应及电子流动的方向与原电池均有区别。电解时，先在阳极放电的是电极电势代数值较小的还原态物质，先在阴极放电的是电极电势代数值较大的氧化态物质。

【例 8-29】 某溶液中含 0.01mol/L 的 $CdSO_4$ 和 0.01mol/L 的 $ZnSO_4$。把该溶液放在两个铂电极间电解，试问哪一种金属首先沉积在阴极上？

解 查表 8-1 得：

$$\varphi^\ominus_{Zn^{2+}/Zn}=-0.76V,\quad \varphi^\ominus_{Cd^{2+}/Cd}=-0.40V$$

$$\varphi_{Zn^{2+}/Zn}=\varphi^\ominus_{Zn^{2+}/Zn}+\frac{0.0591}{n}\lg[Zn^{2+}]=-0.76+\frac{0.0591}{2}\lg 0.01=-0.82(V)$$

$$\varphi_{Cd^{2+}/Cd}=\varphi^{\ominus}_{Cd^{2+}/Cd}+\frac{0.0591}{n}\lg[Cd^{2+}]=-0.40+\frac{0.0591}{2}\lg0.01=-0.46(V)$$

因为 $\varphi_{Zn^{2+}/Zn}<\varphi_{Cd^{2+}/Cd}$,所以阴极上 Cd^{2+} 先放电而生成 Cd 沉积出来。

一、分解电压

水的电解反应： $H_2O(l)=H_2(g)+\frac{1}{2}O_2(g)$, $\Delta_f G^{\ominus}_m=+237kJ/mol>0$

因为 $$\Delta_f G^{\ominus}_m=-nFE^{\ominus}$$

所以 $$E^{\ominus}=-\frac{\Delta_f G^{\ominus}_m}{nF}=-\frac{237\times10^3}{2\times96485}=-1.23(V)$$

$\Delta_f G^{\ominus}_m>0$, $E^{\ominus}<0$, H_2O 不能自发分解成 H_2 和 O_2。但只要外加电压大于 1.23V 就能使水发生电解。电解$[H^+]$为 1mol/L 的水溶液时,电解池两极所发生的反应：

阳极 $H_2O=2H^+(1mol/L)+\frac{1}{2}O_2(p^{\ominus})+2e$, $\varphi^{\ominus}=1.23V$

阴极 $2H^+(1mol/L)+2e=H_2(p^{\ominus})$, $\varphi^{\ominus}=0.00V$

根据 $\Delta_f G^{\ominus}_m$ 所求得的非自发反应发生电解所需的最低电压叫理论分解电压。电解水的理论分解电压即为 +1.23V;但在实际工作时,由于电解池的内部原因,外加电压必须高于 +1.23V 才能使电解反应进行。按图 8-7 原理的装置可以测定实际所需的外加电压。

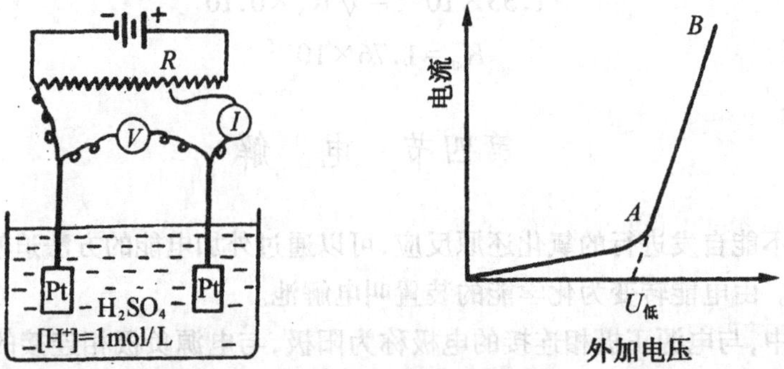

图 8-7 分解电压

控制电阻 R,以调节输入电压。当电压 U 逐渐升高时,电流 I 在开始时,增加极少;当电压升高到 1.7V 时,电流突然增大,同时可以看到电极上有许多气泡产生,在阳极产生氧气,在阴极产生氢气。这表示 H_2O 的电解反应要在电压为 1.7V 时才能发生。使电解反应能顺利进行的最低电压 $U_低$ 叫做实际分解电压。

表 8-2 列举的几种水溶液电解时实际分解电压都相同,正好说明在电极上发生的反应都是相同的(水的电解)。

表 8-2　水溶液电解时实际分解电压(Pt 电极)

溶液$[H^+]$=1mol/L	溶液$[OH^-]$=1mol/L	实际分解电极 U/V
H_2SO_4		1.67
HNO_3		1.69
H_3PO_4		1.70
$ClCH_2COOH$		1.66
$CH_2(COOH)_2$		1.69
$HClO_4$		1.65
$(CHOH)_2(COOH)_2$		1.62
	NaOH	1.69
	KOH	1.67

二、电解产物

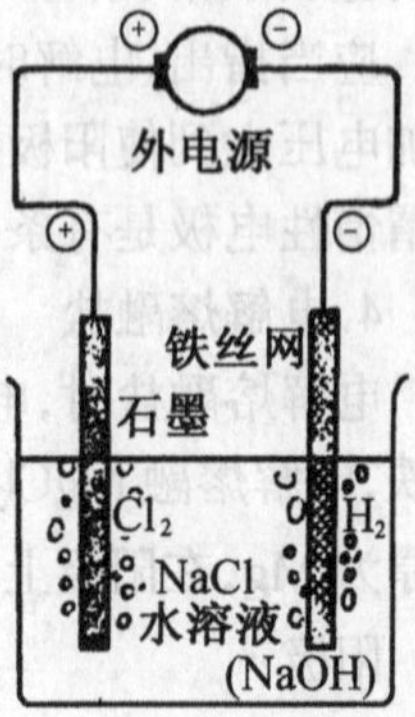

图 8-8　NaCl 水溶液的电解示意图

1. 用石墨作阳极,用铁作阴极,电解食盐水

氯碱工业中,用石墨做阳极,铁丝网做阴极电解 NaCl 溶液,并用石棉隔膜把阳极室和阴极室隔开,见图 8-8。

供电解用的食盐(NaCl)水基本上是饱和的,其中的主要离子是 Na^+,Cl^-,H^+,OH^-。在外加一定电压下,Na^+ 向阴极移动,Cl^- 向阳极移动。

阳极：　$2Cl^- \!=\!=\!= Cl_2\uparrow + 2e$,　$\varphi_{Cl_2/Cl^-} < \varphi_{O_2/OH^-}$

在石墨电极|溶液界面,Cl^- 放电,把电荷卸掉,变成 Cl_2 逸出。

阴极：　$2H^+ + 2e \!=\!=\!= H_2\uparrow$,　$\varphi_{H^+/H_2} > \varphi_{Na^+/Na}$

在铁|溶液界面上,Na^+ 并不能放电,浓度较小的 H^+ 首先放电,形成氢分子逸出,因而阴极 OH^- 浓度增大,与 Na^+ 反应生成 NaOH。

电解的总反应式为:$2NaCl + 2H_2O \!=\!=\!= \underset{(阳极)}{Cl_2\uparrow} + \underset{(阴极)}{H_2\uparrow} + 2NaOH$

与此类似,当电解溴化物、碘化物或硫化物溶液时,在阳极上通常得到溴、碘或硫;当电解电极电势顺序位于氢后面的其它金属的盐溶液时,在阴极上通常得到相应的金属。

2. 用石墨作电极,电解 Na_2SO_4 溶液

用石墨作电极电解 Na_2SO_4 溶液时,溶液中有离子 Na^+,H^+,SO_4^{2-} 和 OH^-,通电后 Na^+ 和 H^+ 移向阴极,SO_4^{2-} 和 OH^- 移向阳极。

阳极：　$4OH^- \!=\!=\!= 2H_2O + O_2\uparrow + 2e$,　$\varphi_{O_2/OH^-} < \varphi_{S_2O_8^{2-}/SO_4^{2-}}$

阴极：　$4H^+ + 4e \!=\!=\!= 2H_2\uparrow$,　$\varphi_{H^+/H_2} > \varphi_{Na^+/Na}$

总反应式　$2H_2O \!=\!=\!= 2H_2\uparrow + O_2\uparrow$

同样,当电解其它含氧酸盐的溶液时,在阳极上通常得到氧气;当电解活泼金属(电极电势在 Al 以前)的盐溶液时,在阳极上通常得到氢气。含氧酸盐的作用在于增加溶液中离子的浓度,从而增加溶液的导电能力。

3.用金属镍作阳极，电解硫酸镍溶液

用金属镍作阳极、铁作阴极电解硫酸镍溶液时，因为 $\varphi^{\ominus}_{H^+/H_2}=0$，$\varphi^{\ominus}_{Ni^{2+}/Ni}=-0.26V$，$\varphi^{\ominus}_{O_2/OH^-}=+0.40V$，$\varphi^{\ominus}_{S_2O_8^{2-}/SO_4^{2-}}=+2.01V$。

阳极： $Ni = Ni^{2+}+2e$，　$\varphi^{\ominus}_{Ni^{2+}/Ni}<\varphi^{\ominus}_{O_2/OH^-}<\varphi^{\ominus}_{S_2O_8^{2-}/SO_4^{2-}}$

在阴极，由于 H_2 有较大的过电位，并且 Ni^{2+} 浓度大于 H^+ 浓度，结果使实际 $\varphi_{Ni^{2+}/Ni}$ 大于 φ_{H^+/H_2}，所以，在阴极放电的是 Ni^{2+}，而不是 H^+。

阴极： $Ni^{2+}+2e = Ni$，　$\varphi_{Ni^{2+}/Ni}>\varphi_{H^+/H_2}$

总反应式： Ni(阳) + Ni^{2+} = Ni^{2+}(阴) + Ni

同样，电解在电极电势顺序中位于氢前面离氢不太远的其它金属（如锌、铁）的盐溶液时，在阴极通常得到相应的金属，而用一般金属（除很不活泼的金属如铂，以及在电解时易钝化的金属如铬、铅等外）作阳极进行电解时，通常是阳极溶解。

应当指出，电解时用不活泼金属作阳极，常称为惰性电极，这是指一般情况而言。如果外加电压大到使阳极电势达到或超过电极材料本身的析出电势时，电极就要溶解了。因此，所谓惰性电极是有条件的。

4.电解熔融盐

电解熔融盐时，电解液中无 H^+ 和 OH^-，两极都是盐的离子放电。如阳极用石墨，阴极用铁，电解熔融 $MgCl_2$，在阴极只有 Mg^{2+}，在阳极只有 Cl^-，所以电解产物在阴极上是 Mg^{2+} 还原为 Mg，在阳极上是 Cl^- 氧化为 Cl_2。该电解反应为

阳极： $2Cl^- = Cl_2\uparrow +2e$

阴极： $Mg^{2+}+2e = Mg$

总反应式： $2Cl^- + Mg^{2+} = Cl_2\uparrow + Mg$

【例 8-30】 用电解法精炼铜时，若以硫酸铜溶液为电解液，粗铜作为阳极材料，则精铜在阴极析出。试说明通过电解可除去粗铜中所含 Ag、Au、Ni、Fe、Zn 等杂质的原理（设电解液中 $CuSO_4$ 溶液的浓度为 0.10mol/L，pH = 6.0）。

解　在电解池中判别电极产物的原则是，电势代数值较大的氧化态物质首先在阴极被还原析出，电势代数值较小的还原态物质首先在阳极被氧化。

$$\varphi_{Cu^{2+}/Cu}=\varphi^{\ominus}_{Cu^{2+}/Cu}+\frac{0.0591}{2}\lg[Cu^{2+}]=0.34+\frac{0.0591}{2}\lg 0.1=+0.31(V)$$

$$\varphi_{H^+/H_2}=\varphi^{\ominus}_{H^+/H_2}+\frac{0.0591}{2}\lg[H^+]^2=0+\frac{0.0591}{2}\lg(10^{-6})^2=-0.35(V)$$

$\varphi^{\ominus}_{Zn^{2+}/Zn}=-0.76V$，$\varphi^{\ominus}_{Fe^{2+}/Fe}=-0.44V$，$\varphi^{\ominus}_{Ni^{2+}/Ni}=-0.23V$，$\varphi^{\ominus}_{Ag^+/Ag}=0.80V$，$\varphi^{\ominus}_{Au^+/Au}=1.70V$

阳极（粗铜极）：作为阳极材料的粗铜中含有一些金属物质，它们都具有还原性。

$$\varphi^{\ominus}_{Au^+/Au}>\varphi^{\ominus}_{Ag^+/Ag}>\varphi^{\ominus}_{Cu^{2+}/Cu}>\varphi^{\ominus}_{Ni^{2+}/Ni}>\varphi^{\ominus}_{Fe^{2+}/Fe}>\varphi^{\ominus}_{Zn^{2+}/Zn}$$

在外加一定电压使 Cu 能够氧化（失 e）的条件下，Zn、Fe、Ni 都能优先被氧化而溶解，而 Ag 和 Au 可以认为是不溶解的。

当溶解生成的这些金属阳离子 Zn^{2+}、Fe^{2+}、Ni^{2+}、Cu^{2+} 迁移至阴极时，何者在阴极还原呢？Zn^{2+}、Fe^{2+}、Ni^{2+} 的 $\varphi^{\ominus}$ 比 Cu^{2+} 的 $\varphi^{\ominus}$ 要小，而且 Zn^{2+}、Fe^{2+}、Ni^{2+} 的浓度比 Cu^{2+} 浓度小得多，这使得 Zn^{2+}、Fe^{2+}、Ni^{2+} 的电极电势 φ 远小于 $\varphi_{Cu^{2+}/Cu}$，因此，它们都将留在电解液

中而不会在阴极析出。且 $\varphi_{Cu^{2+}/Cu} > \varphi_{H^+/H_2}$，所以在阴极上，$Cu^{2+}$ 被还原而析出铜。

阴极(精铜极)：　　　　$Cu^{2+} + 2e = Cu$

所以，在适当的电压下，电解精炼铜时可以在阴极得到纯铜(99.9%)。粗铜中的 Ag 和 Au 等不活泼金属杂质以阳极的形式沉积在阳极下面的电解池中。

火柴工业的原料 $KClO_3$ 是用食盐水电解制造的。$KMnO_4$ 是工业上和医药上的强氧化剂，是电解 K_2MnO_4 溶液制造的。

工业和医药上常用的另一氧化剂、消毒剂和漂白剂(双氧水，H_2O_2 水溶液)，是从过二硫酸铵 $(NH_4)_2S_2O_8$ 水解制造的，过二硫酸铵一般从电解硫酸铵制取。

以上这些氧化剂的制造都是利用电解过程的阳极产物。而大部分碱金属和碱土金属是通过电解的方法在阴极得到的。至今金属钠和锂的生产完全采用电解的方法，金属镁是部分用电解的方法。

铝是地壳中蕴藏量极丰富的金属元素。由于它与氧有很强的亲合力，要用很强的还原剂金属钾才能分离出来，因此成本很高。致使这种质地轻、软，在空气中能保持良好光泽的耐腐蚀金属在 19 世纪末还是一种贵重物品。后来发现 Al_2O_3 在冰晶石 $3NaF \cdot AlF_3$(熔点 1008℃)中有一定的溶解度，加入 CaF_2 以降低熔盐的熔点，以这样的熔盐作电解质，用两个石墨电极进行电解(温度约 970℃)，在阴极可以得到熔融的金属铝。电解制铝大大地降低了铝的成本。

电解的应用很广，尤其广泛用于金属的机械加工和表面处理。例如，电镀、电抛光、电解加工及阳极氧化等。

三、电镀

电镀是应用电解的方法将一种金属镀到另一种金属零件表面上的过程。以镀锌为例，镀锌时把被镀零件作阴极，用金属锌作阳极。电镀液通常不能直接用简单锌离子的盐溶液。若用硫酸锌作电镀液，由于锌离子浓度较大，结果使镀层粗糙，厚薄不均匀，与基体金属结合力差。如采用碱性锌酸盐镀锌，则镀层细致光滑。这种电镀液是由氧化锌、氢氧化钠和添加剂等配制而成。氧化锌在氢氧化钠溶液中主要形成 $Na_2[Zn(OH)_4]$(习惯上写为锌酸钠 Na_2ZnO_2)。即：

$$ZnO + 2NaOH + H_2O = Na_2[Zn(OH)_4]$$

$[Zn(OH)_4]^{2-}$ 离子在溶液中又存在如下的平衡：

$$[Zn(OH)_4]^{2-} \rightleftharpoons Zn^{2+} + 4OH^-$$

由于 $[Zn(OH)_4]^{2-}$ 离子的生成，降低了 Zn^{2+} 的浓度，使金属晶体在镀件上析出的过程中晶核生成速度减小，从而有利于新晶核的形成，可得到结晶细致的光滑镀层。随着电镀的进行，Zn^{2+} 不断放电，同时上式平衡不断向右移动，从而保证电镀液中 Zn^{2+} 浓度基本稳定。两极主要反应为

阴极：　　　　$Zn^{2+} + 2e = Zn$

阳极：　　　　$Zn = Zn^{2+} + 2e$

电镀后将镀件放在铬酸溶液中进行钝化，以增加表层的美观和耐腐蚀性。

第五节　金属的腐蚀及其防止

一、金属腐蚀及分类

当金属和周围介质(空气、CO_2、H_2O、酸、碱等)相接触时,很快遭到破坏。产生这种现象以后,金属本身的外形、色泽、机械性能都起了变化。如钢铁在潮湿的空气中会“生锈”,铝制器皿用来装盐会穿孔。这种金属受周围介质的化学作用或电化学作用而引起破坏的现象,称为金属的腐蚀。

据估计,世界上每年因腐蚀而不能用的金属制品的量,大约相当于金属年产量的$\frac{1}{4}$到$\frac{1}{3}$。损失是严重的,不仅给国民经济造成很大危害,而且金属结构(如机器、设备和仪器等)的损坏所引起的产品质量降低、环境污染、飞机失事、轮船漏水、停电、停水以及爆炸等后果,更不是用损失的金属量所能比拟的。

根据金属腐蚀的机理,可将腐蚀分成化学腐蚀和电化学腐蚀两大类。化学腐蚀是金属表面和干燥气体或非电解质发生化学作用而引起的腐蚀,如金属钠和空气中氧气发生化学作用生成 Na_2O 而引起腐蚀。化学腐蚀对大多数金属来说,在常温、常压下不易发生,并且腐蚀往往只发生在金属表面,危害性一般比电化学元素腐蚀小一些。

电化学腐蚀是指金属表面与电解质溶液形成原电池发生电化学反应时,金属作为阳极溶解而引起的腐蚀。这类腐蚀在常温、常压下就能发生,并可渗透到金属内部,与化学腐蚀相比,危害性更严重,发生更普遍。下面着重讨论金属的电化学腐蚀。

二、电化学腐蚀的发生

众所周知,除了那些“贵金属”外,许多金属暴露在大气中(有水和氧存在)时都会发生腐蚀。其根本原因是这些金属处于热力学的不稳定状态。在一定条件下,它们终究要回复到原来在地壳中所处的稳定状态中去,即生成氧化物、硫化物、碳酸盐……或者生成可溶性盐的离子。这就是金属的腐蚀本质。

为了说明金属的电化学腐蚀的原因,现以两种金属相接触,在常温下发生的大气腐蚀为例进行分析,如图 8-9 所示。

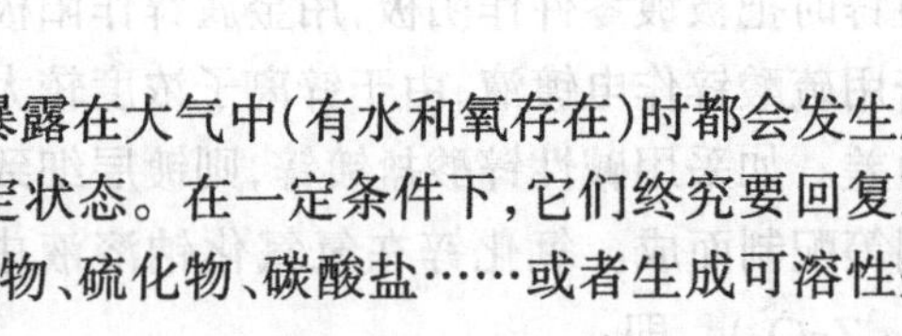

图 8-9　铜和铁接触的腐蚀

由于空气中含有水蒸气、CO_2 和 SO_2 气体,水蒸气被金属表面吸附,在金属表面就覆盖一层很薄的水膜,铁和铜就好像浸放在含有 H^+、OH^-、HSO_3^-、HCO_3^- 等离子的溶液中一样,形成 Cu-Fe 腐蚀原电池(腐蚀微电池),从而发生电化学腐蚀。因 $\varphi^{\ominus}_{Fe^{2+}/Fe}=-0.41V$,$\varphi^{\ominus}_{Cu^{2+}/Cu}=+0.34V$,$\varphi^{\ominus}_{Fe^{2+}/Fe}<\varphi^{\ominus}_{Cu^{2+}/Cu}$,所以铁为负极,铜为正极。其两极反应为

负极(铁):$Fe = Fe^{2+} + 2e$ (氧化反应), $Fe^{2+} + OH^- = Fe(OH)_2 \downarrow$

正极(铜):$2H^+ + 2e = H_2 \uparrow$(还原反应) 析出氢气

或 $O_2 + 4e + 2H_2O(l) = 4OH^-$(还原反应) 吸收氧气

腐蚀电池反应为 $Fe + 2H_2O(l) = Fe(OH)_2 + H_2$

或 $2Fe + O_2 + 2H_2O(l) = 2Fe(OH)_2$

然后 $Fe(OH)_2$ 被氧气氧化为 $Fe(OH)_3$(或 $Fe_2O_3 \cdot nH_2O$),并部分脱水成为氧化铁。

从上例中可以看出,这是两种不同金属与电解溶液相接触的电化学腐蚀,是肉眼能够看见的,故称为宏观电池腐蚀。

若一种金属不与其它金属接触,放在电解质溶液中,也能发生电化学腐蚀。这是因为一般工业上的纯金属也常常含有杂质。例如,工业锌中含有铁杂质 Fe_3C,铸铁中含有石墨等,由于这些杂质的电势较高,当它们与电解质溶液接触时,在金属表面上就形成许多微阴极,电势较低的金属作为阳极,构成无数个微电池,从而引起金属的腐蚀。我们称这样的腐蚀为微观电池腐蚀,如图 8-10 所示。

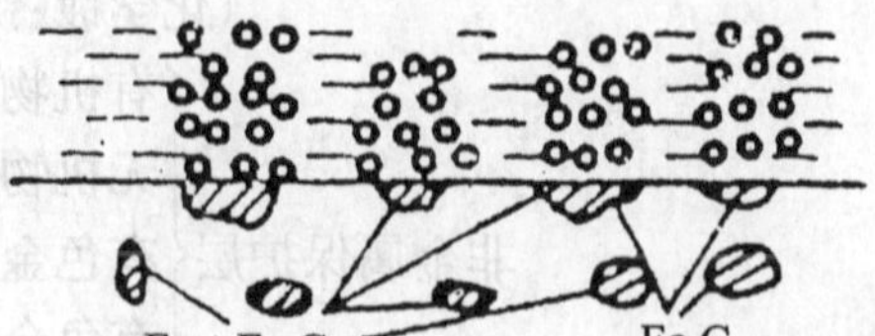

图 8-10 钢铁的腐蚀

综上所述,引起金属电化学腐蚀的必备条件是:①金属表面有不同电极电势的区域;②有电解质溶液存在。

其腐蚀过程可看做由三个环节组成:

(1)在阳极上,金属溶解变成离子转入溶液中,发生氧化反应,即:

$$M(s) = M^{n+} + ne$$

(2)电子从阳极流到阴极。

(3)在阴极上,电子被溶液中能与电子结合的物质所接受,发生还原反应。在阴极上能接受电子的物质很多,但在大多数情况下,是溶液中的 H^+ 或 O_2,即:

$$2H^+ + 2e = H_2 \quad (析氢腐蚀)$$

$$O_2 + 4e + 2H_2O = 4OH^- \quad (吸氧腐蚀)$$

析氢腐蚀往往在酸性溶液中发生,吸氧腐蚀在中性或碱性溶液中发生。以上三个环节是相互联系的,缺一不可,否则整个腐蚀过程停止。

三、金属腐蚀的防止

(一)改善金属防腐性能

尽量地除去或减少金属中的有害杂质,减少形成腐蚀电池的可能性。如在钢中加入质量分数为 18% 的 Cr 和 8% 的 Ni 及少量的 Ti 可制成不锈钢。另外,降低金属表面的粗糙度也能提高其防腐性能。

(二)采用各种保护层

这种方法的实质就是使金属与周围介质隔绝,以防止金属表面腐蚀电池的形成。其要求就是保护层应具有良好的连续性和致密性,同时本身在使用介质中保持高度的稳定性和牢固性。常用的保护层有金属层和非金属层两大类。

金属保护层保持了金属的光泽、导电、导热等特性。非金属保护层成本低，工艺比较简单，但埋没了金属的特性。下面是常用的金属保护层和非金属保护层：

金属保护层
- 包镀：铜、黄铜、镍、铝等；
- 喷镀：锌、铝、铅、铜、铜合金、铁等；
- 渗镀：锌、铝、硅、铬等；
- 浸镀：锌、铝、锡等；
- 电镀：锌、镉、锡、镍、铜、铬、银、金合金等；
- 化学镀：镍、铜

非金属保护层
- 有机物：漆、树脂、橡胶、沥青等；
- 无机物：珐琅、水泥、耐酸材料等；
- 有色金属的氧化处理；
- 有色金属的钝化处理；
- 钢铁的氧化处理、磷化处理

(三)电化学保护

电化学保护法，是根据电化学原理，在金属设备或设施上施加一定的保护电流或保护电势，防止或减轻金属腐蚀的防护方法。根据原理的不同，分为阴极保护和阳极保护两种。

1．阴极保护

阴极保护就是让被保护的物体或部件成为电化学体系中的阴极，进行阴极极化，使金属的电极电势向负方向移动，从而使其受到保护的一种电化学保护方法。根据选用方法的不同，又将其分为如下两类：

(1)外加电流阴极保护。这种方法是利用外加直流电源，将被保护的金属设备或设施与电源的负极相连，使之成为阴极；而用另一种导体与电源的正极相连，使之成为阳极(称为辅助阳极)。当电化学体系工作时，金属设备或设施由于阴极极化作用而受到保护，其原理如图 8-11 所示。

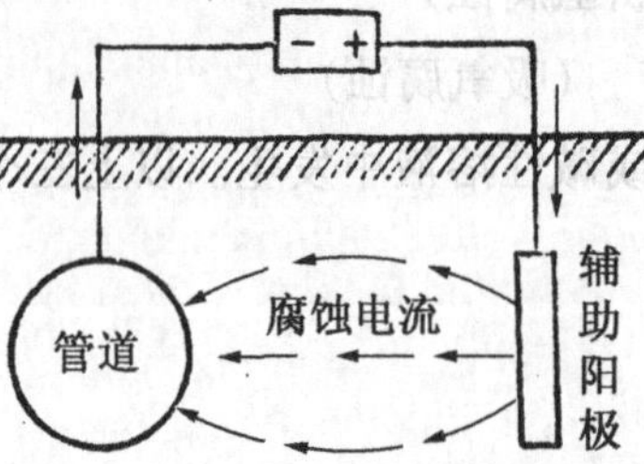

图 8-11　外加电流阴极保护

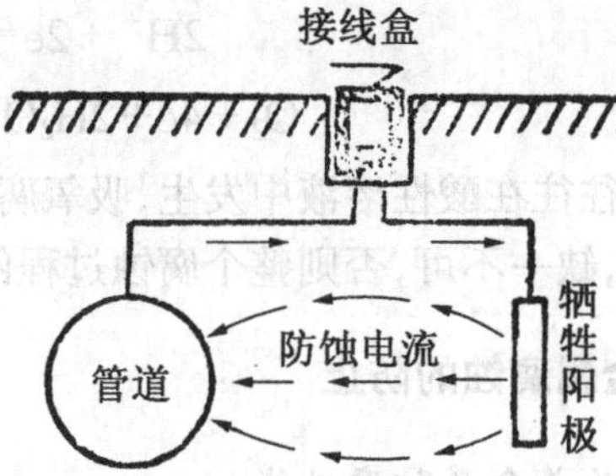

图 8-12　牺牲阳极保护

(2)牺牲阳极保护。这种方法不用外加电源，而是在被保护的金属物件上连接一种电极电势更负的金属或合金。当这两种连接的金属处于电解质(如海水或土壤等)中就构成了一个腐蚀的电池。电势更负的金属或合金成为腐蚀电池的负极，即阳极(称为牺牲阳极)；被保护的金属物件成为腐蚀电池的正极，即阴极，由于发生阴极极化，从而受到了保护。牺牲阳极保护的工作原理如图 8-12 所示。

钢板在质量分数为 2%～3% NaCl 的海水中很容易腐蚀。为了防止船身的腐蚀，除了涂油外，还在轮船底下每隔 10m 左右焊一块锌合金。船身埋在海水里，形成了以锌为负极、铁为正极，海水为电解质的局部电池。这样受到腐蚀而溶解的是锌而不是铁。在这个电化学过程中，锌作为阳极牺牲了，但却保护了船身。

上述两类阴极保护方法，虽然有用外加电源与不用外加电源的区别，但保护原理是相同的。让电子流入金属，金属的腐蚀溶解就不再进行。使电子流入金属有两种方法：一是外电源向金属输入电子，这是外加电源阴极保护法；一种是使另一金属被腐蚀时释放的电子流入被保护金属，这是牺牲阳极保护法。

阴极保护是防止金属腐蚀的有效方法之一，多用在地下管道、冷却器、船舰、水上飞机、海底金属设备等的防腐保护上。

2. 阳极保护

阳极保护是通过外加电流使被保护金属进行阳极极化，使其腐蚀程度下降到最低的一种电化学保护方法。

将金属构件接在外电源的阳极上，将另一辅助电极接在外电源的阴极上构成回路。通电使金属极化。例如，将 Fe 置于 H_2SO_4 中作为阳极，用外加电流使之阳极极化。采用一定的设备使铁的电极电势逐步升高，同时观察其相应的电流变化，就可得到如图 8-13 的极化曲线。当铁的电极电势增加时，极化曲线沿 AB 下降，腐蚀电流增大。此时铁以低价转入溶液，此时阳极过程是 $Fe = Fe^{2+} + 2e$，Fe 受到腐蚀。

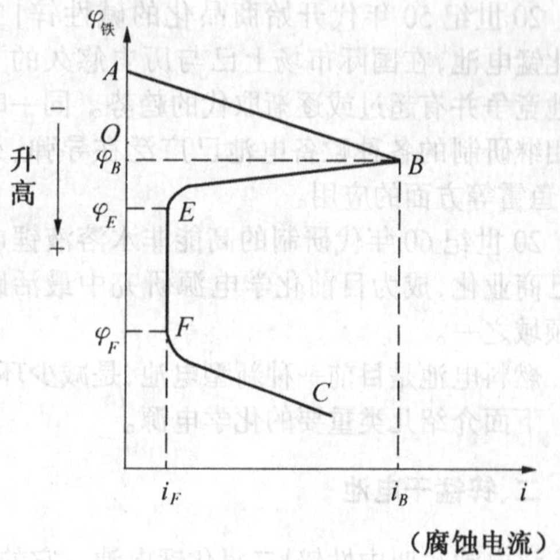

图 8-13 铁在硫酸中的阳极极化曲线

当电势到达 B 点后，Fe 腐蚀速度比原先下降，此时腐蚀电流随着 Fe 电势的增加而迅速降低到很低的数值($B \to E$)。

当电势到达 E 点时，金属 Fe 的腐蚀电流很小，即 Fe 溶解于 H_2SO_4 速度很小。当进一步使电势逐步上升时，在曲线 EF 段，腐蚀电流仍然保持很小的数值 i_F。过了 F 点，曲线又变得重新倾斜起来($F \to C$)，腐蚀电流又开始增加，表示阳极又发生了氧化过程，Fe 进一步溶解了，铁以高价离子而转入溶液，$Fe = Fe^{3+} + 3e$。

由此可见，用外加电源使被保护的金属作为阳极，并维持其电势在 EF 就能使金属的腐蚀程度最低。被阳极保护的金属和合金多是铁、镍、铬、钛和不锈钢等。

我国已有几十个化肥厂对碳酸铵生产中的碳化塔实施阳极保护，效果良好。化学工业主要利用金属或各种合金制作反应器或储存器，因此，阳极保护法在化工生产中得到越来越广的应用。

第六节 化学电源

选择适当的电极，一个自发的氧化还原反应能组成一个自发电池——原电池。原电池是一个完全独立的电源，可以是单体电池，也可组装成电池组，且往往做成全密封式，可按任何方位放置，使用十分方便，广泛用于小型便携式电子设备上。

一、化学电源的发展

原电池的发展已有100多年历史。1865年G·勒克朗谢研制出第一只实用的锌|二氧化锰原电池，随后又将电解液吸收于纸层或加淀粉形成的浆状薄层上，构成了干电池。由于性能尚好、适用温度范围广、价廉，迄今仍是产量最大、应用最广的原电池品种。

1945年，S·鲁宾研制出碱性锌|氧化汞电池并首先做成扣式电池结构。目前，扣式电池(图8-14)已成为与小型、微型电子设备配套使用不可缺少的元件。

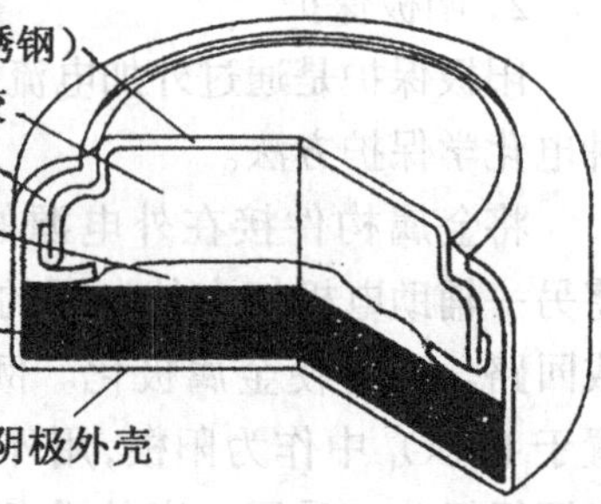

图8-14 扣式电池剖视图

20世纪50年代开始商品化的碱性锌|二氧化锰电池，在国际市场上已与历史悠久的干电池竞争并有超过或逐渐取代的趋势。同一时期相继研制的各种贮备电池已广泛在导弹、火炮、鱼雷等方面的应用。

20世纪60年代研制的高能非水溶液锂电池已商业化，成为目前化学电源研究中最活跃的领域之一。

燃料电池是目前一种新型电池，是减少环境污染的环保电池，已应用于航天飞机上。

下面介绍几类重要的化学电源。

二、锌锰干电池

该电池也叫中性锌|二氧化锰电池。它的内部结构如图8-15所示。它以锌筒外壳作为负极，以中心石墨棒裹上一层MnO_2、乙炔黑及NH_4Cl溶液混合压紧的团块作为正极；两极之间的电解液是由NH_4Cl、$ZnCl_2$、淀粉和一定量水加热调制成的糊浆；糊浆趁热灌入锌筒，冷却后成半透明的胶冻不再流动。锌筒上口加沥青密封，防止电解液的渗出。二氧化锰放电机理比较复杂，多数人认为是电子和质子进入二氧化锰晶格的嵌入固态机理，这解释了锌|二氧化锰电池连续放电性能差、不适于较大电流放电和放电电压不平稳等现象。锌锰干电池放电时的电极反应为

负极：$$Zn + 4NH_4Cl \longrightarrow (NH_4)_2ZnCl_4 + 2NH_4^+ + 2e$$

正极：$$MnO_2 + H_2O + e \longrightarrow MnO(OH) + OH^-$$

电池的总反应为：

$$Zn + 2MnO_2 + 4NH_4Cl + 2H_2O \longrightarrow Zn(NH_4)_2Cl_4 + 2MnO(OH) + 2NH_4^+ + 2OH^-$$

在使用过程中，锌极逐渐消耗以致穿漏，正极MnO_2的活性也逐渐衰减，最后干电池不再供电而失效。这种电池称为"一次性"电池。

现有改进的纸板式的薄膜化干电池，用吸饱电解液的特种纸板或高分子薄膜代替糊层

电解液，以提高电池的放电容量(图 8-16)。

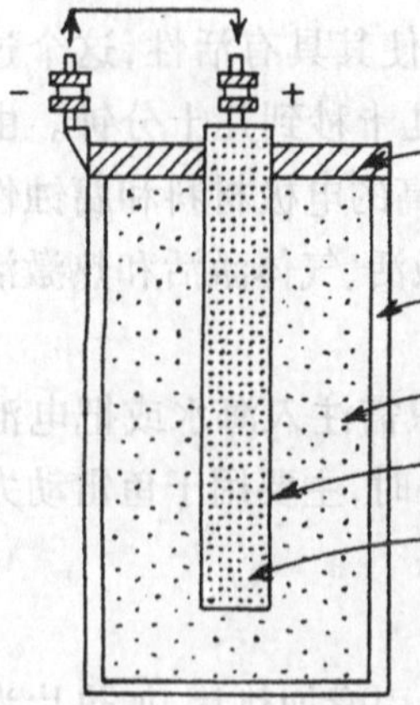

图 8-15　锌锰干电池的构造

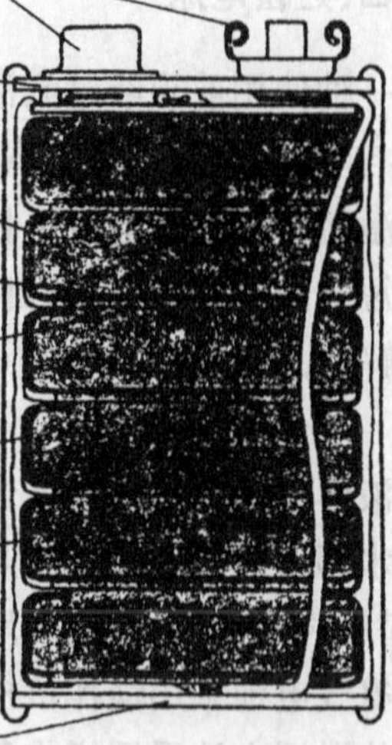

图 8-16　锌|二氧化锰叠层电池剖视图

三、铅蓄电池

铅蓄电池电极的制作是把细粉泥填充在铅锑合金的栅格板上，然后放在稀硫酸中进行电解处理，阳极被氧化成 PbO_2，阴极则被还原为海绵状金属铅。经过干燥之后，前者为正极，后者为负极，正负极交替排列，两极之间的电解液是质量分数大约为 30% 的硫酸溶液。放电时，电极反应为

负极：$Pb(s) + SO_4^{2-} \xlongequal{} PbSO_4(s) + 2e$

正极：$PbO_2(s) + SO_4^{2-} + 4H^+ + 2e \xlongequal{} PbSO_4(s) + 2H_2O$

总反应：$Pb + PbO_2 + 2H_2SO_4 \xlongequal{} 2PbSO_4(s) + 2H_2O$

放电之后，正负极板上都沉积一层 $PbSO_4$，所以铅蓄电池在使用到一定程度之后，就必须充电。充电时将一个电压略高于蓄电池电压的直流电源与蓄电池相接，将蓄电池负极上的 $PbSO_4$ 还原成 Pb；而将蓄电池正极上的 $PbSO_4$ 氧化成 PbO_2。于是蓄电池电极又恢复原来状态，以供使用。

充电时电极反应为

阴极：$PbSO_4(s) + 2e \xlongequal{} Pb(s) + SO_4^{2-}$

阳极：$PbSO_4(s) + 2H_2O \xlongequal{} PbO_2(s) + SO_4^{2-} + 4H^+ + 2e$

总反应：$2PbSO_4(s) + 2H_2O \xlongequal{} Pb + PbO_2 + 2H_2SO_4$

铅蓄电池的充电过程恰好是放电过程的逆反应，即：

$$Pb + PbO_2 + 2H_2SO_4 \underset{\text{充电}}{\overset{\text{放电}}{\rightleftharpoons}} 2PbSO_4(s) + 2H_2O$$

铅蓄电池既能放电，又能被充电，使电池恢复原状。继续供电的特点使之称为二次电池。蓄电池放电、充电可以循环几百次。铅蓄电池的工作电压稳定，价格便宜，但太笨重。它常用作汽车的启动电源，此外，在矿山坑道车或在潜艇不能用内燃机时，也都用铅蓄电池

作牵引动力。

四、贮备电池

一种使用前须经过激活才能进入工作状态的原电池，通常是设计成装配好的电池，其电极不与电解液接触，处于惰性，使用时迅速使电解液与电极接触或使其具有活性，这个过程称为激活。激活前电池可长期贮备 5～10 年，激活后通常只工作几十秒到几十分钟。由于只在短时间内使用一次，自放电相对居于次要，因而可以采用活性高的电极材料和腐蚀性强的电解液，以适应强功率放电的要求。按激活的方式区分，有液体激活、气体激活和热激活三类。

液体激活电池采用镁合金作负电极，氯化银作正极。激活时只需注入海水或把电池浸入海水即可。激活时间为几秒到几分钟，工作时间为几分钟到几小时，主要用于鱼雷动力电源、潜艇声纳浮标、气象和地球物理高空探测以及海上救生讯号等。

氨气电池采用镁作负极，二氧化铅作正极，用氨气激活。

热激活电池采用镁作负极，重铬酸钾作正极。激活方式通常为引燃加热片，加热片为金属粉末（如锆、镁）和氧化剂（如高氯酸钾）压成，激活时间小于 1s，激活后可工作几秒到十几分钟，用于导弹核武器、火炮和炸弹的近爆引信电源。

五、高能电池

1. 银锌电池

银锌电池是一种价格昂贵的高能电池，电极反应为：

负极：　$2Zn(s)+4OH^-=\!=\!=2Zn(OH)_2(s)+4e$

正极：　$Ag_2O_2(l)+2H_2O+4e=\!=\!=2Ag(s)+4OH^-$

总反应：　$2Zn(s)+Ag_2O_2(l)+2H_2O=\!=\!=2Zn(OH)_2(s)+2Ag(s)$

银锌电池具有重量轻、体积小、能大电流放电等优点，并用于宇航、火箭、潜艇等方面。电子手表、助听器、液晶计算器等只需微安或毫安级的电流，它们所使用的“钮扣”电池一般也是银锌电池。

2. 碱性蓄电池

镍-铁、镍-镉是两种常见的商品电池。它们的贮存性、使用寿命都比铅蓄电池优越，但价格较贵，其电池反应分别是：

镍-铁：　$Fe+2NiO(OH)+2H_2O=\!=\!=2Ni(OH)_2+Fe(OH)_2$

镍-镉：　$Cd+2NiO(OH)+2H_2O=\!=\!=2Ni(OH)_2+Cd(OH)_2$

3. 锂-锰氧化物充电电池

它是一种常温固体电解质电池。固体电解质作正极，负极材料是锂。该电池中 Li^+ 在锂-锰氧化物电极和碳电极之间移动，它提供的能量约为镍-锰电池的 3 倍，提供的电压为 3.7V，充电 1000 次仍能维持其能力的 90%。这种结构简单、耐振动、耐冲击、高效、安全、经济实惠的电池可能取代铅蓄电池和镍-镉电池。它适用于需要长期不间断地以微小电流工作的特殊场合，如心脏起搏器。心脏起搏器的负极是锂，正极是固体电解质碘化锂。最好的锂-碘电池寿命超过 10 年，这是现代科学的奇迹，对心脏病患者延续生命来说堪称无价之宝。

4．燃料电池

燃料电池是 20 世纪 60 年代出现的一种新颖的发电装置。它能把燃料燃烧过程的化学能直接转化为电能。

燃料电池是由燃料(H_2,CH_4,CH_3OH 或 NH_2NH_2 等)、氧化剂(O_2 或空气)、电极(多孔碳电极、多孔烧结镍电极、多孔银电极等)和电解液(KOH 或 NaOH 溶液等)所组成,见图 8-17。其中两个电极应是具有催化性能的多孔材料,而且不被电解液所润湿,从而保证较大的活性面积。工作时将燃料通入负极,氧化剂通入正极。它们各自在电极的催化下发生电化学反应。

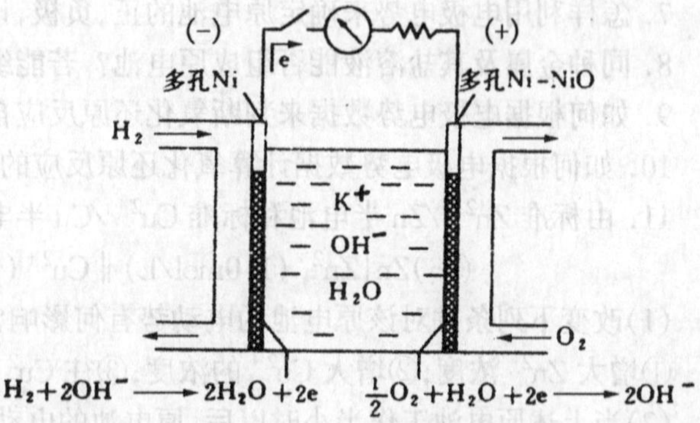

图 8-17 H_2—O_2 燃料电池示意图

氢氧燃料电池中电解质是质量分数为 30% 的 KOH 水溶液。在电池的负极进行氢的电氧化反应：

$$H_2+2OH^- = 2H_2O+2e$$

正极反应是氧分子的电还原：$\frac{1}{2}O_2+H_2O+2e = 2OH^-$

整个电池反应：

$$H_2+\frac{1}{2}O_2 = H_2O$$

氢氧燃料电池工作温度为 343～413K,电压为 0.9V。

燃料电池把燃料的化学能直接转变为电能而不经过热能这一中间形式,所以化学能的利用率大大提高,燃料电池的能量利用率可达 80%,而柴油发电机能量利用率不超过 40%。燃料气体在进入装置前必须经过预处理,除尽杂质,因此对大气污染比火力电少得多。

目前 10kV～20kV 的碱性 H_2-O_2(氢氧)燃料电池已应用于阿波罗登月飞行和航天飞机。但由于燃料气体都是共价分子,电池反应过程必须先离子化,此过程速率较慢,所以筛选催化剂是关键问题之一。加上电极催化剂成本太高,燃料电池至今尚未能普遍使用,进一步提高其效率和可靠性是亟待研究的课题之一。

思 考 题

1．什么是氧化还原反应？什么是氧化剂？什么是还原剂？

2．举例说明什么是歧化反应？

3．举例说明形成原电池的条件是什么？

4．什么是电极电势、标准氢电极、标准电极电势？举例说明测定电极电势的原理。

5．举例说明什么是参比电极？

6．下列说法是否正确？

(1)电池负极所发生的反应是还原反应；

(2)电极电势值越小则电对中氧化型物质的氧化能力越弱；

(3)电极电势表中所列的电极电势值就是相应电极双电层的电位差;

(4)原电池中,电子由负极经导线流到正极,再由正极经溶液到负极,从而构成了回路。

(5)因为电对 $Ni^{2+}+2e \xlongequal{} Ni$ 的 $\varphi^{\ominus}$ 为 $-0.23V$,故 $2Ni^{2+}+4e \xlongequal{} 2Ni$ 的 $\varphi^{\ominus}$ 为 $-0.46V$。

7. 怎样利用电极电势来确定原电池的正、负极,计算原电池的电动势?

8. 同种金属及其盐溶液能否组成原电池?若能组成,盐溶液的浓度应具有什么条件?

9. 如何根据电极电势数据来判断氧化还原反应自发进行的方向?

10. 如何根据电极电势数据计算氧化还原反应的平衡常数?

11. 由标准 Zn^{2+}/Zn 半电池和标准 Cu^{2+}/Cu 半电池组成一个原电池:

$$(-)Zn|Zn^{2+}(1.0mol/L)\|Cu^{2+}(1.0mol/L)|Cu(+)$$

(1)改变下列条件对该原电池的电动势有何影响?

①增大 Zn^{2+} 浓度;②增大 Cu^{2+} 的浓度;③往 Cu^{2+} 的溶液中加入饱和溶液。

(2)当上述原电池工作半小时以后,原电池的电动势是否会发生变化?为什么?

(3)在原电池工作过程中,锌的溶解和铜的析出在质量上有什么关系?

12. 要使 Fe^{2+} 氧化为 Fe^{3+} 而又不引入其它金属元素,H_2O_2 是理想的氧化剂,求该反应的 E。

13. 铁和过量 HCl 反应得 Fe^{2+},而 Fe 和过量 HNO_3 反应则得 Fe^{3+},为什么?

14. 实验事实告诉我们:当 $pH=8$ 时,AsO_2^- 可以使 I_2 完全还原成 I^-;而当 $[H^+]=4mol/L$ 时,H_3AsO_4 却又能使 I^- 氧化为 I_2。试用 H^+ 浓度对电极电势的影响说明之。

15. 下列说法是否正确?

(1)只要温度不变,氧的分压不变,则 $\varphi^{\ominus}_{O_2/OH^-}$ 值就是固定值。

(2)用铜做电极,电解 NaOH 水溶液,实际上是电解了水,得到 H_2 和 O_2。

(3)电解时在阳极上放电的物质是阳离子。

(4)在水溶液中,KI 与 $FeCl_3$ 反应生成 I_2 和 $FeCl_2$;而 KBr 不与 $FeCl_3$ 溶液反应。

(5)溴水与 $FeSO_4$ 溶液作用生成 Fe^{3+} 和 Br^- 离子,而碘水则不能与 $FeSO_4$ 溶液反应。

16. 试述原电池与电解池的结构和原理,并从电极名称、电极反应和电子流动方向等方面进行比较。

17. 影响电解产物的主要因素是什么?当电解不同金属的卤化物和含氧酸盐水溶液时,所得的电解产物一般规律如何?

18. 金属发生电化学腐蚀的实质是什么?为什么电化学腐蚀是常见的且危害又很大的腐蚀?

19. 镀层破裂后,为什么镀锌铁(白铁)比镀锡铁(马口铁)耐腐蚀?

20. 为什么一根半埋于泥土中的铁管,时间久后发现泥土中的部分铁管腐蚀严重,而暴露于空气中的部分腐蚀较轻?

21. 腐蚀电池的阳极相当于原电池的正极还是负极?析氢腐蚀的阴极反应是什么?吸氧腐蚀的阴极反应又是什么?

22. 已知电对:

电对	Fe^{3+}/Fe^{2+}	Fe^{2+}/Fe	Cu^{2+}/Cu	I_2/I^-
(V)	0.77	-0.14	0.34	0.54

不能共存的是(　　)。

①Cu^{2+} 和 Fe^{2+}；②I_2 和 Fe^{2+}；③Fe^{2+} 和 I^-；④Fe^{3+} 和 I^-。

23. 下列哪个是二次电池(　　)。

①锌锰干电池；②碱性蓄电池；③燃料电池；④储备电池。

习　题

1. 已知氢的氧化数为 +1，氧的氧化数为 −2，钾和钠的氧化数为 +1，确定下列物质中其它元素的氧化数。

PH_3，　$K_4P_2O_7$，　$NaNO_2$，　K_2MnO_4，　KIO_3，　$MnO(OH)$

2. 用氧化数法配平下列方程式：

(1) $Cu + HNO_3 \longrightarrow Cu(NO_3)_2 + NO + H_2O$

(2) $MnO + KClO_3 + KOH \longrightarrow K_2MnO_4 + KCl + H_2O$

(3) $H_2O_2 + PbS \longrightarrow PbSO_4 + H_2O$

(4) $(NH_4)_2Cr_2O_7 \longrightarrow N_2 + Cr_2O_3$

3. 用离子-电子法配平下列离子(或分子)方程式：

(1) $KClO_3 + FeSO_4 + H_2SO_4 \longrightarrow KCl + Fe_2(SO_4)_3 + H_2O$

(2) $H^+ + AsO^+ + Zn \longrightarrow As + Zn^{2+} + H_2O$

(3) $CrO_4^{2-} + CN^- + H_2O \longrightarrow Cr(OH)_3 + OH^- + CNO^-$

(4) $I^- + IO_3^- + H^+ \longrightarrow I_2 + H_2O$

4. 写出下列电池的电极反应、电池反应。并计算它们的电动势。

①$(-)Pt, H_2(p^\ominus)|HAc(0.1mol/L) \| KCl(饱和), Hg_2Cl_2|Hg(+)$

②$(-)Ag|AgCl(s)|Cl^-(0.1mol/L) \| Fe^{3+}(0.1mol/L), Fe^{2+}(0.1mol/L)|Pt(+)$

5. 如将下列氧化还原反应装配成原电池，试以电池符号表示之。

①$Cl_2(g) + 2I^- \rightleftharpoons I_2(s) + 2Cl^-$

②$Fe^{2+} + Ag^+ \rightleftharpoons Ag + Fe^{3+}$

③$Zn + CdSO_4 \rightleftharpoons ZnSO_4 + Cd$

④$2Al + 3NiCl_2 \rightleftharpoons 2AlCl_3 + 3Ni$

6. 在含有 Br^- 和 I^- 的混合溶液中，欲将这两种离子都还原，应选择下列哪种氧化剂？若只将 I^- 氧化而不使 Br^- 氧化，应选择哪种氧化剂？氧化剂有 Fe^{3+}，Ce^{4+}，Cu^{2+}，S。

7. 已知下列原电池：

(a) $(-)Tl \mid Tl^+ \| Tl^{3+}, Tl^+ \mid Pt(+)$

(b) $(-)Tl \mid Tl^{3+} \| Tl^{3+}, Tl^+ \mid Pt(+)$

(c) $(-)Tl \mid Tl^+ \| Tl^{3+} \mid Tl(+)$

各离子浓度均为 1.0mol/L，且 $\varphi^\ominus_{Tl^+/Tl} = -3.4V$，$\varphi^\ominus_{Tl^{3+}/Tl} = 0.74V$，$\varphi^\ominus_{Tl^{3+}/Tl^+} = 1.28V$。

(1) 写出各电池反应，并分别指出反应中转移的电子数；

(2) 求各电池反应的标准电动势 $E^\ominus$；

(3) 求各电池反应的 $\Delta_f G^\ominus_m$。

8. 有一 Br^- 与 Cl^- 的混合溶液，它们的浓度均为 1mol/L，现欲使用 1.0mol/L $KMnO_4$ 溶液只氧化 Br^- 而不氧化 Cl^-，问系统中的氢离子浓度范围为多少(假定 Mn^{2+} 和气体均处于标准状态下)？

9. 银不能置换 1mol/L HCl 里的氢，但银可以和 1.0mol/L HI 起置换反应产生氢气。试用电极电势解释上述现象。

10. 实验测定 0.10mol/L HX 的氢电极和饱和甘汞电极所组成电池的电动势为 0.48V，求 HX 的电离常数及 pH 值。

11. 已知 $Hg_2Cl_2(s) + 2e \rightleftharpoons 2Hg + 2Cl^-$，$\varphi^{\ominus}_{Hg_2Cl_2/Hg} = +0.28V$

$$Hg_2^{2+} + 2e \rightleftharpoons 2Hg, \quad \varphi^{\ominus}_{Hg_2^{2+}/Hg} = +0.80V$$

求：方程式 $Hg_2Cl_2(s) \rightleftharpoons Hg_2^{2+} + 2Cl^-$ 时，K_{sp} 的值。

12. 往 0.10mmol AgCl 沉淀中加少量 H_2O 和过量 Zn 粉，使溶液总体积为 1.0mL。试用计算说明 AgCl 能否被 Zn 全部转化为 Ag(s) 和 Cl^-。

13. 判断下列氧化-还原反应的方向(设离子浓度均为 0.1mol/L)。

(1) $2Cr^{3+} + 3I_2 + 7H_2O \rightleftharpoons Cr_2O_7^{2-} + 6I^- + 14H^+$

(2) $2Mn^{2+} + 5S_2O_8^{2-} + 8H_2O \rightleftharpoons 2MnO_4^- + 10SO_4^{2-} + 16H^+$

14. 下列物质通常作为氧化剂，试将它们按氧化能力的大小排列顺序。

$$FeCl_3, \quad F_2, \quad Cl_2, \quad K_2Cr_2O_7, \quad KMnO_4$$

15. 试计算下列反应在标准状态下的吉布斯函变 $\Delta_f G^{\ominus}_m$ 及标准平衡常数 $K^{\ominus}$。

(1) $3CuS + 2NO_3^- \rightleftharpoons 3S + 2NO + 3Cu^{2+} + 4H_2O$

(2) $Fe + 2Fe^{3+} \rightleftharpoons 3Fe^{2+}$

16. 已知下列反应均按正向进行：

$$2Fe^{3+} + Sn^{2+} \rightleftharpoons 2Fe^{2+} + Sn^{4+}$$

$$5Fe^{2+} + MnO_4^- + 8H^+ \rightleftharpoons 5Fe^{3+} + Mn^{2+} + 4H_2O$$

试比较电对：Fe^{3+}/Fe^{2+}，Sn^{4+}/Sn^{2+}，MnO_4^-/Mn^{2+} 电极电势的大小，并指出哪个物质是最强的氧化剂？哪个物质是最强的还原剂？

17. 已知某原电池的正极是氢电极[$p(H_2) = 1.01325 \times 10^5 Pa$]，负极的电极电势是恒定的。当氢电极中 pH=4.008 时，该电池的电动势是 0.412V，如果氢电极中的溶液改为一未知浓度的 H^+ 缓冲溶液，又重新测得原电池的电动势为 0.427V。计算缓冲溶液中 H^+ 浓度和 pH 值。如该缓冲溶液中弱酸(HA)与弱酸盐(NaA)的浓度均为 1.0mol/L，求该弱酸(HA)的电离常数。

第九章 配位化合物

配位化合物简称配合物(coordination compound),以前也称为络合物。配合物是一类组成较为复杂、种类繁多、用途广泛的化合物。周期表中几乎所有的元素都能形成配合物,其数量也大大地超过一般的无机化合物。

随着科学技术和近代工业的发展,配合物的应用也日益广泛,它已渗透到自然科学的各个领域。无论在科学研究、理论研究和生产实践中,配合物都显示出它越来越大的作用,如冶金、电镀、生命科学、印染、医药、化工合成、高分子材料、原子能、金属的分离和提取、分析技术等方面都有其重要的作用。现在,配位化学已发展成为化学领域内不可缺少的有机组成部分,并已形成一门独立的分支学科——配位化学。

本章将介绍配合物的一些基本知识和基础理论。

第一节 配位化合物的基本概念

一、配位化合物的定义

当将过量的氨水溶液逐渐加入到硫酸铜溶液中时,会看到开始时有浅蓝色的$Cu_2(OH)_2SO_4$生成,随后沉淀消失,溶液的颜色由蓝色逐渐变为深蓝色。这是由于生成了深蓝色的$[Cu(NH_3)_4]^{2+}$复杂离子的缘故。若将此溶液用酒精处理后,可以得到深蓝色的$[Cu(NH_3)_4]SO_4$晶体。实验证明,在纯的$Cu(NH_3)_4SO_4$溶液中,除了含有$[Cu(NH_3)_4]^{2+}$离子和SO_4^{2-}离子外,几乎检查不出Cu^{2+}离子和NH_3分子的存在。即发生下面反应:

$$CuSO_4 + 4NH_3 = [Cu(NH_3)_4]SO_4$$

在硝酸汞溶液中加入碘化钾溶液,生成红色的碘化汞沉淀:

$$Hg^{2+} + 2I^- = HgI_2$$

如继续加入过量的KI,则沉淀溶解变成无色溶液:

$$HgI_2 + 2KI = K_2[HgI_4]$$

在这溶液中主要存在$[HgI_4]^{2-}$复杂离子,Hg^{2+}离子却很少存在。

这一类复杂离子中,Cu^{2+}离子和NH_3分子间、Hg^{2+}离子和I^-离子间是通过配位键结合起来的,它们不符合经典的化合价理论,存在着与简单化合物不同的键——配位键。把靠配位键结合起来的化合物,称为配位化合物。中国化学会于1976年将配位化合物定义如下:“配位化合物(简称配合物)是由可以给出孤电子对或多个不定域电子的一定数目的离子或分子(称为配体)和具有接受孤电子对或多个不定域电子的空位的原子或离子(统称中心原子)按一定组成和空间构型所形成的化合物。”简单地说,由一个简单正离子(或原子)和几个中性分子(如NH_3分子)或负离子以配位键结合而形成的复杂的离子或分子称为配离子或配分子。配分子或含有配离子的化合物就叫做配位化合物。

根据以上定义，$[Cu(NH_3)_4]^{2+}$、$[HgI_4]^{2-}$等复杂离子都是配离子。由它们组成的化合物，如$[Cu(NH_3)_4]SO_4$、$K_2[HgI_4]$都是配合物。配合物和配离子在概念上应有所不同，但使用上常不严加区分。

多数配离子既能存在于晶体中，也能存在于水溶液中。

还有一类比较复杂的化合物——复盐，如光卤石 $KCl \cdot MgCl_2 \cdot 6H_2O$、明矾$[KAl(SO_4)_2 \cdot 12H_2O]$等，不论是在晶体或是在水溶液中都不存在复杂的配离子，因此，这一类复盐不属于配合物的范围。

由于配合物种类繁多，结构复杂，到目前为止，难以给出一个包括所有配合物的定义，上述配合物的定义，并不十分全面，只是在一定范围内适用，不能包括所有的配合物。

二、配位化合物的组成

1. 内界与外界

配位化合物一般可分为内界和外界两个组成部分。中心离子和配体组成配合物的内界。内界是配合物的特征部分，它的性质和结构与一般离子不同。在书写化学式时，常将内界部分置于方括号内，方括号之外的部分，是配合物的外界。如上述配合物$[Cu(NH_3)_4]SO_4$、$K_2[HgI_4]$：

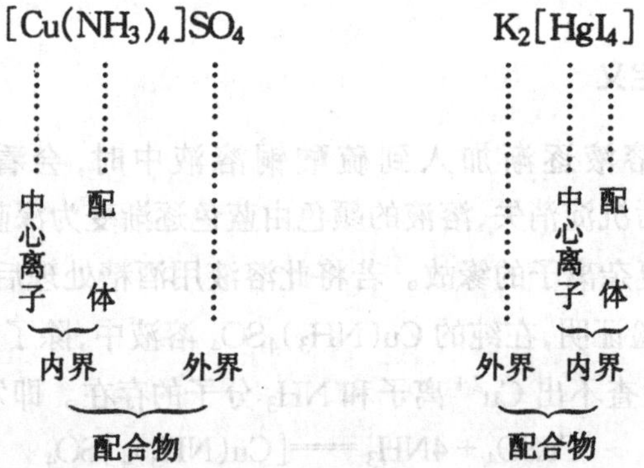

但中性配合分子如$[CoCl_3(NH_3)_3]$、$[Ni(CO)_4]$等没有外界：

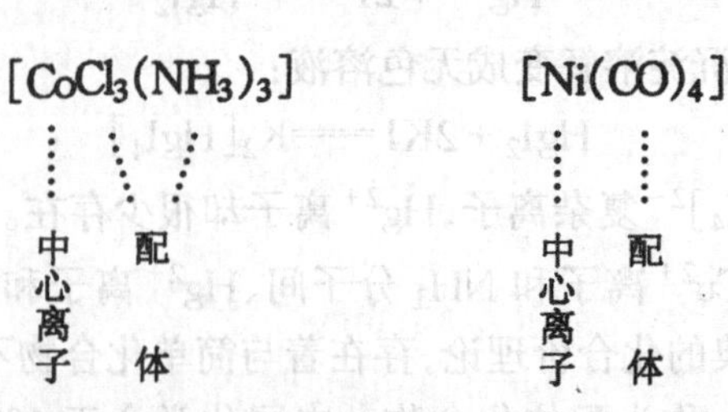

配合物的内界与外界以离子键结合，因此在水溶液中一般能近似地完全电离，例如：

$$[Cu(NH_3)_4]SO_4 \longrightarrow [Cu(NH_3)_4]^{2+} + SO_4^{2-}$$

2. 中心离子或中心原子

中心离子或中心原子(central ion or central atom)也称为配合物的形成体(用 M 表示)。它位于配离子(或分子)的中心,是配合物的核心部分。一般为带正电荷的正离子,故也称为中心离子。常见的中心离子为过渡元素离子,如 Cr^{3+}、Fe^{3+}、Cu^{2+} 等,也有中性原子或负离子作为中心原子的,如$[Ni(CO)_4]$中的 Ni 原子和$[I_3]^-$中的 I^- 离子。

中心离子(或原子)在周期中的位置如表 9-1 所示。

表 9-1 中心离子在周期表中的位置

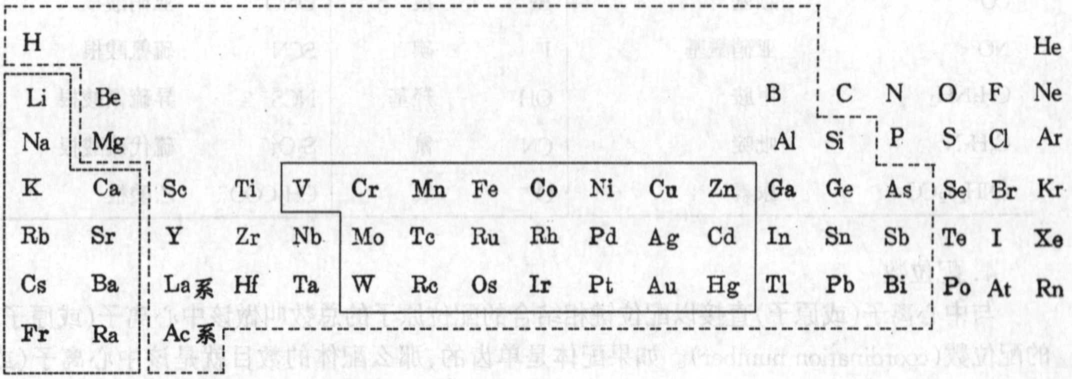

—— 稳定的一般配合特区

---- 稳定的螯合物区

┈┈ 仅能形成少数螯合物区

表中实线“——”区域内的金属(或原子)能形成相当稳定的螯合物或非螯合物;实线以外虚线“----”区域内的金属,能形成稳定的螯合物,而形成的非螯合物不稳定;“┈┈”区域内的元素仅能形成少数螯合物。

3. 配位体和配位原子

与中心离子(或原子)结合的分子或阴离子称为配位体(ligand),简称配体,用 L 表示。例如,NH_3、H_2O、CO、OH^-、CN^-、X^- 等。提供配体的物质称为配位剂,如 NaOH、KCN 等。有时配位剂本身就是配体,如 NH_3、CO、H_2O 等。

配体中与中心离子(或原子)直接以配位键结合的原子称为配位原子。在配位原子上都必须含有未键合的孤对电子。配位原子提供孤对电子给价层有空轨道的中心离子(或原子)而形成配位键。通常作为配位原子的是电负性较大的非金属元素的原子,如 F、Cl、Br、I、N、O、S、P、C 等。

根据配体中所含配位原子的数目不同,可将配体分为单齿(基)配体和多齿(基)配体。一个配体中只有一个配位原子的称为单齿配体(unidentate ligand),常见的单齿配位体见表 9-2。一个配体中含有两个或两个以上的配位原子的称为多齿配体(multidentate ligand),如乙二胺($\ddot{N}H_2CH_2CH_2\ddot{N}H_2$,缩写为 en),草酸根(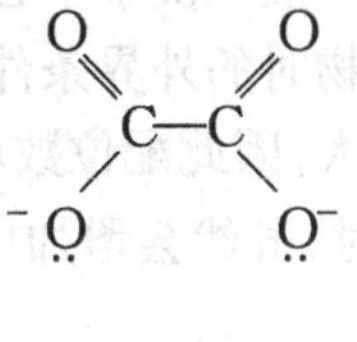),氨基乙酸($\ddot{N}H_2CH_2CO\ddot{O}H$),

乙二胺四乙酸[简称 EDTA,$(HÖOCH_2C)_2\ddot{N}—CH_2—CH_2—\ddot{N}(CH_2COÖH)_2$]等。当形成配合物时,这些配位原子可同时与一个中心离子结合,形成的配合物常称为螯合物。

表 9-2　常见的单齿配位体

中性分子配体及其名称		阴离子配体及其名称			
H_2O	水	F^-	氟	$—NH_2$	氨基
NH_3	氨	Cl^-	氯	$—NO_2$	硝基
CO	羰基	Br^-	溴	ONO^-	亚硝酸根
NO	亚硝酰基	I^-	碘	SCN^-	硫氰酸根
CH_3NH_2	甲胺	OH^-	羟基	NCS^-	异硫氰酸根
C_6H_5N	吡啶	CN^-	氰	$S_2O_3^{2-}$	硫代硫酸根
$(NH_2)_2CO$	尿素	O^{2-}	氧	CH_3COO^-	乙酸根

4. 配位数

与中心离子(或原子)直接以配位键相结合的配位原子的总数叫做该中心离子(或原子)的配位数(coordination number)。如果配体是单齿的,那么配体的数目就是该中心离子(或原子)的配位数。例如,$[Cu(NH_3)_4]^{2+}$ 中的 Cu^{2+} 的配位数为 4。如为多齿配体,则配位数仍是直接与中心离子(或原子)配合的配位原子数,但它不等于配体的总数。例如乙二胺(en)是一种二齿配体,在$[Co(en)_3]Cl_3$ 中,Co^{3+} 的配位数为 $2\times3=6$,而配体只有 3 个。

在配合物中,中心离子的配位数可从 1～12,其中最常见的配位数是 2、4 和 6。我们常称之为中心离子(或原子)的特征配位数。同元素化合价一样,中心离子的配位数不是固定不变的,但对于某一中心离子来说,常有一特征的配位数,如 Co^{3+}、Cr^{3+}、Pt^{4+}、Fe^{3+}、Fe^{2+} 等离子的配位数为 6,Cu^{2+}、Pt^{2+}、Zn^{2+} 等离子的配位数为 4,而 Ag^+、Cu^+ 等离子的配位数为 2。表 9-3 中列出了一些常见金属离子的配位数。

表 9-3　常见金属离子的配位数

一价金属离子		二价金属离子		三价金属离子	
Cu^+	2,4	Ca^{2+}	6	Al^{3+}	4,6
Ag^+	2	Fe^{2+}	6	Cr^{3+}	6
Au^+	2,4	Co^{2+}	4,6	Co^{3+}	6
		Ni^{2+}	4,6	Au^{3+}	4
		Cu^{2+}	4,6	Fe^{3+}	6
		Zn^{2+}	4,6	Sc^{3+}	6

中心离子配位数的大小,一般取决于中心离子和配体的性质(如电荷、半径、中心离子的电子层构型等)以及形成配合物时的外界条件(如浓度、温度等)。一般来说,中心离子电荷数越高,吸引配位的能力就越大,因此配位数就越大,如 Pt^{2+} 形成$[PtCl_4]^{2-}$,而 Pt^{4+} 则形成$[PtCl_6]^{2-}$。当配体电荷增加时,虽然会增加中心离子对配体的吸引力,但也会增加配位体

与配位体之间的斥力,而使配位数减少。中心离子的半径越大,其周围可容纳的配体就越多,配位数就越大;但中心离子的半径过大,也会减弱与配体之间的作用力,使配位数减少;配位体的半径越大,配位数越少。另外,在形成配合物时,增大配体的浓度,降低反应的温度,也将有利于高配位数配合物的形成。

5. 配离子的电荷

配离子的电荷等于中心离子和配体两者电荷的代数和。若配位体全部是中性分子(如NH_3、CO等),则配离子的电荷数就等于中心离子的电荷数。例如$[Cu(NH_3)_4]^{2+}$,由于配体为电中性分子,所以配离子的电荷为$+2+4\times(0)=+2$。而$[HgI_4]^{2-}$中,配体为带负电荷的I^-离子,所以配离子的电荷为$+2+4\times(-1)=-2$。由于配合物是电中性的,因此也可以根据外界离子的总电荷来确定配离子的电荷,如$K_3[Fe(CN)_6]$中配离子的电荷为-3。中性配合物分子如$[Ni(CO)_4]$、$[Pt(NH_3)_2Cl_2]$中,中心原子和配体电荷的代数和为零。另外,由配离子的电荷也可计算中心离子的氧化数,如$[Fe(CN)_6]^{4-}$中铁的氧化数为:$x+6\times(-1)=-4$,可得$x=+2$。

第二节　配位化合物的分类和命名

一、配位化合物的分类

配合物的种类很多,结构复杂,为研究方便,常将其进行分类。根据组成主要分为以下几类。

1. 简单配合物

这是一类由单齿配位体(如H_2O、NH_3、X^-等)与中心离子直接配位而形成的配合物。它不形成环状结构,例如$[Cu(NH_3)_4]SO_4$、$[Ag(NH_3)_2]Cl$、$K_2[PtCl_6]$等。

2. 螯合物

螯合物又称为内配合物,它是一类由中心离子和多齿配体结合而成的具有环状结构的配合物。其特点是含有两个或两个以上配位原子的配位体(称为螯合剂,chelating agents),该配位体与金属离子结合时犹如螃蟹双螯钳住中心离子,而使中心离子与配位体结合时形成环状结构。例如,多齿配体乙二胺中有两个N原子可以作为配位原子,当其与Cu^{2+}配位时,因Cu^{2+}的配位数通常为4,所以需要两个乙二胺分子(共有4个氮原子作为配位原子)才能满足Cu^{2+}的配位数,形成具有环状结构的螯合物$[Cu(en)_2]^{2+}$。

$$Cu^{2+} + 2\begin{matrix} NH_2-CH_2 \\ | \\ NH_2-CH_2 \end{matrix} = \left[\begin{matrix} CH_2-H_2N & & NH_2-CH_2 \\ | & Cu & | \\ CH_2-H_2N & & NH_2-CH_2 \end{matrix}\right]^{2+}$$

螯合的意思是把配体的配位原子,比做螃蟹的两螯把中心离子钳起来,因此而得名。

在$[Cu(en)_2]^{2+}$配合物中,有两个五元环,每个环都由两个碳原子、两个氮原子和中心离子构成,称为五元环。大多数螯合物具有五元或六元环。通常情况下以五元环、六元环较为稳定,而多于或少于五元环、六元环的螯合配离子就不够稳定。

能与中心离子形成螯合物的、含有多齿配体的配位剂,称为螯合剂。一般常见的螯合剂是含有N、O、S、P等配位原子的有机化合物。

由于常见的螯合物具有五元环或六元环，所以要求螯合剂有如下特点：螯合剂必须含有两个或两个以上能给出孤对电子的配位原子；螯合剂中这两个或两个以上配位原子之间最好间隔两个或3个其他原子。

一个螯合剂提供的配位原子，可以是相同的，如在乙二胺中为两个氮原子；也可以是不同的，如氨基酸($\ddot{N}H_2CH_2CO\ddot{O}H$)中的N和O原子。在分析化学领域中应用广泛的氨羧配位剂是最常见的螯合剂，如乙二胺四乙酸（简写为H_4EDTA）和它的二钠盐（简写为Na_2H_2EDTA）。提供配体的是乙二胺四乙酸根EDTA，其中有4个O原子和2个N原子作为配位原子。通常也用H_4Y表示H_4EDTA，Y^{4-}表示酸根。

大多数金属元素都可以与螯合剂EDTA形成具有五原子环的稳定的螯合物。图9-1为EDTA与Ca^{2+}、Fe^{3+}形成的螯合物结构示意图。

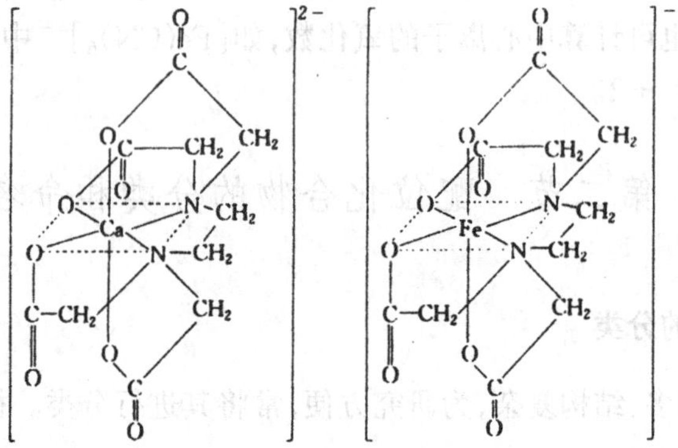

图9-1　EDTA与Ca^{2+}、Fe^{3+}螯合物结构示意图

除上述两种基本类型外，配合物还有很多其他类型。

3．多核配合物

多核配合物是指配合物分子中含有两个或两个以上中心离子或原子的配合物，它们之间借助于配位原子或原子团（如—NH_2，—OH，—Cl—，—O—等具有两对孤对电子称为桥联或桥基）而连接在一起。例如u-二羟基八水合二铁(Ⅲ)离子：

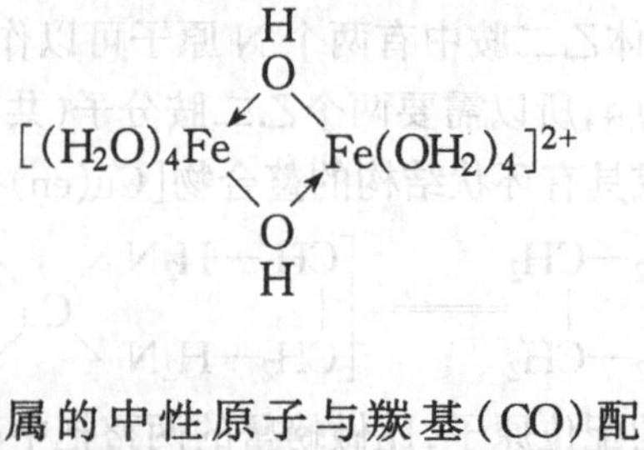

4．羰基配合物

羰基配合物是由过渡金属的中性原子与羰基（CO）配体形成的一类配合物，如$[Fe(CO)_5]$、$[Ni(CO)_4]$、$[Cr(CO)_6]$等。

5．非饱和烃配合物

非饱和烃配合物，是指中心离子与不饱和烃（如烯烃、炔烃）为配体形成的一类化合物，如$[Pt(C_2H_4)Cl_3]^-$、$[Ag(C_2H_4)]^+$、$(C_5H_5)_2M$等。而后者是中心原子位于2个环戊二烯配体的夹层中间，又称其为夹心配合物。作配体的烯、炔烃分子，没有配位原子，它们与金属离

子是用 π 键电子结合，故这些能提供 π 键电子的配体叫 π-配体。

此外，还可以分为金属簇状配合物，如 $Fe_2(CO)_9$、$[Re_2Cl_6]^{2-}$ 等，其中金属原子彼此直接相连，以及金属大环多醚配合物，同多酸、杂多酸型配合物等。

总之，目前配合物种类繁多且新颖，分类并无严格的界线。

二、配位化合物的命名

配位化合物的组成比较复杂，其命名方法基本上和一般无机物的命名原则相同。若配合物为配离子化合物，则命名时阴离子写在前，阳离子写在后。若为配位阳离子，则叫做某化某或某酸某。若为配位阴离子化合物，则在配位阴离子与外界阳离子之间用"酸"字连接。各配体命名的顺序按以下原则：

(1)配离子中配体的名称放在中心原子名称之前，在配体中先列出阴离子，后列出中性分子的名称，无机配体列在前，而有机配体列在后面。不同配体名称间以中间的圆点"·"分开，在最后一个配体名称之后加"合"字。中心原子的氧化值用带方括号的罗马数字(如Ⅰ、Ⅱ)表示。

(2)同类配体名称按配位原子元素符号的英文字母顺序排列。

(3)配体个数用倍数词头二、三、四等数字表示。

下面举一些配合物命名的实例。

含配阳离子的配合物：

$[Cu(NH_3)_4]SO_4$　　硫酸四氨合铜(Ⅱ)

$[Co(NH_3)_6]Cl_3$　　三氯化六氨合钴(Ⅲ)

$[CrCl_2(H_2O)_4]Cl$　　一氯化二氯·四水合铬(Ⅲ)

$[Co(NH_3)_5(H_2O)]Cl_3$　　三氯化五氨·水合钴(Ⅲ)

含配阴离子的配合物：

$K_4[Fe(CN)_6]$　　六氰合铁(Ⅱ)酸钾

$K[PtCl_5(NH_3)]$　　五氯·一氨合铂(Ⅳ)酸钾

$H_2[Zn(OH)_2Cl_2]$　　二氯·二羟基合锌(Ⅱ)酸

$K_2[PtCl_6]$　　六氯合铂(Ⅳ)酸钾

中性配合物：

$[Ni(CO)_4]$　　四羰基合镍

$[Co(NH_3)_3(NO_2)_3]$　　三硝基·三氨合钴(Ⅲ)

$[PtCl_4(NH_3)_2]$　　四氯·二氨合铂(Ⅳ)

第三节　配合物的化学键理论

从第一个配位化合物 $[Co(NH_3)_6]Cl_3$ 的发现到现在已经历了约二百年的历史，人们对配位化合物的认识也逐渐加深，有关配位化合物的理论也日趋完善。早在 1893 年，配合物化学键的奠基人瑞士青年化学家维尔纳(A. Werner)根据大量实验事实提出了著名的"维尔纳配位学说"，对于配位化学的发展起了重大的推动作用。随着 20 世纪近代的原子和分子结构理论的建立，配位化合物的化学键理论又有了很大的发展，相继建立了配合物中的现代价键理论、晶体场理论、配位场理论及分子轨道理论等。本节主要介绍配位化合物的价键理论，并简要介绍晶体场理论。

一、价键理论（Valence Bond Theory）

1931 年，美国化学家鲍林（Pauling）首先利用量子力学研究成果，提出了杂化轨道理论，应用于配合物中，阐明配合物的化学键本性，后经一些科学家的修正与补充逐渐形成了现代配合物的价键理论。它较好地说明了配合物的空间构型、磁性和稳定性等及其他性质。

1．价键理论的要点

价键理论认为：中心离子（或原子）M 与配体 L 之间靠配位键形成配合物时，中心离子（或原子）以空的杂化轨道，接受配体提供的孤对电子，形成 σ 配位键（一般用 M←L 表示）。即中心离子（或原子）空的杂化轨道同配位原子的充满孤对电子的原子轨道相互重叠而形成配位共价键。形成配位键的条件是：配位体的配位原子必须有未共用的孤对电子，而中心离子（或原子）必须有空的价电子轨道，以接受配位体的孤对电子。如卤离子[$:\ddot{X}:$]$^-$、$:NH_3$、$H_2O:$、[:CN]$^-$、[:SCN:]$^-$等配位体至少含有一对孤对电子。过渡金属离子的价电子轨道通常是指能量相近的电子轨道，常见能量相近的价轨道如 $nsnp$，$(n-1)dnsnp$，$nsnpnd$。

2．配位化合物的空间构型

由于中心离子（或原子）的杂化轨道具有一定的方向性，所以与配位体形成的配合物具有一定的空间构型。下面以常见的配位数为 4、6 的配离子为例加以讨论。

（1）配位数为 4 的配合物。

电荷数为 +2 的中心离子通常形成配位数为 4 的配合物，如 $[Cu(NH_3)_4]^{2+}$、$[Zn(NH_3)_4]^{2+}$、$[Ni(NH_3)_4]^{2+}$、$[Ni(CN)_4]^{2-}$等。这类配合物，一般有两种不同的构型，即正四面体和平面正方形。

如在 $[Ni(NH_3)_4]^{2+}$ 配离子中，Ni^{2+} 离子的外层原子轨道的电子排布为：

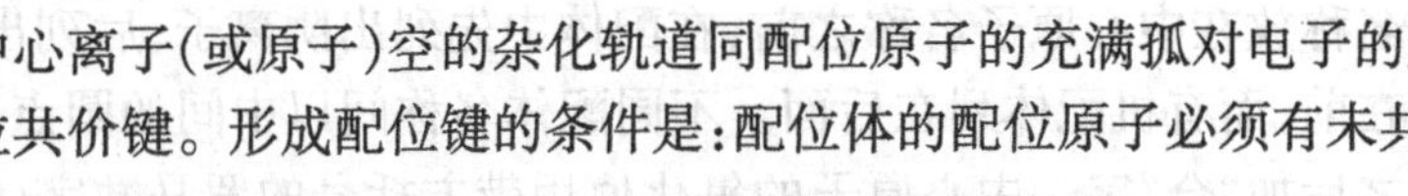

Ni^{2+} 有空的且能量相近的 $4s$、$4p$ 轨道，可进行杂化构成 4 个 sp^3 杂化轨道，用来接受 4 个 NH_3 中 N 原子提供的孤对电子，所以中心离子 Ni^{2+} 的配位数为 4。

当 Ni^{2+} 与 4 个配体 NH_3 配位时，Ni^{2+} 的 1 个 $4s$ 轨道和 3 个 $4p$ 轨道杂化成为 4 个 sp^3 杂化轨道。这种杂化轨道的空间构型为正四面体，因此，$[Ni(NH_3)_4]^{2+}$ 为正四面体形，Ni^{2+} 离子位于正四面体的中心，4 个 NH_3 分子分别位于 4 个顶点。$[Ni(NH_3)_4]^{2+}$ 的电子排布式为：

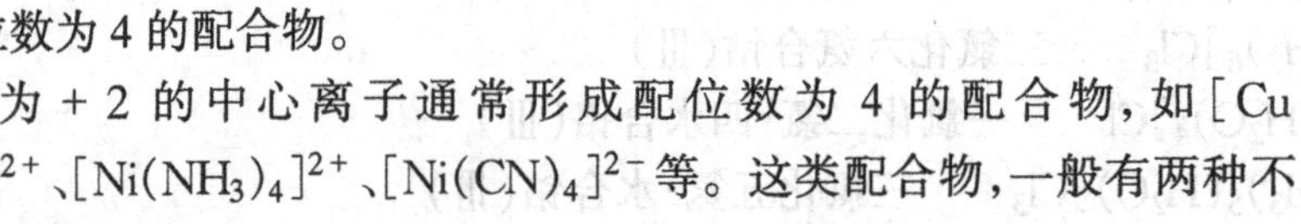

$[Ni(CN)_4]^{2-}$ 配离子的形成情况有些不同。如果 CN^- 离子中的孤对电子都进入这 4 个空轨道，则形成 sp^3 杂化轨道，应为正四面体，但根据实验得知，$[Ni(CN)_4]^{2-}$ 的构型为平

面正方形。因此,可以推知,在 Ni^{2+} 离子与 CN^- 离子配位时,Ni^{2+} 离子的 2 个未成对的 3*d* 电子进行重排合并到一个 3*d* 轨道上,空出一个 3*d* 轨道,与一个 4*s*、两个 4*p* 轨道进行杂化,形成 4 个 dsp^2 杂化轨道,即为平面四方形构型。Ni^{2+} 离子位于平面正方形的中心,4 个 CN^- 离子分别占据 4 个角。因此,$[Ni(CN)_4]^{2-}$ 为平面正方形构型。$[Ni(CN)_4]^{2-}$ 的电子排布式为:

$[Ni(CN)_4]^{2-}$

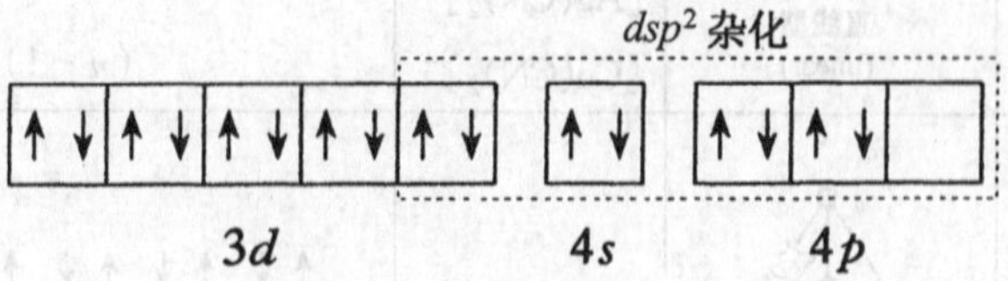

(2)配位数为 6 的配合物。

配位数为 6 的配合物为数众多,并且八面体构型居多,如 $[Mn(CN)_6]^{3-}$、$[FeF_6]^{3-}$、$[Fe(CN)_6]^{3-}$、$[Ni(NH_3)_6]^{2+}$ 等。例如配离子 $[FeF_6]^{3-}$,Fe^{3+} 离子的外层电子排布式为:

Fe^{3+} $(3d^5)$

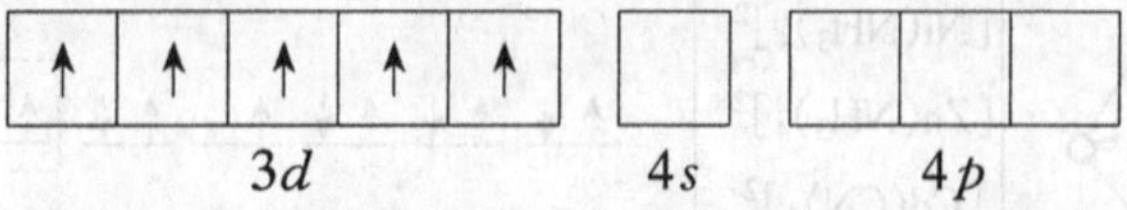

当中心离子 Fe^{3+} 与 F^- 离子配位时,Fe^{3+} 离子的 5 个 3*d* 电子不发生重排,仍然占有 5 个 *d* 轨道。Fe^{3+} 离子的 4*s*、4*p* 空轨道只有 4 个,只能形成配位数为 4 的配合物,但这又与实验事实不符。价键理论认为:这是因为 Fe^{3+} 离子利用外层的一个 4*s* 轨道、3 个 4*p* 轨道和两个 4*d* 轨道构成了 6 个 sp^3d^2 杂化轨道,与 6 个 F^- 离子配体成键(即 6 个 F^- 离子的孤对电子,除了进入 Fe^{3+} 离子的 4*s*、4*p* 轨道外,还可以进入能级更高的 2 个 4*d* 轨道,采用 sp^3d^2 杂化轨道成键),因此形成八面体构型。$[FeF_6^-]^{3-}$ 的电子排布式为:

$[FeF_6^-]^{3-}$

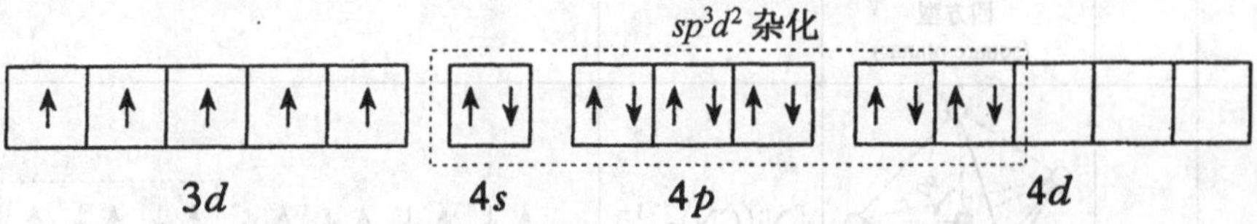

但 $[Fe(CN)_6]^{3-}$ 配离子的形成情况与上述有所不同。当 Fe^{3+} 与 CN^- 结合时,Fe^{3+} 离子在配体 CN^- 的影响下,3*d* 电子重新分布,发生电子归并,原来未成对电子数减少。Fe^{3+} 离子中的 5 个 3*d* 电子挤入 3 个 3*d* 轨道上,空出两个 3*d* 轨道,这两个 3*d* 轨道和一个 4*s*、3 个 4*p* 轨道杂化组成 6 个 d^2sp^3 杂化轨道(其构型也是正八面体形),这些杂化轨道容纳 6 个 CN^- 中的 6 个 C 原子所提供的 6 对孤对电子,从而形成 6 个配键。$[Fe(CN)_6]^{3-}$ 的电子排布式为:

$[Fe(CN)_6]^{3-}$

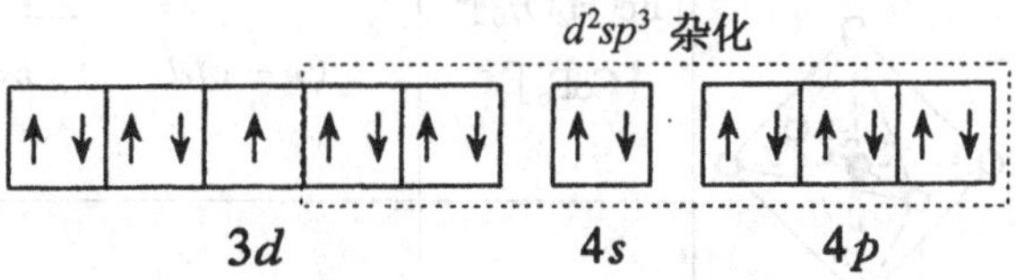

从以上讨论可知,中心离子所采用的杂化轨道类型与配合物的空间构型以及中心离子的配位数有明确的对应关系。配合物的中心离子提供的空的杂化轨道数,就是中心离子的配位数。配合物分子或离子的空间构型取决于中心离子所采用的不同类型的杂化轨道。表 9-4 列出了一些常见配合物的空间构型、配位数与杂化轨道类型的关系。

表 9-4　配合物空间构型与杂化轨道的关系

配位数	杂化类型	空间构型	实　例	电子排布
2	sp	 直线型 (linear)	$[Ag(NH_3)_2]^+$ $[Ag(CN)_2]^-$ $[Cu(CN)_2]^-$	↑↓ ↑↓ ↑↓ ↑↓ ↑↓ [↑↓ ↑↓] __ __ $(n-1)d$　ns　np
3	sp^2	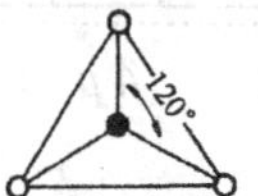 平面三角型 (Planar triangle)	$[Cu(CN)_3]^{2-}$	↑↓ ↑↓ ↑↓ ↑↓ ↑↓ [↑↓ ↑↓ ↑↓] __ $(n-1)d$　ns　np
4	sp^3	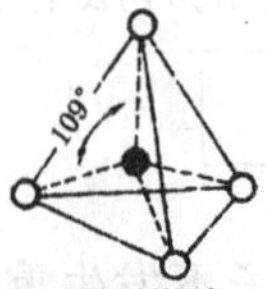 正四面体型 (tetrahedron)	$[Ni(NH_3)_4]^{2+}$ $[Zn(NH_3)_4]^{2+}$ $[Cd(CN)_4]^{2-}$ $[Ni(CO)_4]$	↑↓ ↑↓ ↑↓ ↑↓ ↑↓ [↑↓ ↑↓ ↑↓ ↑↓] $(n-1)d$　ns　np
4	dsp^2	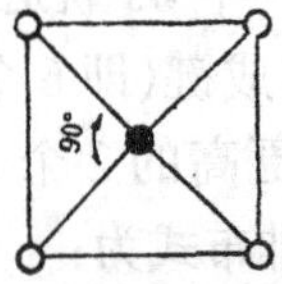 四方型 (square planar)	$[PtCl_4]^{2-}$ $[Ni(CN)_4]^{2-}$ $[Cu(NH_3)_4]^{2+}$	↑↓ ↑↓ ↑↓ ↑↓ [↑↓ ↑↓ ↑↓ ↑↓] $(n-1)d$　ns　np
5	dsp^3	 三角双锥型 (trigonal bipyramid)	$[Ni(CN)_5]^{3-}$ $Fe(CO)_5$	↑↓ ↑↓ ↑↓ ↑↓ [↑↓ ↑↓ ↑↓ ↑↓ ↑↓] $(n-1)d$　ns　np
6	sp^3d^2	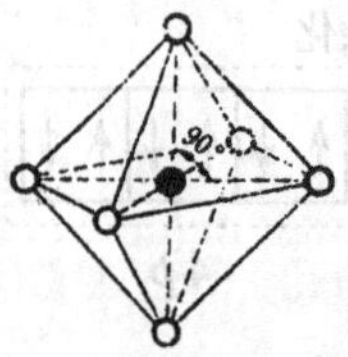 八面体 (octahedron)	$[FeF_6]^{3-}$ $[Fe(H_2O)_6]^{3+}$ $[CoF_6]^{3-}$	↑ ↑ ↑ ↑ ↑ [↑↓ ↑↓ ↑↓ ↑↓ ↑↓ ↑↓] __ __ __ $(n-1)d$　ns　np　nd
6	d^2sp^3		$[Fe(CN)_6]^{3-}$ $[Cr(NH_3)_6]^{3+}$ $[PtCl_6]^{2-}$	↑ ↑ ↑ [↑↓ ↑↓ ↑↓ ↑↓ ↑↓ ↑↓]

3. 外轨配键与内轨配键

中心离子以最外层的轨道（*ns*、*np*、*nd*）组成杂化轨道后和配位原子形成的配键，称为外轨配键，其对应的配合物叫外轨（outer-orbital）配合物，又称高自旋（high spin）型配合物；若中心离子以部分次外层轨道如$(n-1)d$轨道参与组成杂化轨道，则形成内轨配键，其对应的配合物称为内轨（inner-orbital）型配合物，又称低自旋（low spin）配合物。

$[Ni(NH_3)_4]^{2+}$和$[FeF_6]^{3-}$配离子中，Ni^{2+}离子和Fe^{3+}离子分别以*ns*、*np*和*ns*、*np*、*nd*轨道组成sp^3和sp^3d^2杂化轨道，与配位原子成键，所以，这样的配键皆为外轨配键，所形成的配合物为外轨型配合物。属于外轨型的还有$[Co(H_2O)_6]^{2+}$、$[CdI_4]^{2-}$、$[HgI_4]^{2-}$、$[Co(NH_3)_6]^{2+}$、$[CoF_6]^{3-}$、$[Fe(H_2O)_6]^{3+}$等配合物。

由于在形成外轨型配合物时中心离子的电子排布不受配体的影响，仍保持自由离子的电子层构型，所以配合物的中心离子的未成对电子数和自由离子中未成对的电子数相同，此时具有较多的未成对电子数。

另外，还有一些配离子如$[Ni(CN)_4]^{2-}$和$[Fe(CN)_6]^{3-}$，中心离子Ni^{2+}离子和Fe^{3+}离子分别以$(n-1)d$、*ns*、*np*轨道组成dsp^2和d^2sp^3杂化轨道，与配位原子成键，这样的配键皆为内轨配键，所形成的配合物为内轨型配合物。属于内轨型的还有$[Co(NH_3)_6]^{3+}$、$[Co(CN)_6]^{3-}$、$[Cu(CN)_4]^{2-}$、$[Fe(CN)_6]^{4-}$、$[PtCl_6]^{2-}$等配合物。

由于在形成内轨型配合物时，中心离子的电子排布在配体的影响下发生重排，进行电子归并，共用电子对深入到中心离子的内层轨道，配合物中心离子的未成对电子数比自由离子的未成对电子数少，此时具有较少的未成对电子数。

配合物是内轨型还是外轨型，主要取决于中心离子的电子构型、离子所带的电荷和配体的性质。一般来说，具有d^{10}构型的离子，只能用外层轨道形成外轨型配合物；具有d^8构型的离子如Ni^{2+}、Pd^{2+}、Pt^{2+}等，在大多数情况下形成内轨型配合物；具有其他构型的离子，既可以形成内轨型配合物，也可以形成外轨型配合物。

配合物的中心离子电荷越多，越有利于形成内轨型配合物。因为中心离子的电荷较多时，它对配位原子的孤对电子的吸引力也较强。$(n-1)d$轨道中电子数较少，也有利于中心离子空出内层d轨道参与成键。如$[Co(NH_3)_6]^{2+}$为外轨型，而$[Co(NH_3)_6]^{3+}$为内轨型。

对于配体，通常电负性大的原子（如F、O等），与电负性较小的C原子相比，不易提供孤对电子，当形成配合物时，中心离子外层轨道与之成键，因此形成外轨型配合物。C原子作配位原子时（如在CN^-离子中），则常形成内轨型配合物。N原子（如在NH_3分子中）作配位原子时，随中心离子不同，既有外轨型配合物，也有内轨型配合物。

如何判断一个配合物是内轨型还是外轨型配合物呢？通常采用磁天平测量物质的磁矩（μ）来确定。当测得物质的磁矩等于零时，说明其中电子皆成对，具有反磁性；当测得物质的磁矩大于零时，说明其中有未成对电子，具有顺磁性。

磁矩（μ）的数值随未成对电子数（n）的增多而增大。假定配离子中配体内的电子皆已成对，则d区过渡元素所形成的配离子的磁矩可以用下式作近似计算：

$$\mu=\sqrt{n(n+2)} \qquad \text{（单位为玻尔磁子，简写为B.M.）}$$

根据上式可计算出未成对电子数$n=1\sim5$的理论μ值，见表9-5中。因此，测定配合物的磁矩，就可以了解中心离子未成对电子数，从而可以确定该配合物是内轨型配合物还是外轨型配合物。

表 9-5 磁矩的理论值

未成对电子数	$\mu_{理}$(B.M.)
1	1.73
2	2.83
3	3.87
4	4.90
5	5.92

例如,Fe^{3+}离子中有 5 个未成对电子,根据 $\mu=\sqrt{n(n+2)}$,可算出 Fe^{3+}离子的磁矩理论值为 $\mu_{理}=\sqrt{5(5+2)}=5.92$B.M.。实验测得$[FeF_6]^{3-}$的磁矩为 5.90B.M.,由表 9-5 可知,在$[FeF_6]^{3-}$配合物中,Fe^{3+}离子仍保留 5 个未成对电子,以 sp^3d^2 杂化轨道与配位原子 F^-形成外轨配键。而$[Fe(CN)_6]^{3-}$的磁矩由实验测得为 2.0B.M.,此数值与具有一个未成对电子的磁矩理论值 1.73B.M. 很接近,表明在成键过程中,中心离子的未成对 d 电子数减少,d 电子发生了重排,腾出两个空 d 轨道,而以 d^2sp^3 杂化轨道与配位原子 C 形成内轨型配键。

价键理论根据配离子所采用的杂化轨道类型成功地说明了配离子的结构,也解释了中心离子的配位数以及某些化学性质和磁性,在配合物化学发展过程中起到了一定的作用。但是这个理论也有不少缺点和局限性,如不能解释配合物的可见和紫外吸收光谱以及过渡金属配合物普遍具有特征颜色的现象等。因此,从 20 世纪 50 年代后期以来,价键理论的地位,已逐渐为配合物的晶体场理论和配位场理论所取代。

二、晶体场理论简介

晶体场理论(Crystal Field Theory)是属于静电作用理论,是由贝塞(H.Bethe)在 1929 年针对含有 d 电子的过渡元素首先提出的。它主要讨论在配体静电场影响下,金属离子 d 轨道的分裂,从而解释了过渡金属配合物的一些性质。该理论在物理学某些范围内得到应用和发展,但此理论一开始并未引起化学家的重视,直到 20 世纪 50 年代后(1953 年)才为化学界所公认,并应用于处理配合物的化学键问题,才确定了该理论在化学中的地位。

1. 晶体场理论的基本要点

(1)配合物的中心离子(阳离子)与配体(阴离子或极性分子)之间依靠静电作用相互靠近,使体系能量降低,形成了稳定的配合物。

(2)中心离子能量相等的 5 个 d 轨道,称为五重简并,受配体负电场的作用而发生能级分裂,5 个 d 轨道的能量不再是相等的简并状态,分裂成能级不同的几组轨道。

(3)在配合物中,配体施加于中心离子的势场称为晶体场。不同空间构型的配合物中,配体所形成的晶体场不同,d 轨道因受到不同的排斥作用,能级分裂的情况也不同。由于 d 轨道能级分裂,必然造成电子的重新排布,体系总能量下降,由此产生了晶体场稳定化能,从而造成了中心离子与配体的附加成键效应。

2. 中心离子 d 轨道能级的分裂

以最常见的八面体构型配合物为例进行讨论。中心离子的 5 个 d 轨道是五重简并轨道，虽然伸展方向不同，但具有相同的能量(E_0)。如果中心离子处于球形对称的负电场影响下，5 个 d 轨道的能量普遍升高(E_s)。由于球形对称的负电场各个方面所产生的排斥作用相等，5 个 d 轨道的能量发生了同等程度的升高，因而不发生分裂。若中心离子处在配体构成的八面体中心，6 个带负电荷的配体分别沿着 3 个坐标轴方向($\pm x$，$\pm y$，$\pm z$)向中心离子接近时，则 $d_{x^2-y^2}$ 和 d_{z^2} 轨道出现几率最大的方向正好与配体负电荷处于迎头相碰的状态，在这两个轨道上的电子，因受配体的静电排斥作用较大，使能量升高，故变得不稳定；但与此同时，夹在两坐标之间的 d_{xy}、d_{xz} 和 d_{yz} 3 个轨道上的电子出现几率最大的方向则与配体负电荷方向错开，因而所受斥力较小，能量较低，如图 9-2 所示。

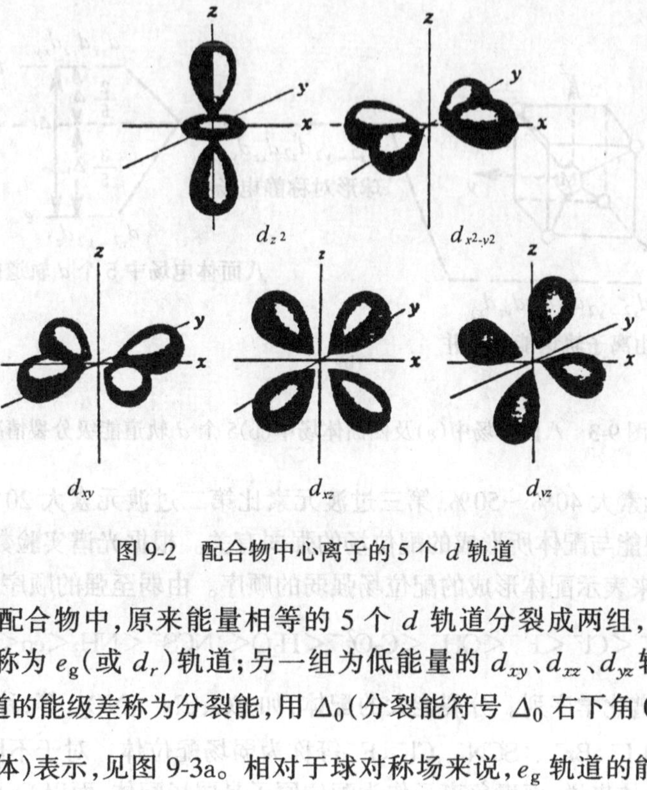

图 9-2　配合物中心离子的 5 个 d 轨道

结果在八面体配合物中，原来能量相等的 5 个 d 轨道分裂成两组，一组为高能量的 $d_{x^2-y^2}$ 和 d_{z^2} 轨道，称为 e_g(或 d_r)轨道；另一组为低能量的 d_{xy}、d_{xz}、d_{yz} 轨道，称为 t_{2g}(或 d_ε)轨道。两组轨道的能级差称为分裂能，用 Δ_0(分裂能符号 Δ_0 右下角 0 代表八面体，Δ_t 右下角 t 表示四面体)表示，见图 9-3a。相对于球对称场来说，e_g 轨道的能量上升 $\frac{3}{5}\Delta_0$，而 t_{2g} 轨道的能量下降 $\frac{2}{5}\Delta_0$，两者的能量总和为零。即是 $2\times\frac{3}{5}\Delta_0+3\times(-\frac{2}{5}\Delta_0)=0$，因为通常将球形场中 d 轨道能量定为零。

在正四面体配合物中，4 个配位体接近中心离子时正好和坐标轴 x、y、z 错开，避开 $3d_{z^2}$ 和 $d_{x^2-y^2}$ 的极大值方向，而靠近 d_{xy}、d_{yz}、d_{xz} 的极大值。它们占据了立方体 8 个顶点中相互错开的 4 个顶点位置，中心离子 5 个 d 轨道分裂正好与八面场时相反，即为 d_{z^2} 和 $d_{x^2-y^2}$ 能量低于 d_{xy}、d_{yz}、d_{xz}，两组分裂能记为 Δ_t，见图 9-3b。

3. 构型相同的配合物分裂能 Δ 的大小

相同构型配合物的晶体场分裂能 Δ 值与中心离子的种类、价态、在周期表中的位置以及配体的性质有关。就中心离子而言，其电荷越高，半径越大，Δ 就越大。通常第二过渡元

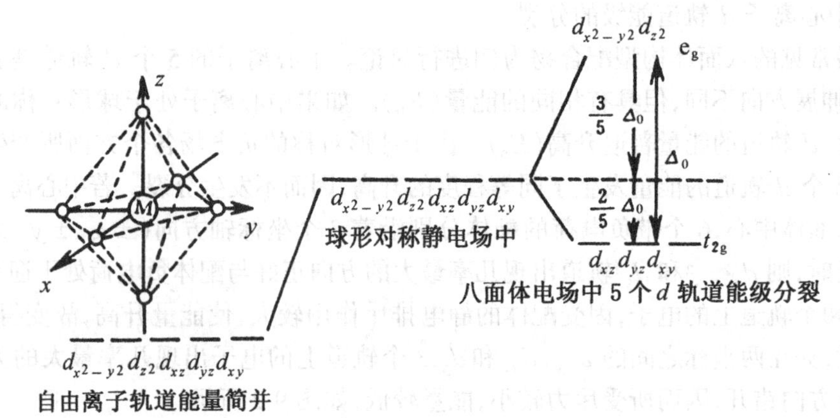

(a)

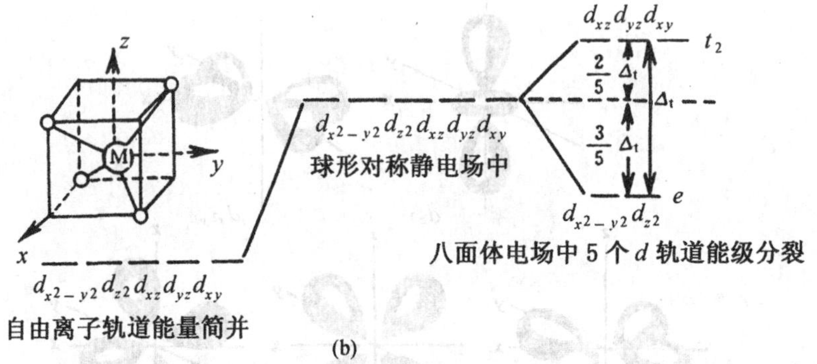

(b)

图 9-3　八面体场中(a)及四面体场中(b)5 个 d 轨道能级分裂情况

素，比第一过渡元素大 40%～50%，第三过渡元素比第二过渡元素大 20%～25%。至于同种中心离子，分裂能与配体所形成的配位场的强弱有关。根据光谱实验数据，人们总结了一个光谱化学序列来表示配体形成的配位场强弱的顺序。由弱至强的顺序大致为：

$$I^- < B_r^- < :SCN^- < Cl^- < F^- < OH^- < C_2O_4^{2-} < H_2O < :NCS^- < NH_3 < en < NO_2^- < CN^- < CO$$

这个顺序称为光谱化学序列。分裂能大的配体，如 CO、CN^-、NO_2^- 等，称为强场配位体；分裂能小的配体，如 I^-、Br^-、:SCN^-、Cl^-、F^- 等称为弱场配位体。对于不同的中心离子顺序虽略有不同，但大体来说，卤素负离子作为配位原子是弱场配体，而以 O、S 和 N 作为配位原子的配体是中等强度配体，以碳作为配位原子的 CN^- 和 CO 等配体是强场配体。

4. 配合物的颜色

晶体场理论的另一个成功之处是能圆满地解释配合物的光谱特性与颜色。过渡金属配合物大多数是有颜色的，因为在配体场的影响下，中心离子的 d 轨道发生分裂，而 d 电子没有填满。当配离子吸收部分光能后，就会发生从低能量的 d 轨道向高能量的 d 轨道的电子跃迁，这种跃迁称为 d-d 跃迁。分裂能 Δ 越大，电子跃迁能就越大，所吸收的可见光波长就越短。人们所观察到的配合物的颜色为其吸收光颜色的补色。这种 d-d 跃迁的能量一般在 1.99×10^{-19}～5.96×10^{-19}J（波长为 10000～30000cm^{-1}）范围，相当于可见光的波长范围。例如，由光谱实验测得钛的水合配离子$[Ti(H_2O)_6]^{3+}$ 的分裂能 Δ 为 20400cm^{-1}，如图

9-4 所示。这相当于吸收波长约为 490nm 的蓝绿光，而使透过溶液呈紫红色，即所观察到的配离子颜色为紫红色（蓝绿色的补色），见图 9-5。

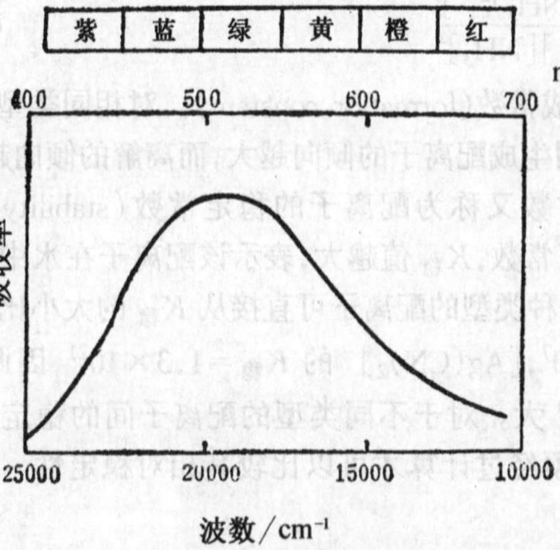

图 9-4 $[Ti(H_2O)_6]^{3+}$ 的吸收光谱

图 9-5 互补色的对角线关系

总之，晶体场理论在说明配合物的磁性和光谱性质等方面优于价键理论。但这一理论过分强调配合物分子的中心离子和配体间的静电作用，而没有考虑中心离子与配体之间还有一定程度的共价结合，因此仍存在一些缺陷。例如，它不能解释光谱化学序列中配体强弱的顺序，也不能说明为什么中性的 CO 配体的配体场分裂能 Δ 特别大等。因此，在晶体场理论的基础上，又进一步考虑中心离子与配体之间的共价键部分，吸取了分子轨道理论的观点，从而形成了配位场理论。对于该理论，这里不作介绍。

第四节　配位平衡

一、配离子的离解平衡及其平衡常数

1. 配离子的离解平衡

如前所述，在硫酸铜溶液中，加入过量的氨水，生成了配离子$[Cu(NH_3)_4]^{2+}$。如果在此铜氨配离子溶液中加入 NaOH 溶液，并没有 $Cu(OH)_2$ 沉淀生成，说明 Cu^{2+} 离子浓度很小，以致$[Cu^{2+}]\cdot[OH^-]^2<K_{spCu(OH)_2}$，因此没有 $Cu(OH)_2$ 沉淀出现。但如果在此铜氨配离子溶液中加入少量的 Na_2S 溶液，则有黑色 CuS 沉淀生成。这说明溶液中仍存在少量的 Cu^{2+} 离子，因为 CuS 的 K_{sp}极小，以致$[Cu^{2+}]\cdot[S^{2-}]>K_{sp(CuS)}$，所以有 CuS 沉淀生成，说明配离子$[Cu(NH_3)_4]^{2+}$发生部分离解。也就是说，在铜氨配离子溶液中既有 Cu^{2+} 离子与 NH_3 的配合反应，也有$[Cu(NH_3)_4]^{2+}$配离子的离解反应，当两者的速度相等时，体系达到平衡状态。即存在着如下平衡：

$$Cu^{2+}+4NH_3 \underset{\text{离解}}{\overset{\text{配合}}{\rightleftharpoons}} [Cu(NH_3)_4]^{2+}$$

这种平衡称为配位平衡，或配合平衡。

2. 配离子的稳定常数

根据化学平衡移动原理，上述配位平衡的平衡常数可表示为：

$$K=\frac{[Cu(NH_3)_4^{2+}]}{[Cu^{2+}][NH_3]^4} \tag{9-1}$$

这个平衡常数叫做配离子$[Cu(NH_3)_4]^{2+}$的生成常数(formation constant)。对相同类型的配离子(即配体数目相同)来说，该常数越大，说明生成配离子的倾向越大，而离解的倾向越小，即配离子在溶液中越稳定。所以这个平衡常数又称为配离子的稳定常数(stability constant)，用符号$K_{稳}$表示。$K_{稳}$是配离子的特征常数，$K_{稳}$值越大，表示该配离子在水中越稳定；$K_{稳}$值越小，说明它的稳定性越小。对于同种类型的配离子可直接从$K_{稳}$的大小比较其相对稳定性，如$[Ag(NH_3)_2]^+$的$K_{稳}=1.1\times10^7$，$[Ag(CN)_2]^-$的$K_{稳}=1.3\times10^{21}$，因此，配离子$[Ag(CN)_2]^-$的稳定性要比$[Ag(NH_3)_2]^+$大。对于不同类型的配离子间的稳定性比较，不能直接由其$K_{稳}$的大小进行比较，而必须经过计算才可以比较其相对稳定性。一些常见配离子的稳定常数见表 9-6。

表 9-6　一些常见配离子的稳定常数 $K_{稳}$(298K)

配离子	$K_{稳}$	配离子	$K_{稳}$	配离子	$K_{稳}$
$[Ag(CN)_2]^-$	1.3×10^{21}	$[Co(NH_3)_6]^{3+}$	2.0×10^{35}	$[Hg(CN)_4]^{2-}$	2.5×10^{41}
$[Ag(NH_3)_2]^+$	1.1×10^7	$[Co(NCS)_4]^{2-}$	1.0×10^3	$[HgI_4]^{2-}$	6.8×10^{29}
$[Ag(SCN)_2]^-$	3.7×10^7	$[Cu(CN)_2]^-$	1.0×10^{24}	$[Hg(NH_3)_4]^{2+}$	1.9×10^{19}
$[Ag(S_2O_3)_2]^{3-}$	2.9×10^{13}	$[Cu(CN)_4]^{3-}$	2.0×10^{30}	$[Ni(CN)_4]^{2-}$	2.0×10^{31}
$[Al(C_2O_4)_3]^{3-}$	2.0×10^{16}	$[Cu(NH_3)_2]^+$	7.2×10^{10}	$[Ni(NH_3)_6]^{2+}$	9.1×10^7
$[AlF_6]^{3-}$	6.9×10^{19}	$[Cu(NH_3)_4]^{2+}$	2.1×10^{13}	$[Pb(CH_3COO)_4]^{2-}$	3.0×10^8
$[Cd(CN)_4]^2$	6.0×10^{18}	$[Fe(CN)_6]^{4-}$	1.0×10^{35}	$[Pb(CN)_4]^{2-}$	1.0×10^{11}
$[CdCl_4]^{2-}$	6.3×10^2	$[Fe(CN)_6]^{3-}$	1.0×10^{42}	$[Zn(CN)_4]^{2-}$	5.0×10^{14}
$[Cd(NH_3)_4]^{2+}$	1.3×10^7	$[Fe(C_2O_4)_3]^{3-}$	2.0×10^{20}	$[Zn(C_2O_4)_2]^{2-}$	4.0×10^7
$[Cd(SCN)_4]^{2-}$	4.0×10^3	$[Fe(NCS)_2]^+$	2.3×10^3	$[Zn(OH)_4]^{2-}$	4.6×10^{17}
$[Co(NH_3)_6]^{2+}$	1.3×10^5	$[HgCl_4]^{2-}$	1.2×10^{15}	$[Zn(NH_3)_4]^{2+}$	2.9×10^9

摘自“Lange's Handbook of Chemistry”,13ed.,1985(5),71～79。

3. 配离子的不稳定常数

配离子在溶液中的不稳定性，也可用配离子的不稳定常数(unstability)(即离解常数)来表示，符号为$K_{不稳}$。如：

$$[Cu(NH_3)_4]^{2+}\underset{配合}{\overset{离解}{\rightleftharpoons}}Cu^{2+}+4NH_3$$

$$K_{不稳}=\frac{[Cu^{2+}][NH_3]^4}{[Cu(NH_3)_4^{2+}]} \tag{9-2}$$

对于同类型(即配体数目相同)的配离子来说，该常数越大，表示配离子在溶液中离解的倾向越大，即越不稳定；$K_{不稳}$越小，配离子离解的倾向越小，即越稳定。

显然，对于同一配离子，相同温度时，$K_{稳}$与$K_{不稳}$互为倒数关系：

$$K_{稳}=\frac{1}{K_{不稳}} \tag{9-3}$$

$K_{稳}$和$K_{不稳}$在应用上十分重要，但在使用时一定要分清是哪种常数，切不可混淆，否则会引起计算结果的错误。

4. 逐级稳定常数和逐级不稳定常数

必须指出，配离子在溶液中的生成或离解，都是分步进行的。因此，溶液中存在着一系列配合或离解平衡，对应于每一步配合或离解平衡有一个平衡常数，这些平衡常数称为逐级稳定常数或逐级不稳定常数。

例如，在配离子$[Cu(NH_3)_4]^{2+}$的形成过程中，配体可与中心离子依次结合，每结合一个配体，即有一个平衡关系存在：

$$Cu^{2+}+NH_3 \rightleftharpoons [Cu(NH_3)]^{2+} \qquad K_{稳1}=\frac{[Cu(NH_3)^{2+}]}{[Cu^{2+}][NH_3]}=2.0\times10^4$$

$$[Cu(NH_3)]^{2+}+NH_3 \rightleftharpoons [Cu(NH_3)_2]^{2+} \qquad K_{稳2}=\frac{[Cu(NH_3)_2^{2+}]}{[Cu(NH_3)^{2+}][NH_3]}=4.7\times10^3$$

$$[Cu(NH_3)_2]^{2+}+NH_3 \rightleftharpoons [Cu(NH_3)_3]^{2+} \qquad K_{稳3}=\frac{[Cu(NH_3)_3^{2+}]}{[Cu(NH_3)_2^{2+}][NH_3]}=1.1\times10^3$$

$$[Cu(NH_3)_3]^{2+}+NH_3 \rightleftharpoons [Cu(NH_3)_4]^{2+} \qquad K_{稳4}=\frac{[Cu(NH_3)_4^{2+}]}{[Cu(NH_3)_3^{2+}][NH_3]}=2.0\times10^2$$

上述各个$K_{稳}$即为配离子$[Cu(NH_3)_4]^{2+}$的逐级生成常数或逐级稳定常数。若将各步逐级稳定常数相乘，即为配离子$[Cu(NH_3)_4]^{2+}$的总的生成常数，即总的稳定常数，习惯上称为稳定常数。

$$K_{稳}=\frac{[Cu(NH_3)_4^{2+}]}{[Cu^{2+}][NH_3]^4}=K_{稳1}\times K_{稳2}\times K_{稳3}\times K_{稳4}$$

同样，配离子$[Cu(NH_3)_4]^{2+}$在水溶液中存在着下列各级离解平衡及平衡常数：

$$[Cu(NH_3)_4]^{2+} \rightleftharpoons [Cu(NH_3)_3]^{2+}+NH_3$$

$$K_{不稳1}=\frac{[Cu(NH_3)_3^{2+}][NH_3]}{[Cu(NH_3)_4^{2+}]}=\frac{1}{K_{稳4}}=5.0\times10^{-3}$$

$$[Cu(NH_3)_3]^{2+} \rightleftharpoons [Cu(NH_3)_2]^{2+}+NH_3$$

$$K_{不稳2}=\frac{[Cu(NH_3)_2^{2+}][NH_3]}{[Cu(NH_3)_4^{2+}]}=\frac{1}{K_{稳3}}=9.1\times10^{-4}$$

$$[Cu(NH_3)_2]^{2+} \rightleftharpoons [Cu(NH_3)]^{2+}+NH_3$$

$$K_{不稳3}=\frac{[Cu(NH_3)^{2+}][NH_3]}{[Cu(NH_3)_2^{2+}]}=\frac{1}{K_{稳2}}=2.1\times10^{-4}$$

$$[Cu(NH_3)]^{2+} \rightleftharpoons Cu^{2+}+NH_3$$

$$K_{不稳4}=\frac{[Cu^{2+}][NH_3]}{[Cu(NH_3)^{2+}]}=\frac{1}{K_{稳1}}=5.0\times10^{-5}$$

上述各个 $K_{不稳}$ 称为配离子 $[Cu(NH_3)_4]^{2+}$ 的逐级离解常数,也称逐级不稳定常数。若将逐级离解常数相乘,即为配离子 $[Cu(NH_3)_4]^{2+}$ 的总的不稳定常数,即:

$$K_{不稳}=\frac{[Cu^{2+}][NH_3]^4}{[Cu(NH_3)_4^{2+}]}=K_{不稳1}\times K_{不稳2}\times K_{不稳3}\times K_{不稳4}$$

表 9-7 列出几种常见金属氨配离子的逐级稳定常数。

表 9-7　几种常见金属氨配离子的逐级稳定常数

配离子	K_1	K_2	K_3	K_4	K_5	K_6
$[Ag(NH_3)_2]^+$	2.2×10^3	5.1×10^3				
$[Zn(NH_3)_4]^{2+}$	2.3×10^2	2.8×10^2	3.2×10^2	1.4×10^2		
$[Cu(NH_3)_4]^{2+}$	2.0×10^4	4.7×10^3	1.1×10^3	2.0×10^2		
$[Ni(NH_3)]^{2+}$	6.3×10^2	1.7×10^2	5.4×10^1	1.5×10^1	5.6	1.1

由表 9-7 数据可知,配离子的逐级稳定常数一般来说相差不大,总的趋势是 $K_1>K_2>K_3>K_4>\cdots$,因此在计算离子浓度时必须考虑各级配离子的存在。但在实际工作中,一般总是加入过量的配位剂,这时金属离子绝大部分处在最高配位数的状态,故其它较低级配离子可忽略不计。如果只要求简单金属离子的浓度,则只需按总的稳定常数 $K_{稳}$(或用 $K_{不稳}$)来计算,这样就可以使计算简单化。

【例 9-1】 计算在含有 $1mol\cdot L^{-1}NH_3$ 的 $0.10mol\cdot L^{-1}[Cu(NH_3)_4]^{2+}$ 溶液中的 Cu^{2+} 离子浓度。

解　设 $[Cu^{2+}]=x(mol\cdot L^{-1})$

$$[Cu(NH_3)_4]^{2+}\rightleftharpoons Cu^{2+}+4NH_3$$

开始　　0.1　　　　1.0

平衡　　$0.1-x$　　x　　$1.0+x$

≈0.1　　　　≈1.0

$$K_{不稳}=\frac{1}{K_{稳}}=\frac{[Cu^{2+}][NH_3]^4}{[Cu(NH_3)_4^{2+}]}=\frac{x\cdot(1.0+x)^4}{0.1}=4.8\times10^{-14}$$

所以　　$x=[Cu^{2+}]=4.8\times10^{-15}(mol\cdot L^{-1})$

二、配离子稳定常数的应用

利用配合物的稳定常数,可以判断配位反应进行的方向,计算中心离子和配体的浓度,也可以判断沉淀的生成与溶解,以及计算金属与其配离子电对的电极电位等。

1. 判断配合反应进行的方向

例如配合反应:

$$[Ag(NH_3)_2]^++2CN^-\rightleftharpoons[Ag(CN)_2]^-+2NH_3$$

这个反应向哪一方向进行呢?可以根据配离子 $[Ag(NH_3)_2]^+$ 和 $[Ag(CN)_2]^-$ 的稳定常数来求出上述反应的平衡常数,从而加以判断。

上述反应的平衡常数为：

$$K=\frac{[Ag(CN)_2^-][NH_3]^2}{[Ag(NH_3)_2^+][CN^-]^2}$$

将上式分子和分母同时乘上$[Ag^+]$，得：

$$K=\frac{[Ag(CN)_2^-][Ag^+][NH_3]^2}{[Ag^+][CN^-]^2[Ag(NH_3)_2^+]}=\frac{K_{稳[Ag(CN)_2]^-}}{K_{稳[Ag(NH_3)_2]^+}}$$

已知 $K_{稳[Ag(CN)_2]^-}=1.3\times10^{21}$，　$K_{稳[Ag(NH_3)_2]^+}=1.1\times10^{7}$，代入上式得：

$$K=\frac{1.3\times10^{21}}{1.1\times10^{7}}=1.18\times10^{14}$$

由计算结果可知，K 值很大，说明配合反应向着生成$[Ag(CN)_2]^-$的方向进行。即当向配离子$[Ag(NH_3)_2]^+$溶液中加入足量的 CN^- 时，配离子$[Ag(NH_3)_2]^+$可以转化成$[Ag(CN)_2]^-$配离子，而且可以转化得比较完全。

因此，由一种配合物可以转化成为另一种配合物，如同沉淀转化一样。对于同类型的配离子，由 $K_{稳}$ 值较小的配离子可以转化为 $K_{稳}$ 值较大的配离子，而且两个 $K_{稳}$ 值相差越大，则转化越完全。

【例 9-2】 向含有$[Ag(NH_3)_2]^+$的溶液中分别加入 KCN 和 $Na_2S_2O_3$，此时发生下列反应：

$$[Ag(NH_3)_2]^+ + 2CN^- \rightleftharpoons [Ag(CN)_2]^- + 2NH_3 \quad (1)$$

$$[Ag(NH_3)_2]^+ + 2S_2O_3^{2-} \rightleftharpoons [Ag(S_2O_3)_2]^{3-} + 2NH_3 \quad (2)$$

问在相同条件下，哪一个反应进行得更完全？

解 (1)式的平衡常数可表示为：

$$K_1=\frac{[Ag(CN)_2^-][NH_3]^2}{[Ag(NH_3)_2^+][CN^-]^2}=\frac{[Ag(CN)_2^-][NH_3]^2[Ag^+]}{[Ag(NH_3)_2^+][CN^-]^2[Ag^+]}$$

$$=\frac{K_{稳[Ag(CN)_2]^-}}{K_{稳[Ag(NH_3)_2]^+}}=\frac{1.3\times10^{21}}{1.1\times10^{7}}=1.18\times10^{14}$$

(2)式的平衡常数可表示为：

$$K_2=\frac{[Ag(S_2O_3)_2^{3-}][NH_3]^2}{[Ag(NH_3)_2^+][S_2O_3^{2-}]^2}=\frac{[Ag(S_2O_3)_2^{3-}][NH_3]^2[Ag^+]}{[Ag^+][S_2O_3^{2-}]^2[Ag(NH_3)_2^+]}$$

$$=\frac{K_{稳[Ag(S_2O_3)_2]^{3-}}}{K_{稳[Ag(NH_3)_2]^+}}=\frac{2.9\times10^{13}}{1.1\times10^{7}}=2.64\times10^{6}$$

由计算可知，反应式(1)的平衡常数 K_1 比反应式(2)的平衡常数值 K_2 要大得多，说明反应(1)比反应(2)进行得更完全。

2. 计算配合物溶液中有关离子的浓度

[例 9-3] 计算 $0.1mol\cdot L^{-1}[Cu(NH_3)_4]SO_4$ 溶液中 Cu^{2+}、$[Cu(NH_3)_4]^{2+}$、NH_3 和 SO_4^{2-} 离子的浓度。

解 由于$[Cu(NH_3)_4]^{2+}$与 SO_4^{2-} 是通过离子键结合的，在溶液中能完全电离，所以：

$$[SO_4^{2-}]=[Cu(NH_3)_4^{2+}]=0.1mol\cdot L^{-1}$$

设溶液中$[Cu^{2+}]=x(mol\cdot L^{-1})$。由于配离子$[Cu(NH_3)_4]^{2+}$存在如下离解平衡：

$$[Cu(NH_3)_4]^{2+} \rightleftharpoons Cu^{2+} + 4NH_3$$

平衡时　　　　$0.1-x$　　　x　　$4x$

$$K_{不稳} = \frac{1}{K_{稳}} = \frac{[Cu^{2+}][NH_3]^4}{[Cu(NH_3)_4^{2+}]} = \frac{x\cdot(4x)^4}{0.1-x}$$

已知　　$K_{稳} = 2.1\times10^{13}$

所以　　$K_{不稳} = \frac{1}{K_{稳}} = \frac{1}{2.1\times10^{13}} = 4.7619\times10^{-14}$

$$0.1-x \approx 0.1$$

$$K_{不稳} = \frac{x\cdot(4x)^4}{0.1-x} \approx \frac{x\cdot(4x)^4}{0.1} = 4.7619\times10^{-14}$$

解得：　　$x = 4.51\times10^{-4}(mol\cdot L^{-1})$

所以　$[Cu^{2+}] = x = 4.51\times10^{-4} mol\cdot L^{-1}$，　$[NH_3] = 4x = 1.804\times10^{-3} mol\cdot L^{-1}$

$$[Cu(NH_3)_4]^{2+} = 0.1 - x = 0.1 - 4.51\times10^{-4} \approx 0.1(mol\cdot L^{-1})$$

【例 9-4】 计算 $0.1mol\cdot L^{-1}[Ag(NH_3)_2]^+$ 溶液中 Ag^+ 离子和 NH_3 的浓度(已知 $K_{稳} = 1.1\times10^7$)。

解　设 $[Ag^+] = x(mol\cdot L^{-1})$

$$Ag^+ + 2NH_3 \rightleftharpoons [Ag(NH_3)_2]^+$$

平衡时浓度　　x　　$2x$　　$0.1-x$

$$K_{稳} = \frac{[Ag(NH_3)_2^+]}{[Ag^+][NH_3]^2} = \frac{0.1-x}{x\cdot(2x)^2} = 1.1\times10^7$$

因为 $K_{稳}$ 较大，所以 $0.1-x\approx0.1$，则有：

$$\frac{0.1}{x\cdot(2x)^2} = 1.1\times10^7$$

得：　$x = [Ag^+] = 1.315\times10^{-3} mol\cdot L^{-1}$，　$[NH_3] = 2x = 2.63\times10^{-3} mol\cdot L^{-1}$

【例 9-5】 若上例中游离 $[NH_3] = 0.1mol\cdot L^{-1}$，求上述溶液中的游离 Ag^+ 离子的浓度。

解　设平衡时 $[Ag^+] = x(mol\cdot L^{-1})$

$$Ag^+ + 2NH_3 \rightleftharpoons [Ag(NH_3)_2]^+$$

平衡时　　x　　$0.1+2x$　　$0.1-x$

因为 $K_{稳}$ 较大，所以 $0.1+2x\approx0.1$，$0.1-x\approx0.1$，则

$$K_{稳} = \frac{[Ag(NH_3)_2^+]}{[Ag^+][NH_3]^2} = \frac{0.1-x}{x(0.1+2x)^2} = \frac{0.1}{x(0.1)^2} = 1.1\times10^7$$

所以　　$x = 9.09\times10^{-7} mol\cdot L^{-1}$

3. 配离子与沉淀之间的转化

一些难溶盐往往因形成配合物而溶解。利用稳定常数可以计算难溶盐配合时的溶解程度以及全部转化为配离子时所需要的配位剂的用量。配离子与沉淀之间的转化的计算反映了配合平衡与沉淀平衡的关系。

【例 9-6】 在室温下，如果 1.0L 氨水中溶解 0.01mol AgCl，计算所需氨水的最低浓度是多少？(已知 $K_{sp(AgCl)} = 1.6\times10^{-10}$，$K_{稳[Ag(NH_3)_2]^+} = 1.1\times10^7$)

解　要计算所需氨的最低浓度，即 NH_3 的起始浓度，此浓度应是配合物中已配合的氨

浓度与氨的平衡浓度之和。现先求氨的平衡浓度。

$AgCl(s)$溶于氨水发生如下反应：

$$AgCl(s)+2NH_3 \rightleftharpoons [Ag(NH_3)_2]^+ + Cl^-$$

其平衡常数：

$$K=\frac{[Ag(NH_3)_2^+][Cl^-]}{[NH_3]^2}=\frac{[Ag(NH_3)_2^+][Cl^-][Ag^+]}{[NH_3]^2[Ag^+]}$$
$$=K_{稳[Ag(NH_3)_2]^+}\cdot K_{sp(AgCl)}$$

由于配离子$[Ag(NH_3)_2]^+$是由$AgCl(s)$溶解而生成的，若溶解的$AgCl(s)$生成的Ag^+离子全部转化成为$[Ag(NH_3)_2]^+$离子，则溶液中$[Ag(NH_3)_2]^+$和Cl^-离子的浓度都为$0.01mol\cdot L^{-1}$（严格地说，由于配离子$[Ag(NH_3)_2]^+$发生离解，故其浓度应小于0.01（$mol\cdot L^{-1}$），因此，由上式可得平衡时NH_3的浓度为：

$$[NH_3]=\sqrt{\frac{[Ag(NH_3)_2^+]\cdot[Cl^-]}{K_{稳[Ag(NH_3)]^+}\cdot K_{sp(AgCl)}}}=\sqrt{\frac{0.01\times 0.01}{1.1\times 10^7\times 1.6\times 10^{-10}}}$$
$$=0.2384(mol\cdot L^{-1})$$

$$[NH_3]_{起始}=[NH_3]_{平衡}+[NH_3]_{配合}$$

$[NH_3]_{配合}$即为反应中消耗的NH_3浓度：

$$[NH_3]_{配合}=2\times 0.01=0.02(mol\cdot L^{-1})$$

所以$[NH_3]_{起始}=0.2384+0.02=0.2584(mol\cdot L^{-1})$

即氨水的最低浓度是$0.2584mol\cdot L^{-1}$。

【例 9-7】 向含有$0.2mol\cdot L^{-1}$游离NH_3和$0.02mol\cdot L^{-1}NH_4Cl$的混合溶液中，加入等体积的$0.3mol\cdot L^{-1}[Cu(NH_3)_4]^{2+}$溶液，问溶液中是否有$Cu(OH)_2$沉淀生成？（已知$K_{spCu(OH)_2}=5.6\times 10^{-20}$，$K_{NH_3}=1.8\times 10^{-5}$，$K_{稳[Cu(NH_3)_4]^{2+}}=2.1\times 10^{13}$）

解 等体积混合后的浓度分别为：

$$[NH_3]=\frac{0.2}{2}=0.1(mol\cdot L^{-1}),\quad [NH_4Cl]=\frac{0.02}{2}=0.01(mol\cdot L^{-1})$$

$$[Cu(NH_3)_4^{2+}]=\frac{0.3}{2}=0.15(mol\cdot L^{-1})$$

（1）溶液中Cu^{2+}离子由$[Cu(NH_3)_4]^{2+}$离解而得，设$[Cu^{2+}]=x(mol\cdot L^{-1})$

$$[Cu(NH_3)_4]^{2+} \rightleftharpoons Cu^{2+}+4NH_3$$

平衡时浓度($mol\cdot L^{-1}$)　$0.15-x$　　x　　$0.1+4x$

$$K_{不稳}=\frac{1}{K_{稳}}=\frac{[Cu^{2+}][NH_3]^4}{[Cu(NH_3)_4^{2+}]}=\frac{x(0.1+4x)^4}{0.15-x}=\frac{1}{2.1\times 10^{13}}$$

因为$K_{不稳}$很小，所以$0.15-x\approx 0.15$，$0.1+4x\approx 0.1$，代入得：

$$\frac{x\cdot 0.1^4}{0.15}=\frac{1}{2.1\times 10^{13}}$$

所以　$x=[Cu^{2+}]=9.048\times 10^{-11}(mol\cdot L^{-1})$

（2）溶液中$[OH^-]$由NH_3和NH_4Cl组成的缓冲溶液所决定。

$$[OH^-]=K_{NH_3}\cdot\frac{[NH_3]}{[NH_4Cl]}=1.8\times 10^{-5}\times\frac{0.1}{0.01}=1.8\times 10^{-4}(mol\cdot L^{-1})$$

(3) $Q = [Cu^{2+}][OH^-]^2 = 9.048 \times 10^{-11} \times (1.8 \times 10^{-4})^2$

$= 2.932 \times 10^{-18} > K_{spCu(OH)_2}$

根据溶度积规则可知,由于 $Q > K_{sp}$,所以有 $Cu(OH)_2$ 沉淀生成。

4. 计算金属与其配离子电对的电极电势

不同氧化态之间的电极电势会随配合物的形成而发生改变,从而其对应物质的氧化还原性能也会发生变化。在大多数情况下,形成配合物可使低氧化态更易变为高氧化态,或者高氧化态不易被还原。

【例 9-8】 已知 $\varphi^{\ominus}_{Cu^{2+}/Cu} = 0.34V$,$K_{稳[Cu(NH_3)_4]^{2+}} = 2.1 \times 10^{13}$,试计算 $[Cu(NH_3)_4]^{2+} + 2e \rightleftharpoons Cu + 4NH_3$ 电对 $[Cu(NH_3)_4]^{2+}/Cu$ 的标准电极电势。

解 有关电极反应为:

$$Cu^{2+} + 2e \rightleftharpoons Cu$$

$$[Cu(NH_3)_4]^{2+} + 2e \rightleftharpoons Cu + 4NH_3$$

根据标准电极电势 $\varphi^{\ominus}$ 的定义,电对 $[Cu(NH_3)_4]^{2+}/Cu$ 的标准电极电势 $\varphi^{\ominus}$,即是铜电极浸在 NH_3、$[Cu(NH_3)_4]^{2+}$ 离子浓度均为 $1.0mol \cdot L^{-1}$ 溶液中产生在电极与盐溶液之间的电势差。也可以看成是电极反应 $Cu^{2+} + 2e \rightleftharpoons Cu$ 在非标准状态时的电极电势 φ。

而电对 $[Cu(NH_3)_4]^{2+}/Cu$ 在标准状态时,溶液中 Cu^{2+} 离子浓度可由下式求出:

$$[Cu(NH_3)_4]^{2+} \rightleftharpoons Cu^{2+} + 4NH_3$$

$$K_{不稳} = \frac{[Cu^{2+}][NH_3]^4}{[Cu(NH_3)_4^{2+}]} = \frac{1}{K_{稳}}$$

标准状态时,配离子和配体的浓度均为 $1.0mol \cdot L^{-1}$,故

$$[Cu^{2+}] = \frac{1}{K_{稳}} = \frac{1}{2.1 \times 10^{13}}$$

将 $[Cu^{2+}]$ 代入能斯特方程式得:

$$\varphi^{\ominus}_{[Cu(NH_3)_4]^{2+}/Cu} = \varphi_{Cu^{2+}/Cu} = \varphi^{\ominus}_{Cu^{2+}/Cu} + \frac{0.0591}{n} \lg[Cu^{2+}]$$

$$= 0.34 + \frac{0.0591}{2} \lg \frac{1}{2.1 \times 10^{13}} = 0.34 - 0.3937$$

$$= -0.0537(V)$$

由此可见,金属离子形成配离子后,其标准电极电势会降低,金属离子的氧化性减弱,而其还原态(即金属)的还原性则增强。也就是说,配合物的形成对金属离子(氧化态)起了稳定作用。工业上电镀就是根据此原理,不用简单盐溶液而添加配合剂作为电镀液,可使金属离子较为稳定而放电缓慢,这样可获得均匀致密、光滑的电镀层。

第五节 配合物的某些应用

由于配位化合物在自然界普遍存在,形式多样,种类繁多,性质独特,它已渗透到自然科学的各个领域。随着科学技术的发展,它在科学研究和生产实践中起着越来越重要的作用。无机化学、有机化学、分析化学、医药、生物、环保、印染、冶金等方面都与配合物有密切的关系。在此仅就以下几个方面作简要介绍。

一、在分析化学中的作用

1. 排除干扰离子

配合物的形成在分析化学中有着非常重要的作用。在分析化学中，为了迅速而准确地检出和测定试样中的元素组成，常常需要一些特殊的配合剂或螯合剂。利用它们和一些金属离子形成具有一定特性的配合物。如在含有多种金属离子的溶液中，要检出或测定某种离子，其它金属离子往往会与待测离子一样发生同类反应而产生干扰，影响测定。在这种情况下，可以利用配合物的性质，加入掩蔽剂，使干扰离子形成稳定的配合物而消除干扰。例如，Fe^{3+}离子与Co^{2+}离子都能与KSCN反应生成配合物：

$$Fe^{3+} + 6SCN^- = [Fe(SCN)_6]^{3-} \quad \text{(血红色)}$$

$$Co^{2+} + 4SCN^- = [Co(SCN)_4]^{2-} \quad \text{(天蓝色)}$$

前者为血红色溶液，后者为天蓝色溶液，但在同一溶液中，血红色有碍于天蓝色的观察。因此，若要测定Co^{2+}离子，可在上述溶液中加入NaF(或NH_4F)，则Fe^{3+}可以形成无色的$[FeF_6]^{3-}$配合物，从而消除Fe^{3+}的干扰。加入的NaF(或NH_4F)称为掩蔽剂。

$$Fe^{3+} + 6F^- = [FeF_6]^{3-}$$

2. 沉淀剂

沉淀法是分析化学中常用的分析方法，有些螯合剂能与金属离子形成溶解度极小的螯合物沉淀。由于螯合剂具有较大的分子量和固定的组成，所以，少量离子便可以产生大量的沉淀，可以大大提高沉淀分析的准确度。如8-羟基喹啉与Cu^{2+}反应产生稳定的沉淀：

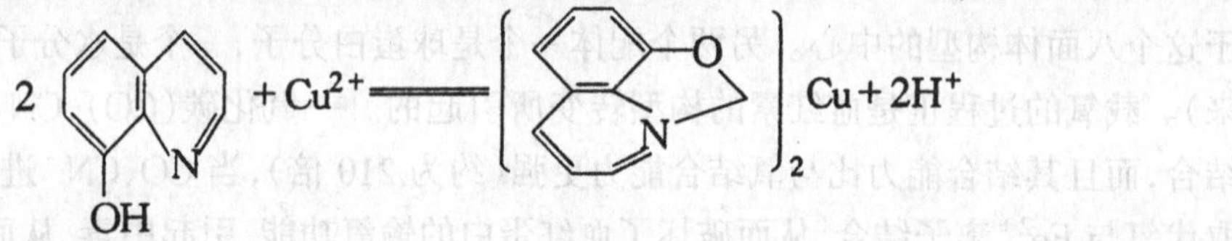

二、在工业中的应用

1. 在湿法冶金中的应用

配合物在湿法冶金中起到重要的应用，其中典型的实例是稀贵金属的提取。在金的提取中，利用配位剂NaCN与矿石中的金形成配合物：

$$4Au + 8CN^- + 2H_2O + O_2 = 4[Au(CN)_2]^- + 4OH^-$$

金与CN^-离子形成配合物而进入溶液中，然后将含有$[Au(CN)_2]^-$配离子的溶液用金属锌还原，即可得到单质金：

$$2[Au(CN)_2]^- + Zn = 2Au + [Zn(CN)_4]^{2-}$$

又如，在电解铜的阳极泥中含有Au、Pt等贵金属，可利用王水使其生成配合物而溶解：

$$Au + 4HCl + HNO_3 = HAuCl_4 + NO + 2H_2O$$

$$Pt + 6HCl + 4HNO_3 = H_2PtCl_6 + 4NO_2 + 4H_2O$$

从而可从阳极泥中回收金和铂等贵金属。

2. 在电镀中的应用

在电镀工艺中，配位化合物也起着重要的作用。应用普通的盐溶液作电镀液时，由于电镀液中金属离子浓度较大,使镀层粗糙,厚薄不均,与镀件附着力差。要得到良好的镀层,要求电镀溶液中只含有少量的金属离子,且能源源不断地供应出金属离子,配合物溶液正好具有这一性质。如镀铜时不采用 $CuSO_4$ 作电镀液,而用焦磷酸钾($K_4P_2O_7$)作为配合剂,使 Cu^{2+} 离子与 $K_4P_2O_7$ 形成配离子 $[Cu(P_2O_7)_2]^{6-}$ 作为电镀液,就可以得到光滑、均匀、附着力好的镀层。因为配离子 $[Cu(P_2O_7)_2]^{6-}$ 在溶液中存在着下列平衡:

$$[Cu(P_2O_7)_2]^{6-} \rightleftharpoons Cu^{2+} + 2P_2O_7^{4-}$$

三、在生物与医学方面的应用

配位化合物在生物化学中有着广泛的应用。生物机体内的许多元素以配合物的形式存在,特别是各种酶,几乎都是金属元素的复杂配合物。例如,植物中起光合作用的叶绿素是镁的配合物,在动物血液中起输送氧气作用的血红素是铁的配合物等。正是这些配合物的存在,在生物体内起着极其重要的生物化学反应和生命过程。

1. 与呼吸作用有关的血红蛋白

人体内的血液包括红细胞、白细胞和血小板,其中担负着输送氧气的是红细胞。而红细胞的主要成分是血红蛋白,由无色的球蛋白和血红素组成,其活性中心是血红素。血红素分子是亚铁(Fe^{2+})离子的卟啉螯合物。血红素及构成它的母体大环骨架叶吩的结构如图 9-6 所示。当血红素不与氧结合(失去氧)时,血红素分子的中心离子 Fe^{2+} 处于高自旋态,Fe^{2+} 离子位于螯合物的中心位置,处于卟啉环平面上方与 4 个氮原子形成四方锥形的结构。当吸入氧时,Fe^{2+} 离子转变为低自旋态,构型发生了变化,变为八面体结构,此时 Fe^{2+} 离子处于这个八面体构型的中心。另两个配体一个是球蛋白分子,一个是水分子(图中均未表示出来)。载氧的过程正是血红素的构型转变所引起的。一氧化碳(CO)、CN^- 也能与血红蛋白结合,而且其结合能力比与氧结合能力更强(约为 210 倍),当 CO、CN^- 进入人体时,它们会取代氧与 Fe^{2+} 离子结合,从而破坏了血红蛋白的输氧功能,引起中毒,从而使人体因得不到足够的氧气而死亡。

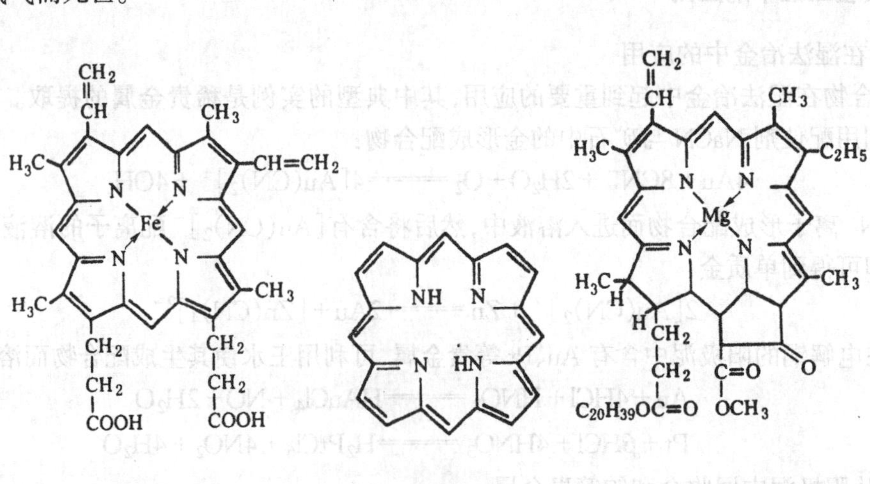

(a)血红素　　(b)叶吩环　　(c)叶绿素

图 9-6　血红素和叶绿素的结构

2. 起光合作用的叶绿素

在植物的光合作用中起着关键作用的叶绿素，它是金属镁离子的卟啉配合物，其结构见图 9-6。

叶绿素使绿色植物吸收太阳的能量，利用这些能量水分子裂解释放出 O_2 和 H_2，氢与植物从空气中吸收的二氧化碳结合而转化为葡萄糖，作为化学能储存起来。糖类是通过光的作用生成(合成)的，这种过程称为光合作用。光合作用的结果，太阳能转化为化学能。光合作用的机理极为复杂，目前还不十分清楚。

3. 医药方面的应用

配合物在医药方面的作用也日益显示其重要性。人体内若存在着某些金属如重金属 Pb、Hg、Cd 和放射性元素 U 等，就会影响人体的健康，这时可以选择合适的螯合剂(解毒剂)与它们进行配合而排出体外。如 EDTA 的钙配合物 $Na_2Ca(EDTA)$是排除人体内的铅和放射性元素的有效解毒剂。这是因为 EDTA 的钙配合物可以离解出 EDTA，而 EDTA 又可以与这些有毒金属离子配合形成更稳定的配合物，并随尿从人体内排出。再如，当前癌症已成为威胁人类生命健康的重大疾病，某些配合物可以用来治疗癌症。自从 20 世纪 70 年代开始报道铂的配合物特别是顺$[Pt(NH_3)_2Cl_2]$(简称顺铂)对肿瘤有明显的抑制作用后，配合物的抗癌功能的研究又得到了进一步的重视，人们又设计并合成了新的抗癌配合物，如：

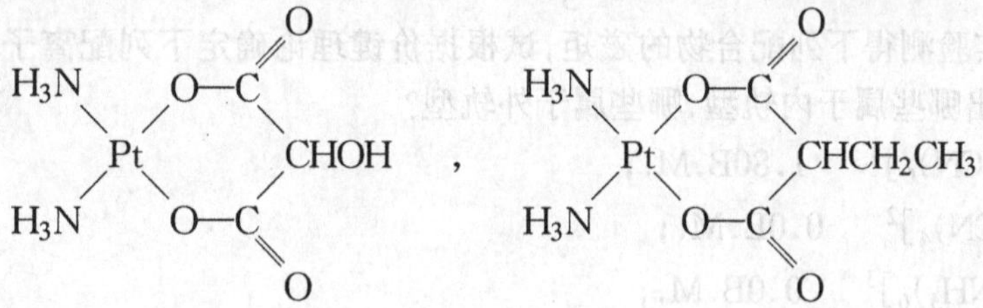

除此之外，还发现了其它元素如 Rb、Pd、Ti、Zr 等元素的配合物也可以用于治疗癌症。因此，可以预测，配合物的抗癌治癌作用将会越来越大。

习　题

1. 什么叫配合物？配合物与一般化合物有什么区别？简单的配合物与螯合物有什么不同？

2. 哪些元素的离子或原子容易形成配合物的中心体？哪些分子或离子可作为配合物的配位体？哪些元素常作为配位原子？形成配合物时必须满足什么条件？

3. 以下配合物中心离子的配位数都是 6，若假定它们的浓度都是 $0.001 mol \cdot L^{-1}$，试指出各溶液的导电能力大小的顺序，并把配离子写在方括号内。

(1)$Cr(NH_3)_4Cl_3$；(2)$Pt(NH_3)_6Cl_4$；(3)$Co(NH_3)_6Cl_3$；(4)K_2PtCl_6。

4. 写出下列各配合物的中心离子、配位体、中心离子氧化数、配离子电荷数及配合物的名称。

(1)$K_3[Fe(CN)_6]$；　　(2)$K_3[Cu(CN)_4]$；

(3)$[Cr(NH_3)_5Cl]SO_4$；　　(4)$Na_3[AlF_6]$；

(5)$Na[Pt(NH_3)Cl_5]$；　　(6)$K_2[Pt(NH_3)_2(OH)_2Cl_2]$；

(7) $[Cr(NH_3)_4Cl_2]Cl$；　　(8) $[Co(NO_2)_3(NH_3)_3]$；

(9) $[CoCl_2(NH_3)(H_2O)]Cl$；　　(10) $K_2[PtCl_6]$；

(11) $K_3[Fe(CO)(CN)_5]$；　　(12) $Fe(CO)_5$；

(13) $(NH_4)_2[FeCl_5(H_2O)]$；　　(14) $Ni(CO)_4$。

5. 写出下列各物质的化学式：

(1)二硫代硫酸合银(Ⅰ)酸钠；

(2)四硫氰二氨合铬(Ⅲ)酸钾；

(3)六氰合锰(Ⅳ)酸钾；

(4)四氯合亚铂酸铵；

(5)硫酸一氯一氨二乙二胺合铬(Ⅲ)；

(6)四水二氰合铁(Ⅲ)离子；

(7)二氯一草酸根一乙二胺合铁(Ⅲ)离子；

(8)四氨二草酸合镍(Ⅱ)离子。

6. 无水 $CrCl_3$ 可与 NH_3 形成两种配合物，其组成分别为 $CrCl_3\cdot 6NH_3$ 和 $CrCl_3\cdot 5NH_3$。在第一种配合物的水溶液中加入 $AgNO_3$ 溶液，可将氯全部沉淀下来；在第二种配合物的水溶液中加入 $AgNO_3$ 溶液时只能沉淀出 $\frac{2}{3}$ 的氯。试写出这两种配合物的化学式，并命名之。

7. 根据实验测得下列配合物的磁矩，试根据价键理论确定下列配离子的杂化类型、空间构型，并指出哪些属于内轨型，哪些属于外轨型？

(1) $[Mn(CN)_6]^{4-}$　1.80B.M.；

(2) $[Ni(CN)_4]^{2-}$　0.0B.M.；

(3) $[Co(NH_3)_6]^{3+}$　0.0B.M.；

(4) $[Co(NH_3)_6]^{2+}$　4.26B.M.；

(5) $[Fe(H_2O)_6]^{2+}$　5.30B.M.；

(6) $[Mn(CN)_6]^{3-}$　3.20B.M.；

8. 在 $[Ag(NH_3)_2]^+$ 配离子溶液中分别加入下列物质：

(1) $NH_3\cdot H_2O$；(2) HNO_3；(3) Na_2S。

试问：$[Ag(NH_3)_2]^+ \rightleftharpoons Ag^+ + 2NH_3$ 平衡有没有变化？若有，向哪一方向移动？

9. 判断下列配合反应进行的方向：

(1) $[Ag(CN)_2]^- + 2S_2O_3^{2-} \rightleftharpoons [Ag(S_2O_3)_2]^{3-} + 2CN^-$

(2) $[Ag(NH_3)_2]^+ + 2CN^- \rightleftharpoons [Ag(CN)_2]^- + 2NH_3$

(3) $[Cd(CN)_4]^{2-} + 4NH_3 \rightleftharpoons [Cd(NH_3)_4]^{2+} + 4CN^-$

(4) $[Zn(C_2O_4)_2]^{2-} + 4CN^- \rightleftharpoons [Zn(CN)_4]^{2-} + 2C_2O_4^{2-}$

(5) $[Zn(NH_3)_4]^{2+} + Cu^{2+} \rightleftharpoons [Cu(NH_3)_4]^{2+} + Zn^{2+}$

10. 在 50mL0.2mol·L^{-1} $AgNO_3$ 溶液中加入等体积的 1.0mol·L^{-1}氨水，试计算平衡时溶液中 Ag^+、$[Ag(NH_3)_2]^+$ 和 NH_3 的浓度。

11. 若某溶液中含 0.10mol·L^{-1} 游离 NH_3、0.10mol·L^{-1} NH_4Cl 和 0.10mol·L^{-1} $[Cu(NH_3)_4]^{2+}$ 配离子，试计算说明有无 $Cu(OH)_2$ 沉淀析出？

12. 在室温下,计算在 $0.1mol\cdot L^{-1}Na_2S_2O_3$ 溶液中 AgBr 的溶解度(设溶液中仅生成一种配合物 $[Ag(S_2O_3)_2]^{3-}$)。

13. 在 50mL $0.1mol\cdot L^{-1}AgNO_3$ 溶液中加入 30mL 密度为 $0.932g\cdot mL^{-1}$、NH_3 质量分数为 18.2% 的氨水后,再加水稀释到 100mL。

(1)计算溶液中 Ag^+、$[Ag(NH_3)_2]^+$ 和 NH_3 的浓度。

(2)若向此溶液中加入 0.075g 固体 KCl,问有没有 AgCl 沉淀析出?如要阻止 AgCl 沉淀析出,则原来 $AgNO_3$ 和氨的混合溶液中,氨的最低浓度应是多少?

14. 根据有关配合物的稳定常数和有关电对的标准电极电势 $\varphi^{\ominus}$ 值,计算下列半反应的标准电极电势 $\varphi^{\ominus}$ 值:

(1) $[Hg(CN)_4]^{2-} + 2e \rightleftharpoons Hg + 4CN^-$;

(2) $[Fe(CN)_6]^{3-} + e \rightleftharpoons [Fe(CN)_6]^{4-}$;

(3) $[Co(NH_3)_6]^{3+} + e \rightleftharpoons [Co(NH_3)_6]^{2+}$。

15. 一个铜电极浸在含有 $1.00mol\cdot L^{-1}NH_3\cdot H_2O$ 和 $1.00mol\cdot L^{-1}[Cu(NH_3)_4]^{2+}$ 溶液中,若用标准氢电极作正极,经实验测得它和铜电极之间的电势差为 0.030V,试计算 $[Cu(NH_3)_4]^{2+}$ 配离子的稳定常数。(已知 $\varphi^{\ominus}_{Cu^{2+}/Cu} = +0.34V$)

16. 根据电极电势的数据计算反应:

$$O_2 + 4[Co(NH_3)_6]^{2+} + 2H_2O \rightleftharpoons 4[Co(NH_3)_6]^{3+} + 4OH^-$$

的平衡常数。若将空气 $[p(O_2) = 20.3kPa]$ 通入到含有 $0.10mol\cdot L^{-1}[Co(NH_3)_6]^{3+}$、$0.10mol\cdot L^{-1}[Co(NH_3)_6]^{2+}$、$2.0mol\cdot L^{-1}NH_4^+$ 和 $2.0mol\cdot L^{-1}NH_3\cdot H_2O$ 的混合溶液中,上述反应能否自发进行?

第十章　环境化学基础

环境化学是环境科学的一个分支，就其基础来看，属于化学范畴。它使用化学的基本原理和技术来研究环境问题。环境化学内容复杂，学科的综合性、交叉性强。本章主要介绍环境化学的基本概念和一些典型的环境事例。

第一节　大气污染

人们把由于地心引力而随地球旋转的大气层叫做大气圈。受地球引力的影响，大气在地表处密度最大，随高度的增大，迅速变为稀薄。从地表到10～12km高度范围的对流层与人类的关系最密切。尤其近地面1～2km处，是大气污染物的主要活动区域。大气由多种气体组成，按成分可分为干洁大气、水气和气溶胶粒子。干洁大气主要由N_2、O_2、Ar3种气体组成，它们占总气体体积的99.96%。近海面干洁大气的组成见表10-1。

表10-1　近海面干洁大气的组成

组　成	体积分数/%	组　成	体积分数/%
氮(N_2)	78.09	氧化亚氮(N_2O)	0.25×10^{-4}
氧(O_2)	20.94	氢(H_2)	0.5×10^{-4}
氩(Ar)	0.93	甲烷(CH_4)	1.5×10^{-4}
二氧化碳(CO_2)	0.0318	二氧化氮(NO_2)	0.001×10^{-4}
氖(Ne)	18×10^{-4}	臭氧(O_3)	0.02×10^{-4}
氦(He)	5.2×10^{-4}	二氧化硫(SO_2)	0.0002×10^{-4}
氪(Kr)	1.0×10^{-4}	一氧化碳(CO)	0.1×10^{-4}
氙(Xe)	0.08×10^{-4}	氨(NH_3)	0.01×10^{-4}

一、大气污染概述

大气污染是指大气中污染物质的浓度超过了环境所能允许的极限，大气质量发生恶化，对人和物造成危害的现象。

引起大气污染的因素有自然因素和人为因素，自然因素包括火山爆发、森林火灾、岩石风化等。人为因素主要有工农业、交通运输、生活取暖等排放的废气。其中，世界各地的大气污染主要是人为因素造成的。人类社会的发展，大量消耗各类能源，其中化石燃料在燃烧过程中排出大量有害物质，严重影响大气环境的质量，尤其是在人口稠密的地区，这种影响更大。在监测的338个城市中，有63.5%的城市空气质量超过国家二级标准，其中112个城市超过三级标准,属于中度或重度污染。

二、大气污染源

按照污染物的性质与排放方式,污染源可分为:能源型污染、工业废气污染、交通废气污染等。据统计,我国大气主要污染物在上述污染源所占的比例约为总量的 70%、20% 和 10%。

1. 能源型污染

能源型污染是指燃料燃烧污染。我国的能源构成以煤为主,燃煤污染物占燃料排放总量的 95% 以上。

2. 工业废气污染

工业生产中排放的废气与原料、产品和工艺流程有关。如火力发电厂排放的废气以 SO_2 为主,氮肥厂则以氮氧化合物为主,水泥厂以烟尘为主等。化学污染物质,以重金属、有机氯、强致癌物质毒害最大,称为一类污染物。工业废气的污染通常是在工厂附近一定范围内。

3. 交通废气污染

由汽车、飞机、火车和船舶等引起的大气污染称为交通废气污染。在城市,以汽车尾气的影响最大,其化学组成见表 10-2。

表 10-2　汽车尾气的化学组成

	空 挡	加 速	定 速	减 速
碳氢化合物(己烷计)/($mg\cdot m^{-3}$)	78~260	78~208	65~143	780~3 120
乙炔/($mg\cdot m^{-3}$)	610	146	153	943
醛/($mg\cdot m^{-3}$)	11.3	20.3	25.5	149.3
氮氧化物(NO_2 计)/($mg\cdot m^{-3}$)	4.9~24.5	490~4 960	490~1 470	2.45~24.5
一氧化碳 w/%	4.9	1.8	1.7	3.4
二氧化碳 w/%	10.2	12.1	12.4	6.0
氧气 w/%	1.8	1.5	1.7	8.1
排气量/($L\cdot min^{-1}$)	142~708	1 133~5 660	708~1 699	142~703
未燃燃料(己烷计)占供应燃料的质量分数/%	2.88	2.12	1.95	18.0

三、大气污染物

世界卫生组织把那些含量和存在时间达到一定程度,以及对人体、动植物和物品危害达到可测程度的物质定为大气污染物。大气污染物种类极多,其中主要污染物在大气中的浓度见表 10-3。

表 10-3　主要污染物在大气中的浓度

组　　分	清洁空气/($\mu g \cdot g^{-1}$)	污染空气/($\mu g \cdot g^{-1}$)
CO	<1	5~200
SO_2	0.001~0.01	0.02~2
NO_x	0.001~0.01	0.01~0.5
HC(碳氢化合物)	1×10^{-6}	1~20
O_3	0.001~0.06	0.06~1
CO_2	310~330	350~370
颗粒物	10~20 $\mu g/m^3$	70~700 $\mu g/m^3$

由上表可知,大气污染物主要是颗粒物、硫化物、硫氧化物、氮氧化物和碳氢化合物(烷烃、烯烃、芳烃等)。

1. 颗粒物质

颗粒物质是指除气体之外的包含于大气中的物质,包括各种固体、液体和气溶胶,其中有粉尘、烟、飞灰、雾、煤烟尘和总悬浮微粒(TSP)。

颗粒物质主要源于各种燃料的燃烧、海水蒸发的盐分、土壤侵蚀吹扬和火山爆发等。

2. 硫化物

硫常以 SO_2 和 H_2S 的形态进入大气,也有一部分是亚硫酸和硫酸微粒。硫主要源于细菌活动产生的 H_2S 及人为排放的 SO_2。SO_2 主要来自煤的燃烧,而电厂的排放量占所有 SO_2 排放量的一半。

SO_2 是一种分布广、危害大的主要气体污染物。SO_2 和飘尘结合起来对人体的危害更大。SO_2 是形成酸雨的主要因素,它也可以在太阳紫外光的照射下,发生光化学反应,生成 SO_3 和硫酸雾,最终随降尘、降雨到达地面。

1999 年,北京城区 SO_2 的排放量为 10717t。随后,北京市政府采取综合整治方案,将原来燃煤的锅炉,全部改为燃气,结果 SO_2 的年排放量比 1999 年削减了 8223t。烟尘削减了 2731t。采用综合整治后,北京市的大气环境质量发生了很大的变化。

表 10-4　1999 年北京城区采用的各种燃料统计表

燃料种类	SO_2 年排放量/t	SO_2 占总量 w/%	烟尘年排放量/t	烟尘占总量 w/%
散煤	339.24	3.17	90.55	2.85
型煤(方、球煤)	30.0	0.28	6.05	0.19
低硫优质煤	7872.45	73.45	2638.09	83.09
重油	1191.23	11.11	211.14	6.65
柴油	1284.49	11.99	229.33	7.22
煤气	0	0	0	0
天然气	0	0	0	0

3. 碳氧化物

碳氧化合物主要是指 CO 和 CO_2。CO 主要是含碳物质不完全燃烧引起的。城市中有 80%的 CO 是汽车、助动车排放的。CO 是无色、无味的有毒气体。其化学性质稳定,可以在大气中停留较长的时间。CO 在一定的条件下可以转变为 CO_2。

CO_2 主要源于生物的呼吸作用和化石燃料等的燃烧。由于当今世界上人口急剧增加，化石燃料的大量使用，使大气中的 CO_2 浓度不断增高，导致温室效应。仅 1996 年，全球 CO_2 的排放量就达 62.5 亿 t。

4．氮氧化物（NO_x）

氮氧化物的种类很多，造成大气污染的氮氧化物主要是 NO 和 NO_2。它们是常见的大气污染物。

天然排放的 NO_x，主要源于土壤和海洋中有机物的分解。人为排放的 NO_x，大部分来自化石燃料的燃烧，其中 70% 源于煤的燃烧。随着经济的发展，交通运输对 NO_x 的贡献率越来越大，由 1995 年排放比例的 10.4% 快速上升至 1998 年的 13.0%。NO_x 排放大省包括河北、江苏、辽宁、山东、广东、河南等地。表 10-5 列出了 1995～1998 年我国各省的 NO_x 排放清单。

表 10-5　我国各省市排放 NO_x 的年际变化　　单位：吨

省区	1995	1996	1997	1998	省区	1995	1996	1997	1998
北京	237011	251620	247453	239071	湖北	470110	505294	522299	497549
天津	217484	212761	230211	233582	湖南	437025	447999	373000	363989
河北	786041	827195	808563	756760	广东	650474	697016	659591	669750
山西	605832	655079	609454	570680	广西	226783	227841	208549	216030
内蒙古	342199	382731	407726	358689	海南	30218	31691	33655	35006
辽宁	782730	778492	762754	685713	重庆①			210924	231575
吉林	377771	415517	404288	315848	四川	619358	661723	464955	445701
黑龙江	497211	488676	539426	494227	贵州	219202	245977	254349	259183
上海	411113	482112	475261	471156	云南	184196	207696	216664	214618
江苏	799318	848710	768950	749307	西藏②				
浙江	430107	482789	477830	452145	陕西	276501	302350	269364	245824
安徽	404836	444879	447533	431879	甘肃	204867	213551	186133	190199
福建	184575	208726	199822	201422	青海	37159	42173	43504	39354
江西	226034	225595	202231	206238	宁夏	74896	82474	74211	70542
山东	776776	802231	742635	755013	新疆	198095	227711	227640	218600
河南	589756	634034	596640	563958	全国	11297680	12034642	11665615	11183609

注：①重庆市从 1997 年开始单独统计能源消费；②目前我国对西藏自治区不作能源统计。

NO_x 是形成酸雨的主要物质之一，也是形成大气中光化学烟雾的重要物质和消耗臭氧的一个重要因子。

4．碳氢化合物

碳氢化合物包括烷烃、烯烃、芳烃等。大气中大部分碳氢化合物来源于植物的分解。人为来源主要是石油燃料的不充分燃烧和石油类的蒸发过程。燃油的机动车、石油化工是碳氢化合物的主要污染源。

碳氢化合物是形成光化学烟雾的主要成分。CH_4 吸收长波辐射的能力是 CO_2 的 20

倍，是一种重要的温室气体。

6. 光化学烟雾

光化学烟雾于1943年第一次发生在美国洛杉矶市。其主要现象是大气层出现白色烟雾，有时带紫色或黄褐色，能见度低，并有特殊的刺激气味。它使人眼睛红肿流泪，刺激粘膜和呼吸道，并诱发其它疾病。烟雾具有强氧化性，能使橡胶开裂、植物叶片变黄、金属腐蚀。

大气中的碳氢化合物和NO_x等一次污染物，在阳光作用下发生光化学反应，生成臭氧、醛、酮、过氧乙酰硝酸酯(PAN)等二次污染物，它与一次污染物混合，形成光化学烟雾。

四、全球大气污染问题

随着地球上人口的急剧增加，人类经济增长的急剧增大，地球上的大气污染日趋严重。由于一些有害气体的大量排放，不仅造成局部地区的污染，还影响到全球性气候变化等问题。目前，全球性大气污染问题主要表现在温室效应、酸雨、臭氧层破坏三个方面。

1. 温室效应

随着工业发展，大气中某些痕量气体含量增加，引起地球平均气温上升的情况，称为温室效应。这类痕量气体叫做温室气体，主要包括：CO_2、CH_4、O_3、氧化亚氮与氯氟烃等。其中CO_2是主要的温室气体。

燃料的燃烧会产生大量的CO_2。森林面积的减少，使得光合作用消耗的CO_2减少，也使CO_2的浓度不断上升。科学家们认为，大气中CO_2的浓度以每年0.2%的速率增长。每10年地表气温要上升0.3～0.5℃，南极在近40年来气温上升了2.5℃。

联合国政府间气候变化委员会在2001年2月发表的一份报告中称，如果全球气温持续上升，自然界和人类受影响也越大，而贫穷国家受到的打击最严重。因为穷国的经济依靠的是农业等对气候变化最敏感的产业，而且最不具备适应气候变化的能力，也缺乏预防性保健能力去防止有关疾病的爆发。20世纪气温上升已构成对生态系统的威胁，包括珊瑚礁、沼泽地、针叶和热带树林、极地、阿尔卑斯山和草原。气温上升也将使极端气象事件频率增加，如热浪、干旱、洪涝、海平面上升和暴风雨将影响上亿人民。

人们普遍认为，CO_2等温室气体产生温室效应的原因，是由于这些气体对来自太阳的短波辐射有高度的透过性，而对地面反射出来的长波辐射却具有高度的吸收性能，将地面反射的红外辐射大量截留在大气层内。主要温室气体对全球变暖的贡献见表10-6。

表10-6 主要温室气体居停时间及对全球变暖的贡献

主要温室气体	在大气中的质量分数(1985)	年增长率/%	居停时间/年	辐射吸收潜力	对全球变暖的贡献/%
CO_2	345×10^{-6}	0.5	100	1	50
CO	90×10^{-9}	0.6～1.0	0.2	不明	不明
CH_4(甲烷)	1.65×10^{-6}	1.0	8～12	32	19
N_2O	300×10^{-9}	0.25	100～200	150	4
O_3	不明	2.0	0.1～0.3	2 000	8
CFCs(氯氟烃)	$(0.18\sim0.28)\times10^{-9}$	3.0	65～110	>10 000	15

2. 酸雨

酸雨是指 pH 值小于 5.6 的降雨(包括雾、露、雪、霜等)。酸雨又称酸性的雨。由于大气中 CO_2 的存在,即使清洁的雨也会呈酸性。当雨水被 CO_2 饱和后,pH 值为 5.6,故当 pH 值小于 5.6 时,表示有人为排放的酸性物质,即有酸雨生成。

大气中不同的酸性物质对酸雨的贡献不同。一般说来,对形成酸雨的作用,H_2SO_4 占 60%以上,HNO_3 占 30%,HCl 占 5%,有机酸占 2%,所以人为排放的 SO_2 和 NO_x 是形成酸雨的两种主要物质。在我国,酸雨中 H_2SO_4 的含量更高。我国酸雨区面积占国土面积的 30%,成为全球三大酸雨区之一,其中有的城市在 2000 年降雨的 pH 值达 3.98,pH 值低于 5.6 的城市占 70.6%。

酸雨的危害主要是破坏森林生态系统,改变土壤性质与结构,破坏水生生态系统,腐蚀建筑物和损害人体的呼吸系统和皮肤。例如,在重庆,由于连续几场酸雨,农作物大面积枯死;某乡由于遭受一场 pH 值为 3.9 的酸雨,谷物产量降低 40 万 kg。此外,如果酸雨渗入地下,则会引起地下水污染。

酸雨降落可发生在发源地境内,也可随风飘移至几千千米之外,造成大范围的公害。它不仅是一个环境问题,也成为国家间的政治问题。

3. 大气污染物对臭氧层的破坏

臭氧是空气中的痕量气体组分,空气中的臭氧主要集中在距离地面 20～30km 的平流层内,形成臭氧层。

臭氧分子具有强烈吸收紫外线的功能,它对紫外线的总吸收率为 70%～90%,有效地保护了地面生物的生存。

1985 年,英国科学家证实南极上空臭氧层出现“空洞”,即臭氧层受到破坏,浓度变为稀薄。

导致大气中臭氧减少的物质,主要是平流层内超音速飞机排放的大量 NO_x 和人类大量生产与使用的氯氟烃(氟里昂,CFCs)等。

平流层 O_3 含量的减少,使射入地表的短波辐射剂量增加,对地球生命系统产生极大的危害。例如,破坏生物体内的 DNA,使人类皮肤癌发病率增加;还会伤害植物的表皮细胞,抑制植物光合作用,使粮食减产。

据统计,仅 20 世纪,臭氧层就被破坏了 60%。另据报导,1999 年 2 月,广东上空臭氧层破坏严重,臭氧浓度比北京低 20%,这一切意味着强烈的紫外线可能对生物生命造成更大的威胁,对全球的气温带来显著的变化。

为保护臭氧层,1985 年在联合国环境规划署的推动下,形成了《维也纳公约》,1987 年在加拿大的蒙特利尔又签署了该公约的议定书,并于 1991 年作了修改。我国于 1992 年加入了《蒙特利尔议定书》。各国实施 CFCs 替代物的计划。但研究证明,CFCs 替代物仍属温室气体,所以研究工作将持续进行。目前,科学家们正致力于研究臭氧的形成与分解机理,为避免可能带来灾难性的后果而努力。

五、环境空气质量标准(GB3095—1996)

我国国家环保局为了改善环境空气质量,于 1996 年颁布了《环境空气质量标准》代替 1982 年颁布的《大气环境质量标准》。在新标准中规定了 10 种污染物质的浓度限值(见表

10-7)与分析方法。

表 10-7　各项污染物的浓度限值

污染物名称	取值时间	浓度限值 一级标准	浓度限值 二级标准	浓度限值 三级标准	浓度单位
二氧化硫 SO_2	年平均	0.02	0.06	0.10	mg/m³(标准状态)
	日平均	0.05	0.15	0.25	
	一小时平均	0.15	0.50	0.70	
总悬浮颗粒物 TSP	年平均	0.08	0.20	0.30	
	日平均	0.12	0.30	0.50	
可吸入颗粒物 PM_{10}	年平均	0.04	0.10	0.15	
	日平均	0.05	0.15	0.25	
氮氧化物 NO_x	年平均	0.05	0.05	0.10	
	日平均	0.10	0.10	0.15	
	一小时平均	0.15	0.15	0.30	
二氧化氮 NO_2	年平均	0.04	0.04	0.08	
	日平均	0.08	0.08	0.12	
	一小时平均	0.12	0.12	0.24	
一氧化碳 CO	日平均	4.00	4.00	6.00	
	一小时平均	10.00	10.00	20.00	
臭氧 O_3	一小时平均	0.12	0.16	0.20	
铅 Pb	季平均	1.50			μg/m³(标准状态)
	年平均	1.00			
苯并[a]芘 B[a]P	日平均	0.01			
氟化物 F	日平均	7(1)			
	一小时平均	20(1)			
	月平均	1.8(2)		3.0(3)	μg/(dm²·d)
	植物生长季平均	1.2(2)		2.0(3)	

(1)适用于城市地区；

(2)适用于牧业区和以牧业为主的半农半牧区，蚕桑区；

(3)适用于农业和林业区。

第二节　水体污染

水是自然环境中最宝贵的资源之一，是人类生活、动植物生长、工农业生产不可缺少的物质。水是构成生物体的基础，没有水就没有生命。

一、自然界的水

地球上约有 $13.6\times10^8km^3$ 的水，其分布如下：

水　体	海　水	冰川和冰帽	地面水	地下水	大气中水蒸气
含　量	97.3%	2.14%	0.02%	0.61%	<0.01%

由上表可知，淡水储量较少，并且在目前的技术条件下，被人类利用的只是浅层地下水和湖泊河川的淡水，仅占地球总水量的0.63%。这就是我们常说的水资源。随着社会的发展和人口的增长，人们对水的需求量迅速增加，而污染却在日益加重，导致用水紧张。

我国是世界上13个贫水国家之一，人均水量只占世界人均水量的1/4。据估计，30年后，当我国人口增加至16亿时，我国将成为用水紧张的国家。在水资源短缺的情况下，我国水资源在开发和利用上浪费十分严重，水污染十分普遍。

二、水质标准与水质指标

为了保护水体，国家环保局颁布了不同用途水质标准，并用水质指标来衡量水质的好坏。

1. 水质标准

水质标准是国家用法律规定水环境中污染物的限量，包括环境水质标准与污水排放标准两大类。

表10-8　生活饮用水水质标准(GB5749－1985)

编号	项　目	标　准	编号	项　目	标　准
	感官性状指标			毒理学指标	
1	色	色度不超过15度，并不得呈现其它异色	13	氟化物	不超过1.0 $\text{mg}\cdot\text{L}^{-1}$，适宜浓度0.5～1.0 $\text{mg}\cdot\text{L}^{-1}$
2	浑浊度	不超过5度	14	氰化物	不超过0.05 $\text{mg}\cdot\text{L}^{-1}$
3	嗅和味	不得有异嗅、异味	15	砷	不超过0.04 $\text{mg}\cdot\text{L}^{-1}$
4	肉眼可见物	不得含有	16	硒	不超过0.04 $\text{mg}\cdot\text{L}^{-1}$
	化学指标		17	汞	不超过0.001 $\text{mg}\cdot\text{L}^{-1}$
5	pH值	6.5～8.5	18	镉	不超过0.01 $\text{mg}\cdot\text{L}^{-1}$
6	总硬度(以$CaCO_3$计)	不超过450 $\text{mg}\cdot\text{L}^{-1}$	19	铬(6价)	不超过0.05 $\text{mg}\cdot\text{L}^{-1}$
			20	铅	不超过0.1 $\text{mg}\cdot\text{L}^{-1}$
7	铁	不超过0.3 $\text{mg}\cdot\text{L}^{-1}$		细菌学指标	
8	锰	不超过0.1 $\text{mg}\cdot\text{L}^{-1}$	21	细菌总数	1 mL水中不超过100个
9	铜	不超过1.0 $\text{mg}\cdot\text{L}^{-1}$	22	大肠菌群	1 L水中不超过3个
10	锌	不超过1.0 $\text{mg}\cdot\text{L}^{-1}$	23	游离性余氯	在接触30 min后，应不低于0.3 $\text{mg}\cdot\text{L}^{-1}$；集中式给水，除出厂水应符合上述要求外，管网末梢水不低于0.05 $\text{mg}\cdot\text{L}^{-1}$
11	挥发酚类	不超过0.002 $\text{mg}\cdot\text{L}^{-1}$			
12	阴离子合成洗涤剂	不超过0.3 $\text{mg}\cdot\text{L}^{-1}$			

根据污染物的性质与控制方式，可将污染物分为两类，其排放标准见表 10-9、表 10-10（GB8978—1996）

表 10-9　第一类污染物最高允许排放浓度　　单位：mg/L

序　号	污染物	最高允许排放浓度
1	总　汞	0.05
2	烷基汞	不得检出
3	总　镉	0.1
4	总　铬	1.5
5	六价铬	0.5
6	总砷	0.5
7	总铅	1.0
8	总镍	1.0
9	苯并(a)芘	0.000 03
10	总铍	0.005
11	总银	0.5
12	总 α 放射性	1 Bq/L
13	总 β 放射性	10 Bq/L

表 10-10　第二类污染物最高允许排放浓度

（1997 年 12 月 31 日之前建设的单位）　　单位：mg/L

序号	污染物	适用范围	一级标准	二级标准	三级标准
1	pH	一切排污单位	6～9	6～9	6～9
2	色度（稀释倍数）	染料工业	50	180	—
		其它排污单位	50	80	—
3	悬浮物(SS)	采矿、选矿、选煤工业	100	300	—
		脉金选矿	100	500	—
		边远地区砂金选矿	100	800	—
		城镇二级污水处理厂	20	30	—
		其它排污单位	70	200	400
4	五日生化需氧量 (BOD_5)	甘蔗制糖、苎麻脱胶、湿法纤维板工业	30	100	600
		甜菜制糖、酒精、味精、皮革、化纤浆粕工业	30	150	600
		城镇二级污水处理厂	20	30	—
		其它排污单位	30	60	300

续表 10-10

序号	污染物	适用范围	一级标准	二级标准	三级标准
5	化学需氧量(COD)	甜菜制糖、焦化、合成脂肪酸、湿法纤维板、染料、洗毛、有机磷农药工业	100	200	1 000
		味精、酒精、医药原料药、生物制药、苎麻脱胶、皮革、化纤浆粕工业	100	300	1 000
		石油化工工业(包括石油炼制)	100	150	500
		城镇二级污水处理厂	60	120	—
		其他排污单位	100	150	500
6	石油类	一切排污单位	10	10	30
7	动植物油	一切排污单位	20	20	100
8	挥发酚	一切排污单位	0.5	0.5	2.0
9	总氰化合物	电影洗片(铁氰化合物)	0.5	5.0	5.0
		其他排污单位	0.5	0.5	1.0
10	硫化物	一切排污单位	1.0	1.0	2.0
11	氨氮	医药原料药、染料、石油化工工业	15	50	—
		其他排污单位	15	25	—
12	氟化物	黄磷工业	10	20	20
		低氟地区(水体含氟量<0.5mg/L)	10	20	30
		其他排污单位	10	10	20
13	磷酸盐(以P计)	一切排污单位	0.5	1.0	—
14	甲醛	一切排污单位	1.0	2.0	5.0
15	苯胺类	一切排污单位	1.0	2.0	5.0
16	硝基苯类	一切排污单位	2.0	3.0	5.0
17	阴离子表面活性剂(LAS)	合成洗涤剂工业	5.0	15	20
		其他排污单位	5.0	10	20
18	总铜	一切排污单位	0.5	1.0	2.0
19	总锌	一切排污单位	2.0	5.0	5.0
20	总锰	合成脂肪酸工业	2.0	5.0	5.0
		其他排污单位	2.0	2.0	5.0
21	彩色显影剂	电影洗片	2.0	3.0	5.0

续表 10-10

序号	污染物	适用范围	一级标准	二级标准	三级标准
22	显影剂及氧化物总量	电影洗片	3.0	6.0	6.0
23	元素磷	一切排污单位	0.1	0.3	0.3
24	有机磷农药(以P计)	一切排污单位	不得检出	0.5	0.5
25	粪大肠菌群数	医院*、兽医院及医疗机构含病原体污水	500 个/L	1000 个/L	5000 个/L
		传染病、结核病医院污水	100 个/L	500 个/L	1000 个/L
26	总余氯(采用氯化消毒的医院污水)	医院*、兽医院及医疗机构含病原体污水	<0.5**	>3(接触时间≥1h)	>2(接触时间≥1h)
		传染病、结核医院污水	<0.5**	>6.5(接触时间≥1.5h)	>5(接触时间≥1.5h)

* 指 50 个床位以上的医院。

* * 加氯消毒后须进行脱氯处理,达到本标准。

2. 水质指标

水质指标主要分为下列三类:

第一类:水质的物性指标,包括温度、色度、气味、浊度、悬浮物等。

第二类:水质的化性指标,包括:

①pH 值:水的酸碱性与水质成分有密切关系。多数天然水的 pH 值在 7.2~8.0 之间。水体受到酸、碱污染后,水中微生物的生长受到抑制,使水体自净能力降低,使水下建筑物腐蚀加速。

②钙、镁离子含量:在我国《生活饮用水卫生标准》规定钙、镁总量(以硫酸钙计)小于 $450mg \cdot L^{-1}$。

③溶解氧(DO):指水中溶解的氧分子总量。一般水体溶解氧含量约 $9mg \cdot L^{-1}$,水体中溶解氧太低时,水体出现缺氧状态,水中需氧生物不能生存,这时水中的有机物会被厌氧生物分解,生成 H_2S、NH_3 等,使水质变坏,产生恶臭。

④化学需氧量(COD):化学需氧量是指在一定条件下,水中各种有机物与外加强氧化剂作用时所消耗的氧化剂的量,以氧量($mg \cdot L^{-1}$)计。常用的氧化剂是 $K_2Cr_2O_7$(酸性条件)。水中的绝大部分有机物质都能被氧化,因此,COD 能近似地反映水体有机物的污染程度。

⑤生化需氧量(BOD):生化需氧量表示在有氧的条件下,当温度为 20℃时,由于微生物的活动,使可降解的有机物氧化达到稳定时所需的氧量,单位为 $mg \cdot L^{-1}$。生化需氧量的测定条件与有机物进入水体后被微生物氧化分解的情况相似,因此能较准确地反映有机物对水质的影响。但测定 BOD 需时较长,并且它不能反映微生物降解不了的有机物的量。一般清洁水体的 BOD 值小于 $1mg \cdot L^{-1}$。

⑥总需氧量(TOD)和总有机碳(TOC):它们都用化学燃烧法测定。TOD 测定结果用需

氧有机物的含量表示，TOC 结果用碳表示。

第三类，水质的生物学指标，包括：细菌总数、总大肠菌群数、各种病原细菌、病毒等。

三、水体污染物

污染物进入河流、海洋、湖泊或地下水体后，使水体的水质和水体沉积物的物理、化学性质或生物群落组成发生变化，从而降低了水体的使用价值和使用功能的现象，称为水体污染。

从环境保护的角度出发，可以认为任何物质若以不恰当的数量、浓度、速率、排放方式排入水体，均可造成水体污染，因而就可能成为水体污染物。根据污染物的物理、化学、生物学性质及其污染特性，可以将污染物分为以下几种类型：

1. 无机污染物

(1)无机无毒物质：无机无毒物质主要指排入水体的酸、碱及一般的无机盐类。酸主要源于冶金、化工、造纸等工业的废水；碱性废水主要来自制碱、制革和炼油等工业的废水；两种废水互相作用产生无机盐，废水与地表物质作用，也产生无机盐类。酸性和碱性废水的污染，破坏了水体的自然缓冲作用，抑制着细菌和微生物的生长，妨碍了水体自净，腐蚀水下管道、水工建筑物和船舶，改变了水体的 pH 值，增加了水中的无机盐类物质等。

(2)无机有毒物质：无机有毒物质排入天然水体，常会影响水中生物，并通过食物链危害人体健康，这类污染物有明显的累积性，使污染影响持久和扩大。最典型的是各种重金属元素，还包括 As、Se 等非金属元素，它们都有不同程度的毒性。

汞(Ⅱ)：汞的毒性很强，而有机汞的毒性又超过无机汞。无机汞化合物如 $HgCl_2$、HgO 等不易溶解，因而不易进入生物组织，有机汞化合物如烷基汞、苯基汞等，有很强的脂溶性，容易进入生物组织，并有很高的蓄积作用。无机汞在水体中易沉积于底层沉积物中，在微生物作用下可转化为有机汞而进入生物体内，再通过食物链作用逐级浓缩，最后影响到人体。汞在无脊椎动物体中的富集可达 10 万倍，日本的水俣病就是人长期吃富集甲基汞的鱼造成的。

镉(Ⅱ)：镉的化合物毒性很大，蓄积性很强，动物吸收的镉很少能排出体外。受镉污染的河水灌溉农田，可引起土壤污染，进而污染农作物，最后影响到人体。日本的骨痛病就是吃了含镉污水生产的稻米所致。镉进入人体后，主要贮存在肝、肾组织中不易排出。镉的慢性毒性主要使肾脏吸收能力不全，降低机体免疫能力，导致骨质疏松、软化，如骨痛病所出现的骨萎缩、变形、骨折等。

铬(Ⅵ)：六价铬的毒性在所有含铬化合物中最大。六价铬主要以 CrO_3、CrO_4^{2-}、$Cr_2O_7^{2-}$ 等形式存在，具有强氧化性，对皮肤、粘膜具有强烈腐蚀性。在慢性影响上，六价铬有致畸、致突变与致癌的作用。

砷：砷是剧毒物质。砒霜(As_2O_3)对人体有很大毒性。长期饮用含砷的水会慢性中毒，主要表现是神经衰弱、腹痛、呕吐、肝痛、肝大等消化系统障碍，并伴有皮肤癌、肝癌、肾癌、肺癌发病率增高的现象。

氰化物：氰化物主要来源于 HCN、CN^- 等，如氰化钾、氰化钠(俗称“山奈”)是剧毒物，其毒性主要表现在破坏血液，影响运送氧的功能而致死亡。

2. 有机污染物

(1)有机无毒物质：有机无毒物主要指耗氧有机物。天然水中的有机物一般是水中生物生命活动的产物。人为排放的生活污水和大部分工业废水中含有大量的有机物质，如碳水化合物、蛋白质、脂肪等。这些无毒的有机物进入水体后，在微生物的作用下分解为无机物，并在分解的过程中消耗水中的溶解氧，从而恶化水质，并影响水生生物。

耗氧有机物种类繁多、组成复杂，较难对其进行定性与定量分析。在实际工作中，常用下列指标来表示水中有机物的含量，如COD、BOD、TOC等。

(2)有机有毒物质：

酚：苯酚是最简单的酚。酚是一种原生质毒物，可使蛋白质凝固，主要作用于神经系统。水体受酚污染后，会严重影响水生生物的生长和繁殖，使水产品产量和质量降低。

有机农药：包括杀虫剂、杀菌剂和除草剂等。从化学结构上，有机农药可分为有机氯、有机磷和有机汞三大类。有机氯农药的特点是水溶性低而脂溶性高，易在动物体内累积，对动物和人体造成危害。

聚氯联苯(PCB)：PCB是一种化学性能极为稳定的化合物，它进入人体后，主要蓄积在脂肪组织及各种器脏内。

多环芳烃：多环芳烃的种类很多，并且有许多多环芳烃具有致癌作用，如3,4-苯并(a)芘已被证实是强致癌物质之一。

放射性物质：放射性污染物放出的α、β、γ等射线可损害人体组织，并可蓄积在人体内造成长期危害，促成贫血、白血球增加、恶性肿瘤等各种放射性病症。

生物污染物质：主要来自生活污水、医院污水、肉类加工、制革等废水，主要通过动物和人排泄的粪便中含有的细菌、病毒及寄生虫等污染水体，并引起疾病传播。

四、水体自净

水体的自净作用是指受污染的各种水体在物理、化学和生物等作用下，水中污染物浓度自然降低的过程。水体的自净作用往往需要一定的时间、一定范围的水域以及适当的水文条件。另一方面，还决定于污染物的性质、浓度以及排放方式等。

水体自净过程包括稀释、混合、沉淀、挥发、中和、氧化还原、化合分解、吸附凝聚等物理、化学和生物化学过程，其中以物理和生物化学过程为主。

1. 物理自净

污染物在水体所发生的混合、稀释、扩散、挥发、沉淀等作用而使污染物的浓度降低，称为物理自净。物理自净能力与水体的物理条件如温度、流速、流量等有关，也与污染物本身的物理性质如密度、形态、粒度等有关。

2. 化学自净

化学自净是指污染物在水体发生了酸碱中和反应、氧化还原反应、分解化合反应、吸附和解吸、溶胶和凝聚作用。影响化学自净的环境条件有酸碱度、氧化还原电势、温度、化学组分等。此外，污染物自身的形态与化学性质也对化学自净作用有较大影响。

3. 生物自净

有机污染物进入水体后在微生物的作用下氧化分解为无机物的过程，称为生物自净。在水体自净中，生物化学过程占主要地位。生物自净与生物的种类、环境的水热条件和供氧状况等因素有关。

第三节 土壤污染

土壤污染是指污染物通过各种途径进入土壤,其土壤超过了土壤的容纳和同化能力而使土壤的性质、组成及性状等发生变化,并导致土壤的自然功能失调、土壤质量恶化的现象。

一、土壤污染源

土壤污染的来源十分广泛,这是由土壤在环境中所处的特殊地位与功能决定的。人类把土壤作为农业生产的劳动对象,不可避免将大量的化肥、农药施入土壤,从而带入某些重金属、病原微生物、农药及其残留物;土壤作为生活垃圾、工业废渣等的堆放、处理场所,使大量的污染物随之进入土壤;土壤环境是开放系统,土壤和大气、水体、生物体等不断地进行物质与能量的交换,使土壤环境遭受二次污染,根据人为污染物的来源不同,可分为工业污染源、农业污染源和生物污染源。

工业废水常含多种污染物,如果长期使用这种废水灌溉农田,污染物会在土壤中积累而引起污染。利用工业废渣、污泥作为肥料施入农田,常会使土壤受到重金属、有机物、病原体等的污染。

农业污染源主要是指由于农业本身的需要而施入土壤中的化肥和农药。

生物污染源主要是指由于生活污水、医院污水垃圾以及被病原菌污染的河水等,含有致病的寄生虫、病原菌和病毒而引起的污染。

二、土壤重金属污染

重金属是土壤环境中一类具有潜在危害的污染物。它们在土壤中一般不易随水淋滤,不能被土壤微生物分解。相反,重金属常在生物体内富集,致使重金属在土壤环境中积累,甚至在土壤中转化为毒性更大的物质。目前所说的重金属主要是汞、镉、铅、铬、砷等。

1. 汞污染

在工业方面,耗汞最多污染最重的是氯碱工业。在早期工艺中,用金属汞作为流动阴极,每生产一吨 NaOH 需耗汞 150~160g,废盐中汞含量在 50% 以上。煤与其它化石燃料也是重要的汞污染源。据统计,全世界每年约有 1600 多吨的汞是由这些燃料燃烧而释放到环境中的。

汞蒸气是剧毒的。但一般情况下,土壤中挥发出来的微量汞不会引起中毒症状,只有长期吸入微量汞蒸气才会引起累积性中毒。

多数含汞的物质都有毒。有机汞的毒性更大。土壤中的有机汞通过陆生食物链或水生食物链进入人体。进入体内的有机汞会很快地与血红素结合,形成稳定的化合物,并成为血球的部分。部分有机汞蓄积在大脑,破坏脑血管组织,引起一系列中枢神经中毒症状,如手足麻木、语言失常、听觉失灵、震颤等。此外,有机汞还可导致流产、死产、畸胎或出现先天性痴呆儿等。

2. 镉污染

镉是稀有元素,因为与锌矿伴生,常与锌矿一起开采,由锌矿得到。这些矿在开采、冶炼过程中，通过冲刷溶解和挥发作用，释放到水体和大气中，进而污染土壤。

镉主要应用于工业上，目前涉及镉的工业有电镀工业、冶金工业等。美国每年消耗镉高达 60000 多吨，其中一半以上用于电镀工业。镉在使用过程中，有一部分随废水排放。利用这些废水灌溉和施用含镉污泥，会引起土壤的镉污染。

镉是严重污染性元素，是人体不需要的元素。新生儿体内几乎没有镉，随着年龄的增长，镉在人体中越积越多。镉会与某些蛋白质分子结合，降低和抑制许多酶的活性，影响蛋白质和脂肪的消化，引起高血压和心血管疾病。

镉中毒还会引起贫血、胃炎，造成神经性损伤。镉对磷有很强的亲和力，能把骨质磷酸钙中的钙置换出来，引起骨质疏松、变形、骨折等疾病。

镉也能置换锌，干扰那些需要锌的酶功能，使人得糖尿病、动脉性胃萎缩、慢性球体肾炎等。食物中如果锌少镉多，镉就容易在人体中积累，所以，应尽量选择锌镉比大于 40 的食物，以预防镉中毒。

3. 铅污染

铅冶炼厂是土壤铅污染的主要来源。德国某冶炼厂区附近土壤含铅量高达 $5000mg \cdot kg^{-1}$，汽油燃烧时排放的含铅废气是另一大污染源。在汽车来往频繁的交通路口，铅污染十分严重。此外，铅蓄电池厂的废水和污泥，含铅量较高。

铅是蓄积性毒物。有 90%～95% 的铅以不溶性磷酸铅的形式储存于骨骼系统。当血液含铅量达 $0.6 \sim 0.8mg \cdot kg^{-1}$时，就会出现中毒症状。

铅中毒对全身各系统和器官均产生危害，尤其是神经系统、造血系统、循环系统和消化系统。铅中毒，出现高级神经机能障碍，可造成死胎、早产、畸胎以及婴儿精神滞呆等病症。

铅主要富集于植物的根部，影响植物的光合作用。长期大量地施用含铅的污泥和污水灌溉，可影响土壤中氮的转化，从而影响植物的生长。

4. 铬污染

通过大气散发的铬主要是铁铬工业、耐火材料工业和煤的燃烧；通过水体污染的铬主要是电镀、金属酸洗、皮革鞣制等工业废水。

铬是动物和人体的必需元素之一，但土壤的铬污染过于严重，会通过食物链对人和动物产生危害。

铬对植物的毒性主要发生在根部，这里铬的浓度最高。植物铬中毒表现在根功能受抑制，生长缓慢，叶卷曲、褪色。

5. 砷污染

随着富砷矿石的开采，大量的砷进入到环境中。此外，冶金、化工业排砷量也很高。

三价砷的毒性比五价砷高得多。砷具有积累性，并有致癌作用，砷对植物也有一定的毒性，阻碍作物水分的输送，造成作物枯黄。砷对土壤微生物也有毒害作用，甚至能引起主要生物种群的变化，以致使土壤生态系统的平衡遭到破坏。

土壤污染除以上几种主要的重金属外，还有铜、锌、锰、镍等重金属的污染问题。

表 10-11 是南京市某大型生活垃圾场重金属含量及其释放情况的调查表。

表 10-11 重金属元素的含量及释放率

重金属元素	Cu	Pb	Cd	As	Sb	Hg②	V	Co	Ni	Cr	Mn
垃圾中含量(7)①	97.43	74.00	0.53	18.07	4.92	183.86	126.43	25.14	36.43	74.71	733.43
垃圾场土壤中含量(18)	38.72	30.08	0.11	10.98	1.78	53.64	137.50	24.93	33.93	69.57	716.21
研究区土壤中背景含量(18)	20.15	28.00	0.10	10.80	1.00	43.57	91.29	16.74	22.29	50.14	481.14
自垃圾向土壤的释放率/%	19.1	3.9	1.9	1.0	15.9	54.8	36.6	32.6	32.0	26.0	32.1

注:①圆括号中的数据为样品数;②含量单位 Hg 为 $\mu g \cdot kg^{-1}$,其他元素均为 $\mu g \cdot g^{-1}$。

三、化学农药污染

化学农药包括杀虫剂、除草剂和植物生长调节剂等多种类型。见表 10-12。

表 10-12 化学农药分类与常用农药品种

农药类型		常用农药品种
杀虫剂	有机氯制剂	DDT、六六六、毒杀芬、艾氏剂、狄氏剂、氯丹、七氯等
	有机磷制剂	敌百虫、DDV_p、乐果、氧化乐果、对硫磷(1605)、内吸磷(1059)、马拉硫磷、甲胺磷、久效磷等
	氨基甲酸酯类	西维因、速灭威、呋喃丹等
	拟除虫菊酯类	苄氯菊酯、溴氰菊酯(敌杀死)、杀灭菊酯(速灭杀丁)等
	沙蚕毒素类	杀虫双、杀螟丹、易杀卫、杀虫螨等
	取代脲类	除虫脲Ⅰ号(TH6040)、除虫脲Ⅱ号,除虫脲Ⅲ号等
杀菌剂	硫制剂	石硫合剂
	铜制剂	波尔多液
	有机磷制剂	稻瘟净、异稻瘟净、克瘟散等
	硫代氨基甲酸酯类	代森锌、代森锰锌、代森铵等
	有机汞制剂	赛力散、西力生、富民隆、谷仁乐生等
	有机砷制剂	稻脚青、苏农 6401、苏化 911、福美胂等
	杂环类	多菌灵、苯菌灵、萎锈灵、三唑酮、三环唑、叶枯净等
	其他类	托布津、敌锈钠、百菌清、抗菌剂 402 等
除草剂	苯氧羧酸类	2.4-D,2,4,5-T、2-甲-4-氯等
	醚类	除草醚、草枯醚、乙氧氟草醚等
	酚类	五氯酚钠
	二硝基化合物	氟乐灵、二硝酚等
	均三氮杂苯类	西玛津、扑草净等
	氨基甲酸酯类	灭草灵等
	硫代氨基甲酸酯类	杀草丹、禾大壮等
	酰胺类	敌稗、杀草胺等
	取代脲类	敌草隆、伏草隆等
	其他类	草甘磷、茅草枯、杀草快、百草枯等

续表 10-12

农药类型	常用农药品种
植物生长调节剂	乙烯利、矮壮素、萘乙酸、抑芽丹、三十烷醇、九·二〇等
杀　螨　剂	三氯杀螨醇、三氯杀螨砜等
杀　鼠　剂	安妥、敌鼠、氯敌鼠、杀鼠醚、杀鼠灵等
杀线虫剂	除线磷、二氯丙烯、二氯丁砜、二溴氯丙烷等
土壤处理剂	溴甲烷、氯化钾、六氯苯、五氯硝基苯等

农药在农业、林业、畜牧业以及在控制传染病的传播方面有着重要的作用。但是，农药在食物中残留具有潜在的慢性毒性。在主要污染源中，农药的污染面最广、持续时间最长，残留物对人体健康的影响最大。

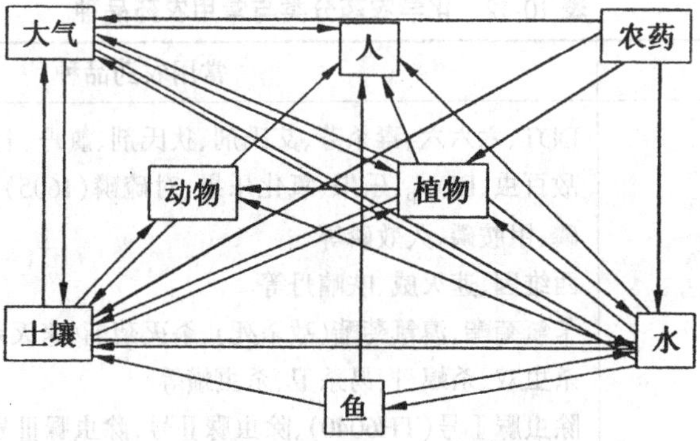

图 10-1　农药对环境的污染途径

农药使用后只有 10%～30%对靶生物产生作用，其余部分残留于土壤中，对环境具有潜在危害。农药对土壤的污染与农药施用历史有关。含砷、含汞农药虽然禁用多年，但对土壤的污染仍是一个历史遗留问题。

1．有机氯农药

这类农药是指含氯的有机物。这类农药曾为农业、林业和畜牧业的增产发挥了巨大的作用。但是，这种农药具有化学性质稳定、易溶于脂肪、在脂肪中易积累以及在环境中残留时间长等特点。它们是造成环境污染的最主要的农药类型，许多国家已经禁止生产和使用这种农药。

有机氯农药的急性中毒主要表现为对中枢神经系统的作用，中毒者肌肉震颤、阵发性抽搐，最后可由于全身麻痹而死亡。此外，有机氯农药对机体的肝肾损害也很严重。

有机氯农药通过各种渠道进入水体后，会对水体生态环境造成严重的损害。20 世纪 60 年代，发生在美国密西西比河的鱼类中毒事件，就是由于有机氯农药对水体的污染造成的。

2．有机磷农药

有机磷农药是含磷的有机物。这类农药毒性剧烈，易分解，残留期短，不易在生物体内蓄积，因此被认为是一种较安全的农药。但是，许多研究报告表明，有机磷农药具有的烷基化作用，可能会引起动物的致癌、致畸和致突变的作用。

有机磷农药中毒主要表现在全身乏力，头痛眩晕、恶心、呕吐，严重时语言不清，呼吸困难,全身痉挛等。

3. 氨基甲酸酯类农药

氨基甲酸酯农药是一种高效、低毒、低残留的广谱杀虫剂。其中毒症状与有机磷农药相似,在环境中易分解,在动物体内可经代谢作用后排出体外。

但有人认为,该类农药经酶作用后,能产生染色体断裂,是致癌和致畸的潜在因素。

4. 除草剂

除草剂应用广泛,品种繁多。多数除草剂属于选择性的,只杀伤杂草而不伤作物。许多除草剂在环境中会被逐渐分解,对人与动物危害不大。但有些除草剂如2,4,5-T在生产和使用过程中,会产生具有强烈致畸作用的物质——二噁英,目前已被禁止使用。五氯酚钠对鱼贝类的毒性较高。此外,除草剂会在农产品中残留,并通过食物链对人畜发生慢性危害。

四、化学肥料污染

由于原料、矿石本身的杂质或生产工艺流程的污染,化肥中常含有一些杂质,包括重金属元素、有毒有机物及放射性物质,施入土壤后发生一定程度的积累,形成土壤潜在的污染。

磷肥含有较多的重金属元素,表10-13是我国磷肥中重金属含量情况。

表10-13 我国某些磷肥中重金属元素含量

取样地点	肥料	重金属元素/($mg \cdot kg^{-1}$)						
		As	Cd	Cr	Pb	Sr	Cu	Zn
(鲁)德州	普钙	51.3	1.4	464	170.4	330	60.6	215.3
(京)通县	普钙	36.4	1.9	39.9	124.1	267	61.4	253.2
滇	磷矿粉	25.0	3.8	47.3	242.1	464.5	54.2	225.3
(浙)义乌	钙镁磷肥	6.2	—	1057.2	—	414.9	63.2	169.4
湘	铬渣磷肥	67.7	—	5144	—	189.5	48.0	768.8

(据鲁如坤等,1992)

化肥中有害的有机物包括硫氰酸盐、磺胺酸、缩二脲、三氯乙醛以及多环芳烃,它们对种子、幼苗或土壤微生物有毒害作用。

长期使用过磷酸钙、硫酸铵等酸性肥料会引起土壤酸化;长期使用氮肥则容易导致土壤有机碳、有机氮等有机质的减少。此外,长期使用磷肥和氮肥会引起水体的富营养化,刺激藻类、浮游植物的生长,导致水体缺氧、鱼类死亡。饮用水中含N量过高,会发生血红素失常,危及人类生命。化肥中的N、S等元素,有一部分进入到大气中,对全球温室效应和臭氧层变薄产生重要影响。

五、土壤环境质量标准(GB15618-1995)

表10-14 土壤环境质量标准值 单位:mg/kg

级别 / 土壤pH值 / 项目	一级	二级			三级
	自然背景	<6.5	6.5~7.5	>7.5	>6.5
镉 ≤	0.20	0.30	0.30	0.60	1.0
汞 ≤	0.15	0.30	0.50	1.0	1.5

续表 10-14

项目 \ 土壤 pH 值 \ 级别	一级	二级			三级
	自然背景	＜6.5	6.5~7.5	＞7.5	＞6.5
砷 水田 ≤	15	30	25	20	30
旱地 ≤	15	40	30	25	40
铜 农田等 ≤	35	50	100	100	400
果园 ≤	—	150	200	200	400
铅 ≤	35	250	300	350	500
铬 水田 ≤	90	250	300	350	400
旱地 ≤	90	150	200	250	300
锌 ≤	100	200	250	300	500
镍 ≤	40	40	50	60	200
六六六 ≤	0.05	0.50			1.0
滴滴涕 ≤	0.05	0.50			1.0

注：①重金属（铬主要是三价）和砷均按元素量计，适用于阳离子交换量＞50 mmol(＋)/kg 的土壤，若≤50 mmol(＋)/kg，其标准值为表内数值的半数。

②六六六为 4 种异构体总量，滴滴涕为 4 种衍生物总量。

③水旱轮作地的土壤环境质量标准，砷采用水田值，铬采用旱地值。

第四节　环境污染与人体健康

环境质量与人体健康密切相关。环境的变化会不同程度地影响人体的正常生理功能，如果环境的变化超出人类正常的生理调节的限度，会导致人的体质下降与健康恶化，全球性的环境变化，甚至可能影响人类的进化与发展方向。

一、人类生殖能力的变化

人类在改善生存条件的同时，大量使用尚未发现后遗症或已发现但又无法不用的生产和生活资料，使人类的生殖能力受到摧残。许多化学合成物质能模仿自然激素并干扰生物和人类的正常发育。这些化学物质包括食品包装袋、洗涤剂、奶瓶、罐头盒内壁涂层和杀虫剂等等。据调查，在过去的半个世纪，男子的精子数下降近 50%。在美国、加拿大等工业化国家出生的男孩与女孩的比率在下降，并出现雌性化现象。类似的情况在青蛙、鱼类、鸟类等动物中都有发现。环境污染对女性生殖功能也有严重影响，韩国某电子零件厂发现 33 名女工中有 17 名女工的卵巢已经丧失功能。其原因与半导体清洗剂氯氟烃的替代物有关。

环境污染也会导致动物变异。1996 年 10 月，美国科学家在亚马逊雨林发现了一种从未见过的"血蛙"，它会咬人，可喷出致人失明的黑液；还发现一种可组织攻击考察人员的重约 10kg 的"巨蛙"，经考查，发生变异的原因在于近几十年水源化学污染严重，有害重金属含量迅速增长。长期发展下去，青蛙有可能变为极其凶猛的动物。

在英国，将 2000 条雄性石斑鱼放入排污工厂下游试验，有 60% 发生了较严重的变性现象，不少雄性石斑鱼的生殖器官竟然开始具有排卵功能。

二、疾病增加

由于环境恶化，导致新的疾病不断出现。人口的快速增长，许多人长期生活在人口稠密的环境中，导致精神高度紧张，烦躁易怒，产生高血压、神经衰弱、心脏病、精神分裂等疾病。人群拥挤，空气流通不畅，使各种传染病易于传播。有学者认为，人类及其文明很可能会死于人口过量，毁于环境污染、接触性传染病和饥荒。

生活方式的改变也会导致一些疾病，如电视病、电脑病、空调病等。

使用核能源会向环境放出大量的放射性物质，被生物体吸收、导致癌症、不育症等患病率上升。

20世纪中期育成的高产水稻、小麦、玉米和豆类，其矿物质和维生素的含量大幅度降低，使微量元素和维生素缺乏病的人数不断增加。

由于过度脑力劳累和精神压抑，部分知识分子的平均寿命有缩短的趋势。20世纪90年代中期，北京市中关村知识分子的平均寿命只有53.34岁；1991～1996年，中科院在职科学家平均寿命是52.23岁；在十多年时间，深圳的创业精英的平均寿命只有51.2岁。

三、癌病变

环境因素是导致人类生病和死亡的主要因素，环境可以引起癌症，如吸烟、饮食、化学品等环境，会不同程度地导致癌症。

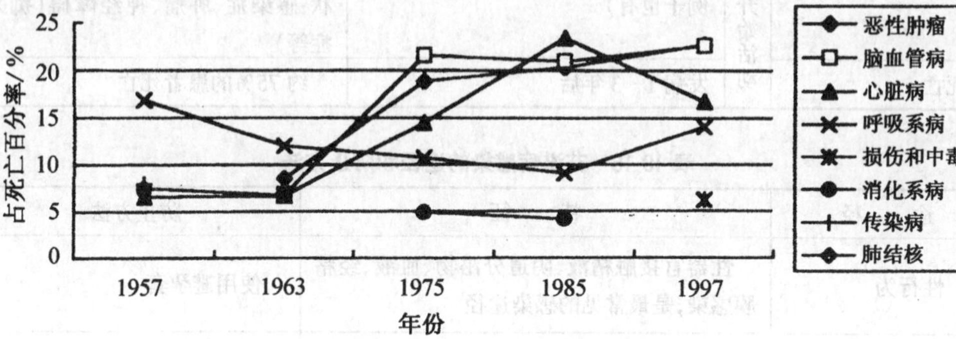

图10-2 中国部分城市前5位主要疾病死亡率所占比例的变化

四、食品污染

上述问题在很大程度上与人类食用受污染的食品及生活在污染环境中有关。最近几年，常常发生大面积的突发性污染事件。继1996年英国的“疯牛病”之后，1999年比利时又出现“污染鸡”事件。由于鸡饲料中混有废机油，致使鸡肉内的二噁英含量超过世界卫生标准的140倍。二噁英是目前世界上已知的一级致癌物中毒性最强的物质，具有强烈的致癌、致畸和致突变的特点。二噁英性质稳定，不能被生物降解，无论是在空气、水还是土壤中，它都能强烈地吸附于颗粒上，借助食物链的不断富集最终危害人类。

五、艾滋病

自从 1981 年发现首例艾滋病患者以来，目前世界 240 个国家和地区中有 210 个国家和地区发现艾滋病疫情，表 10-14、10-15 简单叙述了艾滋病发病及防止方法。至 1997 年，全世界艾滋病病毒感染者达 3×10^7 人，新感染的艾滋病例 90％在发展中国家。1999 年，中国艾滋病毒感染者达 4×10^5 人，艾滋病人 419 人，死亡率为 84.62％。艾滋病的防治工作应引起我们的高度重视。

表 10-15　艾滋病发病的过程

经　过	时　期		症 状 等
急性感染期	病毒侵入	感染 2 至数周后	多数人没有症状。一部分人出现流行性感冒的症状，但两三周后症状消除
病毒抗体在血液中生成	病毒侵入	感染 6 至 8 周后	艾滋病抗体检查呈阳性。在此之前，即使检查也难以发现
艾滋病相关综合症	潜伏期过后，病毒开始活动	感染数月至 10 年后	30％～50％的感染者出现发病前的症状，淋巴结肿胀、发热、腹泻、体重减轻等
艾滋病发病	潜伏期过后，病毒开始活动	感染 3～15 年后(感染后不发病的例子也有)	病毒侵入血液中的淋巴细胞，致使人体免疫力下降，出现各种症状：感染症、肿瘤、神经障碍(痴呆症等)
死亡	潜伏期过后，病毒开始活动	发病 1～3 年后	约 75％的患者死亡

表 10-16　艾滋病感染的途径和防止方法

途　径		特　征	防止方法
感染的情况	性行为	性器官接触精液、阴道分泌物、血液、经粘膜感染，是最常见的感染途径	使用避孕套
感染的情况	血液	感染的危险性最高。献血时严格检查，对血液进行热处理	输血时进行检查，防止手术血液污染
感染的情况	母子感染	妊娠时经胎盘、产道的感染，出生后母乳感染。母亲感染后，孩子感染的概率为 30％	服用预防药 AZT，实施剖腹产，用奶粉哺乳
不感染的情况	唾液	由于含有的病毒量极少，唾液和轻微的接吻不会感染，共用饭碗也是安全的	
不感染的情况	蚊虫叮咬	微量的血液不会感染，也没有感染的先例	
不感染的情况	触及尿液、汗液	由于含有的病毒量极少，因而不会感染	

第十一章 实 验

实验一 化学实验基本操作

一、实验目的

1. 了解无机化学实验的基本操作；

2. 认领常用实验仪器，练习常用玻璃仪器的洗涤；

3. 学会使用酒精灯和煤气灯，练习加热操作；

4. 练习化学试剂的取用和称量。

二、仪器和药品

仪器：常用仪器（见编者的话）一套，台秤，小滴瓶，试管刷（公用）。

药品：粗食盐（固），$KMnO_4$（固），$CuSO_4 \cdot 5H_2O$，NaCl（质量分数为 0.1%），$KMnO_4$（0.01mol/L）。

三、化学实验的基本操作

1. 玻璃仪器的洗涤和干燥

(1)玻璃仪器的洗涤：为了使实验得到正确的结果，实验仪器必须洗涤干净。一般是根据实验要求和附着在仪器上污物的性质来确定洗涤方法。常用的洗涤方法有：

a. 用毛刷就水刷洗，除去水溶物或附着在仪器上的尘土等。

b. 用水不能洗净时，可采用去污粉、肥皂或合成洗涤剂刷洗。先用少量水将仪器内壁润湿，再加入少量去污粉，用试管刷刷洗，然后用自来水冲洗干净。

c. 用上述方法不能洗净的仪器，以及一些口小、管细的仪器（如滴定管、移液管），可用铬酸洗液洗。铬酸洗液由等体积的浓硫酸和饱和重铬酸钾溶液配制而成。它具有很强的氧化性，对有机物和油污的去污能力特别强。洗涤时，先往仪器中倒入少量洗液，将仪器倾斜并慢慢转动，使仪器内壁全部被洗液湿润。转几圈后，把洗液倒回原瓶内。然后用自来水把仪器壁上残留的洗液清洗。

铬酸洗液的吸水性强，应随时盖严洗液的瓶塞，以防吸水后降低去污能力。当洗液变为绿色时，就失去了去污能力，不能再用。铬酸洗液毒性较大，尽可能少用或不用。

d. 特殊物质的去除，要根据粘附在器壁上物质的性质，对症下药进行处理。例如二氧化锰，可用浓盐酸清洗。

洗净的仪器倒置时，水流尽后器壁不应挂水珠，至此可用少量蒸馏水冲洗 2～3 次，以除去自来水带来的杂质。

凡已洗净的仪器,不可再用布或纸擦拭,以免将仪器弄脏。

(2)玻璃仪器的干燥:

a. 加热烘干。洗净的仪器可放到烘箱内(控制 105℃左右)烘干;烧杯、蒸发皿亦可置于石棉网上用小火烘干;试管可直接用火烤干(图 11-1),但试管口应略低于管底,以免水珠倒流炸裂试管。同时要不断转动试管,从试管底部开始烘烤,直至无水珠后,将管口朝上,赶尽水气。

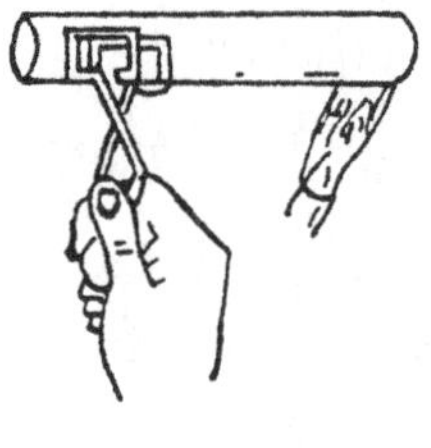

图 11-1　烤干试管

b. 晾干和吹干。将洗净的仪器倒置于干净的实验柜内或仪器架上晾干,或用吹风机吹干。

带刻度的计量仪器,不能用加热法干燥,除晾干、吹干外,还可借助于易挥发的有机溶剂(如酒精、酒精与丙酮的等体积混合物)来干燥。将适量的有机溶剂加入已洗净的仪器中,倾斜并转动仪器,使器壁上的水与有机溶剂互溶,然后倾出。残留在器壁上的少量混合物很快可挥发掉。

2. 常用加热器具的使用

(1)煤气灯。煤气灯是化学实验室最常用的加热器具,它由灯管和灯座组成(图 11-2)。灯管下部有螺旋与灯座相连,还有几个圆孔,为空气入口。旋转灯管,即可完全关闭或不同程度地开启圆孔,以调节空气的进入量。灯座的侧面有煤气入口,可接上橡皮管把煤气导入灯内。灯座下面(或侧面)有一螺旋形针阀,用以调节煤气的进入量。

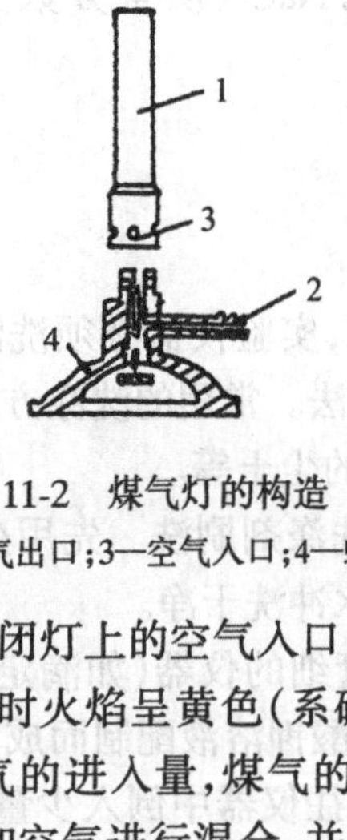

图 11-2　煤气灯的构造

1—灯管;2—煤气出口;3—空气入口;4—螺旋形针阀

图 11-3　煤气灯火焰

使用时,先关闭灯上的空气入口,用橡皮管连接灯和煤气管道上的出口,再开启煤气旋塞,最后点火。此时火焰呈黄色(系碳粒发光所产生的颜色),煤气燃烧不完全,火焰温度高。逐渐加大空气的进入量,煤气的燃烧逐渐完全。火焰一般分 3 层(图 11-3):内层(焰心),在这里煤气和空气进行混合,并未燃烧,温度低,为 300℃左右;中层(还原焰),这里煤气不完全燃烧,并分解为含碳的产物,所以,这部分火焰具有还原性,称为“还原焰”,温度较高,火焰呈淡蓝色;外层(氧化焰),这里煤气完全燃烧,过剩的空气使这部分火焰具有氧化性,称为“氧化焰”,温度最高,火焰呈淡紫色。实验时,一般都用氧化焰来加热。

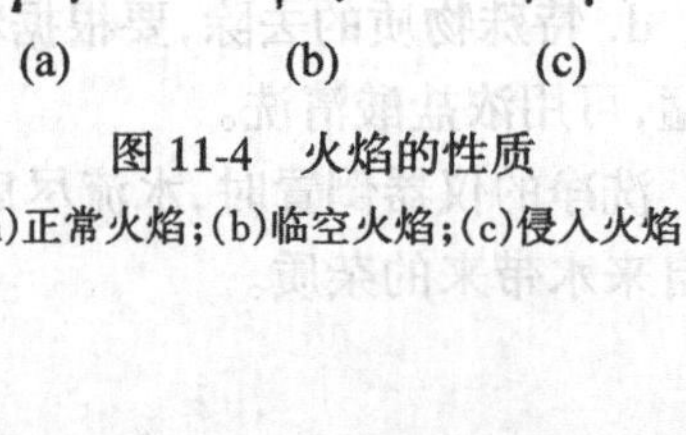

图 11-4　火焰的性质

(a)正常火焰;(b)临空火焰;(c)侵入火焰

如果煤气或空气量控制不当,会出现“临空火焰”

与"侵入火焰"(图 11-4)。发生这种情况时,应把灯关闭,冷却后,重新调节和点燃。

(2)酒精灯。酒精灯是玻璃制的,带有磨口灯罩。不用时,盖上灯罩,以免酒精挥发。酒精的火焰温度可达 673～773K(400～500℃)。

使用酒精灯时,应注意下列问题:

a. 点燃。只能用火柴点燃,不允许用燃着的酒精灯去点燃另一盏酒精灯。否则,灯内酒精溢出,会引起火灾。

b. 熄灭。只能用灯罩灭火,不可用嘴去吹。

c. 添加酒精。不允许在燃着时添加酒精,必须先熄灭灯,再加酒精。加酒精时可借漏斗将酒精加入灯内(图 11-5)。灯内酒精量不宜超过其总容量的 2/3。

(3)水浴、沙浴和油浴。当被加热物质要求受热均匀,而温度又不能超过 373K(100℃)时,可利用水浴。常用的铜质水浴锅,里面盛水。将水浴锅中水加热,产生的水蒸气加热放置在水浴锅铜圈上的器皿(图 11-6)。铜圈是一组大小不同的同心圈。根据器皿大小选用铜圈。水浴内盛水量,不应超过其容量的 2/3。根据情况添加水量,切勿烧干。

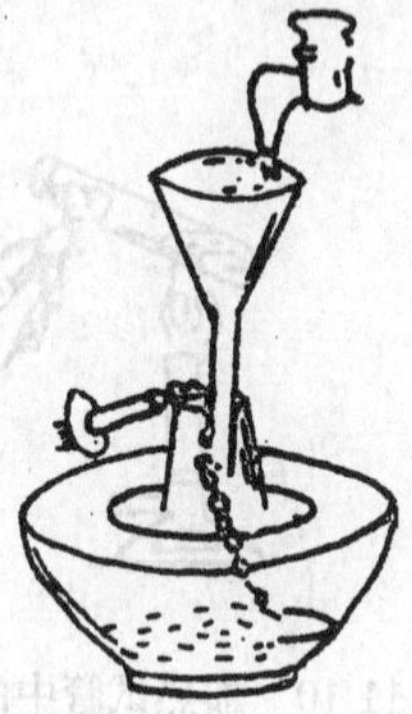

图 11-5　往酒精灯内添加酒精

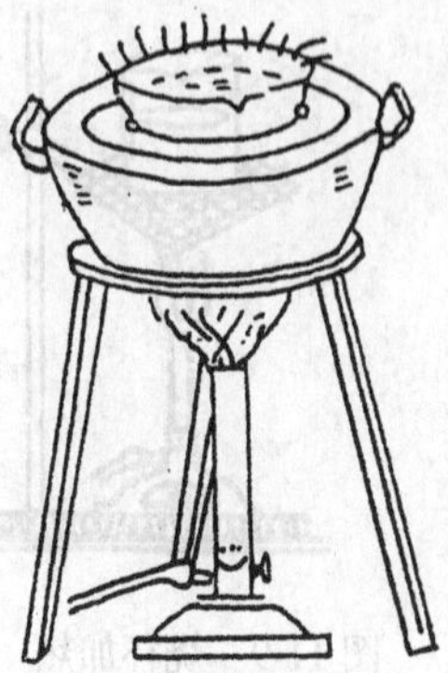

图 11-6　水浴加热

一般在试管中进行的某些实验,需用水浴加热时,也可用烧杯代替水浴锅加热(图 11-7)。

现在使用的恒温水浴,可自动恒温。使用这种水浴时,一定在加水后方可通电;用后必须将水放掉并擦干;还要保护好自控装置。

当被加热物质要求受热均匀,而温度又高于 373K(100℃)时,可使用沙浴(图 11-8)。它是一个铺有一层细沙的铁盘,被加热的器皿则放在沙上。需要测温时,把温度计插入沙中即可。

油浴与水浴类似,只是内装油代替装水。无机反应不常用油浴,而有机反应常用油浴。

3. 加热操作

无机实验中,烧杯、试管、瓷蒸发皿等常作为加热的容器。它们可以承受一定的温度,但不能骤热或骤冷。因此,加热前,必须将器皿外壁的水擦干,加热后,不能立即与潮湿的物体接触。

加热液体时,液体量一般不宜超过容器总容量的一半。

(1)加热烧杯、烧瓶中的液体。玻璃仪器必须放在石棉网上(图 11-9),否则容易因受热

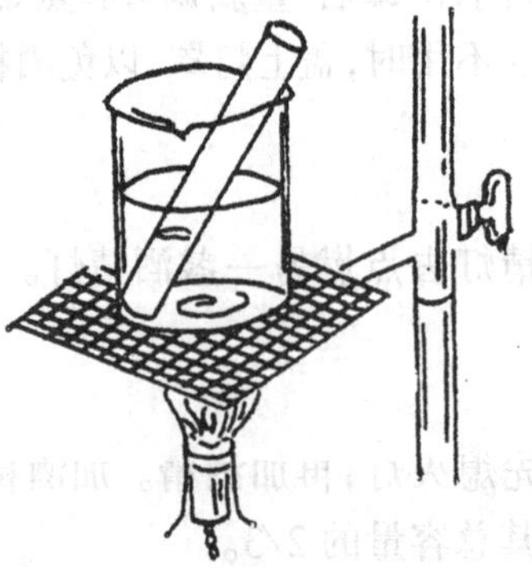

图 11-7　烧杯代替水浴加热

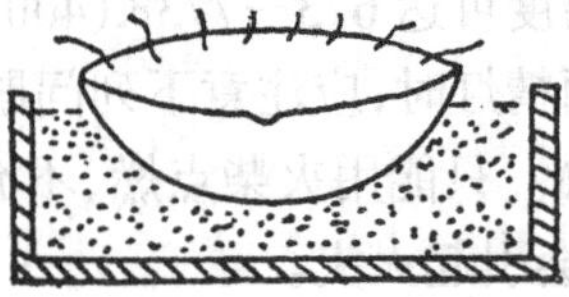

图 11-8　沙浴加热

不均而破裂。

(2)加热试管中的液体。试管中的液体可直接在火焰上加热(图 11-10)。

图 11-9　烧杯加热

图 11-10　加热试管中的液体

在火焰上加热试管时,应注意以下几点:

a. 用试管夹夹持试管的中上部。

b. 试管应稍微倾斜,管口向上,以免烧坏试管夹或烧痛手指。

c. 应使液体各部分受热均匀,先加热液体的中上部,再慢慢往下移动,同时不停地上下移动,不要集中加热某一部分,否则将使液体局部受热,骤然产生蒸气,使液体冲出管外。

d. 不要将试管口对着别人或自己,以免溶液溅出造成烫伤。

(3)加热试管中固体。将固体在试管底部铺匀,管口略向下,以免凝在试管上的水珠流到灼热的管底而使试管炸裂。试管可用试管夹夹住,也可用铁夹固定。加热时,移动火焰,先把试管的中下部加热一下,然后再在试管中的固体下面加热(图 11-11)。

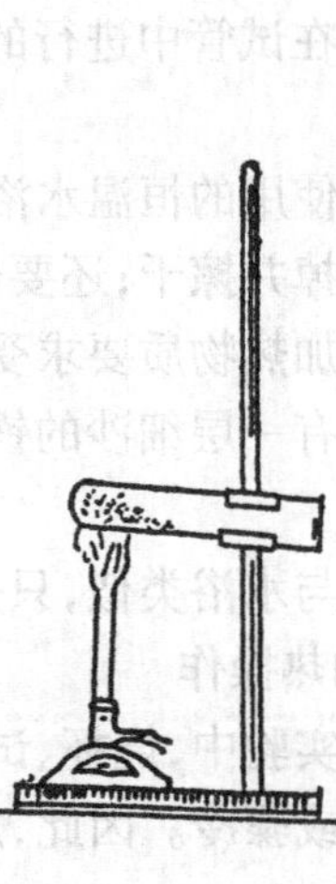

图 11-11　加热试管中的固体

4. 化学试剂的取用与称量

(1)液体试剂的取用：

a. 从滴瓶取液体时，要用滴瓶中的滴管，不要用别的滴管，吸有液体的滴管不能倒置，不要与接受器的器壁接触(见图 11-12)，更不应把滴管伸入到其它液体中。滴管一经用完，应立即插回原来的滴瓶中，而不能放到其它地方。

b. 从细口瓶中取用液体试剂用倾注法(图 11-13)。先将瓶塞取下，仰放在桌面上，手握住试剂瓶贴标签的一面，逐渐倾斜瓶子，让试剂沿器壁或沿着玻璃棒流入容器。倒完后，将试剂瓶口在容器上靠一下，再逐渐竖起瓶子，以免遗留在瓶口的液滴流到瓶子外壁。倒入容器的液体不应超过容器容量的 2/3。加入试管的液体，不超过试管容量的 1/2。

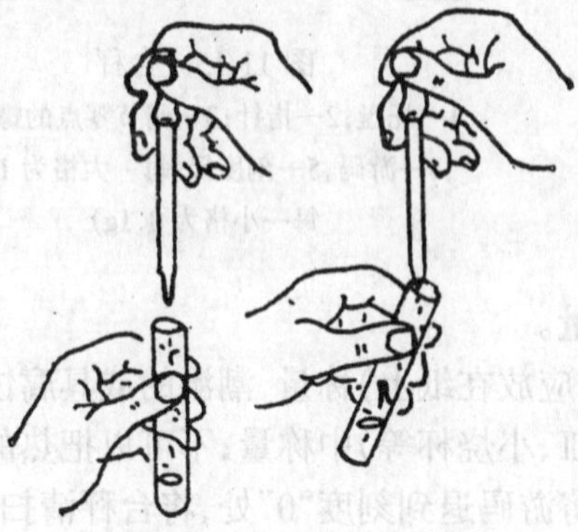

正确　　　　不正确

图 11-12　用滴管将试剂加入试管中

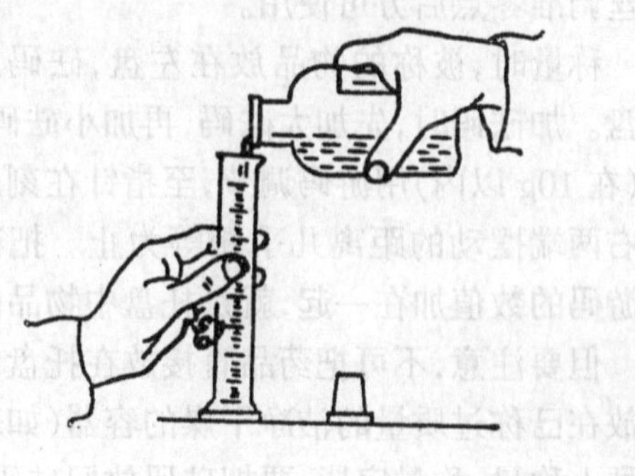

图 11-13　倾注法

c. 在不需要准确地量取试剂时，不必每次都用量筒，只要学会估计从瓶内取用液体的量即可。为此，必须知道 1mL 液体相当于多少滴，5mL 液体占一个试管(ϕ13×100mm)容量的几分之几，等等。学生应反复练习估量液体的操作，直到熟练掌握为止。

d. 需要较准确地量取试剂时，要用量筒量取。量筒的容量有 10mL、25mL、50mL、100mL 等，根据需要来选用。量取液体时，要使视线与量筒内液体的弯月面的最低位置保持水平(相切)，偏高或偏低都会读不准，而造成较大的误差(图 11-14)。

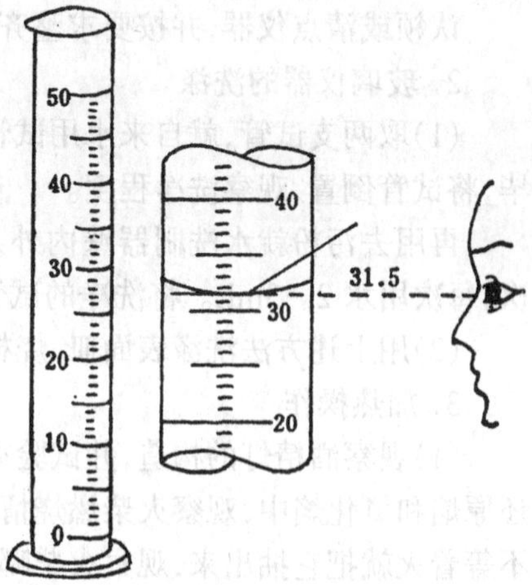

图 11-14　观看量筒内液体的体积

(2)固体试剂的取用：

a. 用干净的药勺取试剂。一般药勺的两端分别为大小两个匙，分别用于取用不同量的固体。要注意每种试剂专用一个药勺，并保持其干燥洁净。

往未干燥的试管中加入固体试剂时，可将试管倾斜至近水平，然后把药品装在药勺里或对折的纸片上，伸进试管约 2/3 处倒入。如果是块状固体，应将试管倾斜，使固体沿管壁慢慢滑下，以免碰破管底。

b．要较准确地取用一定量的固体，可用台秤称取，一般台秤能称至0.1g。台秤的构造，如图11-15所示。

使用前，应先将游码拨至刻度尺左端“0”处，观察指针的摆动情况。若指针在刻度尺左右两端摆动的距离几乎相等（此时指针休止点叫零点），表示台秤可以使用；若指针在刻度尺左右摆动的距离相差很大，则应用调节零点的螺丝调准零点后方可使用。

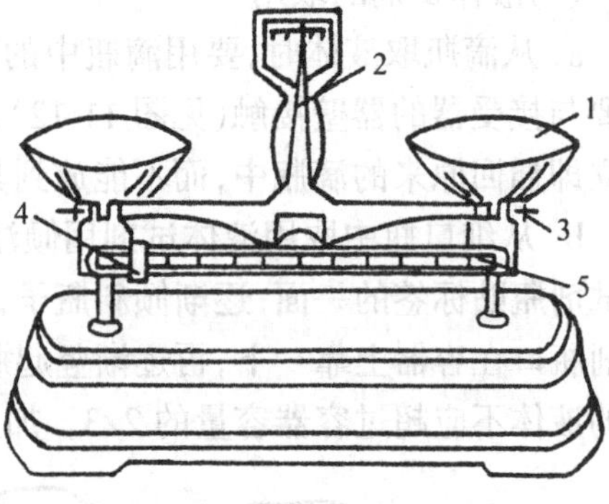

图11-15 台秤

1—托盘；2—指针；3—调节零点的螺丝；4—游码；5—刻度尺（每一大格为1g，每一小格为0.1g）

称量时，被称的物品放在左盘，砝码放在右盘。加砝码时，先加大砝码，再加小砝码，最后（在10g以内）用游码调节，至指针在刻度尺左右两端摆动的距离几乎相等为止。把砝码和游码的数值加在一起，就是托盘中物品的质量。

但要注意，不可把药品直接放在托盘内（而应放在纸上）称量，潮湿的或具腐蚀性的药品应放在已称过质量的洁净干燥的容器（如表面皿、小烧杯等）中称量；不可以把热的物品放在台秤上称量；称量完毕，要把砝码放回砝码盒，将游码退到刻度“0”处，将台秤清扫干净。

四、基本操作练习

1．准备

认领或清点仪器，并按要求整齐地摆放在实验柜内。

2．玻璃仪器的洗涤

(1)取两支试管，就自来水用试管刷刷洗。刷洗时，用力不要过猛，以免将试管捅破。洗毕，将试管倒置，观察洗净程度。

再用去污粉就水洗刷器壁内外，用自来水冲净，观察洗净程度。最后用蒸馏水冲洗两次，每次用水2~3mL。将洗净的试管倒放在试管架上。

(2)用上述方法洗涤表面皿、烧杯(250mL)、量筒(10mL)。

3．加热操作

(1)观察酒精灯的构造，并试验火焰各部分的温度。把3根火柴头分别迅速插入焰心、还原焰和氧化焰中，观察火柴燃烧情况有何不同。再取一根火柴，迅速横插入火焰的中部，不等着火就把它抽出来，观察火柴哪一部分首先碳化，说明火焰的哪部分温度最低，哪部分温度最高。

(2)加热试管中的液体。在试管中加入1/3容积的水，擦干试管外壁，按操作规程加热至沸。

(3)加热试管中的固体。在干燥的试管中放几粒硫酸铜晶体，管口略向下倾斜，用试管夹或将试管固定在铁架台上，按操作规程加热。待晶体变为白色时，停止加热。当试管冷至室温时，加入3~5滴水，观察颜色的变化。

(4)加热烧杯中的液体。取一烧杯(250mL)，加入约1/3容积的水，按操作规程加热至沸。

4. 试剂的取用和称量

(1)选择适宜的量筒,分别量取 5mL 和 30mL 0.1%的 NaCl 溶液,并分别倾入试管和沿玻璃棒倾入 100mL 烧杯中。

(2)量取 1mL 0.01mol/L $KMnO_4$ 溶液,并倾入试管中,观察并估量 1mL 溶液占试管容积的几分之几。

在同样规格的另一支试管中估取 1mL 0.01mol/L $KMnO_4$ 溶液,并倒入量筒中,观察误差的大小。

量取 3mL 0.01mol/L $KMnO_4$ 溶液,重复上述操作。

(3)用胶帽滴管吸取 0.1%NaCl 溶液,并逐滴地滴到 10mL 量筒中,记录滴至 1mL 刻度处时的总滴数。记住这个数字,这是不用量筒量取少量溶液的简便方法。

(4)观察台秤的构造,练习调"零"点的操作(2 次)。

(5)称量一个表面皿,记下它的质量。

然后,在台秤右盘上添加 1g 砝码,再向左盘上的已知重量的表面皿里小心加入$KMnO_4$固体,直到台秤两端平衡为止。取下表面皿,回收 $KMnO_4$ 固体,将砝码放回盒中,恢复台秤平衡状态。

在台秤的左、右盘中,各放两张同样大小的称量纸,观察台秤平衡状态。再按上法称量 5g 粗食盐,然后将其倒入回收瓶中。

五、思考题

1. 怎样洗涤试管并检验其洁净程度?
2. 加热试管中的液体和固体时,应注意什么?
3. 用台秤称量固体药品时,应注意什么?若按本实验中称量粗食盐的方法称量高锰酸钾行吗?为什么?

实验二　溶解热的测定

一、实验目的

1. 了解用简单量热计测定硝酸钾的溶解热；
2. 学习贝克曼温度计的使用。

二、实验原理

盐类的溶解，同时进行着两个过程：一是晶格破坏，为吸热过程；二是离子的溶剂化，为放热过程。溶解热是这两种热效应的总和。因此，最终是吸热或是放热，则由这两个效应的相对大小来决定。

当实验在定压下只有膨胀功的绝热系统中进行时，系统的总焓保持不变，根据热平衡，即可计算过程所涉及的热效应。此时，$\Delta H_{溶解} = Q_p = C_p \Delta T$。

本实验是用杜瓦瓶作量热计，可看作绝热系统，当把某种盐溶于瓶内一定量水中时，要计算其热效应 $Q_p(\Delta H_{溶解})$，必须求出 C_p 和 ΔT。显然，这里的 C_p 是系统总的平均热容（包括杜瓦瓶、搅拌器、温度计、水溶液等），而且 C_p 又随温度在变化，是一个难于计算出来的量。因此，在与待测热效应时的 ΔT 接近相等的范围内，对绝热体系输入一定的已知热量 Q，则

$$Q_{已知} = (C_p' + C_{样①})\Delta T_1$$

式中　C_p'——量热计热容；

$C_{样①}$——已知盐溶液的热容，可查表计算得知；

$Q_{已知}$——已知盐的溶解热，可查表计算得知。

通过实验，求出 ΔT_1，就可算出 C_p'：

$$C_p' = \frac{Q_{已知}}{\Delta T_1} - C_{样①}$$

然后利用该热量计来进行待测热效应的实验，求出 ΔT_2，则：

$$Q_{待测} = (C_p' + C_{样②})\Delta T_2$$

$$= \left[\left(\frac{Q_{已知}}{\Delta T_1} - C_{样①}\right) + C_{样②}\right]\Delta T_2$$

式中　$Q_{待测}$——为待测盐的溶解热 $\Delta H_{溶解}$；

$C_{样②}$——待测盐溶液的热容，可查表计算得知。

通过上公式即算出：　　$Q_{待测} = \Delta H_{溶解}$

三、仪器与试剂

1. 仪器

杜瓦瓶量热计及附件（搅拌器、贝克曼温度计、杜瓦瓶或漏斗）、放大镜、秒表、500mL 容量瓶。

2. 试剂

分析纯氯化钾及硝酸钾。

四、实验操作步骤

见图 11-16 装置。

1. 量热计热容 C_p' 的测定。

①在量热器盖上安装好搅拌器、贝克曼温度计。

②准确量取 500mL 蒸馏水倒入杜瓦瓶中，盖好量热盖子。

③准确量称取 10～11g KCl 固体（已快干，储存于干燥器中），并将 KCl 装入安瓿瓶中，再将安瓿瓶装在量热器盖上。

④开动搅拌器，并保持恒定的搅拌速度。

⑤用放大镜读温度计上的温度读数，至温度上升速度基本恒定后，与分钟准确数一致，连续 5～8 次，并记录时间和温度。

⑥将安瓿瓶中的 KCl 全部倒入杜瓦瓶中（争取在 1min 内倒完）。继续读取温度（每间隔 1min 读一次），直到杜瓦瓶中温度回升（或基本不变），再连续 5～8 次，并记录时间和温度。

2. 硝酸钾溶解热的测定

称取 5～6g KNO_3 代替 KCl 重复上述操作。

五、实验数据与实验报告的要求

1. 数据记录与整理

室温______℃，大气压______Pa。

加 KCl 前后每分钟温度读数记录

时间/min	0	1	2	3	4	5	6	7	8	9	10	11	12	13	…
温度/℃															

加 KNO_3 前后每分钟温度读数记录

时间/min	0	1	2	3	4	5	6	7	8	9	10	11	12	13	…
温度/℃															

量热计热容测定		硝酸钾溶解热的测定	
量热计中水的体积/mL		量热计中水的体积/mL	
KCl 质量/g		KNO_3 质量/g	
真实温差 ΔT_1/K		真实温差 ΔT_2/K	
KCl 的热容/($J \cdot mol^{-1} \cdot K^{-1}$)		KNO_3 的热容/($J \cdot mol^{-1} \cdot K^{-1}$)	
水的屈变/($g \cdot mL^{-1}$)		水的密度/($g \cdot mL^{-1}$)	
水的热容/($J \cdot mol^{-1} \cdot K^{-1}$)		水的热容/($J \cdot mol^{-1} \cdot K^{-1}$)	
量热计热容/($J \cdot K^{-1}$)		硝酸钾的溶解热/($J \cdot K^{-1}$)	

2. 数据处理及计算

(1)由于杜瓦瓶并不是严格的绝热体系,因此在盐溶解过程中体系与环境仍有微小的热交换。为了消除热交换的影响,求得没有热交换时的真实温差 $\Delta T_1(\Delta T_2)$,可采用如图 11-17 的作图推法。

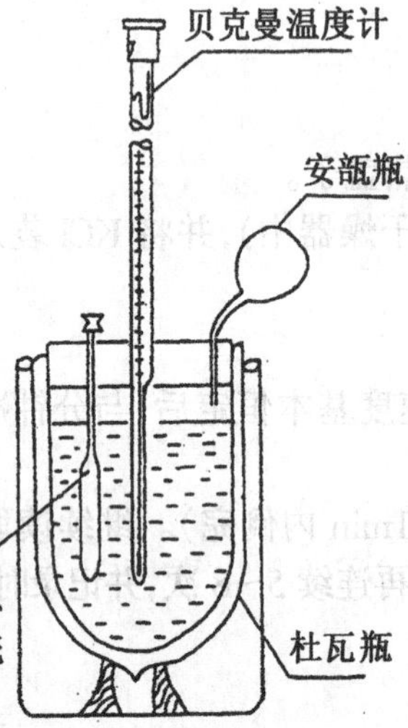

图 11-16　量热计示意图

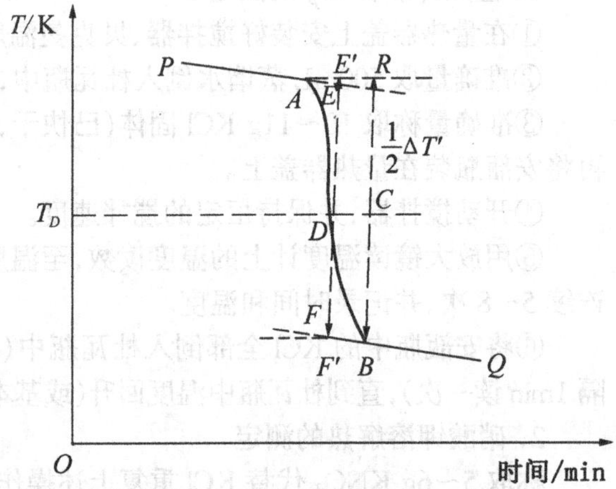

图 11-17　温度校正曲线图

a. 根据实验数据,作出温度-时间曲线,见图 11-17,并认为溶解是相当于盐溶解前后的平均温度(ΔT_D)那一瞬间完成的。A 点相当于热效应开始之点,B 点相当于热效应终了之点,AB 称为主期。主期以前的 PA 称为前期,主期以后的 BQ 称为后期。

b. 量取 A、B 两点间的垂直距离,即为主期的温度变化值 $\Delta T'$。

c. 通过 $\Delta T'$ 的中点 C 作平行于横坐标的直线交曲线于 D 点。

d. 过 D 点作一垂直线分别交两主切线(即 PA 线和 QB 线的延长线)于 E 和 F 点,则 EF 线代表校正后的真正的温度改变值 ΔT。

(2)计算量热器的热容 C_p'。

(3)计算硝酸钾在溶液温度下的溶解热。

(4)总结产生误差的原因和实验心得体会。

六、思考题

1. 为什么要测定量热计的热容 C_p'?

2. 温度和浓度对溶解热有无影响?

3. 如何从实验温度下测得的溶解热,计算出其他温度下的溶解热。

附:(1)KCl(s)及 KNO_3(s)在 293K 附近时的比热分别为 $0.670J\cdot g^{-1}\cdot K^{-1}$ 和 $0.8954 J\cdot g^{-1}\cdot K^{-1}$,水的比热为 $4.18J\cdot g^{-1}\cdot K^{-1}$。

(2)不同温度下,1mol KCl(s)溶于 200mol 水中的溶解热如下表:

温度/K	283	284	285	286	287
$\Delta H_{溶解}/(kJ \cdot mol^{-1})$	19.98	19.79	19.62	19.45	19.28
温度/K	288	289	290	291	293
$\Delta H_{溶解}/(kJ \cdot mol^{-1})$	19.01	18.77	18.60	18.44	18.30
温度/K	294	295	296	297	298
$\Delta H_{溶解}/(kJ \cdot mol^{-1})$	18.16	18.00	17.85	17.70	17.56
温度/K	299	300	302	303	
$\Delta H_{溶解}/(kJ \cdot mol^{-1})$	17.41	17.27	17.00	16.89	

实验三 反应速率与活化能的测定

一、实验目的

1. 通过实验了解浓度和温度对化学反应速率的影响；

2. 测定$(NH_4)_2S_2O_8$与KI的反应速率，计算反应级数、速率常数和活化能。

二、实验原理

在酸性介质中，过二硫酸铵与碘化钾发生下列反应：

$$S_2O_8^{2-}+3I^- = 2SO_4^{2-}+I_3^-$$

反应的平均速率可以表示为：

$$v=\frac{-\Delta c(S_2O_8^{2-})}{\Delta t}=k\cdot c^m(S_2O_8^{2-})\cdot c^n(I^-)$$

为了测定$\Delta c(S_2O_8^{2-})$，在混合$(NH_4)_2S_2O_8$和KI溶液时，同时加入一定体积的已知浓度的$Na_2S_2O_3$溶液和作为指示剂的淀粉溶液。这样，在过二硫酸铵与碘化钾反应进行的同时，也进行着如下反应：

$$2S_2O_3^{2-}+I_3^- = S_4O_6^{2-}+3I^-$$

上述反应进行得非常快，几乎瞬间完成，而过二硫酸铵与碘化钾的反应却慢得多，所以由该反应生成的I_3^-立刻与$S_2O_3^{2-}$作用生成无色的$S_4O_6^{2-}$和I^-。因此，在反应开始阶段，看不到碘与淀粉作用而显示的蓝色。但是，一旦$Na_2S_2O_3$耗尽，过二硫酸铵与碘化钾的反应继续生成的微量I_3^-，立即使淀粉溶液显示蓝色。所以蓝色的出现标志着第2个反应的完成。

从上述两个反应的计量关系可以看出，$S_2O_8^{2-}$浓度减少的量等于$S_2O_3^{2-}$浓度减少量的一半，即：

$$\Delta c(S_2O_8^{2-})=\frac{\Delta c(S_2O_3^{2-})}{2}$$

由于$S_2O_3^{2-}$在溶液显示蓝色时已全部耗尽，所以，$\Delta c(S_2O_3^{2-})$实际上就是反应开始时$Na_2S_2O_3$的浓度。因此，只要记下从反应开始到溶液出现蓝色时所需要的时间，就可以求算第1个反应的反应速率$\frac{\Delta c(S_2O_3^{2-})}{\Delta t}$。

在固定$c(S_2O_3^{2-})$、改变$c(S_2O_8^{2-})$和$c(I^-)$的条件下进行一系列实验，测得不同条件下的反应速率，根据$v=k\cdot c^m(S_2O_8^{2-})\cdot c^n(I^-)$的关系可推出反应级数，再由下式可求出反应速率常数$k$：

$$k=\frac{v}{c^m(S_2O_8^{2-})\cdot c^n(I^-)}$$

根据Arrhenius公式，反应速率常数与反应温度有如下关系：

$$\lg k=\frac{-E_a}{2.303RT}+\lg A$$

式中，E_a 为反应的活化能；R 为气体常数（$8.314J\cdot mol^{-1}\cdot K^{-1}$）；$T$ 为热力学温度；A 为给定反应的特征常数。因此，只要测得不同温度时的 k 值，以 $\lg k$ 对 $1/T$ 作图，可得一直线，其斜率为$\dfrac{-E_a}{2.303R}$，便可求出活化能 E_a。

三、仪器与试剂

秒表、温度计（0～100℃）、烧杯（100mL）、量筒、大试管。

KI（$0.20mol\cdot L^{-1}$）、$(NH_4)_2S_2O_8$（$0.20mol\cdot L^{-1}$）、$Na_2S_2O_3$（$0.010mol\cdot L^{-1}$）、KNO_3（$0.20mol\cdot L^{-1}$）、$(NH_4)_2SO_4$（$0.20mol\cdot L^{-1}$）、淀粉（质量分数为 0.4%）。

四、实验操作步骤

1．浓度对反应速率的影响、反应级数的测定

室温下按下表编号 1 的用量分别量取 KI、淀粉、$Na_2S_2O_3$ 溶液于 100mL 烧杯中，混合均匀。再量取 $(NH_4)_2S_2O_8$ 溶液，迅速加入烧杯中，同时按动秒表计时，不断用玻璃棒搅拌。观察溶液，刚一出现蓝色，立即停止计时。记录反应时间，并填入下表。

用同样方法进行编号 2～5 实验。为了使溶液的离子强度和总体积保持不变，在实验 2～5 中所减少的 $(NH_4)_2S_2O_8$ 和 KI 的量，分别用 KNO_3 和 $(NH_4)_2SO_4$ 溶液补充。

记录每次反应的时间，也填入下表。

反应温度（室温）：

实验编号		1	2	3	4	5
试剂用量(mL)	$0.20mol\cdot L^{-1}(NH_4)_2S_2O_8$	20.0	10.0	5.0	20.0	20.0
	$0.20mol\cdot L^{-1}KI$	20.0	20.0	20.0	10.0	5.0
	质量分数为 0.4% 的淀粉溶液	2.0	2.0	2.0	2.0	2.0
	$0.010mol\cdot L^{-1}Na_2S_2O_3$	8.0	8.0	8.0	8.0	8.0
	$0.20mol\cdot L^{-1}KNO_3$	—	—	—	10.0	15.0
	$0.20mol\cdot L^{-1}(NH_4)_2SO_4$	—	10.0	15.0	—	—
反应时间 Δt/s						
反应速率 v/($mol\cdot L^{-1}\cdot s^{-1}$)						
反应速率常数 k						

2．温度对反应速率的影响

按上表编号 4 的用量，分别将 KI、淀粉、$Na_2S_2O_3$ 和 KNO_3 加入 100mL 烧杯中，搅拌均匀。在一个大试管中加入 $(NH_4)_2S_2O_8$ 溶液，将烧杯和试管同时放入冰水浴中冷却。待两种试液都冷却到温度低于室温 10℃ 时，迅速将试管中的 $(NH_4)_2S_2O_8$ 倒入烧杯中，立即计时，不断搅拌。当溶液出现蓝色时，记下时间。

在高于室温 10℃ 和 20℃ 条件下（热水浴中），分别重复上述实验。

将以上 3 个温度下的数据和上表编号 4 测得的室温下的数据一起记入下表。计算反应速率和速率常数。

温度对反应速率的影响

实验编号	6	7	8	9
反应温度/℃				
反应时间/s				
反应速度/($mol \cdot L^{-1} \cdot s^{-1}$)				
反应速率常数 k				
$\lg k$				
$1/T$				

五、数据处理

1．反应级数的计算

将上表中编号1和3的结果代入公式可得：

$$\frac{v_1}{v_3}=\frac{kc_1^m(S_2O_8^{2-})c_1^n(I^-)}{kc_3^m(S_2O_8^{2-})\cdot c_3^n(I^-)}=\frac{c_1^m(S_2O_8^{2-})}{c_3^m(S_2O_8^{2-})}$$

将 v_1、v_3、$c_1(S_2O_8^{2-})$、$c_3(S_2O_8^{2-})$代入上式可求出 m。同理，将编号1和5的结果代入公式可求出 n。

反应的总级数为 $m+n$。

2．反应速率常数 k 的计算

已知 v 和 m、n，可以求出 k 值。

3．活化能的计算

根据上述表的结果，以 $1/T$ 为横坐标，$\lg k$ 为纵坐标作图，得一直线，此直线的斜率为 $-\frac{E_a}{2.303R}$，由此可求出该反应的活化能 E_a。（文献值 $E_a=56.7kJ \cdot mol^{-1}$）。

六、思考题

1．浓度、温度对反应速率及反应速度常数有何影响？

2．根据反应方程式能否直接确定反应级数？为什么？试用本实验结果加以说明。

3．本实验中，$Na_2S_2O_3$ 用量过多或过少，对实验结果有何影响？

实验四　液体饱和蒸气压的测定

一、实验目的

1. 掌握用气压测定液体和气压的使用方法；
2. 了解纯液体饱和蒸气压与温度的关系：克-克(Clapeyron-Clausius)方程式；
3. 测定不同温度下乙酸甲酯的饱和气压，并求其平均摩尔汽化热和正常沸点。

二、实验原理

纯液体饱和蒸气压与温度关系可用克-克(Clapeyron-Clausius)方程来表示：

$$\frac{\mathrm{d}\lg p}{\mathrm{d}T}=\frac{\Delta \widetilde{H}_T}{RT^2} \tag{11-1}$$

式中，$\Delta \widetilde{H}_T$ 为在温度 T 的纯液体的摩尔汽化热；R 为气体常数；T 为绝对温度。

在一定的温度范围内，$\Delta \widetilde{H}_T$ 可视为常数，当作平均摩尔汽化热，将(11-1)式积分得：

$$\lg p=\frac{-\Delta \widetilde{H}_T}{2.303R}\cdot\frac{1}{T}+C \tag{11-2}$$

其中，p 为液体在温度 T(K)时的蒸气压，C 为积分常数。由式(11-2)可知，作 $\lg p\sim\frac{1}{T}$图应为直线，直线的斜率 $A=\frac{-\Delta \widetilde{H}_T}{2.303R}$，由此可求出 $\Delta \widetilde{H}_T$。

测定饱和蒸气压常用的方法主要有以下两种：

(1)静态法：在某温度下，直接测量饱和蒸气压，此法一般用于蒸气压较大的液体。

(2)动态法：在不同的外压下，测定液体的沸点。本实验是用静态法测定乙酸甲酯在不同温度下的饱和蒸气压，所用的仪器是纯液体蒸气压测定装置，见图 11-18。

三、仪器与试剂

蒸气压力测定仪、恒温槽、乙酸甲酯。

四、实验步骤

(1)按图 11-18 安装好装置。

(2)漏气检查：旋动三通旋塞，让体系抽空，此时水银计的水银面的高度差随系统减压程度的加大而增加，当两水银面相差约 30cm 时，关闭三通旋塞(打到图 a 的位置)，如果在 2min 内两水银面的高度差没有变化，则表明不漏气；否则，就有漏气。

(3)确认体系不漏气后，旋动旋塞(打到图 b 的位置)，将体系空气抽出，至乙酸甲酯开始沸腾时，关闭旋塞，待沸腾 1～2min 后，仔细开启旋塞(打到图 c 的位置)，缓慢放入空气，至平衡管 U 形管 c、b 两管液面齐平时，迅速关闭旋塞，读取这时恒温槽的温度及气压计汞柱的两液面差。

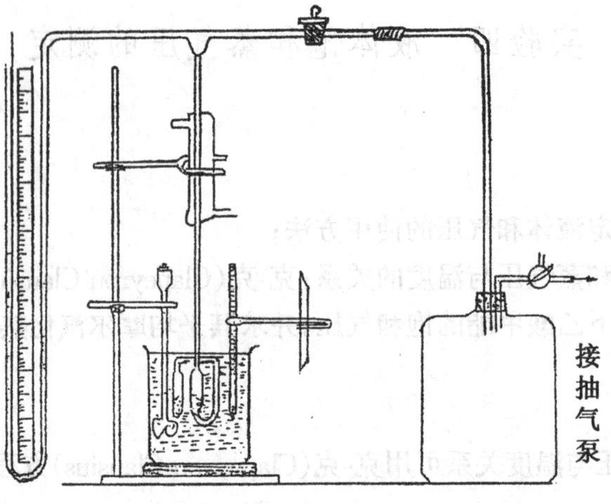

图 11-18　蒸气压测定仪器装置图

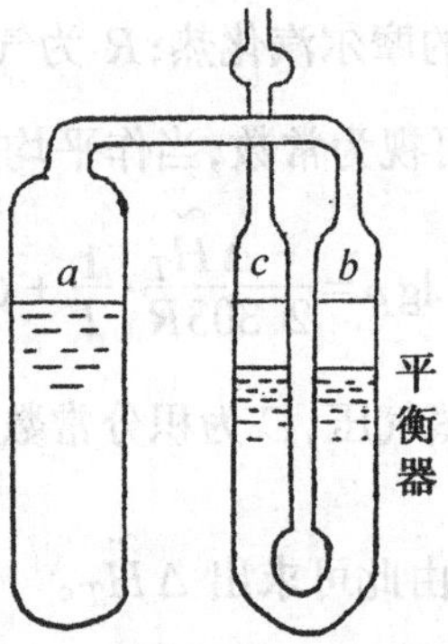

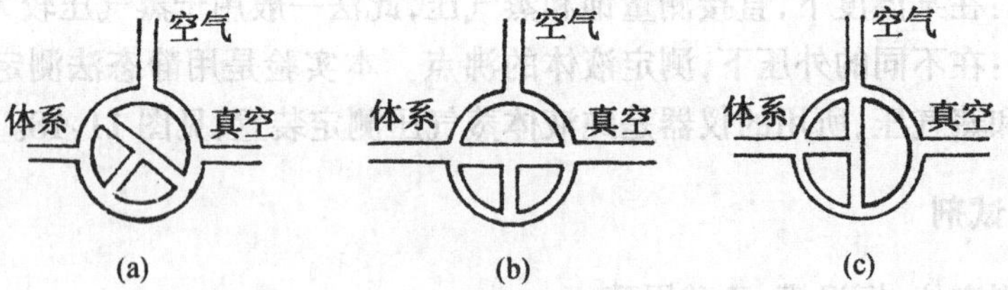

三通旋塞位置图

(4)使恒温槽温度升高 2～3℃。重复以上步骤，以此类推，测出 5 组数据。

记录：室温：　　　　　大气压：

编号	温度/℃	右边汞高/mmHg	左边汞高/mmHg	汞高差/mmHg	蒸气压 p/mmHg	$\lg p$	$\frac{1}{T(\mathrm{K})}$
1							
2							
3							
4							
5							

五、数据处理

(1)作 $\lg p \sim \frac{1}{T}$ 图,求出斜率 A 及截距 B,将 p 和 T 的关系写成 $\lg p = \frac{A}{T} + B$ 的形式,在此图中求出外压力为一个大气压的沸点。

(2)计算乙酸在实验的温度范围内的平均摩尔汽化热 $\Delta \widetilde{H}_T$。

六、思考题

1. 克-克方程式在什么条件下才能应用?
2. 在开启旋塞放空气入体系时,放得过多应怎么办?
3. 为什么要使平衡管 U 形管 c、b 两液面齐平时才能读数?
4. 气化热与温度有无关系?

实验五　醋酸电离度和电离常数的测定

一、实验目的

1. 了解用 pH 计法测定醋酸电离度和电离常数的原理和方法；
2. 加深对电离度和电离常数的理解；
3. 学习 pH 计的使用方法。

二、实验原理

醋酸 HAc 是弱电解质，在水溶液中存在着下列电离平衡：

$$HAc \rightleftharpoons H^+ + Ac^-$$

则

$$K_a = \frac{c\alpha^2}{1-\alpha}$$

其中，K_a 表示醋酸的电离常数；α 表示醋酸的电离度；c 表示醋酸的起始浓度。

在一定温度时，用 pH 计(酸度计)测定一系列已知浓度的醋酸溶液的 pH 值。按 $pH = -\lg[H^+]$ 换算成 $[H^+]$。根据 $\alpha = \frac{[H^+]}{c}$，即可求得一系列对应的醋酸电离度 α 和 $K_a = \frac{c\alpha^2}{1-\alpha}$ 值。在一定温度下，$\frac{c\alpha^2}{1-\alpha}$ 值近似地为一常数，取所得一系列的 $\frac{c\alpha^2}{1-\alpha}$ 值的平均值，即为该温度时 HAc 的电离常数 K_a。

三、仪器与试剂

1. 仪器

pH 计(pHs－2C 型)。滴定管(50mL)两支、铁架、已编号小烧杯(100mL)4 只、滴定管夹、温度计。

2. 试剂

$0.1mol \cdot L^{-1}$ 醋酸标准溶液。

四、实验操作步骤

1. 配制不同浓度的醋酸溶液

在 4 只已编号分别为 1#、2#、3#、4# 的干燥的 100mL 烧杯中，用酸式滴定管分别加入上述 $0.1mol \cdot L^{-1}$ 醋酸标准溶液 48.00mL、24.00mL、12.00mL 和 6.00mL，接近所需刻度时，应一滴一滴地加入。再从另一盛有蒸馏水的滴定管(酸式或碱式均可)往后面 3 只烧杯分别加入 24.00mL、36.00mL 和 42.00mL 蒸馏水，使 4 只烧杯中溶液的体积均为 48.00mL，小心混合均匀，并求出各份 HAc 溶液的精确浓度。

2. pH 的测定

用 pH 计分别测定上述各种浓度醋酸溶液(由稀到浓即 4#→3#→2#→1#)的 pH 值。记录各份溶液的 pH 值。

五、结果与数据

1. 数据记录与整理

室温：__________℃

0.1mol·L^{-1}醋酸标准溶液的浓度：________mol·L^{-1}。

(由实验室提供)

各份醋酸溶液的 pH 值、α 和 K_a 值

编号	不同浓度的 HAc 溶液的配制	c(HAc)	pH	[H^+]	α	$\frac{c\alpha^2}{1-\alpha}$
1#	48.00mL HAc					
2#	24.00mL HAc 24.00mL H_2O					
3#	12.00mL HAc 36.00mL H_2O					
4#	6.00mL HAc 42.00mL H_2O					

K_a = ________________

2. 计算

(1)不同浓度的醋酸溶液浓度计算 c(HAc)。

(2)[H^+]和 α 的计算。

(3)$\frac{c\alpha^2}{1-\alpha}$的计算。

(4)K_a 的计算[上述(3)的 4 个数据的平均值]。

3. 误差分析和实验心得体会。

六、思考题

1. 本实验测定 HAc 电离常数的原理如何？
2. 若改变所测 HAc 溶液的浓度，则它的 α 和 K_a 有无变化？
3. 若改变所测溶液的温度，则它的 α 和 K_a 有无变化？
4. 配制不同浓度的 HAc 溶液要注意哪些事项？为什么？

附录　酸度计(pH 计)

一、测量原理

pH 计是测定溶液 pH 值最常用的仪器。它应用了一对电极在不同 pH 值的溶液中能产生不同的电动势这一原理；在这对电极中，一个是指汞电极(如玻璃电极，见图 11-19)，另一

个是参比电极(如甘汞电极,见图 11-20)。玻璃电极是用一种导电玻璃吹制成极薄的空心小球,球中装有 $0.1mol\cdot L^{-1}$ HCl(或一定 pH 值的缓冲溶液)和 Ag-AgCl(覆盖有 AgCl 的 Ag 丝)。把它插入一待测溶液中,便组成了原电池的一极,电极符号如下:

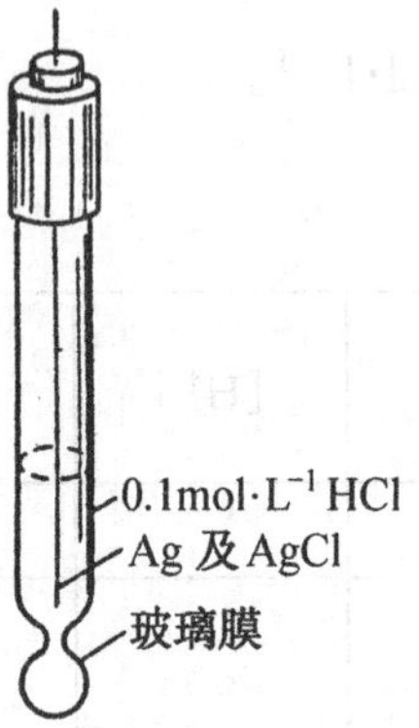

图 11-19 玻璃电极示意图

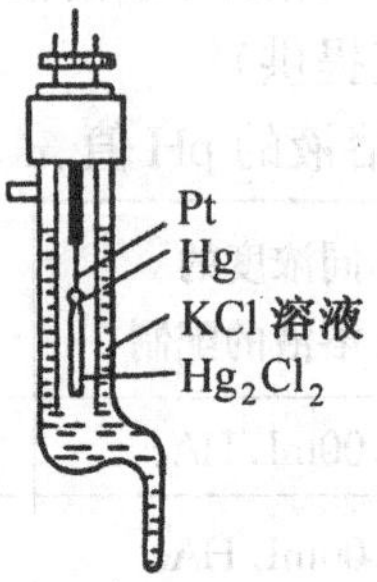

图 11-20 甘汞电极

$$Ag, AgCl(s)HCl(0.1mol\cdot L^{-1})|玻璃膜|待测溶液$$

参比电极常用甘汞电极,电极符号如下:

$$Hg|Hg_2Cl_2(s)|KCl(c)$$

将玻璃电极和甘汞电极插入待测溶液中组成原电池,玻璃电极为负极,甘汞电极为正极,电池符号如下:

$$(-)Ag, AgCl(s)|HCl(0.1mol\cdot L^{-1})|待测溶液|玻璃膜|KCl(c)|Hg_2Cl_2(s)|Hg(l), Pt(+)$$

该原电池与电压表相连接,可以测定该电池的电动势 E。

在 25℃时: $$E = \varphi_{甘汞} - (\varphi^{\circ}_{玻璃} - 0.05917pH)$$

所以 $$pH = \frac{E - \varphi_{甘汞} + \varphi^{\circ}_{玻璃}}{0.05917}$$

其中 $\varphi^{\circ}_{玻璃}$在使用前用已知 pH 值的缓冲溶液作为待测溶液,预先测定,为已知值。$\varphi_{甘汞}$只要温度和 KCl 的浓度一定,也是已知值。

pH 计上一般是把电压表上测得的电池电动势直接用 pH 值表示出来。为了方便起见,仪器加装了定位调节器,当测量标准缓冲溶液的时候,利用这一调节器,把读数直接调节在标准缓冲溶液的 pH 值上面,这样就使得在以后测未知溶液的时候,指针就可以直接指出溶液的 pH 值,省去了计算手续。一般都把前一步称为“校准”,后一步称为“测量”。一台已经校准过的仪器在一定时间内可以连续测量许多份未知液。如果电极的稳定性还没有完全建立,经常校准还是必要的。

二、pHs-2C 型酸度计简介

1. 概述

pHs-2C 型酸度计是用玻璃电极法测量水溶液的酸度(即 pH 值)的一种测量仪器。参比电极为甘汞电极或银-氯化银电极。

它的特点是采用 $E-201-C_A$ 复合电极。复合电极是由玻璃电极(测量电极)和银-氯化银电极(参比电极)组合在一起的塑壳可充式复合电极。

2. 仪器调节示意图

图 11-21 为 pHs－2C 型酸度计面板示意图。

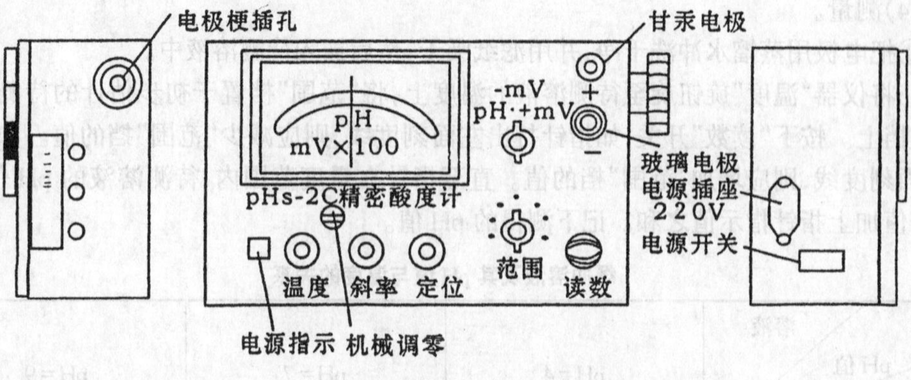

图 11-21　面板上各调节旋钮位示意图

3. 仪器的使用方法

(1)仪器的安装。仪器的电源为 220V 交流电,电源插头中的接地线绝对不能与其余两根电源线接错。应把仪器机箱支架接好,使仪器与水平面成 30°角。在未用电极测量前应把短路插入电极插口内,这时仪器的量程放在“6”,按下读数开关,调定位旋钮,使指针在中间 pH＝7,表明电计工作基本正常。

(2)电极安装。把电极杆装在机箱上,如果电极杆不够长,可以把接杆旋上。将复合电极插在塑料电极夹上。把此电极夹装在电极杆上,将短路插头拨去,复合电极插头插入电极插口内,电极在测量时,应把电极上近电极帽加液口橡胶管下移,使小口外露,以保持电极内 KCl 溶液的液位差。在不用时,橡胶管上移将加液口套住。

(3)pH 校正(三点校正法)。

①开启仪器电源开关,如需精密测量 pH 值,应在打开电源开关 30min 后进行仪器的校正和测量。将仪器面板上的“选择”开关置“pH”挡,“范围”开关置“6”挡,“斜率”旋钮顺时针旋到底(100％处),“温度”旋钮置此标准缓冲溶液的温度。

②用蒸馏水将电极洗净以后,用滤纸吸干,将电极放入盛有 pH＝7 的标准缓冲溶液的烧杯内,按下“读数”开关,调节“定位”旋钮,使仪器指示值为此温度下的标准 pH 值(仪器上的“范围”读数加上表头指示值即为 pH 指示值)。在标定结束后,放开“读数”开关,使仪器置于准备状态。此时仪器指针在中间位置。

③把电极从 pH＝7 的标准溶液中取出,用蒸馏水冲洗干净,再用滤纸吸干。把仪器的“范围”挡置于“4”挡上,把电极放入 pH＝4 的标准缓冲溶液内,按下“读数”开关,调节“斜率”旋钮,使仪器指示值为该标准缓冲溶液在此温度下的 pH 值,然后放开“读数”开关。把仪器“范围”置“8”挡上,用 pH＝9 的标准缓冲溶液,重复上面操作,使仪器指示值为该缓冲溶液的 pH 值。

④按②的方法再测 pH＝7 的标准缓冲溶液。但要注意,此时应将“斜率”旋钮维持不动,在按③操作后的位置不变。如仪器的指示值与标准缓冲溶液的 pH 值误差符合精度要求,即可进行样品测量。否则,可调节“定位”旋钮至消除此误差,然后再按③的顺序操作。

仪器进行 pH 校正以后，进行样品测量 pH 值时，绝对不能再旋动“定位”、“斜率”旋钮，否则必须重新进行校正。

(4)测量。

①把电极用蒸馏水冲洗干净，并用滤纸吸干，然后插入待测溶液中。

②将仪器“温度”旋钮旋至待测溶液的温度上，将“范围”挡置于初步估计的待测溶液的 pH 值挡上。按下“读数”开关，如指针打出左面刻度线，则应减少“范围”挡的值。如指针打出右面刻度线，则应增加“范围”挡的值。直至指针在量度范围内，待测溶液的 pH 值为“范围”挡值加上指针指示值之和。记下测得的 pH 值。

缓冲溶液及其 pH 值与温度的关系

溶液 / pH值 / 温度/℃	pH=4	pH=7	pH=9
10	4.00	6.92	9.33
15	4.00	6.90	9.27
20	4.01	6.88	9.22
25	4.01	6.86	9.18
30	4.02	6.85	9.14
35	4.03	6.84	9.10

实验六　元素的性质

一、实验目的

1. 巩固对同周期、同主族元素性质递变规律的认识；

2. 试验过渡元素氧化物和氢氧化物的酸碱性；

3. 了解常见离子的稳定性和配位性。

二、实验原理

(1)在同一周期中，从左到右（稀有气体元素除外），元素的金属性逐渐减弱，非金属性逐渐增强。同一主族中，从上到下，元素的金属性逐渐增强，非金属性逐渐减弱。

(2)元素的金属性越强，它的最高价氧化物的水化物的碱性越强。元素的非金属性越强，它的最高价氧化物的水化物的酸性越强。

(3)铬元素常见 +3 价和 +6 价两种价态。+6 价有两种形式：

$$Cr_2O_7^{2-}\text{（橙色）} + H_2O \rightleftharpoons 2H^+ + 2CrO_4^{2-}\text{（黄色）}$$

在酸性介质中，$Cr_2O_7^{2-}$ 是强的氧化剂，常被还原为 Cr^{3+}（绿色）。

+3 价铬有两性：

$$2Cr(OH)_3 + 3H_2SO_4 = Cr_2(SO_4)_3 + 6H_2O$$

$$Cr(OH)_3 + NaOH = NaCrO_2 + 2H_2O$$

(4)锰的化合物：锰有 +2、+3、+4、+6 和 +7 价等多种价态存在，+7 价的锰有强氧化性，在不同环境中，得到不同的还原产物：

$$2MnO_4^- + 5SO_3^{2-} + 6H^+ = 2Mn^{2+} + 5SO_4^{2-} + 3H_2O$$

$$2MnO_4^- + 3SO_3^{2-} + H_2O = 2MnO_2\downarrow + SO_4^{2-} + 2OH^-$$

$$2MnO_4^- + SO_3^{2-} + 2OH^- = 2MnO_4^{2-} + SO_4^{2-} + H_2O$$

+2 价的锰在酸性条件下较稳定，它的氢氧化物是弱碱，没有两性，在空气中易被氧化。

(5)铁、钴、镍的化合物：它们都有 +2 价和 +3 价两种价态，在水溶液中以水合离子存在，都有一定的颜色。它们的氢氧化物是弱碱，没有两性。

(6)铜、银、锌的化合物：铜、锌的氢氧化物都有两性，能溶于强酸，也能溶于强碱中；而银的氢氧化物不能溶于强碱中，在常温下，极易脱水变为棕色的 Ag_2O。

三、仪器与试剂

1. 仪器

试管，试管夹，酒精灯，烧杯，滤纸，镊子，小刀，火柴，毛细滴管，离心机，离心试管。

2. 试剂

钠，镁粉，铝片，Na_2SO_3（固），NaOH 溶液（$2mol\cdot L^{-1}$、$6mol\cdot L^{-1}$），H_2SO_4 溶液（$0.1mol\cdot L^{-1}$、$1mol\cdot L^{-1}$、$3mol\cdot L^{-1}$、$6mol\cdot L^{-1}$），盐酸（$1mol\cdot L^{-1}$、$2mol\cdot L^{-1}$），$0.1mol\cdot L^{-1}$ H_3PO_4，HNO_3 溶液（$0.1mol\cdot L^{-1}$、$2mol\cdot L^{-1}$），$1mol\cdot L^{-1}$ $AlCl_3$，$1mol\cdot L^{-1}$ $MgCl_2$，$0.1mol\cdot L^{-1}$ NaCl，

$0.1mol \cdot L^{-1}$ NaBr，$0.1mol \cdot L^{-1}$ NaI，$0.1mol \cdot L^{-1} Cr_2(SO_4)_3$，$0.1mol \cdot L^{-1}$ K_2CrO_4，$0.01mol \cdot L^{-1}$ $KMnO_4$，$0.1mol \cdot L^{-1} Na_2SO_3$，$0.1mol \cdot L^{-1}$ $MnSO_4$，$0.2mol \cdot L^{-1}$ $FeSO_4$，$0.2mol \cdot L^{-1}$ $CoCl_2$，$0.2mol \cdot L^{-1}$ $NiSO_4$，$0.2mol \cdot L^{-1}$ $CuSO_4$，$0.2mol \cdot L^{-1}$ $ZnSO_4$，$0.1mol \cdot L^{-1}$ $AgNO_3$，酚酞溶液，氯水(饱和)，溴水(饱和)，精密 pH 试纸(pH0.5～5)。

四、实验内容和步骤

1. 同周期元素性质的递变

(1)钠、镁、铝和水的反应：将绿豆大的一块钠放入盛有$\frac{1}{3}$水的烧杯里，观察现象。待反应完毕，滴入 2～3 滴酚酞溶液，观察溶液颜色的变化。

取少量镁粉放入试管内，再注入 2～3mL 蒸馏水，滴入 2 滴酚酞溶液，观察现象。加热试管，再观察现象。

取一小片铝，浸入 $2mol \cdot L^{-1}$的 NaOH 溶液中以洗净氧化层。用水洗净后，投入盛有 2～3mL蒸馏水的试管里，再加入 2 滴酚酞溶液，观察现象。加热试管，观察现象。

根据实验，试比较钠、镁、铝三者的金属活动性的强弱次序。

(2)比较 $Mg(OH)_2$、$Al(OH)_3$ 的碱性：在试管中加入$1mol \cdot L^{-1}$ $MgCl_2$ 溶液 1mL，再滴加 NaOH 溶液，直到析出白色沉淀为止。把沉淀分装两个试管，在一试管中加入 $3mol \cdot L^{-1}$ H_2SO_4 几滴，在另一试管加入$6mol \cdot L^{-1}$NaOH溶液几滴，观察现象，写出反应式。

在试管中加入 $1mol \cdot L^{-1} AlCl_3$ 溶液 1mL，再逐滴加入 $2mol \cdot L^{-1}$NaOH 溶液直到析出沉淀为止，把沉淀分装两个试管。在一个试管中加几滴 $1mol \cdot L^{-1}$盐酸，振荡；在另一个试管中加几滴 $6mol \cdot L^{-1}$NaOH 溶液，振荡。分别观察现象，写出反应式。

根据上述实验，说明镁、铝两者的金属性的强弱。

(3)比较硫酸和磷酸的酸性强弱：用玻璃棒蘸取少量 $0.1mol \cdot L^{-1}$稀硫酸，再用精密 pH 试纸测其 pH 值；用玻璃棒蘸取少量 $0.1mol \cdot L^{-1}$磷酸溶液，测其 pH 值。

比较它们酸性的强弱，进而说明硫、磷的非金属性的强弱。

2. 同主族元素性质的递变

(1)氯、溴、碘的非金属性变化：取 3 支试管，分别加入 2mL 的 NaCl、NaBr、NaI 溶液，然后各加入 1mL 氯水，观察现象，并说明氯、溴、碘的非金属性依次如何变化?

(2)比较硝酸和磷酸的酸性：用玻璃棒蘸取少量 $0.1mol \cdot L^{-1}$硝酸，用精密 pH 试纸测其 pH 值，再用玻璃棒蘸取 $0.1mol \cdot L^{-1}$磷酸，测其 pH 值。比较两者酸性的强弱，进而说明氮、磷的非金属性的强弱。

3. 铬的化合物

(1)氢氧化铬的生成和性质：取 $0.1mol \cdot L^{-1} Cr_2(SO_4)_3$ 溶液 3 滴，再加 2～3 滴 $2mol \cdot L^{-1}$NaOH 溶液，有何现象? 加入过量 $2mol \cdot L^{-1}$NaOH 溶液，又有何变化? 写出反应式。

(2)铬盐的转化：取 $0.1mol \cdot L^{-1} K_2CrO_4$ 溶液 5 滴，用 $1mol \cdot L^{-1} H_2SO_4$ 溶液酸化，溶液颜色有何变化? 然后加入过量 $2mol \cdot L^{-1}$NaOH 溶液，颜色又有何变化? 请加以解释。

(3)$K_2Cr_2O_7$ 的氧化性：取 $0.1mol \cdot L^{-1} K_2Cr_2O_7$ 溶液 5 滴，加 5 滴 $1mol \cdot L^{-1} H_2SO_4$ 溶液，再加少量 Na_2SO_3 固体，振荡试管，观察溶液颜色变化，解释现象，并写出反应式。

4. 锰的化合物

(1)$KMnO_4$ 在不同介质中的氧化性:取 3 支试管,各加入数滴 0.01mol·$L^{-1}KMnO_4$ 溶液,然后,往第 1 只试管加入数滴 6mol·$L^{-1}H_2SO_4$ 溶液酸化;第 2 只试管中加入数滴水;第 3 只试管中加入数滴 6mol·L^{-1}NaOH 溶液碱化。再各滴加 0.1mol·$L^{-1}Na_2SO_3$ 溶液,观察现象,并写出反应式。

(2)$Mn(OH)_2$ 的生成和性质:取 3 只试管,各加 5 滴 0.1mol·$L^{-1}MnSO_4$ 溶液和几滴 2mol·L^{-1}NaOH 溶液,观察反应产物的颜色和状态。然后,往第 1 只试管中加入过量的 2mol·L^{-1}HCl 溶液;第 2 只试管中加入 2mol·L^{-1}NaOH 溶液;第 3 只试管轻轻振荡,使沉淀与空气接触。它们各有什么现象?请加以解释。

5. 铁、钴、镍的化合物

取 3 支试管,分别取 5 滴 0.2mol·$L^{-1}FeSO_4$、0.2mol·$L^{-1}CoCl_2$ 和 0.2mol·$L^{-1}NiSO_4$ 溶液。分别滴加 2mol·L^{-1}NaOH 数滴,观察产物的颜色和状态。放置一段时间(约 5min)后,有何变化?比较 $Fe(OH)_2$、$Co(OH)_2$、$Ni(OH)_2$ 的稳定性大小。

取 3 支试管,分别取 0.5mL 0.2mol·$L^{-1}FeSO_4$、0.2mol·$L^{-1}CoCl_2$ 和 0.2mol·$L^{-1}NiSO_4$ 溶液。分别滴 2 滴 2mol·$L^{-1}H_2SO_4$ 溶液,再加入几滴溴水,观察现象,写出反应式。

6. 铜、锌、银的化合物

取 1mL0.2mol·$L^{-1}CuSO_4$ 溶液,滴入 2mol·L^{-1}NaOH 溶液,观察 $Cu(OH)_2$ 的颜色和状态。将沉淀分两份,一份滴加 1mol·$L^{-1}H_2SO_4$ 溶液,另一份滴加 6mol·L^{-1}NaOH 溶液,观察现象,写出反应式。

用 0.2mol·$L^{-1}ZnSO_4$ 溶液代替 0.2mol·$L^{-1}CuSO_4$ 溶液,观察 $Zn(OH)_2$ 的生成及性质。

取 2mL0.1mol·$L^{-1}AgNO_3$ 溶液,滴入 2mol·L^{-1}NaOH 溶液(新配制的),观察产物的颜色变化。分两份离心分离沉淀,一份滴加 2mol·$L^{-1}HNO_3$ 溶液,观察沉淀溶解情况,写出反应式。

五、思考题

1. 具体阐述同周期、同主族元素性质递变的规律?这跟元素的原子结构有什么关系?

2. 试从元素及化合物的性质、价态、氧化还原性、稳定性、配位性等方面对过渡元素的性质加以阐述。

实验七 原电池电动势的测定

一、实验目的

1. 学会装置原电池；
2. 掌握测定原电池电动势以及电极电势的原理和方法；
3. 学习电位差计的正确使用方法。

二、实验原理

电池的电动势不能直接用伏特计来测量。这是因为当伏特计与电池接通后，电池中就会发生氧化还原反应而产生电流。由于反应不断进行，电池中溶液的浓度会不断改变，电池的电动势相应降低；另一方面，电池本身有内阻，用伏特计测得的电压，只是电池电动势的一部分(即外电路的电压降)，而不是该电池的电动势。所以，电池的电动势可用对消法来测定，其测定原理可通过图 11-22 所示的线路予以简单说明。

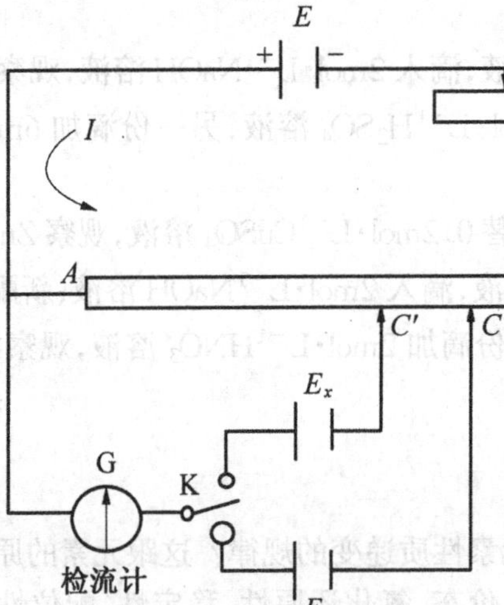

图 11-22 测定电池电动势的线路示意图

E—工作电池；*AB*—均匀的滑线电阻；G—灵敏检流计

S—按钮开关；E_x—待测电池(未知)；E_N—标准电池

当开关 K 与标准电池 E_N 接通，滑动触点 *C*，使检流计 G 上电流指示为零，此时，标准电池的电动势等于工作电池在均匀电阻 *AC* 上的电压降。若再将 K 与待测电池 E_x 接通，滑动触点 *C′*，使检流计 G 上指示为零，此时待测电池的电动势等于工作电池在均匀电阻 *AC′* 上的电压降。工作回路的电流 *I* 是一恒定值，则

$$\frac{E_x}{R_{AC'}}=\frac{E_N}{R_{AC}}$$

其中，E_N 为已知，$R_{AC'}$ 与 R_{AC} 由实验测出，即可算出 E_x。

若用甘汞电极作参比电极，与待测电极组成原电池，用电位差计测定其电动势 E_x 后，

根据 $E_x = \varphi_{正} - \varphi_{负}$，可求得待测电极的电极电势。

三、仪器与试剂

1. 仪器

电位差计饱和甘汞电极、盐桥(含有琼胶及 KCl 饱和溶液的 U 形管)、100mL 小烧杯、盐桥(含有琼胶及 KNO_3 饱和溶液的 U 形管)、导线(包括连有鳄鱼夹)。

2. 试剂

$0.1mol \cdot L^{-1} AgNO_3$ 溶液、$0.1mol \cdot L^{-1} CuSO_4$ 溶液、$0.1mol \cdot L^{-1}$ KCl 溶液或饱和 KCl 溶液、$0.1mol \cdot L^{-1} ZnSO_4$ 溶液、锌片、铜片、银丝。

四、实验步骤

1. 铜锌原电池电动势的测定

(1)装置铜锌原电池：在一只烧杯中盛入 $0.1mol \cdot L^{-1} ZnSO_4$ 溶液并插入锌片，在另一个烧杯中盛入 $0.1mol \cdot L^{-1} CuSO_4$ 溶液并插入铜片，将两只烧杯中的溶液用一只装满琼胶和饱和 KCl 溶液的 U 形管盐桥倒置连通起来，用导线将锌片与电位差计的"－"端连接，铜片与电位差计的"＋"端连接。

(2)测定电动势：按电位差计测定电动势的步骤操作。记录电动势数据。

2. 锌电极电势的测定

(1)装置原电池：将锌片及甘汞电极插入盛有 $0.1mol \cdot L^{-1} ZnSO_4$ 溶液的烧杯中，锌电极为原电池的负极，用导线与电位差计的"－"端相连。甘汞电极是原电池的正极，用导线与电位差计的"＋"端相连。

(2)测定原电池电动势(方法同前)。记录电动势数据。

3. 银电极电势的测定

(1)装置原电池：将银片插入盛有 $0.1mol \cdot L^{-1} AgNO_3$ 溶液的烧杯中，甘汞电极插入盛有 KCl 溶液的烧杯中，将两只烧杯中的溶液用一只装满琼胶和 KNO_3 饱和溶液的 U 形管盐桥倒置连通起来。甘汞电极为原电池的负极，用导线与电位差计的"－"端相连，银电极为原电池的正极，用导线与电位差计的"＋"端相连。

(2)测定原电池的电动势(方法同前)。记录电动势数据。

五、记录和数据处理

1. 数据记录

温度__________℃，大气压__________Pa

顺序	原电池符号	电动势(V)
1	$(-)Zn \mid ZnSO_4(0.1mol/L) \mid\mid CuSO_4(0.1mol/L) \mid Cu(+)$	
2	$(-)Zn \mid ZnSO_4(0.1mol/L) \mid Hg_2Cl_2 \mid Hg(+)$	
3	$(-)Pt \mid Hg \mid Hg_2Cl_2 \mid KCl(饱和) \mid\mid AgNO_3(0.1mol/L) \mid Ag(+)$	

2. 数据处理

(1)铜锌原电池电动势测定值 E_x、理论计算值 E 及误差计算 ΔE。

(2)锌电极电势的测定值 φ_x、理论计算值 φ 及误差计算 $\Delta\varphi$。

(3)银电极电势的测定值 φ_x、理论计算值 φ 及误差计算 $\Delta\varphi$。

六、思考题

1. 测量电池电动势,为什么不能直接用伏特计,而采用对消法?

2. 用对消法测定电池电动势,为什么检流计光点指向零时,电位差计的读数就是待测电池的电动势?

3. 测量电池电动势时,如果正负极接反,将出现什么现象? 为什么? 应如何处理?

4. 为什么每次测定电动势前,对电位差计都应重新予以标定?

5. 如何用电位差计测定锌电极电势?

附录 UJ-25 型电位差计的使用方法

UJ-25 型电位差计的面板如图 11-23 所示。

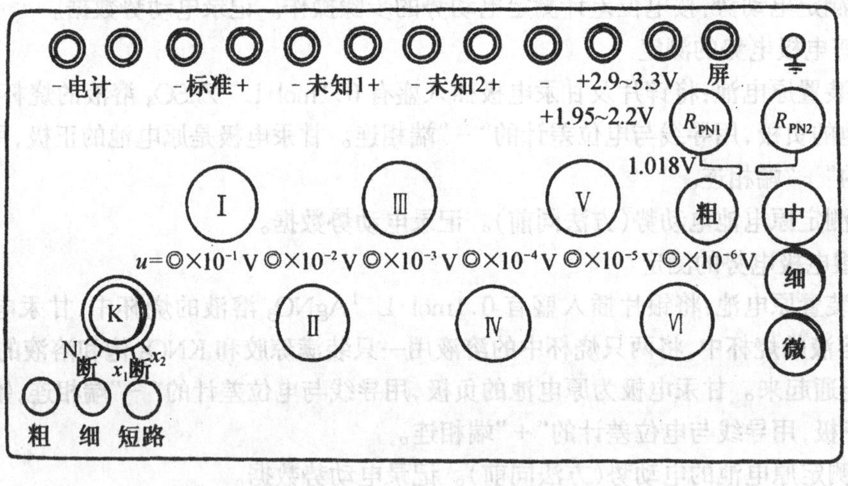

图 11-23 UJ-25 型电位差计面板布置图

(1)实验开始前,将转换开关 K 扳至"断"的位置,然后将检流计、标准电池、待测电池和工作电池分别按要求接在相应的位置上。

(2)调节标准电池电动势的温度补偿旋钮。E 与 t 的关系是:

$$E = E_0 - 4.06\times10^{-5}(t-20) - 9.5\times10^{-7}(t-20)^2$$

(3)将转换开关 K 扳向"N",调节"粗、中、细、微"4 个旋钮至检流计电流为零,此时,

$$E_N = U_{AC}$$

(4)将转换开关扳向待测电池(x_1 或 x_2)的位置,调节"Ⅰ、Ⅱ、Ⅲ、Ⅳ、Ⅴ、Ⅵ"旋钮,使检流计电流为零,此时,$E_x = U_{AC}$。

实验八　配合物的生成和性质

一、实验目的

1. 了解配合物的生成、配合物的组成及配离子的转化条件；
2. 了解配位平衡及配位平衡的移动和转化；
3. 了解螯合物的特性和在金属离子鉴定中的应用。

二、实验原理

配合物是由中心离子和配位体组成的结构较复杂的一类化合物，一般由内界和外界两部分组成。配合物溶于水时，配离子与外界离子发生完全电离。在水溶液中，配离子一般较为稳定，只有一部分电离成简单离子，如：

$$Cu^{2+} + 4NH_3 \rightleftharpoons [Cu(NH_3)_4]^{2+}$$

$$K_{稳} = \frac{[Cu(NH_3)_4{}^{2+}]}{[Cu^{2+}][NH_3]^4}$$

这类平衡称为配合离解平衡，或称为配位平衡。$K_{稳}$ 称为稳定常数。

根据平衡移动的原理，改变中心离子或配体的浓度都会使配位平衡发生移动。如增加金属离子或配体的浓度，平衡将向生成配离子的方向移动。另外，加入沉淀剂，改变溶液的酸碱性，或加入另一种配体等，都会影响平衡，如：

$$[Cu(NH_3)_4]^{2+} + S^{2-} \rightleftharpoons CuS\downarrow + 4NH_3$$

$$[Cu(NH_3)_4]^{2+} + 4H^+ \rightleftharpoons Cu^{2+} + 4NH_4^+$$

$$[Cu(NH_3)_4]^{2+} + Y^{4-} \rightleftharpoons [CuY]^{2-} + 4NH_3$$

环状结构的配合物叫螯合物。某些金属离子在一定条件下能与特定的螯合剂作用生成具有特征颜色的溶液或沉淀。分析化学中常以此类螯合物的形成作为某些金属离子的鉴定。例如，丁二酮肟与 Ni^{2+} 离子在微碱性条件下反应生成桃红色难溶于水的螯合物——二丁二肟合镍：

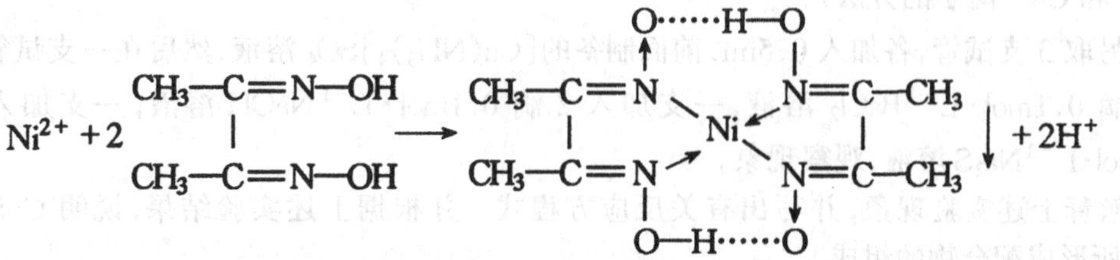

也可利用配合剂与金属离子生成无色配合物来掩蔽某种金属离子，以消除它对其它离子测定的干扰。例如，Co^{2+} 离子的鉴定，可利用它与 SCN^- 反应生成配离子 $[Co(SCN)_4]^{2+}$，该配离子溶于有机溶剂中而使有机溶剂呈蓝色。但如果试液中存在 Fe^{3+}，则 Fe^{3+} 会与 SCN^- 生成血红色的配离子 $[Fe(SCN)_6]^{3-}$ 而影响蓝色的观察，造成干扰。这时可以加入 F^- 离子，使

Fe^{3+}与F^-生成更稳定的无色的$[FeF_6]^{3-}$配离子，从而将Fe^{3+}离子掩蔽起来，避免其干扰Co^{2+}离子的鉴定。

$$Co^{2+} + 4SCN^- \longrightarrow [Co(SCN)_4]^{2-}\text{（蓝色）}$$

$$Fe^{3+} + 6SCN^- \longrightarrow [Fe(SCN)_6]^{3-}\text{（血红色）}$$

$$[Fe(SCN)_6]^{3-} + 6F^- \longrightarrow [FeF_6]^{3-}\text{（无色）} + 6SCN^-$$

三、仪器与试剂

1. 仪器

小试管、试管架、滴管、10mL量筒、离心机、白色点滴板。

2. 试剂

$0.1mol \cdot L^{-1}CuSO_4$，$6mol \cdot L^{-1}$氨水，$0.1mol \cdot L^{-1}BaCl_2$，$0.1mol \cdot L^{-1}NaOH$，$0.1mol \cdot L^{-1}Na_2S$，$0.3mol \cdot L^{-1}$ EDTA，$2mol \cdot L^{-1}H_2SO_4$，$0.1mol \cdot L^{-1}AgNO_3$，$0.1mol \cdot L^{-1}NaCl$，$0.1mol \cdot L^{-1}KBr$，$0.5mol \cdot L^{-1}Na_2S_2O_3$，$0.1mol \cdot L^{-1}KI$，$0.2mol \cdot L^{-1}NiSO_4$，$0.2mol \cdot L^{-1}CoCl_2$，$1.0mol \cdot L^{-1}KSCN$，$0.1mol \cdot L^{-1}FeCl_3$，$4mol \cdot L^{-1}NaF$，1%丁二酮肟、锌片、无水乙醇、戊醇。

四、实验内容与步骤

1. 配离子的生成

取一支试管，加入5mL$0.1mol \cdot L^{-1}CuSO_4$溶液，然后逐滴加入$6mol \cdot L^{-1}$氨水，可观察到首先生成天蓝色碱式盐$Cu_2(OH)_2SO_5$沉淀，然后沉淀溶解，最后生成深蓝色的$[Cu(NH_3)_4]SO_4$溶液（保留该溶液，以供下面实验用）。写出有关反应方程式。

取上述少量溶液于一支试管中，加入约1mL无水乙醇（以降低配合物在溶液中的溶解度），观察深蓝色$[Cu(NH_3)_4]SO_4$晶体的析出。离心分离，弃去清液，观察晶体，然后滴加氨水使晶体溶解。将溶液并入上述盛有$[Cu(NH_3)_4]SO_4$溶液的试管中。

2. 配合物的组成

取两支试管，各加入0.5mL$0.1mol \cdot L^{-1}CuSO_4$，然后在一支试管中加入2滴$0.1mol \cdot L^{-1}BaCl_2$溶液，另一支加入2滴$0.1mol \cdot L^{-1}NaOH$溶液，观察现象（两者是检验$SO_4^{2-}$和$Cu^{2+}$离子的方法）。

另取3支试管，各加入0.5mL前面制备的$[Cu(NH_3)_4]SO_4$溶液，然后在一支试管中加入2滴$0.1mol \cdot L^{-1}BaCl_2$溶液，一支加入2滴$0.1mol \cdot L^{-1}NaOH$溶液，一支加入2滴$0.1mol \cdot L^{-1}Na_2S$溶液，观察现象。

解释上述实验现象，并写出有关反应方程式。并根据上述实验结果，说明$CuSO_4$与NH_3所形成配合物的组成。

3. 配离子的转化

取一支试管，加入1mL$[Cu(NH_3)_4]^{2+}$溶液，然后加入$0.3mol \cdot L^{-1}$EDTA，溶液变为浅蓝色。解释实验现象，并写出反应方程式。

4. 配位平衡的移动

(1)配位平衡与酸碱平衡的关系：取一支试管，加入1mL$[Cu(NH_3)_4]^{2+}$溶液，然后逐滴

加入 $2mol\cdot L^{-1}H_2SO_4$ 溶液。观察现象,并写出有关反应方程式。

(2)配位平衡与氧化还原平衡的关系:取一支试管,加入 $1mL[Cu(NH_3)_4]^{2+}$ 溶液,再加入锌片,摇荡。稍后可观察到锌片表面上有铜沉积上去,并且溶液颜色逐渐变浅(最后可变成无色的 $[Zn(NH_3)_4]^{2+}$ 溶液)。解释现象并写出有关反应方程式。

(3)配位平衡与沉淀溶解平衡的关系:在白色点滴板上加入 1 滴 $0.1mol\cdot L^{-1}AgNO_3$ 和 1 滴 $0.1mol\cdot L^{-1}NaCl$ 溶液,有无沉淀生成?然后加入 2 滴 $6mol\cdot L^{-1}$ 氨水,搅拌,有何现象?再加入 1 滴 $0.1mol\cdot L^{-1}KBr$ 溶液,有什么现象?然后再加入 3 滴 $0.5mol\cdot L^{-1}Na_2S_2O_3$ 溶液,搅拌,有何现象?再加 1 滴 $0.1mol\cdot L^{-1}KI$ 溶液,又有什么现象?

根据难溶电解质的溶度积和配合物的稳定常数解释以上一系列现象,并写出有关的离子反应方程式。

5. Ni^{2+} 离子的鉴定

在白色点滴板上加入 1 滴 $0.2mol\cdot L^{-1}NiSO_4$ 溶液,1 滴 $6mol\cdot L^{-1}$ 氨水,再加入 1 滴 1% 丁二酮肟,生成桃红色沉淀,表示有 Ni^{2+} 离子存在。

6. 配合物的转化及其掩蔽作用

在一小试管中加入 5 滴 $0.2mol\cdot L^{-1}CoCl_2$ 溶液,10 滴戊醇和 10 滴 $1mol\cdot L^{-1}KSCN$ 溶液,振荡后观察戊醇层的颜色(这是 Co^{2+} 的鉴定方法)。再加入 $0.1mol\cdot L^{-1}FeCl_3$ 溶液,观察溶液的颜色变化,然后一边振荡,一边向试管内逐滴加入 $4mol\cdot L^{-1}NaF$ 溶液(直到血红色刚好消失为止),用力振荡后,观察现象。解释产生上述现象的原因。

五、思考题

1. 用 NaOH 溶液检验不出 $[Cu(NH_3)_4]SO_4$ 溶液中的 Cu^{2+} 离子,是否就说明 $[Cu(NH_3)_4]SO_4$ 溶液中不存在着 Cu^{2+} 离子?为什么?

2. 根据实验结果,归纳说明影响配位平衡的主要因素有哪些?

3. 在深蓝色铜氨配离子溶液中,如果加水稀释或加入饱和 H_2S 溶液,是否有沉淀产生?为什么?

实验九　分光光度法测定配合物的稳定常数

一、实验目的

1. 学会使用 72 型分光光度计；

2. 掌握分光光度法测定三价铁与钛铁试剂形成配合物的组成及稳定常数。

二、实验原理

溶液中金属离子 M 和配位体 L 形成 ML_n 配合物时，反应平衡式可写成：

$$M + nL \rightleftharpoons ML_n$$

即

$$K = \frac{[ML_n]}{[M][L]^n}$$

式中 K——配合物稳定常数；

$[M]$——金属离子的浓度；

$[L]$——配位体浓度；

$[ML_n]$——结合物浓度。

如果在可见光的某个波长区域，配合物 ML_n 有强烈的吸收，而金属离子 M 及配位体 L 几乎不吸收，则可用分光光度法测定结合物组成及配合物的稳定常数，72 型分光光度计原理及使用方法详见本实验附录。

根据比耳定律，一定波长的入射光强度 I_0 与透射光强度 I 之间有下列关系：

$$I = I_0 e^{-kcd} \quad 或 \quad \ln\frac{I_0}{I} = kcd$$

令

$$D = \ln\frac{I_0}{I} \quad 即 \quad D = kcd$$

式中 D——光密度；

k——吸收系数，对于一定的溶质、溶剂及一定波长的入射光，k 是常数；

d——溶液厚度（一般为 1cm）。

c——样品浓度；

$\frac{I_0}{I}$——透射比。

维持 $[M]+[L]$ 不变，配制一系列的 $\frac{[L]}{[M]}$ 溶液，用波长为 $\lambda = 605$nm 的光波（对该波长的光，ML_n 结合物有吸收峰，而金属离子及配位体几乎不吸收）测定一系列组成的光密度 D，并作 $D - X_V$ 曲线（$X_V = \frac{V_L}{V_L + V_M}$），曲线上光密度的极大值 D 所对应的溶液组成就是配合物组成（如图 11-24 所示）。

但是，由于金属离子 M 及配位体 L 实际存在着一定程度的吸收，因此，所观察的光密度并不完全是由配合物 ML_n 所引起，必须加以校正，其校正方法如下：

在 $D - X_V$ 图上所过 $[M]=0$、$[L]=0$ 的两点作一条直线，直线上所暴露的不同组成光

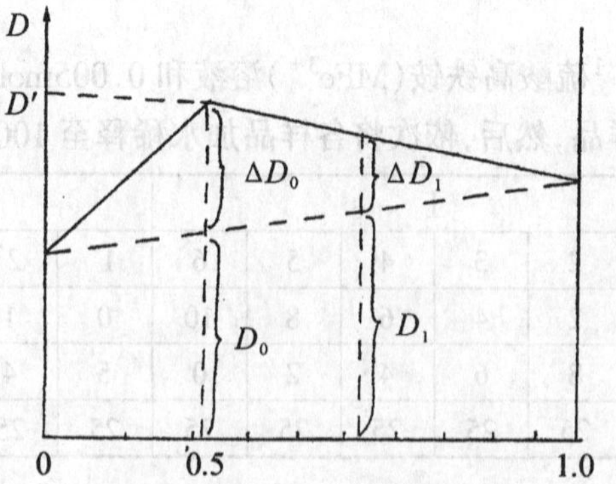

图 11-24　$D-X_V$ 曲线图

密度值 D,可以认为是[M]及[L]的吸收所引起的,因此,校正后的光密度 ΔD 应为:$\Delta D = D' - D$,再作 $\Delta D - X_V$ 的曲线,该曲线极大值所对应的组成不是络合物的实际组成,即能求出 n 值。

$$X_V = \frac{V_L}{V_L + V_M}, \quad n = \frac{V_L}{V}$$

n 值确定之后,就可以根据下述方法确定络合物稳定常数。

设开始时,$[M]=a$,$[L]=b$,而达到平衡时,配合物的浓度为 x,则:

$$K = \frac{x}{(a-x)(b-nx)^n}$$

因为校正之后的溶液光密度 ΔD 正比于配合物浓度 x,若在两个不同的[M]+[L]的总浓度下,同一张图工作两条 ΔD-X 的曲线,在这两条曲线上找出光密度相同的两点 A,B(如图 11-25 所示)。此两点所对应的起始金属离子浓度[M]及配位体浓度[L]分别为 a_1,b_1,a_2,b_2,则

$$K = \frac{x}{(a_1-x)(b_1-nx)} = \frac{x}{(a_1-x)(b_2-nx)^n}$$

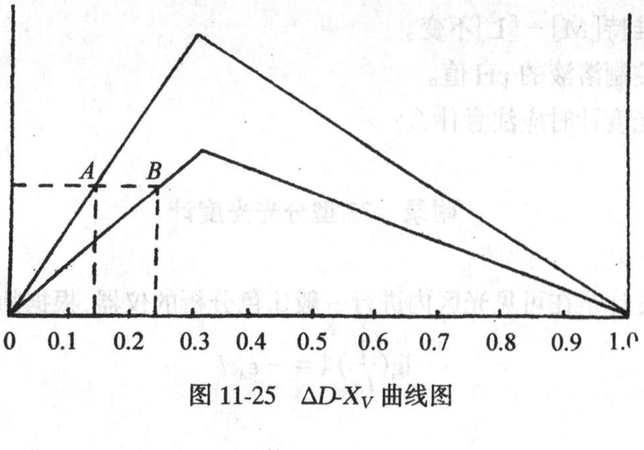

图 11-25　ΔD-X_V 曲线图

由此可解得 x,并计算出配合物的稳定常数 K。

三、实验步骤

(1)按 1L 溶液含有 100g 醋酸铵及 100mL 冰醋酸方法配制醋酸-醋酸铵缓冲溶液

500mL。

(2)用 0.005mol·L^{-1}硫酸高铁铵(MFe^{3+})溶液和 0.005mol·L^{-1}钛铁试剂(L)溶液按下表配制 12 个待测溶液样品,然后,依次将各样品加水稀释至 100mL。

组　　数	Ⅰ						Ⅱ					
溶液号数	1	2	3	4	5	6	1′	2′	3′	4′	5′	6′
MFe^{3+}/mL	0	2	4	6	8	10	0	1	2	3	4	5
钛铁试剂(L)/mL	10	8	6	4	2	0	5	4	3	2	1	0
缓冲溶液/mL	25	25	25	25	25	25	25	25	25	25	25	25

(3)测定各样品在 $\lambda_{最大}=602$mm 下的光密度 D(测定方法见附录)。

四、数据处理

(1)作 D-X_V 曲线。

(2)作 ΔD-X_V 曲线(注:若测得 1,6,1′,6′溶液的光密度 D 均为 0,则 D-X_V 曲线就是 ΔD-X_V 曲线)。

(3)根据 ΔD-X_V 曲线的最大值,求 n,并写出络合物组成(ML_n)。

(4)在同一张图上作两组溶液的 ΔD-X_V 曲线。

(5)从图上找出两组溶液中任一相同光密度的两点所对应的溶液组成,并把该组成换算为金属离子浓度(即求 a_1,b_1,a_2,b_2)。

(6)根据:$K=\dfrac{x}{(a_1-x)(b_1-nx)^n}=\dfrac{x}{(a_2-x)(b_2-nx)^n}$,求 x 数值。

(7)从 x 的数值算出配合物稳定常数 K。

五、思考题

1. 为什么要维持[M]+[L]不变。
2. 为什么要控制溶液的 pH 值。
3. 使用分光光度计时应注意什么?

附录　72 型分光光度计

72 型分光光度计是在可见光区内进行一般比色分析的仪器,根据朗伯-比耳定律:

$$\lg\left(\frac{I}{I_0}\right)\lambda=-\varepsilon_\lambda cl$$

消光的定义为:

$$E_\lambda=\lg\left(\frac{I}{I_0}\right)\lambda$$

则:

$$E_\lambda=\varepsilon_\lambda cl$$

式中　E_λ——单色光波长为 λ 时的消光(即光密度);

I_0——入射光强度(入介质前);

I——透射光强度(出介质后);

$\frac{I}{I_0}$——透射比(用百分比表示即为透射率);

ε_λ——消光系数;

c——溶液浓度;

l——溶液层厚度。

应用此仪器可测定一定波长的光线通过溶液中吸光物质(溶质)时的透射率或消光。由于溶液中溶剂也有吸收光的作用,所以将溶剂置于光路中时,设入射光的强度为 I_0,透射光的强度为 $I_{溶剂}$,则溶液透射比为 $\frac{I_{溶剂}}{I_0}=T_{溶剂}$;将溶液置于光路中时,则溶液透射比为 $\frac{I_{溶液}}{I_0}=T_{溶剂}$。按 $\frac{I_{溶液}}{I_0}=\frac{I_{溶剂}}{I_0}\times\frac{I_{溶液}}{I_{溶剂}}$,$T_{溶液}=T_{溶剂}\times T_{溶质}$,故

$$T_{溶质}=\frac{T_{溶液}}{T_{溶剂}}=\frac{I_{溶液}}{I_{溶剂}}$$

由于光电流 i 与光强度成正比,即 $\frac{I_{溶液}}{I_{溶剂}}=\frac{i_{溶液}}{i_{溶剂}}$。如果先将溶剂的透射光强度 $I_{溶剂}$(也即光电流 $i_{溶剂}$)调整到100%,则测定溶液时的读数就是溶质的透射率(或消光)。

当入射单色光的波长、溶剂、溶质以及溶液层厚不变时,则消光与溶液浓度成正比,即:

$$\frac{E_\lambda}{E'_\lambda}=\frac{c}{c'_0}$$

由于吸光物质对波长具有选择性,当溶液的层厚、浓度、溶剂不变时,用不同波长的入射光测得一系列对应的消光值,将波长作横坐标,消光作纵坐标,绘制吸收光谱图,选其中最大吸收时的波长为比色分析的入射光波长,可以提高测定的精确度。

72 型分光光度计使用说明

1. 仪器

72 型分光光度计是简易型分光光度计,由磁饱和稳压器、单色光器和检流计组成,其光学系统如图 11-26 所示。

由光源 1 发出的白光经过进光狭缝 2、反射镜 3 和透镜 4 后,成为平行光速进入棱镜 5,经棱镜色散后,各种波长的光被镀铝反射镜 6 反射,经透镜 7 再聚光出光狭缝 8。镀铝反射镜和透镜装在一个可转动的转盘上,转盘转动的角度是由波长调节器(图 11-26 中 2)上一个螺丝凸轮带动的。因此,转动波长调节器时,就可以在出光狭缝的后面得到所需要波长的单色光。此光通过调节器 10 照射到硒光电池 11 上,产生的光电流输入检流计 12,得到吸光度读数。

仪器线路的装接如图 11-27 所示。将磁饱和稳压器接上 220V 交流电流,把单色光器一边与磁饱和稳压器相连接,另一边再与检流计相连接(红色套管导电片接在"+"处,绿色套

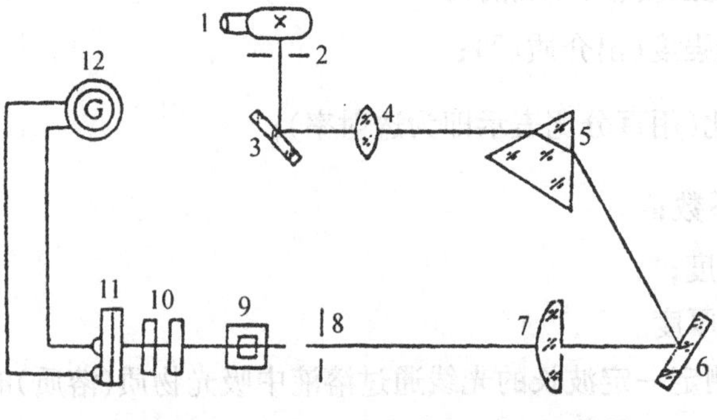

图 11-26　72 型分光光度计光学系统简图

1—光源；2—进光狭缝；3—反射线；4—透镜；5—棱镜；
6—反射镜；7—透镜；8—出光狭缝；9—比色皿；
10—光量调节器；11—光电池；12—检流计

管导电片接在“－”处，第三片导电片接地线“⏚”)。然后将检流计接在 220V 交流电源上。

2. 操作步骤

(1)将仪器按图 11-27 装接好后，先将检流计电源开关 7、稳压电源开关 1 以及单色光器光源开关 4 都拨到“关”的位置，然后再把稳压器及检流计分别接通 220V 交流电。

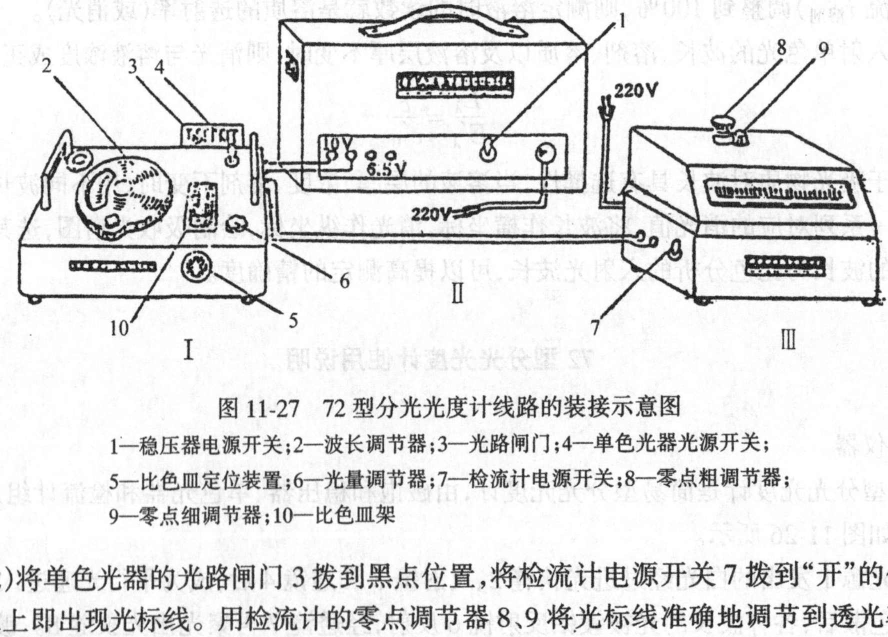

图 11-27　72 型分光光度计线路的装接示意图

1—稳压器电源开关；2—波长调节器；3—光路闸门；4—单色光器光源开关；
5—比色皿定位装置；6—光量调节器；7—检流计电源开关；8—零点粗调节器；
9—零点细调节器；10—比色皿架

(2)将单色光器的光路闸门 3 拨到黑点位置，将检流计电源开关 7 拨到“开”的位置，此时标尺上即出现光标线。用检流计的零点调节器 8、9 将光标线准确地调节到透光率(百分透光度)的零点。

(3)将稳压器的输出电压拉到所需电压的接线柱上(10V)，开通稳压器的电源开关 1 和单色光器的光源开关 4，把关路闸门 3 拨到红点位置，此时光源即进入仪器的分光部分。以顺时针方向旋转光量调节器 6 至光标线移至透光率 100 处，使硒光电池得到最大的受光面积。等 10min，待硒光电池趋于稳定后，再开始使用仪器。

(4)把波长调节器 2 调到所需的波长刻度处。溶液颜色与所需的波长的关系如下：

溶液颜色	青　紫	蓝	蓝带绿	绿带蓝	绿
需要波长/nm	540～560	570～600	600～630	630～760	400～420
溶液颜色	绿带黄	黄	橙红	红	
需要波长/nm	430～440	440～450	450～480	490～530	

(5)将单色光器的光路闸门3拨到黑点位置,使光电池不受到光照射,再次核对检流计的光标线是否在透光率的零点。

(6)将盛有溶液的比色皿放入比色皿架10,一般把空白溶液(常用去离子水)放在第一格内(拉杆压入至有"卡"声处),显色溶液放在其他格内(接杆抽出至适当位置),盖好暗箱盖子。

(7)将空白溶液放在光路上,把光路闸门3拨到红点位置后,转动光量调节器6,将检流计上的光标线准确地调节到吸光度的零点。

(8)把拉杆抽出一格,使显色溶液进入光路,光标线所指的吸光度读数就是该溶液的吸光度。必要时,将空白溶液推入光路,核对吸光度是否仍在零点,并再读一次。

3. 注意事项

(1)为了防止光电池疲劳,在不测定时应关闭单色光器的光路闸门3(拨到黑点位置),光电池连续照光时间不能太长(最好是间歇半小时再使用)。

(2)比色皿有两个表面为透光面,不可用手指直接接触,以免沾上油污或磨损,影响其透光率。在拿比色皿时,应捏住两边磨砂面。比色器一般用自来水、去离子水洗涤;测定时,为了避免待测溶液浓度改变,需先用待测溶液淋数次,再注入待测溶液,并用吸水纸将沾附皿壁的液体吸干。若观察清洁透明,即可放入比色皿架中,并应注意它们的位置,尽量使它们前后一致,否则容易造成测定误差。

(3)仪器在使用时,应常关闭光路闸门来核对检流计的"0"点位置是否有改变。

附　录

附录Ⅰ-1　SI 单位制的词头

表示的因数	词头名称	词头符号	表示的因数	词头名称	词头符号
10^{18}	艾[可萨]	E(exa)	10^{-1}	分	d(deci)
10^{15}	拍[它]	P(peta)	10^{-2}	厘	c(centi)
10^{12}	太[拉]	T(tera)	10^{-3}	毫	m(milli)
10^{9}	吉[咖]	G(giga)	10^{-6}	微	μ(micro)
10^{6}	兆	M(mega)	10^{-9}	纳[诺]	n(nano)
10^{3}	千	k(kilo)	10^{-12}	皮[可]	p(pico)
10^{2}	百	h(hecto)	10^{-15}	飞[母托]	f(femto)
10^{1}	十	da(deca)	10^{-18}	阿[托]	a(atto)

附录Ⅰ-2　一些非推荐单位、导出单位与 SI 单位的换算

物理量	换　算　单　位
长度	$1 Å=10^{-10} m$, $1 in=2.54\times10^{-2} m$
质量	1(市)斤 = 0.5 kg, 1(市)两 = 50 g, 1b(磅) = 0.454 kg, 1 oz(盎司) = 28.3×10^{-3}kg
压力	$1 atm=760 mmHg=1.013\times10^{5} Pa$, $1 mmHg=1 Torr=133.3 Pa$ $1 bar=10^{5} Pa$, $1 Pa=1 N\cdot m^{-2}$
温度	$\frac{T}{K}=\frac{t}{℃}+273.15$ $\frac{F}{℉}=\frac{9}{5}\frac{T}{K}-459.67=\frac{9}{5}\frac{t}{℃}+32$
能量	$1 cal=4.184 J$, $1 eV=1.602\times10^{-19} J$, $1 erg=10^{-7} J$
电量	1 esu(静电单位库仑) = 3.335×10^{-10}C
其他	R(气体常数) = $1.986 cal\cdot K^{-1}\cdot mol^{-1}=0.08206 dm^{-3}\cdot atm\cdot K^{-1}\cdot mol^{-1}$ $=8.314 J\cdot K^{-1}\cdot mol^{-1}=8.314 kPa\cdot dm^{3}\cdot K^{-1}\cdot mol^{-1}$ 1 eV/粒子相当于 $96.5 kJ\cdot mol^{-1}$, $1 C\cdot m^{-1}=12.0 J\cdot mol^{-1}$ 1 D(Debye) = $3.336\times10^{-30} C\cdot m$

附录Ⅱ 一些常用的物理化学常数

（IUPAC 1988 推荐值）

名　称	符　号	数 值 和 单 位
理想气体摩尔体积	V_m	$22.41410 \pm 0.00019\ dm^3 \cdot mol^{-1}$(273.15 K,101.3 kPa) $22.71108 \pm 0.00019\ dm^3 \cdot mol^{-1}$(273.15 K,1 bar)
标准压力	$p^{\ominus}$	$1\ bar = 10^5 Pa$
摩尔气体常数	R	$8.314510(70) J \cdot mol^{-1} \cdot K^{-1}$
Boltzman 常数	k	$1.380658(12) \times 10^{-23} J \cdot K^{-1}$
Avogadro 常数	N_A	$6.0221367(36) \times 10^{23} mol^{-1}$
水的三相点	$T_{tp}(H_2O)$	273.16K
水的沸点	$t_b(H_2O)$	99.975℃（1990.1.1）
Faraday 常数	F	$9.6485309(29) \times 10^4 C \cdot mol^{-1}$
Planck 常数	h	$6.6260755(40) \times 10^{-34} J \cdot s$
真空光速	c_0	$299792458\ m \cdot s^{-1}$
电子电荷	e	$1.60217733(49) \times 10^{-19} C$
电子质量	m_e	$9.1093897(54) \times 10^{-31} kg$
Rydberg 常数	R_∞	$10973731.534(13) m^{-1}$
Bohr 半径	a_0	$5.29177249(24) \times 10^{-11} m$
Bohr 磁子	μ_B	$9.2740154(31) \times 10^{-24} J \cdot T^{-1}$
真空电容率	ε_0	$8.854187816 \times 10^{-12} F \cdot m^{-1}$
原子质量常数 $\frac{1}{12}m(^{12}C)$	u	$1.6605402(10) \times 10^{-27} kg$

附录Ⅲ 不同温度下水的蒸气压

温度/℃	蒸气压/Pa	温度/℃	蒸气压/Pa	温度/℃	蒸气压/Pa
-14.0	208.0	36.0	5941.2	86.0	6.011×10^4
-12.0	244.5	38.0	6625.0	88.0	6.494×10^4
-10.0	286.5	40.0	7375.9	90.0	7.010×10^4
-8.0	335.2	42.0	8199	92.0	7.559×10^4
-6.0	390.8	44.0	9103	94.0	8.145×10^4
-4.0	454.6	46.0	1.0086×10^4	96.0	8.767×10^4
-2.0	527.4	48.0	1.1168×10^4	98.0	9.430×10^4
0.0	610.5	50.0	1.2334×10^4	100.0	1.0132×10^5
2.0	705.8	52.0	1.3611×10^4	102	1.0878×10^5
4.0	813.4	54.0	1.5000×10^4	104	1.1667×10^5
6.0	935.0	56.0	1.6505×10^4	106	1.2504×10^5
8.0	1072.6	58.0	1.8142×10^4	108	1.3391×10^5
10.0	1227.8	60.0	1.9916×10^4	110	1.4327×10^5
12.0	1402.3	62.0	2.1834×10^4	112	1.5315×10^5
14.0	1598.1	64.0	2.3906×10^4	114	1.6363×10^5
16.0	1817.7	66.0	2.6143×10^4	116	1.7464×10^5
18.0	2063.4	68.0	2.8554×10^4	120	1.9853×10^5
20.0	2337.8	70.0	3.116×10^4	150	4.7602×10^5
22.0	2643.4	72.0	3.394×10^4	200	15.544×10^5
24.0	2983.3	74.0	3.696×10^4	250	39.754×10^5
26.0	3360.9	76.0	4.018×10^4	300	85.903×10^5
28.0	3779.5	78.0	4.364×10^4	350	165.321×10^5
30.0	4242.8	80.0	4.734×10^4	370	210.238×10^5
32.0	4754.7	82.0	5.132×10^4	374	220.604×10^5
34.0	5319.3	84.0	5.557×10^4		

摘自 Robert C. West,“CRC Handbook of Chemistry and Physics”,69 ed.,1988—1989,D 189—191。已换算成 SI 单位。

附录Ⅳ 常见物质的 $\Delta_f H_m^\ominus$、$\Delta_f G_m^\ominus$ 和 $S_m^\ominus$

(298.15 K,101.3 kPa)

物质	$\frac{\Delta_f H_m^\ominus}{kJ \cdot mol^{-1}}$	$\frac{\Delta_f G_m^\ominus}{kJ \cdot mol^{-1}}$	$\frac{S_m^\ominus}{J \cdot K^{-1} \cdot mol^{-1}}$
$Ag(s)$	0.0	0.0	42.55
$Ag^+(aq)$	105.58	77.12	72.68
$Ag(NH_3)_2^+(aq)$	−111.3	−17.2	245
$AgCl(s)$	−127.07	−109.80	96.2
$AgBr(s)$	−100.4	−96.9	107.1
$Ag_2CrO_4(s)$	−731.74	−641.83	218
$AgI(s)$	−61.84	−66.19	115
$Ag_2O(s)$	−31.1	−11.2	121
$Ag_2S(s,\alpha)$	−32.59	−40.67	144.0
$AgNO_3(s)$	−124.4	−33.47	140.9
$Al(s)$	0.0	0.0	28.33
$Al^{3+}(aq)$	−531	−485	−322
$AlCl_3(s)$	−704.2	−628.9	110.7
α-$Al_2O_2(s)$	−1676	−1582	50.92
$B(s,\beta)$	0.0	0.0	5.86
$B_2O_3(s)$	−1272.8	−1193.7	53.97
$BCl_3(g)$	−404	−388.7	290.0
$BCl_3(l)$	−427.2	−387.4	206
$B_2H_6(g)$	35.6	86.6	232.0
$Ba(s)$	0.0	0.0	62.8
$Ba^{2+}(aq)$	−537.64	−560.74	9.6
$BaCl_2(s)$	−858.6	−810.4	123.7
$BaO(s)$	−548.10	−520.41	72.09
$Ba(OH)_2(s)$	−944.7	—	—
$BaCO_3(s)$	−1216	−1138	112
$BaSO_4(s)$	−1473	−1362	132
$Br_2(l)$	0.0	0.0	152.23
$Br^-(aq)$	−121.5	−104.0	82.4
$Br_2(g)$	30.91	3.14	245.35
$HBr(g)$	−36.40	−53.43	198.59
$HBr(aq)$	−121.5	−104.0	82.4
$Ca(s)$	0.0	0.0	41.2

物　质	$\frac{\Delta_f H_m^{\ominus}}{kJ\cdot mol^{-1}}$	$\frac{\Delta_f G_m^{\ominus}}{kJ\cdot mol^{-1}}$	$\frac{S_m^{\ominus}}{J\cdot K^{-1}\cdot mol^{-1}}$
Ca^{2+}(aq)	−542.83	−553.54	−53.1
CaF_2(s)	−1220	−1167	68.87
$CaCl_2$(s)	−795.8	−748.1	105
CaO(s)	−635.09	−604.04	39.75
$Ca(OH)_2$(s)	−986.09	−898.56	83.39
$CaCO_3$(s,方解石)	−1206.9	−1128.8	92.9
$CaCO_4$(s,无水石膏)	−1434.1	−1321.9	107
C(石墨)	0.0	0.0	5.74
C(金刚石)	1.987	2.900	2.38
C(g)	716.68	671.21	157.99
CO(g)	−110.52	−137.15	197.56
CO_2(g)	−393.51	−394.36	213.6
CO_3^{2-}(aq)	−667.14	−527.90	−56.9
HCO_3^-(aq)	−691.99	−586.85	91.2
CO_2(aq)	−413.8	−386.0	118
H_2CO_3(aq,非电离)	−699.65	−623.16	187
CCl_4(l)	−135.4	−65.2	216.4
CH_3OH(l)	−238.7	−166.4	127
C_2H_5OH(l)	−277.7	−174.9	161
HCOOH(l)	−424.7	−361.4	129.0
CH_3COOH(l)	−484.5	−390	160
CH_3COOH(aq,非电离)	−485.76	−396.6	179
CH_3COO^-(aq)	−486.01	−369.4	86.6
CH_3CHO(l)	−192.3	−128.2	160
CH_4(g)	−74.81	−50.75	186.15
C_2H_2(g)	226.75	209.20	200.82
C_2H_4(g)	52.26	68.12	219.5
C_2H_6(g)	−84.68	−32.89	229.5
C_3H_8(g)	−103.85	−23.49	269.9
C_4H_6(g,丁二烯-1,2)	165.5	201.7	293.0
C_4H_8(g,丁烯-1)	1.17	72.04	307.4
n-C_4H_{10}(g)	−124.73	−15.71	310.0
C_6H_6(g)	82.93	129.66	269.2

物质	$\Delta_f H_m^\ominus$ / kJ·mol^{-1}	$\Delta_f G_m^\ominus$ / kJ·mol^{-1}	$S_m^\ominus$ / J·K^{-1}·mol^{-1}
C_6H_6(l)	49.03	124.50	172.8
Cl_2(g)	0.0	0.0	222.96
Cl^-(aq)	−167.16	−131.26	56.5
HCl(g)	−92.31	−95.30	186.80
ClO_3^-(aq)	−99.2	−3.3	162
Co(s)(α,六方)	0.0	0.0	30.04
$Co(OH)_2$(s,桃红)	−539.7	−454.4	79
Cr(s)	0.0	0.0	23.8
Cr_2O_3(s)	−1140	−1058	81.2
$Cr_2O_7^{2-}$(aq)	−1490	−1301	262
CrO_4^{2-}(aq)	−881.2	−727.9	50.2
Cu(s)	0.0	0.0	33.15
Cu^+(aq)	71.67	50.00	41
Cu^{2+}(aq)	64.77	65.52	−99.6
$Cu(NH_3)_4^{2+}$(aq)	−348.5	−111.3	274
Cu_2O(s)	−169	−146	93.14
CuO(s)	−157	−130	42.63
Cu_2S(s,α)	−79.5	−86.2	121
CuS(s)	−53.1	−53.6	66.5
$CuSO_4$(s)	−771.36	−661.9	109
$CuSO_4·5H_2O$(s)	−2279.7	−1880.06	300
F_2(g)	0.0	0.0	202.7
F^-(aq)	−332.6	−278.8	−14
F(g)	78.99	61.92	158.64
Fe(s)	0.0	0.0	27.3
Fe^{2+}(aq)	−89.1	−78.87	−138
Fe^{3+}(aq)	−48.5	−4.6	−316
Fe_2O_3(s,赤铁矿)	−824.2	−742.2	87.40
Fe_3O_4(s,磁铁矿)	−1120.9	−1015.46	146.44
H_2(g)	0.0	0.0	130.57
H^+(aq)	0.0	0.0	0.0
H_3O^+(aq)	−285.85	−237.19	69.96
Hg(g)	61.32	31.85	174.8

物　质	$\frac{\Delta_f H_m^\ominus}{kJ \cdot mol^{-1}}$	$\frac{\Delta_f G_m^\ominus}{kJ \cdot mol^{-1}}$	$\frac{S_m^\ominus}{J \cdot K^{-1} \cdot mol^{-1}}$
HgO(s,红)	−90.83	−58.56	70.29
HgS(s,红)	−58.2	−50.6	82.4
$HgCl_2$(s)	−224	−179	146
Hg_2Cl_2(s)	−265.2	−210.78	192
I_2(s)	0.0	0.0	116.14
I_2(g)	62.438	19.36	260.6
I^-(aq)	−55.19	−51.59	111
HI(g)	25.9	1.30	206.48
K(s)	0.0	0.0	64.18
K^+(aq)	−252.4	−283.3	103
KCl(s)	−436.75	−409.2	82.59
KI(s)	−327.90	−324.89	106.32
KOH(s)	−424.76	−379.1	78.87
$KClO_3$(s)	397.7	−296.3	143
$KMnO_4$(s)	−837.2	−737.6	171.7
Mg(s)	0.0	0.0	32.68
Mg^{2+}(aq)	−466.85	−454.8	−138
$MgCl_2$(s)	−641.32	−591.83	89.62
$MgCl_2 \cdot 6H_2O$(s)	−2499.0	−2215.0	366
MgO(s,方镁石)	−601.70	−569.44	26.9
$Mg(OH)_2$(s)	−924.54	−833.58	63.18
$MgCO_3$(s,菱镁石)	−1096	−1012	65.7
$MgSO_3$(s)	−1285	−1171	91.6
Mn(s,α)	0.0	0.0	32.0
Mn^{2+}(aq)	−220.7	−228.0	−73.6
MnO_2(s)	−520.03	−465.18	53.05
MnO_4^-(aq)	−518.4	−425.1	189.9
$MnCl_2$(s)	−481.29	−440.53	118.2
Na(s)	0.0	0.0	51.21
Na^+(aq)	−240.2	−261.89	59.0
NaCl(s)	−411.15	−384.15	72.13
Na_2O(s)	−414.2	−375.5	75.06
NaOH(s)	−425.61	−379.53	64.45

物　质	$\frac{\Delta_f H_m^\ominus}{kJ\cdot mol^{-1}}$	$\frac{\Delta_f G_m^\ominus}{kJ\cdot mol^{-1}}$	$\frac{S_m^\ominus}{J\cdot K^{-1}\cdot mol^{-1}}$
Na_2CO_3(s)	−1130.7	−1044.5	135.0
NaI(s)	−287.8	−286.1	98.53
Na_2O_2(s)	−510.87	−447.69	94.98
HNO_3(l)	−174.1	−80.79	155.6
NO_3^-(aq)	−207.4	−111.3	146
NH_3(g)	−46.11	−16.5	192.3
$NH_3\cdot H_2O$(aq,非电离)	−366.12	−263.8	181
NH_4^+(aq)	−132.5	−79.37	113
NH_4Cl(s)	−314.4	−203.0	94.56
NH_4NO_3(s)	365.6	−184.0	151.1
$(NH_4)_2SO_4$(s)	−901.90	—	187.5
N_2(g)	0.0	0.0	191.5
NO(g)	90.25	86.57	210.65
NOBr(g)	82.17	82.42	273.5
NO_2(g)	33.2	51.30	240.0
N_2O(g)	82.05	104.2	219.7
N_2O_4(g)	9.16	97.82	304.2
N_2H_4(g)	95.40	159.3	238.4
N_2H_4(l)	50.63	149.2	121.2
NiO(s)	−240	−212	38.0
O_3(g)	143	163	238.8
O_2(g)	0	0	205.03
OH^-(aq)	−229.99	−157.29	−10.8
H_2O(l)	−285.84	−237.19	69.94
H_2O(g)	−241.82	−228.59	188.72
H_2O_2(l)	−187.8	−120.4	—
H_2O_2(aq)	−191.2	−134.1	144
P(s,白)	0.0	0.0	41.09
P(红)(s,三斜)	−17.6	−12.1	22.8
PCl_3(g)	−287	−268.0	311.7
PCl_5(s)	−443.5	—	—
Pb(s)	0.0	0.0	64.81
Pb^{2+}(aq)	−1.7	−24.4	10

物　质	$\frac{\Delta_f H_m^\ominus}{kJ \cdot mol^{-1}}$	$\frac{\Delta_f G_m^\ominus}{kJ \cdot mol^{-1}}$	$\frac{S_m^\ominus}{J \cdot K^{-1} \cdot mol^{-1}}$
PbO(s,黄)	−215.33	−187.90	68.70
PbO_2(s)	−277.40	−217.36	68.62
Pb_3O_4(s)	−718.39	−601.24	211.29
H_2S(g)	−20.6	−33.6	205.7
H_2S(aq)	−40	−27.9	121
HS^-(aq)	−17.7	12.0	63
S^{2-}(aq)	33.2	85.9	−14.6
H_2SO_4(l)	−813.99	−690.10	156.90
HSO_4^-(aq)	−887.34	−756.00	132
SO_4^{2-}(aq)	−909.27	−744.63	20
SO_2(g)	−296.83	−300.19	248.1
SO_3(g)	−395.7	−371.1	256.6
Si(s)	0.0	0.0	18.8
SiO_2(s,石英)	−910.94	−856.67	41.84
SiF_4(g)	−1614.9	−1572.7	282.4
$SiCl_4$(l)	−687.0	−619.90	240
$SiCl_4$(g)	−657.01	−617.01	330.6
Sn(s,白)	0.0	0.0	51.55
Sn(s,灰)	−2.1	0.13	44.14
SnO(s)	−286	−257	56.5
SnO_2(s)	−580.7	−519.7	52.3
$SnCl_2$(s)	−325	—	—
$SnCl_4$(s)	−511.3	−440.2	259
Zn(s)	0.0	0.0	41.6
Zn^{2+}(aq)	−153.9	−147.0	−112
ZnO(s)	−348.3	−318.3	43.64
ZnS(s,闪锌矿)	−206.0	−201.3	57.7

摘自 Robert C. West,"CRC Handbook Chemistry and Physics",69 ed.,1988—1989,D50—93,D96—97.已换算成 SI 单位。

附录V 弱酸、弱碱的电离平衡常数

弱电解质	t/℃	电离常数	弱电解质	t/℃	电离常数
H_3AsO_4	18	$K_1=5.62\times10^{-3}$	H_2S	18	$K_1=9.1\times10^{-8}$
	18	$K_2=1.70\times10^{-7}$		18	$K_2=1.1\times10^{-12}$
	18	$K_3=3.95\times10^{-12}$	HSO_4^-	25	1.2×10^{-2}
H_3BO_3	20	7.3×10^{-10}	H_2SO_3	18	$K_1=1.54\times10^{-2}$
HBrO	25	2.06×10^{-9}		18	$K_2=1.02\times10^{-7}$
H_2CO_3	25	$K_1=4.30\times10^{-7}$	H_2SiO_3	30	$K_1=2.2\times10^{-10}$
	25	$K_2=5.61\times10^{-11}$		30	$K_2=2\times10^{-12}$
$H_2C_2O_4$	25	$K_1=5.90\times10^{-2}$	HCOOH	25	1.77×10^{-4}
	25	$K_2=6.40\times10^{-5}$	CHH_2COOH	25	1.76×10^{-5}
HCN	25	4.93×10^{-10}	$CH_2ClCOOH$	25	1.4×10^{-3}
HClO	18	2.95×10^{-5}	$CHCl_2COOH$	25	3.32×10^{-2}
H_2CrO_4	25	$K_1=1.8\times10^{-1}$	$H_3C_6H_5O_7$	20	$K_1=7.1\times10^{-4}$
	25	$K_2=3.20\times10^{-7}$	柠檬酸	20	$K_2=1.68\times10^{-5}$
HF	25	3.53×10^{-4}		20	$K_3=4.1\times10^{-7}$
HIO_3	25	1.69×10^{-1}	$NH_3\cdot H_2O$	25	1.77×10^{-5}
HIO	25	2.3×10^{-11}	AgOH	25	1×10^{-2}
HNO_2	12.5	4.6×10^{-4}	$Al(OH)_3$	25	$K_1=5\times10^{-9}$
NH_4^+	25	5.64×10^{-10}		25	$K_2=2\times10^{-10}$
H_2O_2	25	2.4×10^{-12}	$Be(OH)_2$	25	$K_1=1.78\times10^{-6}$
H_3PO_4	25	$K_1=7.52\times10^{-3}$		25	$K_2=2.5\times10^{-9}$
	25	$K_2=6.23\times10^{-8}$	$Ca(OH)_2$	25	$K_2=6\times10^{-2}$
	25	$K_3=2.2\times10^{-13}$	$Zn(OH)_2$	25	$K_1=8\times10^{-7}$

摘自 Robert C. West,"CRC Handbook Chemistry and Physics",69 ed.,1988—1989,D159—164(～0.1—0.01N)。

附录Ⅵ 常见难溶电解质的溶度积 K_{sp}(298K)

难溶电解质	K_{sp}	难溶电解质	K_{sp}
AgCl	1.77×10^{-10}	$Fe(OH)_2$	4.87×10^{-17}
AgBr	5.35×10^{-13}	$Fe(OH)_3$	2.64×10^{-39}
AgI	8.51×10^{-17}	FeS	1.59×10^{-19}
Ag_2CO_3	8.45×10^{-12}	Hg_2Cl_2	1.45×10^{-18}
Ag_2CrO_4	1.12×10^{-12}	HgS(黑)	6.44×10^{-53}
Ag_2SO_4	1.20×10^{-5}	$MgCO_3$	6.82×10^{-6}
$Ag_2S(\alpha)$	6.69×10^{-50}	$Mg(OH)_2$	5.61×10^{-12}
$Ag_2S(\beta)$	1.09×10^{-49}	$Mn(OH)_2$	2.06×10^{-13}
$Al(OH)_3$	2×10^{-33}	MnS	4.65×10^{-14}
$BaCO_3$	2.58×10^{-9}	$Ni(OH)_2$	5.47×10^{-16}
$BaSO_4$	1.07×10^{-10}	NiS	1.07×10^{-21}
$BaCrO_4$	1.17×10^{-10}	$PbCl_2$	1.17×10^{-5}
$CaCO_3$	4.96×10^{-9}	$PbCO_3$	1.46×10^{-13}
$CaC_2O_3\cdot H_2O$	2.34×10^{-9}	$PbCrO_3$	1.77×10^{-14}
CaF_2	1.46×10^{-10}	PbF_2	7.12×10^{-7}
$Ca_3(PO_4)_2$	2.07×10^{-33}	$PbSO_4$	1.82×10^{-8}
$CaSO_4$	7.10×10^{-5}	PbS	9.04×10^{-29}
$Cd(OH)_2$	5.27×10^{-15}	PbI_2	8.49×10^{-9}
CdS	1.40×10^{-29}	$Pb(OH)_2$	1.42×10^{-20}
$Co(OH)_2$(桃红)	1.09×10^{-15}	$SrCO_3$	5.60×10^{-10}
$Co(OH)_2$(蓝)	5.92×10^{-15}	$SrCO_4$	3.44×10^{-7}
$CoS(\alpha)$	4.0×10^{-21}	$ZnCO_3$	1.19×10^{-10}
$CoS(\beta)$	2.0×10^{-25}	$Zn(OH)_2(\gamma)$	6.68×10^{-17}
$Cr(OH)_3$	7.0×10^{-31}	$Zn(OH)_2(\beta)$	7.72×10^{-17}
CuI	1.27×10^{-12}	ZnS	2.93×10^{-25}
CuS	1.27×10^{-36}		

摘自 Robert C. West,"CRC Handbook Chemistry and Physics",69 ed.,1988—1989,B207—208。

附录Ⅶ-1　酸性溶液中的标准电极电势 $E^{\ominus}$(290K)

	电极反应	$E^{\ominus}$/V
Ag	$AgBr + e = Ag + Br^-$	+0.07133
	$AgCl + e = Ag + Cl^-$	+0.2223
	$Ag_2CrO_4 + 2e = 2Ag + CrO_4^{2-}$	+0.4470
	$Ag^+ + e = Ag^+$	+0.7996
Al	$Al^{3+} + 3e = Al$	-1.662
As	$HAsO_2 + 3H^+ 3e = As + 2H_2O$	+0.248
	$H_3AsO_4 + 2H^+ 2e = HAsO_2 + 2H_2O$	+0.560
Bi	$BiOCl + 2H^+ + 3e = Bi + H_2O + Cl^-$	+0.1583
	$BiO^+ + 2H^+ + 3e = Bi + H_2O$	+0.320
Br	$Br_2 + 2e = 2Br^-$	+1.066
	$BrO_3^- + 6H^+ + 5e = \frac{1}{2}Br_2 + 3H_2O$	+1.482
Ca	$Ca^{2+} + 2e = Ca$	-2.868
Cl	$ClO_4^- + 2H^+ + 2e = ClO_3^- + H_2O$	+1.189
	$Cl_2 + 2e = 2Cl^-$	+1.35827
	$ClO_3^- + + 6H^+ 6e = Cl^- + 3H_2O$	+1.451
	$ClO_3^- + 6H^+ + 5e = \frac{1}{2}Cl_2 + 3H_2O$	+1.47
	$HClO + H^+ + e = \frac{1}{2}Cl_2 + H_2O$	+1.611
	$ClO_3^- + 3H^+ + 2e = HClO_2 + H_2O$	+1.214
	$ClO_2 + H^+ + e = HClO_2$	+1.277
	$HClO_2 + 2H^+ + 2e = HClO + H_2O$	+1.645
Co	$Co^{3+} + e = Co^{2+}$	+1.83
Cr	$Cr_2O_7^{2-} + 14H^+ + 6e = 2Cr^{3+} + 7H_2O$	+1.232
Cu	$Cu^{2+} + e = Cu^+$	+0.153
	$Cu^{2+} + 2e = Cu$	+0.3419

	电 极 反 应	$E^{\ominus}/V$
	$Cu^+ + e = Cu$	+0.522
Fe	$Fe^{2+} + 2e = Fe$	−0.477
	$Fe(CN)_6^{2+} + e = Fe(CN)_6^{4-}$	+0.358
	$Fe^{3+} + e = Fe^{2+}$	+0.771
H	$2H^+ + e = H_2$	0.00000
Hg	$Hg_2Cl_2 + 2e = 2Hg + 2Cl^-$	+0.281
	$Hg_2^{2+} + 2e = 2Hg$	+0.7973
	$Hg^{2+} + 2e = Hg$	+0.851
	$2Hg^{2+} + 2e = Hg_2^{2+}$	+0.920
I	$I_2 + 2e = 2I^-$	+0.5355
	$I_3^- + 2e = 3I^-$	+0.536
	$IO_3^- + 6H^+ + 5e = \frac{1}{2}I_2 + 3H_2O$	+1.195
	$HIO + H^+ + e = \frac{1}{2}I_2 + H_2O$	+1.439
K	$K^+ + e = K$	−2.931
Mg	$Mg^{2+} + 2e = Mg$	−2.372
Mn	$Mn^{2+} + 2e = Mn$	−1.185
	$MnO_4^- + e = MnO_4^{2-}$	+0.558
	$MnO_2 + 4H^+ + 2e = Mn^{2+} + 2H_2O$	+1.224
	$MnO_4^- + 8H^+ + 5e = Mn^{2+} + 4H_2O$	+1.507
	$MnO_4^- + 4H^+ + 3e = MnO_2 + 2H_2O$	+1.679
Na	$Na^+ + e = Na$	−2.71
N	$NO_3^- + 4H^+ + 3e = NO + 2H_2O$	+0.957
	$2NHO_3^- + 4H^+ + 2e = NO + H_2O$	+0.803
	$HNO_2 + H^+ + e = NO + H_2O$	+0.983
	$N_2O_4 + 4H^+ + 4e = 2NO + 2H_2O$	+1.035

附录Ⅶ-1(续表)

	电 极 反 应	$E^{\ominus}/V$
	$NO_3^- + 3H^+ + 2e = HNO_2 + H_2O$	0.934
	$N_2O_4 + 2H^+ + 2e = 2HNO_2$	+1.065
O	$O_2 + 2H^+ + 2e = H_2O_2$	+0.695
	$H_2O_2 + 2H^+ + 2e = 2H_2O$	+1.776
	$O_2 + 4H^+ + 4e = 2H_2O$	+1.229
P	$H_3PO_4 + 2H^+ + 2e = H_3PO_3 + H_2O$	−0.276
Pb	$PbI_2 + 2e = Pb + 2I^-$	−0.365
	$PbSO_4 + 2e = Pb + SO_4^{2-}$	−0.3588
	$PbCl_2 + 2e = Pb + 2Cl^-$	−0.2675
	$Pb^{2+} + 2e = Pb$	−0.1262
	$PbO_2 + 4H^+ + 2e = Pb^{2+} + 2H_2O$	+1.455
	$PbO_2 + SO_4^{2-} + 4H^+ + 2e = PbSO_4 + 2H_2O$	+1.6913
S	$H_2SO_3 + 4H^+ + 4e = S + 3H_2O$	+0.449
	$S + 2H^+ + 2e = H_2S$	+0.142
	$SO_4^{2-} + 4H^+ + 2e = H_2SO_3 + H_2O$	+0.172
	$S_4O_6^{2-} + 2e = 2S_2O_3^{2-}$	+0.08
	$S_2O_8^{2-} + 2e = 2SO_4^{2-}$	+2.010
Sb	$Sb_2O_3 + 6H^+ + 6e = 2Sb + 3H_2O$	+0.152
	$Sb_2O_5 + 6H^+ + 4e = 2SbO^+ + 3H_2O$	+0.581
Sn	$Sn^{4+} + 2e = Sn^{2+}$	+0.151
V	$V(OH)_4^+ + 4H^+ + 5e = V + 4H_2O$	−0.254
	$VO^{2+} + 2H^+ + e = V^{3+} + H_2O$	+0.337
	$V(OH)_4^+ + 2H^+ + e = VO^{2+} + 3H_2O$	+1.00
Zn	$Zn^{2-} + 2e = Zn$	−0.7618

附录Ⅶ-2 碱性溶液中的标准电极电势 $E^{\ominus}$(298K)

	电 极 反 应	$E^{\ominus}$/V
Ag	$Ag_2S+2e=2Ag+S^{2-}$	−0.691
	$Ag_2O+H_2O+2e=2Ag+2OH^-$	+0.342
Al	$H_2AlO_3+H_2O+3e=Al+4OH^-$	−2.33
As	$AsO_2^-+2H_2O+3e=As+4OH^-$	−0.68
	$AsO_4^{3-}+2H_2O+2e=AsO_2^-+4OH^-$	−0.71
Br	$BrO_3^-+3H_2O+6e=Br^-+6OH^-$	+0.61
	$BrO^-+H_2O+2e=Br^-+2OH^-$	+0.761
Cl	$ClO_3^-+H_2O+2e=ClO_2^-+2OH^-$	+0.33
	$ClO_4^-+H_2O+2e=ClO_3^-+2OH^-$	+0.36
	$ClO_2^-+H_2O+2e=ClO^-+2OH^-$	+0.66
	$ClO^-+H_2O+2e=Cl^-+2OH^-$	+0.81
Co	$Co(OH)_2+2e=Co+2OH^-$	+0.73
	$Co(NH_3)_6^{3+}+e=Co(NH_4)_6^{2+}$	+0.108
	$Co(OH)_3+e=Co(OH)_2+OH^-$	+0.17
Cr	$Cr(OH)_3+3e=Cr+3OH^-$	−1.48
	$CrO_2^-+2H_2O+3e=Cr+4OH^-$	−1.2
	$CrO_4^{2-}+4H_2O+3r=Cr(OH)_3+5OH^-$	−0.13
Cu	$Cu_2O+H_2O+2e=2Cu+2OH^-$	−0.360
Fe	$Fe(OH)_3+e=Fe(OH)_2+OH^-$	−0.56
H	$2H_2O+2e=H_2+2OH^-$	−0.8277
Hg	$HgO+H_2O+2e=Hg+2OH^-$	−0.0977
I	$IO_3^-+3H_2O+6e=I^-+6OH^-$	+0.26
	$IO^-+H_2O+2e=I^-+2OH^-$	−0.485
Mg	$Mg(OH)_2+2e=Mg+2OH^-$	−2.690
Mn	$Mn(OH)_2+2e=Mn+2OH^-$	1.56
	$MnO_4^-+2H_2O+3e=MnO_2+4OH^-$	+0.595
	$MnO_4^{2-}+2H_2O+2e=MnO_2+4OH^-$	+0.60
N	$NO_3^-+H_2O+2e=NO_2^-+2OH^-$	+0.01
O	$O_2+2H_2O+4e=4OH^-$	+0.401
S	$S+2e=S^{2-}$	−0.47627
	$SO^{2-}4+H_2O+2e=SO_3^{2-}+2OH^-$	−0.93
	$2SO_3^{2-}+3H_2O+4e=S_2O_3^{2-}+6OH^-$	−0.571
	$S_4O_6^{2-}+2e=2S_2O_3^{2-}$	+0.08
Sb	$SbO_2^-+2H_2O+3e=Sb+4OH^-$	−0.66
Sn	$Sn(OH)_6^{2-}+2e=HSnO_2^-+H_2O+3OH^-$	−0.93
	$HSnO_2^-+H_2O+2e=Sn+3OH^-$	−0.909

摘自 Robert C. West,“CRC Handbook of Chemistry and Physics”,69 ed.,1988—1989,D151—158。

附录Ⅷ　常见配(络)离子的稳定常数 $K_{稳}$

配离子	$K_{稳}$	配离子	$K_{稳}$
$Ag(CN)_2^-$	1.3×10^{21}	$FeCl_3$	98
$Ag(NH_3)_2^+$	1.1×10^{7}	$Fe(CN)_6^{4-}$	1.0×10^{35}
$Ag(SCN)_2^-$	3.7×10^{7}	$Fe(CN)_6^{3-}$	1.0×10^{42}
$Ag(S_2O_3)_2^{3-}$	2.9×10^{13}	$Fe(C_2O_4)_3^{3-}$	2×10^{20}
$Al(C_2O_4)_3^{3-}$	2.0×10^{16}	$Fe(MCS)^{2+}$	2.2×10^{3}
AlF_6^{3-}	6.9×10^{19}	FeF_3	1.13×10^{12}
$Cd(CN)_4^{2-}$	6.0×10^{18}	$HgCl_4^{2-}$	1.2×10^{15}
$CdCl_4^{2-}$	6.3×10^{2}	$Hg(CN)_4^{2-}$	2.5×10^{41}
$Cd(NH_3)_4^{2+}$	1.3×10^{7}	HgI_4^{2-}	6.8×10^{29}
$Cd(SCN)_4^{2-}$	4.0×10^{3}	$Hg(CN_3)_4^{2+}$	1.9×10^{19}
$Co(NH_3)_6^{2+}$	1.3×10^{5}	$Ni(CN)_4^{2-}$	2.0×10^{31}
$Co(NH_3)_6^{3+}$	2×10^{35}	$Ni(CN_3)_4^{2+}$	9.1×10^{7}
$Co(NCS)_4^{2-}$	1.0×10^{3}	$Pb(CH_3COO)_4^{2-}$	3×10^{8}
$Cu(CN)_2^-$	1.0×10^{24}	$Pb(CN)_4^{2-}$	1.0×10^{11}
$Cu(CN)_4^{3-}$	2.0×10^{30}	$Zn(CN)_4^{2-}$	5×10^{16}
$Cu(NH_3)_2^+$	7.2×10^{10}	$Zn(C_2O_4)_2^{2-}$	4.0×10^{7}
$Cu(NH_3)_4^{2+}$	2.1×10^{13}	$Zn(OH)_4^{2-}$	4.6×10^{17}
		$Zn(NH_3)_4^{2+}$	2.9×10^{9}

摘自“Lange's Handbook of Chemistry”,13 ed.,1985(5)71—91。

附录Ⅸ-1　元素周期表与原子电子层结构

能级组或周期	能级组内状态	ⅠA	ⅡA	ⅢB	ⅣB	ⅤB	ⅥB	ⅦB	ⅧB			ⅠB	ⅡB	ⅢA	ⅣA	ⅤA	ⅥA	ⅦA	ⅧA	元素数
1	$1s$	1 **H** s^1																	10 **He** s^2	2
2	$2s,2p$	3 **Li** s^1	4 **Be** s^2											5 **B** $[s^2]p^1$	6 **C** p^2	7 **N** p^3	8 **O** p^4	9 **F** p^5	10 **Ne** p^6	8
3	$3s,3p$	11 **Na** s^1	12 **Mg** s^2											13 **Al** $[s^2]p^1$	14 **Si** p^2	15 **P** p^3	16 **S** p^4	17 **Cl** p^5	18 **Ar** p^6	8
4	$4s,3d,4p$	19 **K** s^1	20 **Ca** s^2	21 **Sc** s^2d^1	22 **Ti** s^2d^2	23 **V** s^2d^3	24 **Cr** s^1d^5	25 **Mn** s^2d^5	26 **Fe** s^2d^6	27 **Co** s^2d^7	28 **Ni** s^2d^8	29 **Cu** s^1d^{10}	30 **Zn** s^2d^{10}	31 **Ga** $[s^2d^{10}]p^1$	32 **Ge** p^2	33 **As** p^3	34 **As** p^4	35 **Br** p^5	36 **Kr** p^6	18
5	$5s,4d,5p$	37 **Rb** s^1	38 **Sr** s^2	39 **Y** s^2d^1	40 **Zr** s^2d^2	41 **Nb** s^1d^4	42 **Mo** s^1d^5	43 **Tc** s^2d^5	44 **Ru** s^1d^7	45 **Rh** s^1d^8	46 **Pd** s^0d^{10}	47 **Ag** s^1d^{10}	48 **Cd** s^2d^{10}	49 **In** $[s^2d^{10}]p^1$	50 **Sn** p^2	51 **Sb** p^3	52 **Ts** p^4	53 **I** p^5	54 **Xe** p^6	18
6	$6s,4f,5d,6p$	55 **Cs** s^1	56 **Ba** s^2	57-71 s^2df	72 **Hf** $[f^{14}]s^2d^2$	73 **Ta** s^2d^3	74 **W** s^2d^4	75 **Re** s^2d^5	76 **Os** s^2d^6	77 **Ir** s^2d^7	78 **Pt** s^1d^9	79 **Au** s^1d^{10}	80 **Hg** s^2d^{10}	81 **Il** $[f^{14}s^2d^{10}]p^1$	82 **Pb** p^2	83 **Bi** p^3	84 **Po** p^4	85 **At** p^5	86 **Rn** p^6	32
7	$7s,5f,6d,\cdots$	87 **Fr** s^1	88 **Ra** s^2	89-103 s^2df	104 **Rf** s^2d^2	105 **Ha** s^2d^3	106 **Unh**	107 **Uns**	108 **Uno**	109 **Une**										未完
元素分区		s 区		d 区								ds 区		p 区						
元素最高级组的能级排布		ns^{1-2}		$(n-1)d^{1-9}ns^{1-2}$								$(n-1)d^{10}ns^{1-2}$		ns^2np^{1-6}						

f 区：$(n-2)f^{1-14}(n-2)d^{0-2}ns^2$

57—71 镧系元素	s^2kf	57 **La** d^1	58 **Cc** f^1d^1	59 **Pr** f^3	60 **Nd** f^4	61 **Pm** f^5	62 **Sm** f^6	63 **Eu** f^7	64 **Gd** d^1f^7	65 **Tb** f^9	66 **Dy** f^{10}	67 **Ho** f^{11}	68 **Er** f^{12}	69 **Tm** f^{13}	70 **Yb** f^{14}	71 **Lu** d^1f^{14}
87—103 锕系元素	s^2df	89 **Ac** d^1	90 **Th** d^2	91 **Pa** d^1f^2	92 **U** d^1f^3	93 **Np** f^4d^1	94 **Pu** f^6	95 **Am** f^7	96 **Cm** d^1f^7	97 **Bk** f^9	98 **Cf** f^{10}	99 **Es** f^{11}	100 **Fm** f^{12}	101 **Md** f^{13}	102 **No** f^{14}	103 **Lr** d^1f^{14}

附录Ⅸ-2 原子半径 *r*

H 37.1																	He 140
Li 152	Be 113											B 83	C 77	N 70	O 66	F 64	Ne 160
Na 153.7	Mg 160											Al 143.1	Si 117	P 110	S 104	Cl 99	Ar 190
K 227.2	Ca 197.3	Se 160.6	Ti 144.8	V 132.1	Cr 124.9	Mn 124	Fe 124.1	Co 125.3	Ni 124.6	Cu 127.8	Zn 133.2	Ga 122.1	Ge 122.5	As 121	Se 117	Br 114.2	Kr 200
Rb 247.5	Sr 215.1	Y 181	Zr 160	Nb 142.9	Mo 136.2	Tc 135.8	Ru 132.5	Rh 134.5	Pd 137.6	Ag 144.4	Cd 148.9	In 162.6	Sn 140.5	Sb 145	Te 137	I 133.3	Xe 220
Cs 265.4	Ba 217.3	Lg 187.7	Hf 156.4	Ta 143	W 137.0	Re 137.0	Os 134	Ir 135.7	Pt 138	Au 144.2	Hg 160	Tl 170.4	Pb 175.0	Bi 152	Po 167	At	Rn
Fr 270	Ra 220	Ac 187.8															

Ce 182.5	Pr 182.8	Nd 182.1	Pm 181.0	Sm 180.2	Eu 204.2	Gd 180.2	Tb 178.2	Dy 177.3	Ho 176.5	Er 175.7	Tm 174.6	Yb 194.0	Lu 173.4
Th 179.8	Pa 160.6	U 138.5	Np 131	Pu 151	Am 184	Cm	Bk	Cf	Es	Fm	Md	No	Lr

表中数据摘自徐光宪“物质结构”(第二版),原子半径数据单位为 pm。其中金属原子半径值是金属在其晶体中的原子半径,因金属有不同晶格类型,当配位数为 8、6、4 时,表中金属原子半径值应分别乘以 0.97、0.96、0.88;非金属原子半径值为共价单键半径,其中稀有气体为 van der Waals 半径。

附录Ⅸ-3　元素的电负性 *X*

								H								
								2.1								
Li	Be											B	C	N	O	F
1.0	1.5											2.0	2.5	3.0	3.5	4.0
Na	Mg											Al	Si	P	S	Cl
0.9	1.2											1.5	1.8	2.1	2.5	3.0
K	Ca	Sc	Ti	V	Cr	Mn	Fe	Co	Ni	Cu	Zn	Ga	Ge	As	Se	Br
0.8	1.0	1.3	1.5	1.6	1.6	1.5	1.8	1.9	1.9	1.9	1.6	1.6	1.8	2.0	2.4	2.8
Rb	Sr	Y	Zr	Nb	Mo	Tc	Ru	Rh	Pd	Ag	Cd	In	Sn	Sb	Te	I
0.8	1.0	1.2	1.4	1.6	1.8	1.9	2.2	2.2	2.2	1.9	1.7	1.7	1.8	1.9	2.1	2.5
Cs	Ba	La—Lu	Hf	Ta	W	Re	Os	Ir	Pt	Au	Hg	Tl	Pb	Bi	Po	At
0.7	0.9	1.0-1.2	1.3	1.5	1.7	1.9	2.2	2.2	2.2	2.4	1.9	1.8	1.9	1.9	2.0	2.2
Fr	Ra	Ac														
0.7	0.9	1.1														

数据摘自 L. Pauling and P. Pauling, “Chemistry”, 1975, P. 175。

附录Ⅸ-4 元素的第一电离能 I_1

H 13.598																	**He** 24.587
Li 5.392	**Be** 9.322											**B** 8.298	**C** 11.260	**N** 14.534	**O** 13.618	**F** 17.422	**Ne** 21.564
Na 5.139	**Mg** 7.646											**Al** 5.986	**Si** 8.151	**P** 10.486	**S** 10.360	**Cl** 12.967	**Ar** 15.759
K 4.341	**Ca** 6.113	**Se** 6.54	**Ti** 6.82	**V** 6.74	**Cr** 6.766	**Mn** 7.435	**Fe** 7.870	**Co** 7.86	**Ni** 7.635	**Cu** 7.726	**Zn** 9.394	**Ga** 5.999	**Ge** 7.899	**As** 9.81	**Se** 9.752	**Br** 11.814	**Kr** 13.999
Rb 4.177	**Sr** 5.695	**Y** 6.38	**Zr** 6.84	**Nb** 6.88	**Mo** 7.099	**Tc** 7.28	**Ru** 7.37	**Rh** 7.46	**Pd** 8.34	**Ag** 7.576	**Cd** 8.993	**In** 5.786	**Sn** 7.344	**Sb** 8.641	**Te** 9.009	**I** 10.451	**Xe** 12.130
Cs 3.894	**Ba** 5.212	**Lg** 5.577	**Hf** 7.0	**Ta** 7.89	**W** 7.98	**Re** 7.88	**Os** 8.7	**Ir** 9.1	**Pt** 9.0	**Au** 9.225	**Hg** 10.437	**Tl** 6.108	**Pb** 7.416	**Bi** 7.289	**Po** 8.42	**At**	**Rn** 10.748
Fr	**Ra** 5.279	**Ac** 6.9															

本表数据录自 Robert C. West,“CRC Handbook of Chemistry and Physics”,63 rd ed.,1988—1989,E78—79。表中数据单位为电子伏特(eV),将其乘以 96.4846,所得数据单位即为 $kJ \cdot mol^{-1}$。

附录Ⅸ-5　主族元素的第一电子亲和能 E_{ea_1}

H							**He**
72.9							<0
							(−21)
Li	**Be**	**B**	**C**	**N**	**O**	**F**	**Ne**
59.8	<0	23	122	0±20	141	322	<0
	(−240)			−58	−780*		(−29)
				−800*			
				−1290**			
Na	**Mg**	**Al**	**Si**	**P**	**S**	**Cl**	**Ar**
52.9	<0	44	120	74	200.4	348.7	<0
	(−230)				−590*		(−35)
K	**Ca**	**Ca**	**Ge**	**As**	**Se**	**Br**	**Kr**
48.4	<0	36	116	77	195	324.5	<0
	(−156)				−420*		(−39)
Rb	**Sr**	**In**	**Sn**	**Sb**	**Te**	**I**	**Xe**
46.9	—	34	121	101	190.1	295	<0
							(−40)
Cs	**Ba**	**Tl**	Pb	**Bi**			
45.5		50	100	100			
	(−52)						

表中数据单位为 kJ·mol^{-1};加括号者为理论计算值,带有＊号或＊＊者分别为第二、第三电子亲和能。

本表数据录自 James E. Huheey:“Inorganic Chemistry—Principles of Structrue and Reactivity”(第二版)P.46 表 2.5 中部分数据。

附录Ⅸ-6 Goldschmidt 离子半径和 Pauling 离子半径

离子	r_G/pm	r_P/pm	离子	r_G/pm	r_P/pm	离子	r_G/pm	r_P/pm
H^-	154	208	Be^{2+}	34	31	Ga^{3+}	60	62
F^-	133	136	Mg^{2+}	78	65	In^{3+}	81	81
Cl^-	181	181	Ca^{2+}	106	99	Tl^{3+}	91	95
Br^-	196	195	Sr^{2+}	127	113	Fe^{3+}	53	—
I^-	220	216	Ba^{2+}	143	135	Cr^{3+}	53	—
			Ra^{2+}	—	140			
O^{2-}	132	140	Zn^{2+}	69	74	C^{4+}	15	15
S^{2-}	174	184	Cd^{2+}	103	97	Si^{4+}	38	41
Se^{2-}	191	198	Hg^{2+}	93	110	Ti^{4+}	60	68
Te^{2-}	211	221	Pb^{2+}	117	121	Zr^{4+}	77	80
			Mn^{2+}	91	80	Ce^{4+}	87	101
Li^+	78	60	Fe^{2+}	83	76	Ge^{4+}	54	53
Na^+	98	95	Co^{2+}	82	74	Sn^{4+}	71	71
K^+	133	133	Ni^{2+}	68	69	Pb^{4+}	81	84
Rb^+	149	148	Cu^{2+}	72	—			
Cs^+	165	169						
Cu^+	95	96	B^{3+}	2	20			
Ag^+	113	126	Al^{3+}	45	50			
Au^+	—	137	Sc^{3+}	68	81			
Tl^+	149	140	Y^{3+}	90	93			
NH_4^+	—	148	La^{3+}	104	115			

附录Ⅸ-7　有效离子半径 r_e

离子	配位数	r_e/pm	离子	配位数	r_e/pm	离子	配位数	r_e/pm	离子	配位数	r_e/pm
F^{-1}	2	114.5	Cu^{+1}	2	60	Ba^{+2}	11	171	Cu^{+2}	5	79
	3	116		4	74		12	175		6	87
	4	117		6	91	Zn^{+2}	4	74	Bi^{+3}	5	110
	6	119	Ag^{+1}	2	81		5	82		6	117
Cl^{-1}	6	167		4	114		6	88		8	131
Br^{-1}	6	182		4(SQ)	116		8	104	Al^{+3}	4	53
I^{-1}	6	206		5	123	Mn^{+2}	4(HS)	80		5	62
O^{-2}	2	121		6	129		5(HS)	89		6	67.5
	3	122		7	136		6(LS)	81	Fe^{+3}	4(HS)	63
	4	124		8	142		(HS)	97		5	72
	6	126	Au^{+1}	6	151		7(HS)	104		6(LS)	69
	8	128	Be^{+2}	3	30		8	110		(HS)	78.5
S^{-2}	6	170		4	41	Fe^{+2}	4(HS)	77		8(HS)	92
Li^{+1}	4	73		6	59		4(SQ)	78	Cr^{+3}	6	75.5
	6	90	Mg^{+2}	4	71		(HS)	78	Co^{+3}	6(LS)	68.5
	8	106		5	80		6(LS)	75		(HS)	75
Na^{+1}	4	113		6	86		(HS)	92	C^{+4}	3	6
	5	114		8	103		8(HS)	106		4	29
	6	116	Ca^{+2}	6	114	Co^{+2}	4(HS)	72		6	30
	7	126		7	120		5	81	Si^{+4}	4	40
	8	132		8	126		6(LS)	79		6	54
	9	138		9	132		(HS)	88.5	Sn^{+4}	4	69
	12	153		10	137		8	104		5	76
K^{+1}	4	151		12	148	Ni^{+2}	4	69		6	83
	6	152	Ba^{+2}	6	149		4(SQ)	63		7	89
	7	160		7	152		5	77		8	95
	8	165		8	256		6	83	Pb^{+4}	4	79
	9	169		9	161	Cu^{+2}	4	71		5	87
	10	173		10	166		4(SQ)	71		6	91.5
	12	178								8	108

附录Ⅸ-8　金属原子化热和熔点

Li	**Be**										
161.5	324.3										
180°	1283°										
Na	**Mg**	**Al**									
108.4	146.4	326.4									
97.5°	650°	660°									
K	**Ca**	**Sc**	**Ti**	**V**	**Cr**	**Mn**	**Fe**	**Co**	**Ni**	**Cu**	**Zn**
90.0	177.8	376.6	468.6	514.6	397.5	284.5	415.5	428.4	430.1	339.3	130.5
63.4°	850°	1539°	1725°	1730°	1900°	1247°	1535°	1493°	1455°	1083°	420°
Rb	**Sr**	**Y**	**Zr**	**Nb**	**Mo**	**Tc**	**Ru**	**Rh**	**Pd**	**Ag**	**Cd**
81.6	163.2	424.7	608.8	719.6	656.9	661.1	640.2	556.5	380.7	284.5	111.7
38.6°	770°	1509°	1852°	2487°	2610°	—	2400°	1960°	1550°	961°	321°
Cs	**Ba**	**La**	**Hf**	**Ta**	**W**	**Re**	**Os**	**Ir**	**Pt**	**Au**	**Hg**
78.2	177.8	431.0	619.2	782.4	849.4	782.4	786.6	669.4	564.8	368.2	64.0
28.7°	704°	920°	2300°	2997°	3380°	3150°	2700°	2454°	1769°	1063°	−38.9°

数据引自 W. L. Jolly,“The Principles of Inorganic Chemistry”McGraw-Hill(1976)或参见周公度,“结构化学基础”P.366(表 8.11)。
金属原子化热单位为 $kJ \cdot mol^{-1}$,熔点为℃。